中国の
豆類発酵食品

■ 伊藤 寛・菊池修平 編著

Food Technology

**Fermented Beans
Foods of China**

■ 幸書房

編著者
伊藤　　寛　　元 東京農業大学醸造学科 教授
菊池　修平　　東京農業大学醸造学科 助教授

執筆者（音順）
金　鳳燮　　中国大連軽工学院食品科学，生物工程系 教授・副学院長
呉　周和　　中国湖北省工学院食品工程系 教授
呉　伝茂　　中国湖北省工学院食品工程系 教授
須　励清　　中国調味品科技中心站 編集長・工程師
宋　　鋼　　元 北京市食品醸造研究所 工程師
童　江明　　元 湖北省食品発酵研究所 副所長・高級工程師
平　宏和　　元 日本資源協会食品成分調査研究所 所長
包　啓安　　元 中国軽工業部 高級工程師
李　幼筠　　中国四川省成都市調味品研究所 所長・高級工程師

執筆分担（敬称略）
第1章　　菊池修平，伊藤　寛，須励清
第2章　　2.1　伊藤　寛，須励清
　　　　　2.2　包啓安
第3章　　菊池修平，伊藤　寛
第4章　　金鳳燮，伊藤　寛，李幼筠，菊池修平
第5章　　金鳳燮，宋　鋼，李幼筠，呉周和，呉伝茂，童江明
第6章　　金鳳燮，宋　鋼，李幼筠，呉周和，呉伝茂，童江明
第7章　　金鳳燮，宋　鋼，李幼筠，呉周和，呉伝茂，童江明
第8章　　金鳳燮，宋　鋼，李幼筠，呉周和，呉伝茂
第9章　　宋　鋼
第10章　　平　宏和，伊藤　寛

序　　文

　豆類発酵食品は中国の古代文明とともに発達し，発祥地は黄河流域一帯である．
　孫文の「建国方略」によると，豆類発酵食品が創り出されたのはおよそ2000年前で，栄養豊富で人に好まれる香りや口当たりの良い美味しい食品として今日に伝えられている．
　改革解放後の新中国では，伝えられてきた豆類発酵食品の製造技術を科学的に検証し伝統を活かしながらも製造工程の機械化，自動化に取り組み大規模生産へと発展させている．品質の向上はもちろんのこと，消費ニーズに合わせた商品の多様化もすすみ，最近では国際的な調味食品市場へも進出している．
　豆類発酵食品とは大豆，黒豆，ソラマメなどに微生物を働かせて発酵熟成したもので豆豉，豆醬，醬油や腐乳などである．広大な中国には多くの種類が存在し，料理や加工食品の味付けの基本となっている．また，その製造方法はかなり複雑で手の込んだものである．これらの基本調味料に副原料を加えて再加工した2次調味料の製造も盛んで，トウガラシを入れた辣醬，干しえび，ごま入り醬，きのこ醬油，各種の味付け醬油などがある．
　豆豉は旨味がある食品としての価値はもちろんのこと，食欲増進や風邪の予防，各種の疾病に対しての治療効果などがわかっており漢方薬としても珍重されている．有名な四川料理や湘菜（湖南料理）の調味には欠かせない調味料である．
　腐乳は，地域によって使用される原料や配合比率が異なり，味も実に多様である．発酵に関与する微生物（乳酸菌，ケカビ，コウジカビ，クモノスカビなど）の種類も異なり，地域ごとの伝統食の独特な風味を醸し出している．
　本書は，中国の食文化の基本となっている豆類発酵食品の製造や特徴を整理して紹介し，中国食文化の理解はもとより新しい食品開発につながればと思いまとめた次第である．
　本書の著述にあたっては，たくさんの方から助言や協力あるいは貴重な資料を提供頂いた．
　考古学で権威のある包啓安先生には中国の食の歴史を，須励清女史には豆類発

酵食品の現状と展望を，それぞれの地方で活躍されている先生方に執筆と資料や試料の提供を受けた．この他，北京市食品醸造研究所，湖南省食品発酵研究所の先生方や中国農業大学　李里特先生，中国科技大学　方暁陽先生，天津科技大学　曹小紅先生，元上海市発酵研究所の石奇明氏，張有原氏に翻訳や協力を頂いた．心から感謝申し上げる．

最後に，本書発行を引き受けていただいた幸書房　夏野雅博氏に深謝申し上げる．

2003年2月

執筆者を代表して　伊藤　寛

付記

新中国になってから，漢字は略字が採用され発音符号は中国式ローマ字で表記されている．しかし，地方に行って地元の人と話すときなどは通訳が必要なほど標準語（北京語）とは発音が異なり，そうしたときは漢字で書くことにしている．こうした事情から，技術用語は中央の北京語を中心として示した．

目　　　次

第1章　豆類発酵食品の種類 …………………………………… 1

　1.1　豆　　　醤 ………………………………………………… 1
　1.2　醤　　　油 ………………………………………………… 2
　1.3　豆　　　豉 ………………………………………………… 3
　1.4　腐乳（Soybean Cheese, Chinese Cheese）……………… 4

第2章　大豆の起源と発酵食品 ………………………………… 6

　2.1　大豆の起源 ………………………………………………… 6
　　2.1.1　豆の起源と伝播に対する研究方法 ………………… 6
　　（1）野生種と栽培作物の関係 ……………………………… 6
　　（2）遺伝中心説と栽培作物の発展説 ……………………… 8
　　（3）分子生物学的検討 ……………………………………… 8
　　　1）大豆種子タンパク質と含硫アミノ酸 ………………… 8
　　　2）トリプシンインヒビター ……………………………… 12
　　　3）リポキシゲナーゼ ……………………………………… 13
　　2.1.2　歴史学的根拠 ………………………………………… 15
　　（1）起源と伝播に関する諸説 ……………………………… 16
　　　1）東北起源説 ……………………………………………… 16
　　　2）黄河流域説 ……………………………………………… 17
　　　3）中国の西南説 …………………………………………… 17
　　（2）発酵食品の起源 ………………………………………… 18
　　（3）豆豉の伝播ルート ……………………………………… 18
　　（4）淡豆豉に含まれる *Bacillus subtilis* のプラスミド ……… 21
　2.2　醤と醤油の起源および，その歴代醸造技術 …………… 23
　　2.2.1　醤および醤油の源流 ………………………………… 23

- (1) 醤の起源 ………………………………………………………… 25
- (2) 豆醤と醤油 ……………………………………………………… 27
- (3) 豆豉と醤油 ……………………………………………………… 27
- (4) 麦醤と醤油 ……………………………………………………… 28
- 2.2.2 豆醤および醤油の歴代醸造技術 ……………………………… 29
  - (1) 漢代の豆醤および醤油 ………………………………………… 29
    - 1) 史游『急就篇』中の豆醤 …………………………………… 29
    - 2) 王充『論衡』中の豆醤 ……………………………………… 29
    - 3) 崔寔『四民月令』中の豆醤 ………………………………… 30
    - 4) 『斉民要術』の中の豆醤および醤油 ……………………… 31
  - (2) 唐代の豆醤 ……………………………………………………… 31
    - 1) 製麹技術 ……………………………………………………… 31
    - 2) 醤の製法 ……………………………………………………… 32
  - (3) 元代の豆醤 ……………………………………………………… 32
    - 1) 『農桑衣食撮要』の醤の製法 ……………………………… 32
    - 2) 『居家必用事類全集』の製醤法 …………………………… 33
    - 3) 『易牙遺意』の製醤法 ……………………………………… 34
  - (4) 明代の豆醤および醤油 ………………………………………… 34
    - 1) 『本草綱目』にみる醤油醸造技術 ………………………… 34
    - 2) 『養余月令』による醤油醸造 ……………………………… 35
  - (5) 清代の豆醤および醤油醸造技術 ……………………………… 35
    - 1) 顧仲の『養小録』の醤油醸造法 …………………………… 35
    - 2) 『醒園録』の豆醤および醤油醸造法 ……………………… 37
- 2.3 豆豉の源流および，その歴代醸造技術 …………………………… 39
  - 2.3.1 豆豉の源流および，その食品中の位置 ……………………… 39
  - 2.3.2 豆豉の歴代醸造技術 …………………………………………… 41
    - (1) 『食経』の豆豉 ………………………………………………… 41
    - (2) 『斉民要術』の豆豉 …………………………………………… 42
    - (3) 唐宋時代の豆豉 ………………………………………………… 43
      - 1) 唐の韓鄂の『四時纂要』の豆豉 …………………………… 44
    - (4) 元代の豆豉 ……………………………………………………… 46
      - 1) 『農桑輯要』の豆豉 ………………………………………… 46
      - 2) 『農桑衣食撮要』の豆豉 …………………………………… 46

| （5）明代の豆豉 ………………………………………………… 47
| 1）『居家必用事類全集』の豆豉 ……………………………… 47
| 2）明の高濂の『遵生八牋』の豆豉 …………………………… 48
| 3）李時珍『本草綱目』の豆豉 ………………………………… 49
| （6）清代の豆豉および細菌型の豆豉 ……………………………… 49
| 1）『醒園録』の湿豆豉 ………………………………………… 49
| 2）『養小録』の湿豆豉 ………………………………………… 50
| （7）朝鮮古文書の豆豉 …………………………………………… 51
2.4 腐乳の源流および，その歴代醸造技術 ………………………… 52
  2.4.1 腐乳の起源 …………………………………………………… 52
  2.4.2 腐乳の発展 …………………………………………………… 54
   （1）腌 制 腐 乳 …………………………………………………… 54
     1）建寧腐乳の製造方法 ………………………………………… 54
     2）『醒園録』の豆腐乳法 ……………………………………… 55
   （2）発霉腐乳（カビ腐乳）………………………………………… 56
     1）『醒園録』の面醤黄（カビ腐乳）の製法 ………………… 56
     2）清末の曽懿の『中饋録』の腐乳法 ………………………… 57
     3）建寧腐乳 ……………………………………………………… 57

第3章 中国の発酵食品の微生物 ………………………………… 58

3.1 微生物の分類 ……………………………………………………… 58
  3.1.1 真　　菌 ……………………………………………………… 59
   （1）形態と増殖器官 ………………………………………………… 60
     1）有性胞子 ……………………………………………………… 60
     2）無性胞子 ……………………………………………………… 60
   （2）主なカビ（霉菌，mold）……………………………………… 61
     1）接合菌類 ……………………………………………………… 61
     2）子嚢菌類のカビ ……………………………………………… 67
  3.1.2 中国で使用されている糸状菌 ……………………………… 69
   （1）米霉菌（*Aspergillus* 属菌）………………………………… 69
   （2）ケカビ，クモノスカビ ……………………………………… 71
  3.1.3 耐塩性酵母と乳酸菌 ………………………………………… 72

（1）耐塩性酵母の性質 72
　　（2）耐塩性酵母の培養条件 74
　　（3）乳　酸　菌 74
　　　1）*Tetragenococcus halophilus* 74
　　　2）その他の乳酸菌 75
　3.2　微生物の発酵管理 75
　　（1）糸状菌の働き 76
　　（2）麹の酵素と生産条件 76
　　（3）発　酵　管　理 78
　　　1）製麹中の微生物の動態と管理 78
　　　2）仕込み後の諸味中の微生物の動態と管理 79
　　　3）品質の良い製品を作るための条件 82

第4章　特色のある中国の麹 84

　4.1　麹　の　種　類 84
　　4.1.1　天然曲と人工曲 84
　　4.1.2　大　　曲 86
　　（1）大曲の製造方法 86
　　（2）大曲に含まれる微生物 88
　　4.1.3　小　　曲 91
　　（1）葯小曲の製造法 92
　　　1）天然葯小曲の製造 92
　　　2）寧波小曲の製造 93
　　　3）厦門白曲の製造 93
　　　4）人工葯小曲 94
　　（2）小曲の微生物 94
　　　1）原料の種類と微生物 94
　　　2）漢方薬の微生物に対する影響 94
　　　3）小曲から分離された微生物 96
　　4.1.4　豆曲（豆麹） 97
　　（1）天然豆曲の製法 97
　　　1）醤用天然豆曲 98

（2）	人工豆曲の製法	100
	1） 丸大豆の人工曲	100
4.1.5	蚕豆曲	100
4.1.6	面曲（小麦麹）	100
4.1.7	醤油麹	101
（1）	原料	101
（2）	種麹の製造法	101
	1） 保存斜面培地の調製	101
	2） 三角フラスコ拡大培養	102
	3） 種麹の製造法	102
	4） 種麹の品質検査	104
（3）	醤油麹の短縮製麹法	104
	1） 原料処理	104
	2） 製麹装置	106
	3） 製麹工程中の麹の生育状態と変化	108
	4） 製麹条件	109
4.2	紅曲（紅麹）	111
4.2.1	紅麹の歴史	111
4.2.2	紅麹菌の分離	112
（1）	紅麹菌の分離源	112
（2）	紅麹菌の分離培養	112
	1） 種菌の分離	112
	2） 種菌培養	113
（3）	紅麹菌の種類と性質	113
（4）	紅麹製造の要点	114
	1） 原料処理条件	114
	2） 製麹	114
4.2.3	種麹の製造	115
（1）	玄米種麹の製造	115
（2）	曲公糟の製造	116
（3）	曲公醤の製麹法	116
	1） 種付け	116
	2） 培養	116

- 4.2.4　紅麹の製造 …………………………………………………… 117
  - （1）土紅曲の伝統的製造法 ………………………………………… 117
    - 1）種麹，種麹粉末（曲公，曲公粉）製造 ………………… 117
    - 2）土曲糟（曲母，曲母漿）製造 …………………………… 117
    - 3）配合比率 ……………………………………………………… 117
    - 4）製　麹 ………………………………………………………… 117
  - （2）米の高圧原料処理による土紅曲の製造 …………………… 117
    - 1）原料処理 ……………………………………………………… 117
    - 2）土曲糟の配合 ………………………………………………… 117
    - 3）製　麹 ………………………………………………………… 117
  - （3）トウモロコシ紅麹の製造 …………………………………… 118
  - （4）水噴霧による温度，湿度の段階的制御の製麹 …………… 119
    - 1）原料処理 ……………………………………………………… 119
    - 2）種付け ………………………………………………………… 119
    - 3）袋詰め ………………………………………………………… 119
    - 4）製麹工程 ……………………………………………………… 119
    - 5）乾　燥 ………………………………………………………… 120
    - 6）紅麹の性状 …………………………………………………… 120
  - （5）通風製麹法 ……………………………………………………… 121
    - 1）原料処理 ……………………………………………………… 121
    - 2）盛込み ………………………………………………………… 121
    - 3）通風製麹 ……………………………………………………… 121
- 4.2.5　紅麹の調味料への利用 …………………………………… 122
  - （1）紅麹色素の利用 ………………………………………………… 122
  - （2）蒸肉米粉（調味のたれ） ……………………………………… 122
  - （3）紅腐乳の製造 …………………………………………………… 122
  - （4）醤油，豆瓣醤，豆豉への利用 ………………………………… 122
    - 1）醤油用紅麹の製造 …………………………………………… 122
    - 2）醤油用紅麹の利用 …………………………………………… 123
    - 3）食酢への利用 ………………………………………………… 123

第5章　中国の醤類 …………………………………………………… 124

5.1　醤類の醸造方法 …………………………………………………… 125
5.1.1　甜面醤の製造法 ………………………………………………… 125
（1）面糕曲，地面曲床（麹床）製麹，常温発酵法（天然醸造法）…… 126
　1）製造工程 …………………………………………………………… 126
　2）面糕製造 …………………………………………………………… 126
　3）製　　麹 …………………………………………………………… 126
　4）発　　酵 …………………………………………………………… 128
　5）品質規格 …………………………………………………………… 128
（2）饅頭曲，伝統的な製麹と通風製麹，保温発酵法 ……………… 128
　1）製造工程 …………………………………………………………… 128
　2）饅頭（蒸しパン生地）製造 ……………………………………… 128
　3）通風製麹 …………………………………………………………… 129
　4）発　　酵 …………………………………………………………… 129
（3）酵素による速醸法 ………………………………………………… 130
　1）製造工程 …………………………………………………………… 130
　2）ふすま麹および乾燥酵母の製造 ………………………………… 130
　3）酵素分解法 ………………………………………………………… 130
　4）発　　酵 …………………………………………………………… 131
　5）後熟発酵 …………………………………………………………… 131
5.1.2　黄醤の製造法 …………………………………………………… 131
　1）常圧蒸煮，竹ザル製麹，常温発酵法（天然醸造法）………… 131
　2）通風製麹，常温発酵法 …………………………………………… 132
5.1.3　豆瓣醤製造 ……………………………………………………… 134
（1）豆瓣天然曲 ………………………………………………………… 134

5.2　四川地方の醤 ……………………………………………………… 138
5.2.1　豆　瓣　醤 ……………………………………………………… 138
（1）甜　豆　瓣　醤 …………………………………………………… 139
（2）豆　瓣　辣　醤 …………………………………………………… 139
5.2.2　有名な豆瓣醤 …………………………………………………… 141
（1）四川郫県豆瓣醤 …………………………………………………… 141
　1）製造工程 …………………………………………………………… 141

　　　　2） 原　　　料 ………………………………………… 141
　　　　3） 原 料 処 理 …………………………………………… 142
　　　　4） 製　　　麹 ………………………………………… 142
　　　　5） 発　　　酵 ………………………………………… 142
　　（2） 紅双豆瓣醤 ……………………………………………… 142
　　　　1） 製 造 工 程 …………………………………………… 142
　　　　2） 製 造 方 法 …………………………………………… 142
　　（3） 眉山豆瓣醤 ……………………………………………… 143
　　　　1） 密封発酵法 …………………………………………… 143
　　　　2） 日晒夜露発酵法 ……………………………………… 143
　　（4） 臨江寺香油豆瓣醤，金鈎豆瓣醤 ……………………… 143
　　　　1） 製 造 工 程 …………………………………………… 144
　　　　2） 製 造 方 法 …………………………………………… 144
　　（5） 山城牌金鈎豆瓣醤 ……………………………………… 144
　　（6） 涂山牌香油豆瓣醤，永川香油豆瓣醤 ………………… 144
　　（7） 天車牌芝麻豆瓣醤 ……………………………………… 144
　　（8） 長春号杏仁豆瓣醤 ……………………………………… 145
　5.3　北京周辺の醤 ……………………………………………… 145
　　5.3.1　北 京 黄 醤 …………………………………………… 145
　　　　1） 製 造 工 程 …………………………………………… 146
　　　　2） 製 造 方 法 …………………………………………… 146
　　　　3） 品 質 規 格 …………………………………………… 147
　　5.3.2　甜　面　醤 …………………………………………… 147
　5.4　東北地方の醤 ……………………………………………… 147
　　5.4.1　大　豆　醤 …………………………………………… 147
　　（1） 自家製大豆醤 …………………………………………… 147
　　　　1） 細菌を利用する場合 ………………………………… 147
　　　　2） カビを利用する場合 ………………………………… 148
　　（2） 普 通 大 醤 …………………………………………… 148
　　5.4.2　豆　瓣　醤 …………………………………………… 148
　　　　1） 辣椒醤の製造 ………………………………………… 148
　　　　2） 豆瓣醤の製造 ………………………………………… 148
　　5.4.3　甜　面　醤 …………………………………………… 149

		（1）	普通の甜麺醬 ……………………………………	149
		1)	製造工程 ………………………………………	149
		2)	製造方法 ………………………………………	149
		（2）	北方調味辣醬 ……………………………………	151
		1)	豆醬製造 ………………………………………	151
		2)	辣椒醬の製造 …………………………………	151
		3)	調味辣醬の製造 ………………………………	151
		（3）	調　味　醬 ………………………………………	151
		1)	牛肉, 豚肉辣醬 ………………………………	152
		2)	海　鮮　醬 ……………………………………	152
		3)	蒜蓉辣醬 ………………………………………	152
5.5		華南地方の醬 …………………………………………	152
	5.5.1	胡玉美豆瓣辣醬 ……………………………………	152
		1)	製造工程 ………………………………………	152
		2)	原　　料 ………………………………………	152
		3)	辣椒醬の製造 …………………………………	153
		4)	製　　麹 ………………………………………	153
		5)	発　　酵 ………………………………………	154
		6)	滅　　菌 ………………………………………	155
		7)	包　　装 ………………………………………	155
		8)	品質規格 ………………………………………	155
	5.5.2	普　寧　豆　醬 ……………………………………	155
		1)	製造工程 ………………………………………	155
		2)	原料処理 ………………………………………	155
	5.5.3	南　康　辣　醬 ……………………………………	157
		1)	製造工程 ………………………………………	157
		2)	原料配合 ………………………………………	157
		3)	原料処理（塩トウガラシ醬製造）……………	158
		4)	製　　麹 ………………………………………	158
		5)	発　　酵 ………………………………………	158
		6)	配　　合 ………………………………………	158
	5.5.4	淳安辣椒醬 …………………………………………	158
		1)	製造工程 ………………………………………	158

         2) 製造方法 ……………………………………………………… 159
    5.5.5 桐郷辣醤 ……………………………………………………… 159
         1) 原料 ………………………………………………………… 159
         2) 製造工程 ……………………………………………………… 159
         3) 辣椒醤製造法 ………………………………………………… 159
         4) ゴマ油，芝麻醤の加工方法 ………………………………… 160
         5) 面糕醤（小麦粉の麺醤）の加工方法 ……………………… 161
         6) 調合・瓶詰め・滅菌 ………………………………………… 162
         7) 品質基準 ……………………………………………………… 162

第6章 醤 油 ……………………………………………………………… 164

  6.1 醤油について ……………………………………………………… 164
    6.1.1 低塩固体発酵法と日本の醤油製造法との相違点 ………… 164
         1) 原料と原料処理 ……………………………………………… 164
         2) 製麹および仕込み方法 ……………………………………… 164
         3) 諸味の発酵と醤油の浸出方法 ……………………………… 165
         4) 中国諸味および醤油の一般成分 …………………………… 165
    6.1.2 中国の醤醪発酵（醤油諸味発酵）方法 …………………… 166
      （1） 制醪および制醅諸味の製造 ………………………………… 166
         1) 天然晒露発酵 ………………………………………………… 167
         2) 固稀発酵法 …………………………………………………… 168
         3) 稀醪発酵法 …………………………………………………… 168
         4) 低塩固体発酵法 ……………………………………………… 169
         5) 無塩固体発酵法 ……………………………………………… 169
      （2） 特殊な発酵技術 ……………………………………………… 169
         1) 淋澆発酵法（汲掛法） ……………………………………… 169
         2) 堆積昇温法 …………………………………………………… 170
      （3） 低塩固体発酵法による醤油醸造の特徴 …………………… 170
         1) 製造工程 ……………………………………………………… 170
         2) 製造方法 ……………………………………………………… 170
  6.2 有名な醤油 ………………………………………………………… 172
    6.2.1 東北地方の醤油 ……………………………………………… 172

（1）	農家で作る醤油………………………………………	172
（2）	普通醤油……………………………………………	172
（3）	忌塩醤油（無塩醤油）……………………………	173
（4）	粉末醤油と固体醤油………………………………	174
	1） 粉末醤油の製造……………………………	174
	2） 固体醤油の製造……………………………	174
（5）	トウモロコシタンパク質の白醤油………………	174
（6）	磨菇醤油……………………………………………	175
	1） 製　麹………………………………………	175
	2） 醤油製造方法………………………………	175
（7）	紅曲醤油……………………………………………	175
	1） 紅　曲………………………………………	176
	2） 醤油麹………………………………………	176
	3） 仕込みと熟成………………………………	176
（8）	加工醤油……………………………………………	176
	1） 海鮮醤油……………………………………	176
	2） 辣醤油………………………………………	176

6.2.2　華北の醤油 …………………………………………………… 176
（1）　珍極醤油 ……………………………………………………… 176
　　　1）　製造工程 ………………………………………………… 177
　　　2）　珍極醤油の液体発酵法の特徴 ………………………… 177
（2）　天津宏鐘牌醤油 …………………………………………… 177
　　　1）　製造方法 ………………………………………………… 177
（3）　固体醤油 …………………………………………………… 178
　　　1）　製造方法 ………………………………………………… 178
6.2.3　四川地区の醤油 ……………………………………………… 179
（1）　四川地区の伝統的な方法による醤油製造の特徴 ……… 179
（2）　四川地区の有名な醤油 …………………………………… 180
　　　1）　圜山牌中垻圜磨醤油 …………………………………… 180
　　　2）　雄獅牌大王醤油 ………………………………………… 180
　　　3）　雄獅牌一級醤油 ………………………………………… 181
　　　4）　徳陽牌精醸醤油 ………………………………………… 181
　　　5）　犀浦豆油 ………………………………………………… 182

6）涪城牌白醤油 …………………………………………………… 182
　6.2.4　華南の醤油 …………………………………………………………… 182
　　（1）生抽王，珠江橋牌生抽王醤油 …………………………………… 182
　　　1）製造工程 ………………………………………………………… 183
　　　2）製造方法 ………………………………………………………… 183
　　　3）製　　　品 ……………………………………………………… 184
　　（2）龍 牌 醤 油 ………………………………………………………… 184
　　　1）製造工程 ………………………………………………………… 185
　　　2）製造方法 ………………………………………………………… 185
　　　3）製　　　品 ……………………………………………………… 186
　　　4）龍牌醤油の新技術 ……………………………………………… 186
　　（3）珣 頭 豉 油 ………………………………………………………… 186
　　　1）製造工程 ………………………………………………………… 187
　　　2）製造方法 ………………………………………………………… 187
　　　3）製品の調整配合 ………………………………………………… 189
　　（4）洛泗座油（日本の再仕込醤油） ………………………………… 189
　　　1）製造工程 ………………………………………………………… 190
　　　2）原料配合 ………………………………………………………… 190
　　　3）製造方法 ………………………………………………………… 190
　　（5）水仙花牌醤油 ……………………………………………………… 192
　　　1）製造工程 ………………………………………………………… 192
　　　2）製造方法 ………………………………………………………… 192
　　（6）黄山牌豆汁醤油 …………………………………………………… 193
　　　1）製造工程 ………………………………………………………… 193
　　　2）製造方法 ………………………………………………………… 193
　　　3）製　　　品 ……………………………………………………… 194

第7章　豆　　　豉 …………………………………………………………… 195

　7.1　豆豉の種類 ……………………………………………………………… 195
　　7.1.1　原料による分類 ……………………………………………………… 196
　　7.1.2　微生物による分類 …………………………………………………… 196
　　7.1.3　食塩濃度による分類 ………………………………………………… 197

（1）淡　豆　豉 …………………………………… 197
　　（2）鹹　豆　豉 …………………………………… 197
　7.1.4　含水量による形態の分類 ………………………… 197
　　（1）干　豆　豉 …………………………………… 198
　　（2）湿　豆　豉 …………………………………… 198
　　（3）水　豆　豉 …………………………………… 198
　7.1.5　添加原料による分類 …………………………… 198
7.2　豆豉の食用価値 ……………………………………… 199
7.3　中国の有名な豆豉 …………………………………… 199
　7.3.1　四川の豆豉 ……………………………………… 199
　　（1）潼 川 豆 豉 …………………………………… 199
　　　1）製造工程 ………………………………………… 200
　　　2）製造方法 ………………………………………… 200
　　（2）永 川 豆 豉 …………………………………… 200
　　　1）製造工程 ………………………………………… 201
　　　2）製造方法 ………………………………………… 201
　　（3）宏発長豆豉 …………………………………… 201
　　（4）広 和 豆 豉 …………………………………… 202
　　（5）人工培養したケカビによる豆豉の新技術 …… 202
　　（6）四川水豆豉 …………………………………… 203
　　　1）製造工程 ………………………………………… 203
　　　2）製造方法 ………………………………………… 203
　　　3）四川水豆豉の特色 ……………………………… 204
　7.3.2　西北地方の豆豉 ………………………………… 204
　　（1）開封西瓜豆豉 ………………………………… 204
　　　1）製造工程 ………………………………………… 204
　　　2）製造方法 ………………………………………… 204
　7.3.3　華北の豆豉 ……………………………………… 205
　　（1）臨沂八宝豆豉 ………………………………… 205
　　（2）臨沂水豆豉 …………………………………… 206
　7.3.4　華中の豆豉 ……………………………………… 206
　　（1）上海辣豆豉 …………………………………… 206
　　　1）製造工程 ………………………………………… 206

2）製造方法 …………………………………………………… 207
　（2）武漢豆豉 ………………………………………………………… 207
　　　1）原料配合 …………………………………………………… 207
　　　2）製造工程 …………………………………………………… 207
　　　3）製造方法 …………………………………………………… 208
　（3）瀏陽豆豉 ………………………………………………………… 210
　　　1）製造工程 …………………………………………………… 210
　　　2）製造方法 …………………………………………………… 210
7.3.5　華南の豆豉 …………………………………………………………… 211
　（1）広州豆豉 ………………………………………………………… 211
　　　1）製造工程 …………………………………………………… 211
　　　2）製造方法 …………………………………………………… 211
　（2）広東陽江豆豉 …………………………………………………… 212
　　　1）製造工程 …………………………………………………… 212
　　　2）製造方法 …………………………………………………… 212
　　　3）乾燥と貯蔵 ………………………………………………… 213
　（3）江西豆豉 ………………………………………………………… 213
　　　1）製造工程 …………………………………………………… 213
　　　2）製造方法 …………………………………………………… 214
　（4）江西油辣豆豉 …………………………………………………… 214
　（5）広西黄姚豆豉 …………………………………………………… 214

第8章　腐乳（発酵豆腐） ………………………………………………… 216

8.1　腐乳について …………………………………………………………… 216
8.2　腐乳の種類 ……………………………………………………………… 216
　8.2.1　製造方法による分類 ……………………………………………… 217
　（1）腌制型腐乳（塩漬型腐乳） …………………………………… 218
　　　1）製造工程 …………………………………………………… 218
　　　2）特　徴 ……………………………………………………… 218
　（2）ケカビ型腐乳 …………………………………………………… 218
　　　1）製造工程 …………………………………………………… 218
　　　2）特　徴 ……………………………………………………… 218

（3）クモノスカビ型腐乳 ………………………………………………… 219
　　　　1）製造工程 …………………………………………………………… 219
　　　　2）特　徴 ……………………………………………………………… 220
　　　（4）細菌型腐乳 …………………………………………………………… 220
　　　　1）製造工程 …………………………………………………………… 220
　　　　2）特　徴 ……………………………………………………………… 220
　　8.2.2　製品の色，風味，添加物による腐乳の分類 ……………………… 221
　　　（1）紅　腐　乳 …………………………………………………………… 221
　　　（2）白　腐　乳 …………………………………………………………… 221
　　　　1）糟方腐乳 …………………………………………………………… 221
　　　　2）霉香腐乳 …………………………………………………………… 221
　　　　3）酔方腐乳 …………………………………………………………… 222
　　　（3）青　腐　乳 …………………………………………………………… 222
　　　（4）醤　腐　乳 …………………………………………………………… 222
　　　（5）花　色　腐　乳 ……………………………………………………… 222
　　　　1）辣味型腐乳 ………………………………………………………… 223
　　　　2）甜香型腐乳 ………………………………………………………… 223
　　　　3）香辛型腐乳 ………………………………………………………… 223
　　　　4）咸鮮型（塩旨味型）腐乳 ………………………………………… 223
　　8.2.3　型の大きさによる腐乳の分類 ……………………………………… 223
　　8.2.4　腐乳の生産方法 ……………………………………………………… 224
　　　（1）豆腐の製造と副原料の選別 ………………………………………… 224
　　　　1）豆腐の製造 ………………………………………………………… 224
　　　　2）副　原　料 ………………………………………………………… 224
　　　　3）豆腐と腐乳の生産工程 …………………………………………… 224
8.3　中国の有名な腐乳 …………………………………………………………… 225
　　8.3.1　東北地方の名産の腐乳 ……………………………………………… 225
　　　（1）臭　豆　腐 …………………………………………………………… 226
　　　（2）紅　腐　乳 …………………………………………………………… 226
　　　　1）着色用紅麹諸味 …………………………………………………… 226
　　　　2）発酵用紅麹諸味 …………………………………………………… 226
　　　　3）克東腐乳 …………………………………………………………… 226
　　8.3.2　北京の腐乳 …………………………………………………………… 228

- (1) 王致和臭豆腐 …………………………………… 228
  - 1) 製造工程 ………………………………………… 228
  - 2) 製造方法 ………………………………………… 228
- (2) 北京醬豆腐 ……………………………………… 230
  - 1) 製造工程 ………………………………………… 230
  - 2) 製造方法 ………………………………………… 230
- (3) 北京別味腐乳 …………………………………… 231
  - 1) 副原料の調製法 ………………………………… 231
  - 2) 醬類（調味液）の調製法 ……………………… 232
  - 3) 別味腐乳の製造 ………………………………… 232
- 8.3.3 西北地方の腐乳 ………………………………… 232
  - (1) 鐘楼牌辣油方腐乳 ……………………………… 232
- 8.3.4 西南地方の腐乳 ………………………………… 233
  - (1) 夾江腐乳 ………………………………………… 233
    - 1) 製造上の特徴 …………………………………… 233
    - 2) 製造工程 ………………………………………… 233
    - 3) 製造方法 ………………………………………… 233
  - (2) 大邑唐場豆腐乳 ………………………………… 234
    - 1) 製造工程 ………………………………………… 234
    - 2) 原料処理 ………………………………………… 234
    - 3) 発　酵 …………………………………………… 235
  - (3) 白菜豆腐乳 ……………………………………… 235
    - 1) 製造上の特徴 …………………………………… 235
    - 2) 製造工程 ………………………………………… 235
    - 3) 製造方法 ………………………………………… 235
  - (4) 遂寧「五味和」白菜豆腐乳 …………………… 236
  - (5) 海会寺白菜豆腐乳 ……………………………… 236
  - (6) 忠州腐乳 ………………………………………… 237
  - (7) 路南腐乳 ………………………………………… 237
  - (8) 玉渓油乳腐 ……………………………………… 237
- 8.3.5 華東地方の腐乳 ………………………………… 238
  - (1) 上海奉賢乳腐 …………………………………… 238
    - 1) 原　料 …………………………………………… 238

2)	製造工程………………………………………………………	238
3)	製造方法………………………………………………………	238
（2）	南京鷹牌腐乳……………………………………………………	239
1)	主要原料………………………………………………………	239
2)	製造工程………………………………………………………	239
（3）	江蘇徐州青方腐乳………………………………………………	240
1)	製造工程………………………………………………………	240
2)	製造方法………………………………………………………	240
（4）	浙江紹興腐乳……………………………………………………	240
1)	原　　料………………………………………………………	241
2)	製造工程………………………………………………………	241
3)	製造方法………………………………………………………	241
（5）	浙江唯一牌腐乳…………………………………………………	243
1)	主要原料………………………………………………………	243
2)	製造工程………………………………………………………	243
3)	製造方法………………………………………………………	243
4)	製品の品質……………………………………………………	244
（6）	杭州太方腐乳……………………………………………………	244
1)	原　　料………………………………………………………	245
2)	添加麹の製造工程……………………………………………	245
3)	太方腐乳の製造方法…………………………………………	246
（7）	浙江衢州毛豆腐…………………………………………………	247
1)	製造工程………………………………………………………	247
2)	原　　料………………………………………………………	247
3)	製造方法………………………………………………………	247
（8）	寧　波　腐　乳…………………………………………………	248
1)	製造方法………………………………………………………	249
2)	原　　料………………………………………………………	249
（9）	酥制培乳または酥制塊乳………………………………………	249
（10）	武漢臭鹵豆腐干（塩漬・乾燥臭豆腐）………………………	249
1)	製造工程………………………………………………………	250
2)	製造方法………………………………………………………	250
3)	品質と性状……………………………………………………	250

(11) 武漢霉千張 ································· 251
　　　　1) 原　　料 ································· 251
　　　　2) 製造工程 ································· 251
　　　　3) 製造方法 ································· 251
　　　　4) 食 べ 方 ································· 251
　　　　5) 製造上の注意点 ··························· 252
　　　(12) 武漢霉豆渣粑（オカラテンペ，インドネシアのオンチョム）········· 252
　　　　1) 原　　料 ································· 252
　　　　2) 製造工程 ································· 252
　　　　3) 製造方法 ································· 252
　　　　4) 食 べ 方 ································· 253
　　8.3.6 華南地方の腐乳 ··························· 253
　　　（1）湖南益陽腐乳（乳酸液により凝固させた腐乳）······· 253
　　　　1) 原　　料 ································· 253
　　　　2) 製造工程 ································· 253
　　　　3) 製造方法 ································· 253
　　　（2）珠江橋牌辣椒腐乳（トウガラシ入り腐乳）········ 255
　　　　1) 原　　料 ································· 255
　　　　2) 製造工程 ································· 255
　　　　3) 製造方法 ································· 255
　　　（3）広東水口腐乳 ··························· 255
　　　　1) 原　　料 ································· 255
　　　　2) 製造方法 ································· 255
　　　（4）桂 林 腐 乳 ··························· 256
　　　　1) 製造工程 ································· 256
　　　　2) 製造方法 ································· 256

第9章　台湾の蔭油（醤油）と味噌 ················ 258

9.1 味噌業界と販売 ································· 258
9.2 豆類発酵食品 ································· 259
　9.2.1 豆醤と豆豉 ································· 259
　9.2.2 蔭油および蔭豉 ··························· 260

1)	製造工程	260
2)	原　　料	260
3)	原料処理	260
4)	製　　麹	261
5)	後発酵（熟成）	261
6)	圧搾，調整，火入れ，製品	261
7)	製品の品質	262
8)	用　　途	262

9.2.3　味　　噌 …………………………………………………………… 262
　（1）味噌の特徴 …………………………………………………………… 262
　（2）味噌メーカーの機械設備 …………………………………………… 263
　（3）味噌の用途 ………………………………………………………… 263

第10章　豆類発酵食品の基準と成分 …………………………………… 264

10.1　中国豆類発酵食品の基準 ……………………………………………… 264
　10.1.1　醸造醤油（Fermented soy sause）……………………………… 264
　10.1.2　酸分解植物蛋白調味液（Acid hydrolyzed vegetable protein seasoning）……………………………………………………… 266
　10.1.3　混合醤油（配合醤油）（Blended soy sause）…………………… 267
　10.1.4　豆豉品質基準 ……………………………………………………… 268
　10.1.5　紅腐乳品質基準 …………………………………………………… 269
　10.1.6　白腐乳品質基準 …………………………………………………… 269
　10.1.7　青腐乳品質基準 …………………………………………………… 271
10.2　中国豆類発酵食品の成分 ……………………………………………… 271
　10.2.1　豆類発酵食品と成分表 …………………………………………… 272
　10.2.2　原材料の成分 ……………………………………………………… 272
　（1）豆　　類 …………………………………………………………… 273
　　1) 大　　豆 …………………………………………………………… 273
　　2) エンドウ（豌豆）………………………………………………… 273
　　3) ソラマメ（蚕豆）………………………………………………… 276
　（2）副　原　料 ………………………………………………………… 276
　　1) 小麦および小麦粉 ………………………………………………… 276

2）米 ……………………………………………………… 277
　　　3）トウモロコシ（玉蜀黍） ……………………………… 278
　　　4）トウガラシ（唐辛子） ………………………………… 278
　　　5）塩 ……………………………………………………… 279
　10.2.3　製品の成分 …………………………………………… 279
　（1）豆　瓣　醬 ……………………………………………… 279
　（2）醬　　　油 ……………………………………………… 279
　（3）腐　　　乳 ……………………………………………… 279

第1章　豆類発酵食品の種類

　豆類発酵食品とは豆類を主要な原料とし，微生物の働きを利用して，それぞれの豆を発酵させた食品である．中国には豆醤，醤油，豆豉，腐乳など，豆類発酵食品は非常に多くの種類があり，それぞれの種類の製造工程は複雑で，多種多様な食品領域に関与し，色華やかで美しく，嗜好性のある食品である．

1.1　豆　　　醤

　豆醤（トウジャン）とは一般に大豆，ソラマメ，小麦粉を主要原料として醸造した，一種の半流動状態の調味料である．古くより，中国には「七軒の門を開くと，たきぎ（燃料），米，油，塩，醤，食酢，茶がある」という諺がある．醤（ジャン）は中国人の日常生活に欠くことのできない調味食品である．醤には多くの種類があり，その主なものに豆醤および面醤（ミエンジャン）（小麦粉醤）がある．また，これらの主原料から作ったものに，さらに各種の副原料を加え，再加工した多くの種類の醤がある．それぞれの原料により，独特な技術で，独特な風味のある食

表1.1　醤の種類と名産品の名称

種　類	原　料	技　術	醸造品の別名称
面　　醤 （ミエンジャン）	小麦粉（面粉）	伝統技術（天然面醤） 新技術（酵素法面醤）	甜面醤（テンミエンジャン）， 甜醤（テンジャン）
豆　　醤 （トウジャン）	大豆（脱脂大豆）	伝統技術（天然豆醤） 新技術（酵素法豆醤）	黄醤（ファンジャン），大醤 （ダージャン），豆醤，豆瓣醤 （トウバンジャン）
蚕豆醤 （ツァントウジャン）	ソラマメ	伝統技術 新技術	蚕豆醤，蚕豆辣醤（ツァントウラージャン），豆瓣醤
複制醤 （フーツージャン）	面醤，豆醤，蚕豆醤を混合した調味料（風味調味料）	配合技術	辣豆醤（ラートウジャン），芝麻辣醤（チーマーラージャン），沙茶醤（サーツァジャン），柱候（ツウホウ）（貝柱醤），金鈎（チンコウ）豆瓣醤，海味鮮醤（ハイウェイシャンジャン）

品を製造している．醤は4種類に大別されるが，これを表1.1に示した．

中国では豆醤の生産が盛んで，それぞれの地方により食習慣に差異があり，各地に風味の異なる特色のある有名な醤類の食品市場がある．各地方特産の醤類の中から1984年度，中華人民共和国商業部（日本の経済産業省に相当）主催の品評会で20点の優秀品が選ばれ，この中にはエビ入り，ゴマ入り，ピーナッツ入り醤や焼肉のたれ（豚肉，鶏肉，牛肉を加えた醤）がある．このほか，ソラマメやトウガラシ入り醤，ゴマ油入りトウガラシ醤が中国軽工業部と農業部主催の品評会で優秀品となった．

1.2 醤　　油

醤油（ジャンユー）のルーツは醤で，両者の原料や醸造技術の多くは同じものが利用されている．醤油は現在，地方により清醤（チンジャン），抽油（チョウユー）や豉油（チーユー）の別名がある．醤油は大豆，脱脂大豆や小麦あるいはふすま，食塩，水を原料として，微生物による醸造工程を経た一種の旨味液体調味料で，それらは食品として好まれる色，香り，味をもっている．中国の総ての地方で醤油を用いる習慣があり，それぞれの地方で用いる醤油の味は異なり，醤油の種類も同じものがない．しかし，現在，中国の醤油には品質基準が制定され，天然発酵と人工による高塩液体発酵技術，固体発酵技術，低塩固体発酵技術および固体無塩発酵技術が採用されている．これらは，いわゆる醸造醤油で，その醤油の色沢が濃厚なもの，淡色なものがあり，本色醤油（濃口）と淡色醤油（淡口）に分けられる．

現在でも中国各地では伝統のある有名な醤油が天然晒露（サイロー）発酵（屋外で天日や夜露に晒し発酵させる），すなわち伝統的技術（老法）で作られ，特産品として売られている．これらの工程で作られた醤油には醸造技術により，著名な湖南湘潭龍牌（シャンタンルンパイ）醤油，浙江舟山の洛泗油（ルオチユー），広東の生

表1.2　醤油の種類と別名

種　　類	発酵技術の種類	醸造品の別名称
本色（ベンスォー）醤油	天然発酵技術，高塩液体発酵技術で醸造した中級，高級醤油	生抽（シェンチョウ），母油（ムーユー），瑄頭豉油（クァントウチーユー）など
淡色（タンスォー）醤油	新技術で醸造した高級，中級醤油と普通醤油	老抽（ラォチョウ），晒油（サイユー），套油（トーユー）など

抽王（シェンチョウワン），福建厦門の水仙花牌（スィシャンホワパイ）醤油，雲南妥旬（トウシュン）醤油などがある．また，液体発酵技術あるいは固体・液体発酵技術で作った醤油は色は比較的濃く，発酵した良い香りで，光沢があり，国家の優秀な牌を受賞した北京金獅（チンスー），上海海鴎（ハイオウ），石家庄珍極（スージャツァンゼンジー），江蘇恒順（ヘンスン），広東致美斎（ズーメイザイ），広東海天（ハイテン）醤油がある．低塩固体発酵技術は近年，中国全土に広がり，国が推進している醤油醸造法の一種で，全国で生産および消費される醤油のほとんどが，この技術で作られた醤油である．この中で最優秀な醤油として湖南省常徳の徳山橋牌（トーサンチョパイ）醤油がある．また，中国の醤油市場に常に見られる一種の風味調味料は，品質の良い醸造醤油を基礎として風味材料（だしの素など）および各種の調味料を加えた醤油である．例えば虾籽（シャズー）醤油（小エビ醤油），磨菇（モーグー）醤油（キノコ醤油），特鮮油（トウシャンユー）（味付け醤油）などが人々に歓迎されている．

1.3 豆　　豉

　豆豉（トウチー）は一種の古典的な伝統発酵で作った豆製品で，旨味があり，栄養が豊富で，人々に好まれる調味食品である．しかも，豆豉を食べると食欲が増進し，漢方薬として寒気をなくし，風邪を駆逐し，多くの疾病に対して治療効果が上がるとされている．

　豆豉は大豆醤油のルーツで，良好な発酵した豆豉に水を加え，可溶性成分を抽出し，この黒色の汁液を"豉汁（チーツー）"，"豉油"あるいは"清醤"と称した．現在もこの豉汁が头（＝頭）法（トウファ）豉油または头法醤油，蔭油（インユー）あるいは烏豆（ウートウ）醤油と称して，中国の東南の海の沿岸一帯（福建，広東，浙江省）および台湾では依然として消費されている．この豆豉の種類は非常に多く，一般に原料の色で区別している．黒豆（ヒートウ）豆豉として江西（チャンシー）豆豉，瀏陽（リュヤン）豆豉，潼川（トンツァン）豆豉があり，黄豆（ファントウ）豆豉（大豆豆豉）として広東陽江（クァントンヤンチャン）豆豉，江蘇や上海一帯で生産される豆豉などがある．また豆豉製品の味から分類し，塩を加えた腌制（ヤンツー）（塩漬）製品は塩味が濃く，鹹（シェン）豆豉と呼び，大部分の豆豉がこれに属する．塩漬しない無塩のものは，淡（タン）豆豉と称する．塩味が比較的にうすい瀏陽豆豉がある．この豆豉の中に水分含量の高い，低いがあり，干（カン）豆豉（乾燥豆豉）と水（スィ）豆豉の2種類に分けられる．干豆豉は中国の南方で生産さ

れ，豆粒が残り，ふんわりとして柔らかく，油が潤い，つやがあり，これには湖南（フーナン）豆豉と四川（スツァン）豆豉がある．水豆豉は比較的に含水量が多く，豆粒は柔らかく，糸を引き，北方で多く作られ，山東（サントン）豆豉がある．また，両者の中間の水分含量の湿（スー）豆豉がある．

製麹（せいきく）時に関与する微生物は同じではない．ケカビ型豆豉として四川の潼川，永川（ユンツァン）豆豉がある．麹菌型豆豉として広東陽江豆豉，上海，武漢などで生産されている豆豉がある．細菌型豆豉として臨沂（リンイー）豆豉や雲南，貴州，四川一帯の民間の家庭で作られている豆豉がある．また，添加した副原料の名前を付けた豆豉があり，姜豉（ジャンチー），椒豉（ジョチー），茄豉（チーチー），瓜豉（クァチー），香油豉（シャンユーチー）などで，これらには臨沂の八宝（パポー）豆豉，開封西瓜（カイフェンシークァ）豆豉，湖南辣豆豉（ラートウチー）がある．豆豉は古くより，中国料理の中の著名な川菜（ツァンツァイ）（四川料理），湘菜（シャンツァイ）（湖南料理）に必ず調味食品として用いられる．広東人は，さらに，各種の野菜や魚を調理するときの味付けに豆豉を用いることを好む．

豆豉の生産地は中国の古代文化と同じく，最初の発祥地は黄河流域一帯で，流域の陝西，蒲州では，古代から使われていた．その後，江西，山東，湖南などの生産地に伝わり，現在に至り，四川，浙江，湖北，福建，広東などの省で生産されている．江西の泰和（タイホー）豆豉や，湖南瀏陽豆豉は古くから名声が高く，四川潼川豆豉は独特な風味を具え，山東臨沂豆豉は独自の道を切り開き，豆豉の特色を具備し，河南開封西瓜豆豉は特色があり，さらに皇帝に献上し錦上花を添えた．これらは中国豆豉として国の内外に有名である．

1.4 腐乳（Soybean Cheese, Chinese Cheese）

腐乳（フールウ）または乳腐（ルウフー），菽腐（スウフー）あるいは醤豆腐（ジャントウフー）と称し，中国独自の民族色のある発酵食品である．中国腐乳の生産地は全国各地に広がり，独特の風味があり，きめ細かく，ソフトで，栄養豊富で，食欲を増進させる食品である．各地の腐乳は味が一様でなく，作り方もそれぞれ異なり，多くの種類があり，腐乳と言っても同じものはない．加工工程中，豆腐塊に微生物を繁殖させない，すなわち前発酵をさせない醃制（ヤンツー）腐乳（塩漬腐乳）と，微生物を用いる発霉（ファーメイ）腐乳（カビ腐乳）に大別される．発霉腐乳は用いる微生物により細菌型腐乳とカビ腐乳に分けられる．生産された色と風味により，紅（ファン）腐乳，白（パイ）腐乳，青（チン）腐乳，醤腐乳，およ

1.4 腐乳 (Soybean Cheese, Chinese Cheese)

び各種の花色（ホワスォー）腐乳（種々の添加物を混ぜ合わせた腐乳）がある．製品の大きさの規格から太方（タイファン）腐乳，中方（ツォンファン）腐乳，丁方（ディンファン）腐乳と棋方（チーファン）腐乳がある．腐乳の生産を最も早くから始めたのは，中国の南の江蘇蘇州，浙江紹興，広西桂林および広東省の一部の地区である．この南の腐乳は南腐乳（ナンフールウ）とも言い，逐次，北に伝わり発展した．中国の浙江紹興，杭州，広西桂林，上海奉賢，江蘇無錫，常州，四川五通橋の腐乳が最も名声を博している．

第2章　大豆の起源と発酵食品

2.1　大豆の起源

　大豆の種子はタンパク質と脂肪に優れ，醤（ジャン），豉（チー），醤油（ジャンユー），豆腐（トウフー）や腐乳（フールウ）などの加工に用いられている．大豆は中国で古代から栽培され，朝鮮，日本に広がり，1940年代からアメリカで大量に栽培されてきたが，近年ブラジル，アルゼンチンなどの南米諸国でも栽培され，輸出されている．大豆の起源が中国であることは認められている．この起源地について種々の学説があり，中国の西南説，特に雲南と貴州省の高原[1]，これと，やや関係のある青海やチベット以東[2]，長江や黄河の水源地[3]および東北部[4]とする説（黒龍江地区），また朝鮮半島の北部説や華北の東部説[5]があり，このほか，華中および華北[6]，華南[7]，涇河（山西省）と渭水河（山東省）の間[8]，山戎（河北省）[9]，長江以北と黄河流域の沿岸[10]などがある．

2.1.1　豆の起源と伝播に対する研究方法
(1)　野生種と栽培作物の関係

　作物の起源は野生種と関連がある土地を出発点とし，野生種が栽培作物に変化した地点が当然発祥地である．その後，人類が数千年の長い間，狩猟から採集農業の時代を経て，地球上を広範囲に移動した結果，野生種は自然の繁殖力が強いため，栽培地から離れた広い地域に分布していることが多い．野生大豆を馴化して，栽培地や栽培方法を変えて長期間人工的変異を起こさせると必然的に大豆本来の性質に変化がみられる．野生大豆は始めは蔓性であったが進化して半蔓性となり，細い茎で地面を這った泥豆（ニートウ）（莢が泥を被ったように見える品種）から，栽培しやすい，直立した大豆が作り上げられた．

　進化の過程で多くの変わった種類の豆ができたが，栽培しやすく，種実を多くつけ，収穫しやすい大豆を選別した．現在でも，それぞれの地域に変わった多くの品種の豆が分布している．大豆の品種は粒の大小が進化の重要な指標となる．進化の少ないときは小粒で，茎が細く，蔓性，分枝性が強く，主茎と分枝の区別

が不明瞭で，無限型の莢（莢が限りなく長くなり，中に多くの種実が入っている）が多くつく．野生種から半野生種まで，このタイプである．中国の江南には小粒で褐色の，秋収穫する泥豆または馬料豆(バリョウトウ)（飼料用の大豆の品種）が自生し，山西や四川省の黄土高原には小粒の黒豆（ヒートウ）が分布し，東北地方には食用の小豆(アズキ)の畑に小粒の黒色や褐色の大豆が混ざって自生している．この自生の小粒の大豆は蔓性で，粒が平べったい円形で，生育している状態は野生種に似ている．一般に，このタイプの大豆は野生型と栽培型の中間の種類で，進化の中間産物である．進化が進むと大粒のものが多く，茎は強く硬くなり，葉は大きくなり，直立し，矮性(わいせい)で，主茎は発達し，有限型の莢（莢の中に種実が3～4個入り，限りのある大きさの莢）が枝の分かれ目に多くついている．この性質は現在，栽培されている一般の大豆のタイプである．地理的条件（標高差，日照条件）や気候条件が異なると栽培される品種と地域も異なり，豆莢の付き方にも無限型，中間型や有限型があり，地理的分布で明らかに分かれる．例えば，北方では無限型が多く，南方では有限型が多い．花の色はほとんどが紫色で，たまに白い花もある．大豆の粒の色は黒，黄色，褐色，青緑や緑色がある．

高い山や海抜の高いところに分布する豆類は日光や温度によって色が変化しやすく，同じ品種の大豆でも色が変化する．黄色の大豆にも白いヘソ（白眉豆（パイメイトウ））や黒いヘソ（黒臍豆（ヒーチートウ））のものがあり，皮が青緑色の大豆には中味が黄色のものと青緑色のものがある．黒大豆は皮が黒く，中味が青緑色のもの（大烏豆（ターウートウ））と中味が黄色のもの（小烏豆（ショウートウ））がある．また，大豆の品種には高タンパク質のものと油の多いものがある．さらに集中型や分散型の莢とか，裂きやすい莢や裂きにくい莢とか，大粒や小粒，丸粒や扁粒(へんりゅう)（平べったい）型などが栽培され，大豆の種類は極めて多い．秦の時代に大豆と稲を交互に栽培すると収穫量が増えることから，地力(ちりょく)を維持するために豆類を栽培していた．夏大豆の早生(わせ)には枝条伸育無限（特殊無蔓化型）と枝条伸育有限（正常型）があり，秋大豆は枝条伸育無限（晩生種），ツルマメ（*Glycine gracilis*）は枝条伸育無限の半野生種である．

長江流域では秋大豆，華北は中間型，華中，華北の海岸，江西以西と大陸内部では夏大豆と秋大豆の両者が栽培されている[7]．現在，日本の四国，九州地方の夏大豆は4月にまき，8月に収穫し，早生で生育期間も開花期間も短い[7]．また，この地方の秋大豆は5～7月にまき，11月に収穫され，晩生(おくて)で開花期間の長い品種である．一方，日本の中部以北に作られる大豆は枝豆を除けばほとんどが秋大豆として栽培されている．

(2) 遺伝中心説と栽培作物の発展説

野生種から栽培に至る変異の過程を明らかにするため，世界の各地から作物の品種や野生種，近縁種などを採取し，これらを栽培しつつ調査して，作物種の変異の最も大きい地点をその作物の発祥地とする．例えば，小麦などのゲノム解析（DNAの遺伝子情報の解読）から多くの形質が調査され，発祥地が推定されている．栽培作物発展説としてよく小麦や大麦が用いられ，これらは最も古い栽培作物である．2倍体の小麦と大麦の最古の起源地はエチオピアで，考古学上，古代エジプトの小麦とエチオピアの小麦は同一の種類であったものが栽培により改良され，それが古代エジプトよりエチオピアに伝播した．

野生種のツルマメ（*Glycine soja*）の染色体数は $2n=40$ で大豆に等しく，大豆の品種間では自由に交配ができる．*Glycine* 属には *Soja* 亜属と *Glycine* 亜属や *Bracteata* 亜属がある．*Glycine* 亜属は中国の華南から台湾，海南島，さらに南太平洋の島々，フィリピンからオーストラリアに分布している．

また *Bracteata* 亜属はインド，西南アジア（スリランカ，マレー，インドネシア），アフリカにかけて分布している．ツルマメは中国大陸，台湾，日本，朝鮮半島およびシベリアに分布している．なお，*Soja* 亜属は染色体当たりのDNA含量が他の野生種より高い[11]．

(3) 分子生物学的検討

1) 大豆種子タンパク質と含硫アミノ酸

豆類のタンパク質含量は一般に多いが，動物性タンパク質と比べると含硫アミノ酸（メチオニンとシスチン）量が見劣りする．豆類の中でタンパク質含量は *Glycine* 属が30〜45％と一段と多い．また，豆類に不足しやすい含硫アミノ酸も *Glycine* 属では多く，特に *Soja* 亜属には多い[12]．

近年，栽培大豆やツルマメの系統品種について，中国の緯度と大豆に含まれるタンパク質含量との関係を調べた結果，北緯35度付近の黄河流域（陝西省を中心とした地域）でツルマメと栽培大豆の開花期とタンパク質含量が最も接近しており，この黄河流域を大豆の発祥地としている[13]（図2.1）．

大豆貯蔵タンパク質は超遠心機による沈降分析により11Sグロブリン（glycinin）と7Sグロブリン（β-conglycinin）に分離される．大豆タンパク質の約70％が11Sグロブリンと7Sグロブリンで占められる．11Sグロブリンは7Sグロブリンの4〜5倍の含硫アミノ酸を含み，11Sグロブリンには7Sグロブリンよりメチオニンは約4倍，システインは約6倍も含まれている．

日本各地の大豆品種について平ら[14]は，含硫アミノ酸の指標となる11Sグロブ

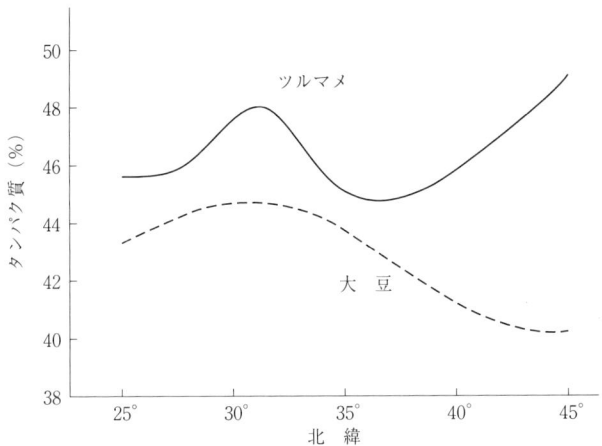

図 2.1 中国の緯度別に見たツルマメと大豆のタンパク質含量[13]
野生大豆と栽培大豆のタンパク質含量は北緯35°付近（黄河流域）で最も接近している．

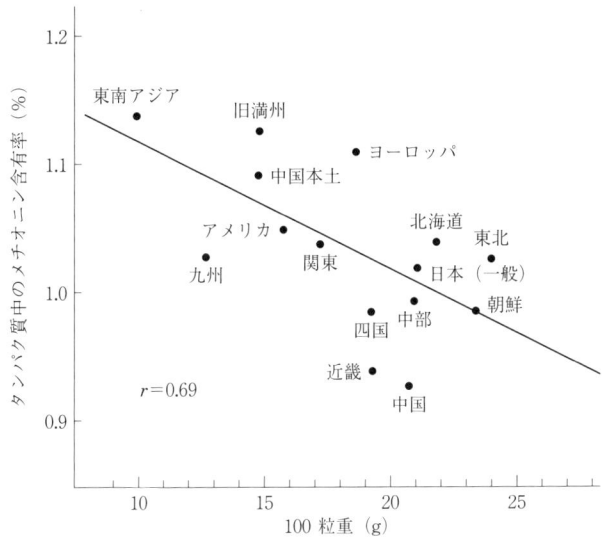

図 2.2 地域別品種群における100粒重とタンパク質中メチオニン含有率の平均値[14]

リンと7Sグロブリンの比率を調べ，地域によって含硫アミノ酸が異なることを見出した．特に関係のあるメチオニンについて100粒重との関係を地域の平均値で見ると，近畿以西の品種は相対的にメチオニン含量が低く，100粒重も低い．こ

れは日本の夏大豆系の品種は秋大豆系より先に日本に渡来し,かつ作物として劣る原始的な大豆であったことを意味している.

野生種ツルマメについて徐ら[13]は,グロブリン 11S/7S 比を測定し,その分布を図 2.3 のように示している.この比率は南シナ海沿岸部の 0.71 から北に行くに従って上昇し,中国の東北部の 1.18 から黒龍江地区の 1.39 まで上昇する.これはツルマメが漢民族によって取り入れられ,中国の南方から北方の辺境まで含硫アミノ酸の含量を高めつつ伝播したことを示している.

大豆の貯蔵タンパク質の 11S グロブリン/7S グロブリン比の分布,並びに SDS-ポリアクリルアミド電気泳動(PAGE)法による泳動図および精製したグリシニンのアルカリ尿素系電気泳動図を図 2.4,図 2.5 に示した.原田ら[15]はグリシニンをグループ I (A_1, A_2),グループ II (A_3, A_4)に分け,それぞれポリペプチドが異なる大豆とツルマメを用いた連鎖分析から,これらのサブユニットの各遺伝子座は互いに独立であることを示した.また,7S グロブリンサブユニット (α, α', β)のうち α' を欠失する品種と,α, β が低下した品種を見出した.これらの 11S/7S 比の高い系統の含硫アミノ酸の含有率は普通の品種に比べ約 20% 高い値を示した.さらに原田ら[15]は,各地の在来品種の 11S グロブリンの電気泳動図から,A_5, A_6 のバンドを欠如する品種が北海道を除く日本の品種群に多く,同じ現象が

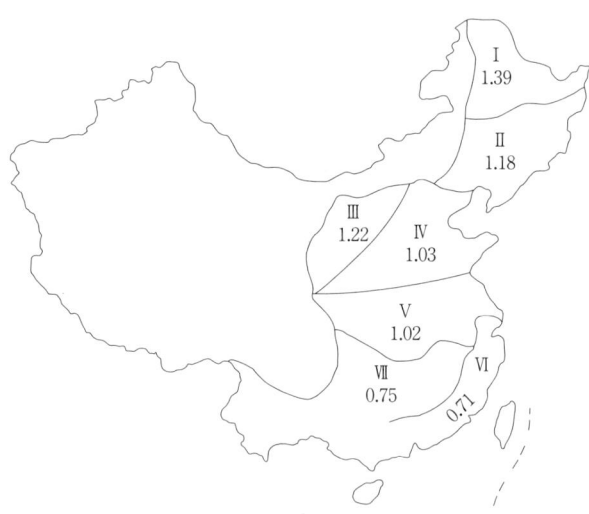

図 2.3 中国における生態区別に見たツルマメの貯蔵タンパク質 11S/7S 比の分布[13]

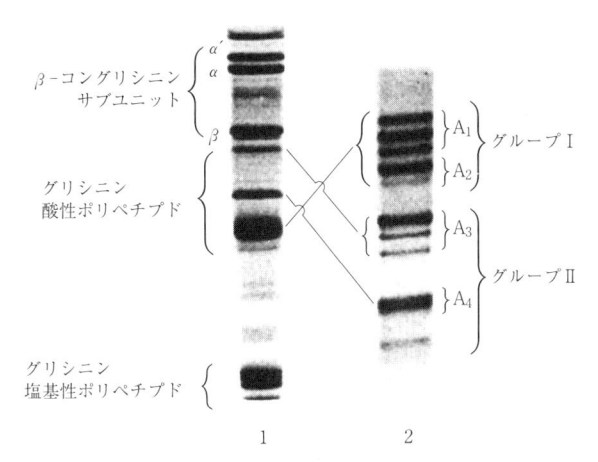

図 2.4 大豆種子タンパク質の電気泳動像[15]
1：5M 尿素を含む SDS-PAGE による大豆種子タンパク質の分析．
2：アルカリ尿素系電気泳動法によるグリシニン酸性ポリペプチド の分析．

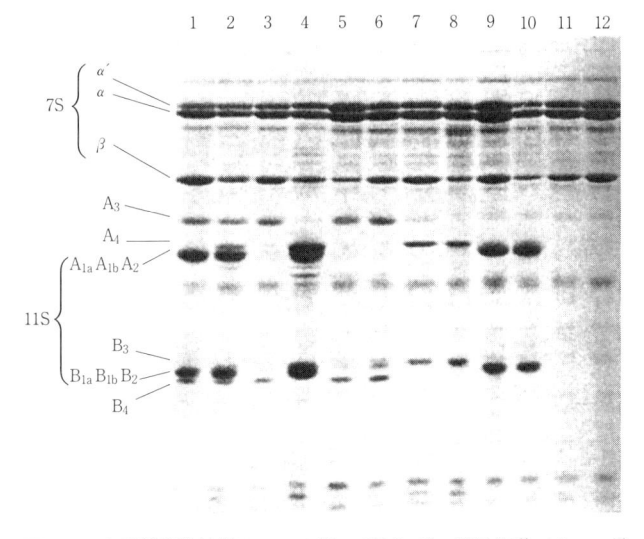

図 2.5 大豆種子酸沈殿タンパク質の SDS-ゲル電気泳動パターン[15]
1：スズユタカ〔A_4 型（$A_5A_4B_3$ サブユニット欠失）品種〕
2：ウィリアムス 82〔A_5 型品種〕
3：グループ I および $A_5A_4B_3$ サブユニットを欠失する誘発変異系統．
4：A_5B_4 サブユニットを欠失する変異野生大豆（ツルマメ）
5～12：誘発変異大豆(3)×変異ツルマメ(4)の交雑後代に作出された 11S グロブリンサブユニット（グループ I，A_5B_4 および $A_5A_4B_3$ の二重（5～10），三重（11，12）欠失系統）．
グループ I サブユニットは $A_{1a}B_2$，$A_{1b}B_{1b}$ および A_2B_{1a} から成る．

表 2.1 普通品種・7S 低下系統の全タンパク質，7S および 11S グロブリン含量[*1]

品種・系統	供試数	タンパク質[*2]（%）	全タンパク質中の%[*3]	
			7S	11S
7S 低下系統				
A 系統（α' 欠失，$\alpha \cdot \beta$ 低下，A_5 型）	5	43.4[a]	8.7	52.5
E 系統（α' 欠失，$\alpha \cdot \beta$ 低下，A_4 型）	5	44.4[a]	11.7	44.7
普通品種				
A_5 型	20	41.4[b]	17.3	38.3
A_4 型	20	41.1[b]	19.5	31.2

*1 　タンパク質含量：Kjeldahl 法（全窒素×6.25, 乾物表示）での定量値．7S および 11S 含量：各抗血清を用いた単純放射状免疫拡散法での定量値．
*2 　上付き文字 a, b は 5% 水準で有意な差があることを示す．
*3 　各カラムの数値はすべて 5% 水準で有意な差があることを示す．

ネパールの群でも多かったが，他の外国の地域では見られないという．

また，原田らはツルマメの一部にグリシニンのグループ A_4 を欠失するものがあることを見出し，徐ら[13]はツルマメの $A_5 A_4 B_5$ の cDNA と，これに対応する大豆の cDNA を比較して酸性ポリペプチド A_4 の末端基の塩基配列に大きな差異があることを報告している．今後これらの遺伝子解析から分子連鎖地図を作成し，大豆の起源地と，その伝播ルートを解明する必要がある．

2) トリプシンインヒビター[16,17]

多くのプロテアーゼインヒビターは，種子の貯蔵と発芽時に内在するプロテアーゼの調節作用と，昆虫および微生物の攻撃から種子を防御するための作用を有すると考えられており，野生種ほどプロテアーゼインヒビターが強く残っている．

大豆種子には，Kunitz のトリプシンインヒビター（KTI）と Bowman らのプロテアーゼインヒビター（BBI）の 2 種類が含まれ，これらはプロテインボディに局在している．これらインヒビターは，一次構造上の相同性やジスルフィド結合の位置，反応部位の位置，阻害プロテアーゼの種類から分類されている．トリプシンインヒビター（KTI）の遺伝子は少なくとも 10 個の遺伝子ファミリーからなる．

Kunitz のトリプシンインヒビターは Ti^a, Ti^b, Ti^c, ti などの複対立遺伝子に支配される．各地の大豆の品種に対するトリプシンインヒビターの遺伝子型の分析結果を図 2.6 に示した．中国大陸では Ti^a 型が 97% で高く，東北部では 99% でさらに高い．日本では Ti^a 型が北海道では 63%，東北 57% と南下するほど下がり，その逆に Ti^b 型が増える．九州の夏大豆では Ti^a 型が 23% と最低であり，逆に Ti^b 型が 77% と最高である．九州の秋大豆は Ti^a 型が 77% と最高である．この現

2.1 大豆の起源　　13

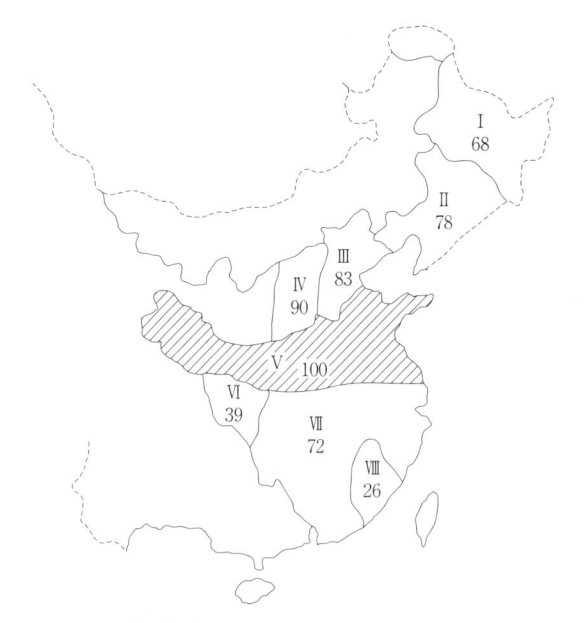

図2.6 中国在来ツルマメのトリプシンインヒビター
　　　　Ti^a型頻度の分布[13]

象は日本の夏大豆系は Ti^b 型が主流で，秋大豆系は Ti^a 型が主流であることを示している．朝鮮半島では全般に Ti^a 型が高く，日本と中国の中間的である．ツルマメのトリプシンインヒビターは華北では Ti^a 型が多いが，華南の沿岸部では Ti^b 型が多い．その他のアジアの大豆では，タイ，ベトナム，マレーおよびフィリピンの大豆は Ti^a 型が100%であった．またビルマ，ネパール，パキスタンおよびアフガニスタンの大豆は Ti^a 型のみで，インドでは約16%が Ti^b 型である．これは大部分が黒大豆である．王[18]はトリプシンインヒビターについて全国的に詳しい測定を行ったが，地域品種の大部分が Ti^a 型で，Ti^b は意外と少なかった．徐ら[13]はトリプシンインヒビターの Ti^a 型は華南で最低であり，華北の黄河流域で最高で，東北部に入ると再び低下したと報告している．

　3）　リポキシゲナーゼ[19,20]

　豆乳の製造中の青臭い不快臭への関与からリポキシゲナーゼの欠失変異体が調べられた．大豆種子には3種類のリポキシゲナーゼ（L-1, L-2, L-3）があり，SDS-ゲル電気泳動による泳動度の異なる3本のバンドのアイソザイムが分離されている．リポキシゲナーゼのL-2が大豆の脂質に働き，リノール酸を遊離酸化してヘキサナール（カプロンアルデヒド）を生成する．ヘキサナールが青臭い不快臭の主

な成分で，野生に近いほどリポキシゲナーゼを含み，不快臭が強い．栽培しているほど大豆種子のリポキシゲナーゼのない変異体が多くなっている．野生種から栽培種への変異を，リポキシゲナーゼの異性体を調べることにより，遺伝子がリポキシゲナーゼの変異を支配することが示された．これら植物遺伝子の見地か

表 2.2 大豆リポキシゲナーゼアイソザイムの性質[20]

	L-1	L-2	L-3
pI	5.65	6.26	6.15
SDS-PAGE R_f	大	中	小
熱安定性	○	×	△
最適 pH	9	7	7
基質　脂肪酸	○	アラキドン酸>リノール酸	アラキドン酸<リノール酸
中性脂肪	×	○	○
生成物（リノール酸）	13-OOH	9, 13-OOH	9, 13-OOH

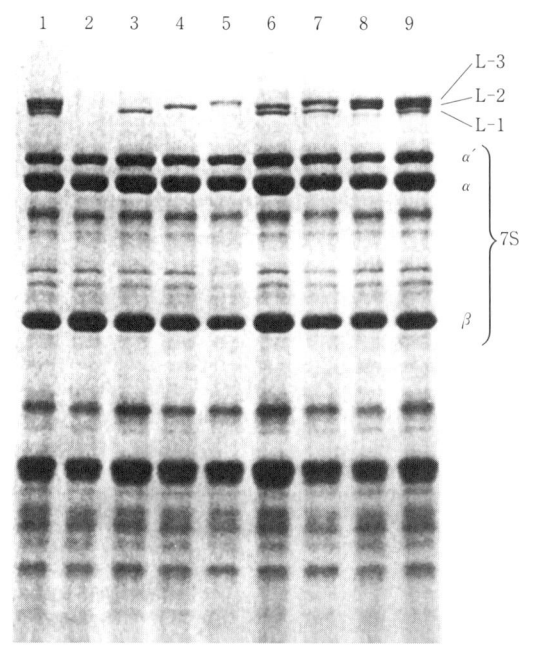

図 2.7 SDS-ゲル電気泳動による大豆種子リポキシゲナーゼの分離[20]
1：エンレイ（普通品種），2：九州 111 号（L-1, L-2, L-3 欠失系統），3：ゆめゆたか（L-2, L-3 欠失品種），4：関東 102 号（L-1, L-3 欠失系統），5：L-1, L-2 欠失系統，6：早生夏（L-3 欠失品種），7：PI 86023（L-2 欠失品種），8：PI 408251（L-1 欠失品種），9：スズユタカ（普通品種）

ら，産地別の大豆種子の DNA のホモロジー（相同）研究を行い，大豆の品種のルーツを系統立てて探ることができる．

2.1.2 歴史学的根拠

李璠は『中国栽培植物発展史』(1984) において，考古学および文献資料から大豆の起源について確定的な推定をしている．1973 年，浙江省姚河姆渡文化遺跡から黒豆が出土した．今より 7000 年前のものである．

また，中国の仰韶龍山の農耕文化の遺跡から大豆が出現し，『管子』には紀元前 7 世紀，斉の桓公が東北南部の山戎族が持っていた大豆に戎菽（ロンスウ）と名づけたと記載されている．北京自然博物館には，山西省の候馬から出土した 2000 年前の商，周代の 10 粒の金色の丸大豆の写真が保存されている．さらに黄河流域の河南省の洛陽の西郊外から西漢（前漢）時代の大豆が出土した．

このほか，中国の北方で野生大豆を探索し，大豆原産地が華北地方である有力な資料として周代に大豆があった証拠を見出した．甲骨文字（商の時代）や金文の中に大豆を意味する字「叔」があり，篆文では「朩」．『説文解字』の 7 巻の下にある朩は豆を表す象形文字で，甲骨文字が台北の故宮博物館に保存されている．漢の時代（紀元前 206～後 25 年）に，菽（スウ）に変わり，豆類の総称となる．周の時代（紀元前 11 世紀～前 221 年）には野生の豆類を菽穀（スウグー）類と書き，茂菽（モースウ）はツルマメで野生の豆のこと，また一般に荏菽（レンスウ）は黄大豆を示し，最も古い文書『竹書紀年』（晋の武帝の時代に魏の遺跡の襄王の墓から発掘された竹の札に書いた文書で，夏の時代から魏の時代までのことが記されている），『周書』（北朝の周の正史，唐の令狐徳棻らの編），『詩経』（殷の時代から春秋時代までの歌謡を集めたもので，孔子の編著と言う）などに大豆の説明がある．『詩経』の中に「豆を取り，枝豆を摘み，筐（ザル）に入れ，7 月にヒマワリの種と豆を煮る」とある．中原（黄河中流から下流にかけての地域）に菽があり，庶民がこれを栽培していた．また『詩経』大雅・豳風篇に「芸荏菽，荏菽旆旆」（豳の国で大豆が植えられ，盛んに茂っている）（豳は昔の国名，周の先祖の公劉がいた所，今の陝西省邠県の地）と説明している．これらは周の先祖がすでに大豆，粟，麻，麦，瓜，果物などを栽培していたことを示している．さらに新石器時代の前期までさかのぼると，中国の母系氏族社会の神農時代に，すでに多くの穀物や野菜が作られていたことがわかる．秦の時代には大豆が最も古い作物として重要な位置を占めていた．周代の『周礼』天官の九穀（9 種の穀物）の中に大豆がある．

大豆は黄豆（ファントウ）（黄大豆）あるいは毛豆（モートウ）（枝豆のこと）とも呼

ばれる．揚子江（長江）より南では黒大豆が栽培され，黄大豆は北の方に分布する．その後，漢，唐，宋代を経て大豆は醸造用や製油用およびその他の工業に利用され，栽培が全国に広がり，アジアの至る所に伝播し，日本，朝鮮，および東南アジア，インドで大豆が栽培された．しかし，ヨーロッパやアメリカで栽培されるようになったのは100年位前からで，アメリカで多くの品種改良が行われた．現在，中国の東北および華北で最も多くの大豆を栽培し，中国の大豆生産量は世界第1位である．中国の大部分の科学者は大豆の起源地は，多種多様の形質遺伝子をもち大豆の種類が多い，中国の東北，華北，朝鮮にあると推定している．

(1) 起源と伝播に関する諸説

1) 東北起源説

黒龍江地域に野生の烏蘇理（ウースウリー）大豆（*Soja ussuriensis*）があるが，自生している野生の大豆は大変少なく，成熟後，豆の莢は開裂する．また，黒龍江地域で栽培されている大豆には，莢の大小，種子の形態や色沢，莢の色および早生，晩生の出現の多様性があり，これが作物の種の変異の中心として調べられている．

バビロフ[21]は中国の東北の大豆の遺伝的性質を調べ，野生烏蘇理大豆の種子が変異を多く起こしていることから，起源となる大豆に最も近い種であるとしている．しかし，この栽培植物の発祥地の決定についてのバビロフの説には多くの反対論者がいた[22]．その後，大豆の発祥地は黒龍江地域と東南アジアの辺縁地域であるという説がでてきた．

韓国の李[23]はバビロフの主張と同様に，中国の東北地域を大豆の発祥地と主張し，さらに文献資料を加えて説明し，東北の貊（モー）族の発祥地である高句麗（こうくり）の近隣で大豆栽培の開発を行っていたとする．最近，朝鮮半島に烏蘇理大豆の野生種と栽培種が少なからず発見されている．また，福田[4]とKarasawa[24]は，東北部に大豆とツルマメの交雑種と認められる半栽培種があり，さらにツルマメの変異も大きいことから，遺伝子中心説に従って東北部を大豆の発祥地とした．実際に東北部では地域品種が極めて豊富であり，変異もきわめて大きい．しかし，大豆の形質が無限伸育型を含む進化した状態であり，子実のタンパク質含量が高く[13]，さらに光合成力の高い品種があるので東南アジアの辺縁説から矛盾する．『三国志魏志東夷伝』の中に高句麗でよく作られている発酵食品の記載がある．『新唐書』渤海（ぼっかい）にも豉の記載がある．発酵食品の醤を言語学から説明すると，醤の満州語の発音は「ミスン」，宋代の『鶏林類事』の朝鮮高句麗方言によると醤は密祖（ミソ），近世の李朝の『増補山林経済』では末醤（ミジョ），昔の日本では未醤（ミソ）

といった．これらの発音は満州語の醤の発音に非常に近く，醤の起源は中国の東北で，醤の伝播に従い，ミスン→ミソ→ミジョ→ミソとなったと考えられる．『増補山林経済』の未醤は日本の味噌玉麹で，中国の豆豉は味噌玉麹から作ったものである．

2) 黄河流域説

漢代には沢山の史料があり[23]，『管子』によると周代の黄河流域に大豆栽培があり，農民は食生活の中で大豆をタンパク質の重要な給源としていた．これから大豆の発祥地の東北説は有力となった．その後，華北より漸次南北に伝播し，さらに二次的に東北に出現し，生産が盛んになったと推定される．近年，中国の研究者達はツルマメや大豆の系統品種について，開花期やタンパク質含量から見て，また，トリプシンインヒビターやグロブリンのタイプからも，さらに農耕文化の歴史から見ても，黄河流域を発祥地としている[2,6,13]．また，永田[7]は栽培大豆を4種類，すなわち，無限伸育性と有限伸育性秋大豆型，有限伸育性夏大豆型および熱帯蔓化型に分類し，その4つを中心品種とすると，中国東北部の特殊無蔓化型（M），日本の秋大豆型（Ja），日本の夏大豆型（Js）およびインドシナ系（熱帯蔓化型）（I）になることを明らかにした．その分布状況や野生大豆の分布状況から，大豆の起源は華北，華中であるとする説を提案した．

3) 中国の西南説

王[2]が初め，中国の南部からインドにかけての一帯が大豆の起源であろうと推定した．また，李[1,8]は中国の西南地方，特に雲南，四川，貴州の高原とした．この理由は，大豆は日照時間が短くなると花芽をつけ，日照に対して敏感であることによる．野生の大豆の分布を調べると，東北から黄河，長江流域，さらに華南，西南などの地区および青海，チベット高原へ，すなわち西南の方から東北の方に発展したことが示されている．例えば野生大豆の山黄豆（サンファントウ），蔓豆（マントウ），莇豆（ロートウ）は一年生の草本植物で，蔓性，小葉が3枚の複葉からなり，8月に紫色の花が咲く．莢は濃い褐色で，1つの莢に2～3個の種子があり，黄河，長江の流域に分布している．東北の公主嶺，宝塔嶺（山西省）の西北の湿潤な地方の灌木林，大きな草原の中に沢山生育している．また，雲南の西北の麗江の付近に緑豆（リョクトウ）のように小粒で，蔓状の大豆が荒野に生育している．それは野生，半野生で原始的なものである．福建省にも多年生の野生大豆が発見されている．中尾[25]は照葉樹林農耕文化の発達した経路から，大豆が中国の雲南で発祥したことを示した．最近，原[26]は枯草菌の粘質物を生産するプラスミドDNAの遺伝子暗号の配列の共通性を調べ，東アジア各地のバチルス属のプラスミドの分子

量分布より無塩発酵大豆の伝播ルートが雲南辺りを発祥地としていることを明らかにした．

(2) 発酵食品の起源

食物について書かれた最も古い史料『周礼』の百醤（パイジャン）とは，膳を管理した人が王の飲食膳などの料理に用いた醤類のことである．種類の異なる120の醤のカメがあった．

周の時代の豳菽（ビンスウ）は，煮大豆に塩を加えてカメに詰め込み，発酵させたもので，秦（紀元前221～206年）の初めに豉（チー）と改めた．漢代の『中国通史』によると商の時代に豆豉（トウチー）の生産が記され，戦国時代の楚の国（河南省陵県付近）やさらに南の多くの地方では豆豉が作られていた．現在でも中国の南の人々は豉を好み，北の人々は醤を好む．漢代の王逸が注解した『楚辞』に大苦（タークー）という豉があり，既に春秋の戦国時代（紀元前403～前221年）に豆豉があり，『史記』の「貨殖列伝」の中に「塩豉千甕」の記載があり，当時，豆豉が盛んに作られていた．西漢（前漢）代の湖南の馬王堆1号の墓からショウガの豆豉漬（豆豉姜）が出土した．また西漢の史遊の『急就篇』に塩豉（ヤンチー）がある．三国時代の曹植の詩に豆豉から液体調味料の豉汁（チーツー）が生じたとある．当時の人々の食生活の中で重要な地位を占めていた．

『斉民要術』の中に豆醤（トウジャン）および醤油醸造方法などが詳細に記述され，多くの引用がある．また，『食経』に麦の醤と麦醤油が生まれたことが記され，また『斉民要術』の中に豆豉の多くの種類が記載され，豉汁を用いて調味されていたことがわかる．

漢代の末期に紅麹（ファンチュ）および腐乳（フールウ）が出現し，大豆発酵食品の新品種が開発された．ここに中国の大豆発酵食品の基礎が定まり，時代の推移と共に技術の進歩と不断の開発により，大豆発酵食品の輝かしい製品が生まれた．

(3) 豆豉の伝播ルート

伝統発酵食品である醤や豆豉は中国に始まり各地に伝播したが，豆豉には日本の納豆のように塩を含まない淡（タン）豆豉，塩を含む鹹（シェン）豆豉がある．中国では淡豆豉を乾燥した干（カン）豆豉が市販され，調味食品として用いられている．この無塩発酵大豆である淡豆豉はタイのトゥアナオと同じものであり，雲南，ミャンマーの山岳民族であるタイ族が食べている．キネマも干豆豉で東部ネパール，シッキムからブータン，アッサムにかけて広く分布している．一方，朝鮮半島に伝わったものとして，韓国にはチョンクッジャン（戦国醤）という日本の

2.1 大豆の起源

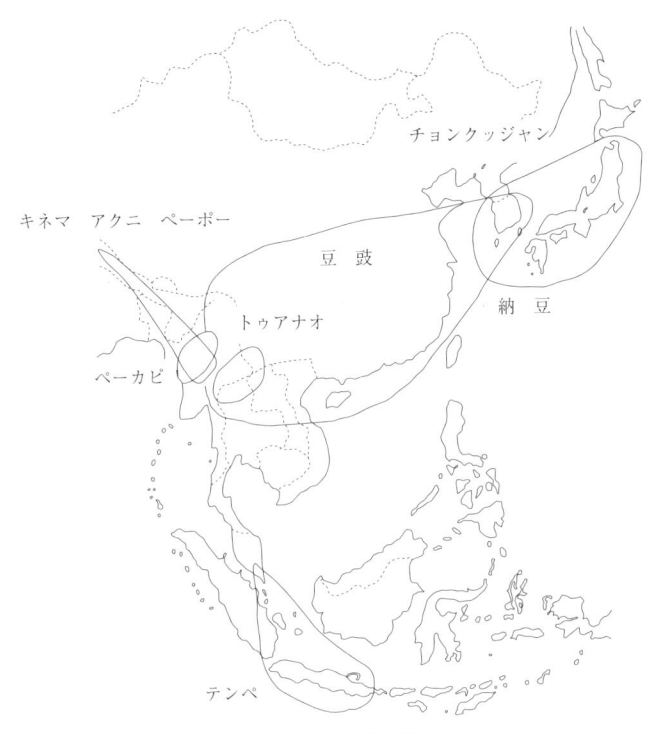

図 2.8 納豆菌の菌学的分布

写真 2.1 浙江省杭州径山寺

第 2 章　大豆の起源と発酵食品

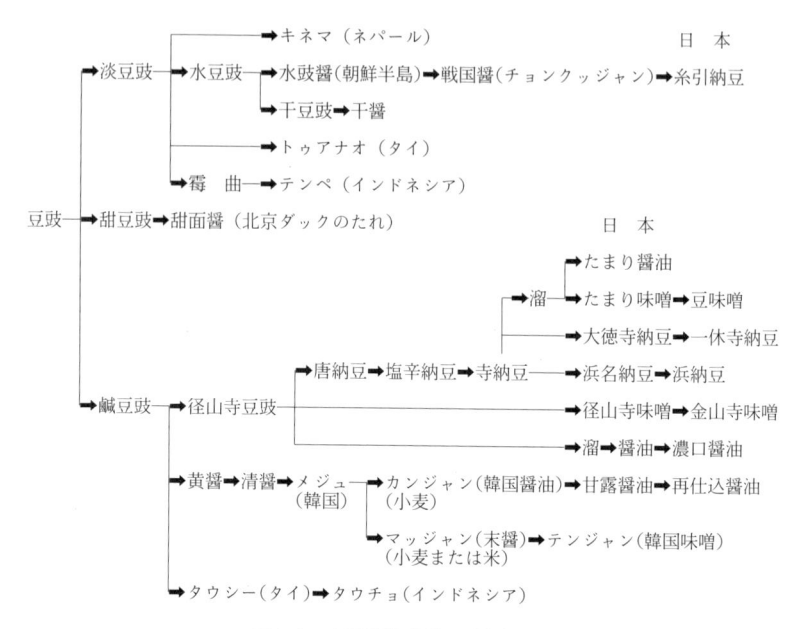

```
                    ┌→キネマ（ネパール）                              日　本
       ┌淡豆豉→水豆豉─→水豉醤(朝鮮半島)→戦国醤（チョンクッジャン）→糸引納豆
       │         └→干豆豉→干醤
       │         └→トゥアナオ（タイ）
       │         └→霉　曲─→テンペ（インドネシア）
豆豉─┤甜豆豉→甜面醤（北京ダックのたれ）              日　本
       │                                    ┌→たまり醤油
       │                              ┌→溜─→たまり味噌→豆味噌
       │                              │    └→大徳寺納豆→一休寺納豆
       │        ┌→唐納豆→塩辛納豆→寺納豆→浜名納豆→浜納豆
       └鹹豆豉┬径山寺豆豉─────→径山寺味噌→金山寺味噌
              │                      └→溜→醤油→濃口醤油
              ├黄醤→清醤→メジュ→カンジャン（韓国醤油）→甘露醤油→再仕込醤油
              │          （韓国）  （小麦）
              │              └→マッジャン(末醤)→テンジャン（韓国味噌）
              │                  （小麦または米）
              └→タウシー（タイ）→タウチョ（インドネシア）
```

図 2.9　大豆発酵食品の種類と変遷

納豆と同じものがある．タイに伝わった豆豉には塩を含む豆司（トゥス）があり，インドネシアではタウチョとして伝わっている．また，マレーシアやインドネシアのテンペは納豆菌（バチルス属）ではなくリゾープス菌（クモノスカビ）で蒸した大豆の周囲を覆って作る（霉曲）が，大豆の粒が残るため中国では淡豆豉と言う．日本に伝わった鹹豆豉は，寺納豆の大徳寺納豆，浜納豆の塩辛納豆であり，唐の玄宗の時（753 年）に鑑真が鹹豉 30 石を船に積んで日本に渡来した．仏教の伝来とともに寺から寺に豆豉の作り方が広まった．日本の「東大寺正倉院文書」（730～748 年）を始め，『本草和名』や『延喜式』（927 年）などに多くの醤類が記載されている．その後，鎌倉時代に僧覚心が宋に渡り，径山興聖万寿禅寺（現在の浙江省杭州）や径山寺に学び，塩の少ない径山寺豆豉（金山寺味噌）を紀州の由良の興国寺に伝えた．この豆豉の溜が醤油となり，由良に隣接する湯浅でたまり醤油の醸造が始まった．これらが醤油となり，船で播州竜野や堺に送られ，さらに下り醤油として江戸で売られ，銚子，佐原，結城でも売られた．後に銚子や野田で醤油醸造業が始まった．

また，黄醤（大豆醤）は中国東北部から朝鮮半島に伝わり韓国のカンジャンとなり，さらに日本の山口や島根に伝わり甘露醤油となり，現在の再仕込醤油として

市販されている.

(4) 淡豆豉に含まれる *Bacillus subtilis* のプラスミド

　東南アジアの大豆発酵食品には多くの *Bacillus* 属の菌が含まれている. この中で日本の糸引納豆の菌学的研究により, 分類学上 *Bacillus subtilis* の1菌種として *Bacillus natto* が認められている. この納豆菌を蒸大豆に接種して糸引納豆を作る. この糸引性の粘質物はγ-ポリグルタミン酸とレバン様多糖類からなり, その主体はγ-ポリグルタミン酸であるこが知られている[26]. γ-ポリグルタミン酸はγ-ポリグルタミルトランスペプチダーゼ活性と相関関係が認められ, しかも, このγ-ポリグルタミン酸の生産能にはプラスミドが関与している[27]. このため糸引納豆, 中国の淡豆豉, ネパールのキネマ, タイのトゥアナオからγ-ポリグルタミン酸の生産能を有する好気性有胞子桿菌が分離され, そのプラスミドの検討が行われた. その結果を表2.3と図2.10に示した. このプラスミドの分子量は5.8kbから9.9kbまであるが, 小型のプラスミドである. 納豆菌のプラスミドの起源と進化についての研究から, 淡豆豉（無塩発酵大豆）のルーツは雲南の辺りで, この照葉樹林帯からの伝播ルートが説明されている. 東アジア各地の納豆のプラスミドの分子量の分布を図2.10に, 雲南を発祥地とする無塩発酵大豆の伝播ルートを図2.11に示した. この伝播ルートは種族・民族の移動あるいは交流により, 山岳ロード沿いにブータン, ヒマラヤを越え, ネパールへと西進し, 一方, 華南, 華中と中国大陸を北上した後, 東へ進み, 朝鮮半島を通り日本にまで伝播した. また, 一方, 中国大陸から海上を通り, 日本まで伝わった. さらに, あるものはタイ北部山岳地帯へと南下し, 中尾の示した東亜半月弧説による照葉樹林農耕文化の経路が, 野生大豆の起源のルートと重なる[25].

表2.3 無塩発酵大豆から分離した各種γ-ポリグルタミン酸生産菌の性質[26]

菌　株	ビオチン要求性	粘質物生産能		γ-GTP活性[*2] (mU/ml)	プラスミド (kb)		分離源
		蒸煮大豆	SG培地[*1]				
旭川	＋	＋＋＋	＋＋＋	424	pUH1	(5.8)	納豆
PE 4	＋	＋＋＋	＋＋＋	354	pCTP4	(6.3)	豆豉
N 3	＋	＋＋＋	＋＋＋	1,069	pNKH	(7.4)	キネマ
IFO 3022	－	＋	＋＋	124	pLS11	(8.6)	
KB 191	＋	＋＋＋	＋＋＋	153	pTNH14	(9.9)	トゥアナオ

＊1　スクロース, グルタミン酸, ビオチンと無機塩からなる完全合成培地.
＊2　37℃, 3日間培養後の上澄を粗酵素液として活性を測定した.

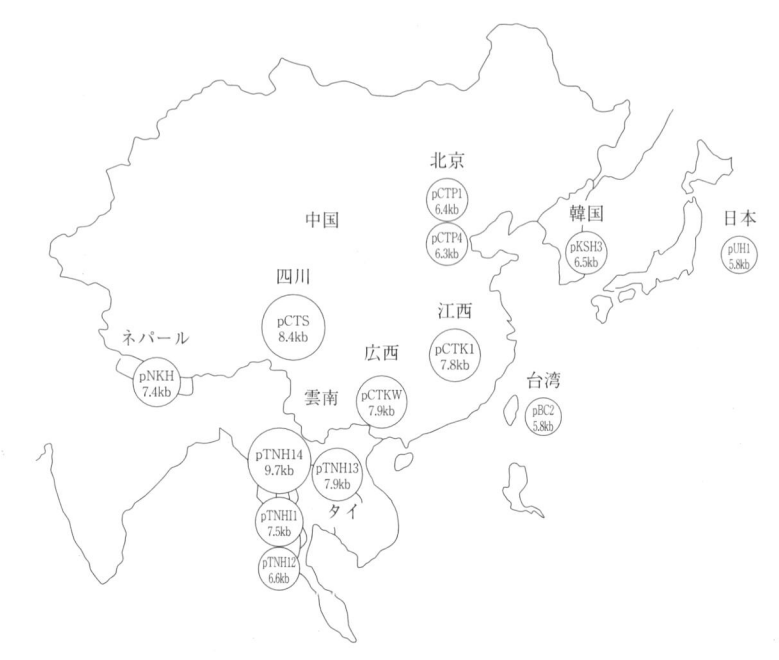

図 2.10 アジア各地の納豆菌プラスミドの分子量分布[26]

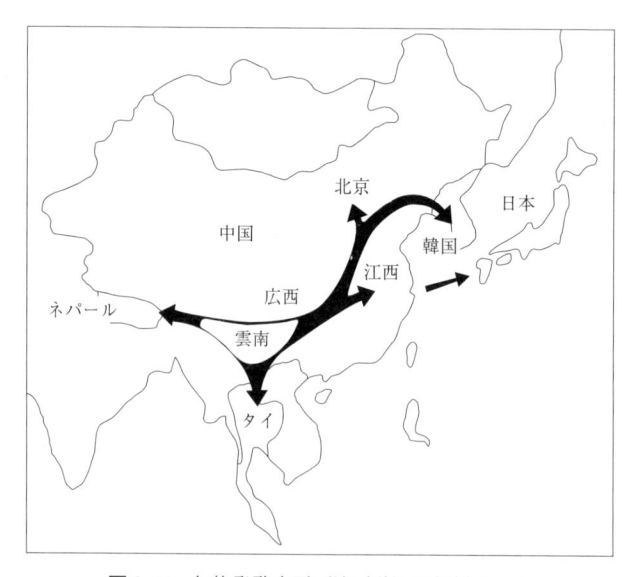

図 2.11 無塩発酵大豆（淡豆豉）の伝播ルート

文　献

1) 李璠：遺伝, **2**, 2期（1989）
2) 王金陵：農業学報, **2**（4）338（1951），遺伝学通訊，第3期（1973）
3) 咎維廉：農業考古，第2期（1982）
4) K. Fukuda：*Jap. J. Bot.,* **4**, 489（1933）
5) 呂世霖：中国農業科学，第4期（1978）
6) T. Hymowitz, N. Kaizuma：*Economic Botany,* **33**, 311（1979）
7) 永田忠男：農学大系，大豆編，p. 311，養賢堂（1956）
8) 李璠：中国栽培植物発展史，p. 79，北京科学出版社（1984）
9) 王振堂：吉林師範大，自然科学学報，第2期（1980）
10) 李根蟠：農業考古，第1期（1984）
11) S. Yamamoto, Y. Nagato：*Proc. Crop. Sci. Soc. Jap.,* **44**, 146（1976）
12) 海妻矩彦：農業技術，**31**，297（1976）
13) 徐豹，鄒淑華，庄炳昌，林忠平，趙王錦：作物学報，**16**，236（1990），徐豹ら：大豆科学，**4**，1期（1985）
14) 平春枝，平宏和，海妻矩彦，福井重郎，松本重男：日本作物学会誌，**45**，381（1976）
15) H. Harada, K. G, Hossain：*Proc. Int. Cong. Soybean Process. Utilz.,* 85（1991），原田久也，梶原英司，柳沢貴司，平野久：育種，**41**（別2），462（1991）
16) 海妻矩彦，及川一也，三浦正弘：岩手大学農学部集，**15**，（2）81（1980）
17) T. Hymowitz, N. Kaizuma：*Economic Botany,* **35**, 10（1981）
18) 王衍桐：作物学報，**12**，31（1986）
19) 喜多村啓介，石本政男，海妻矩彦：育種，**43**，59（1993）
20) 喜多村啓介：種子のバイオサイエンス，種子生理生化学研究会編，p. 224，学会出版センター（1995）
21) N. バビロフ，中村英司訳：栽培植物発祥地の研究，八坂書房（1980）
22) E. Isaac, 山本正三訳：栽培植物と家畜の起源，大明堂（1985）
23) 李盛雨：朝鮮半島の食の文化，石毛直道編，東アジアの食文化，平凡社（1985）
24) K. Karasawa：*Jap. J. Bot.,* **8**, 113（1936）
25) 中尾佐助：栽培植物と農耕の起源，岩波新書（1966）
26) 原敏夫：化学と生物，**28**，676（1990）
27) 伊藤義文，永井利郎：日本醸造協会誌，**89**，620（1994）

2.2　醤と醤油の起源および，その歴代醸造技術[1]

2.2.1　醤および醤油の源流

　醤（ジャン）は中国や東南アジアおよび日本の重要な調味食品である．醤は日本の醤油の諸味(もろみ)のように大豆が分解してどろどろした，豆粒が残っていない水分の多いものであり，発酵して水分が少なく豆粒が残っているものが豆豉（トウチー）である．この醤や豆豉は食品の調理の味付けに用いられている．中国の醤も地方色豊かで，多くの種類がある．日本の味噌は主に味噌汁として用い，味噌には滷(ご)

して豆粒の残っていないこし味噌と，豆粒の残った粒味噌（中国から伝わった豆豉の製法で作った金山寺味噌，豆味噌）がある．このほかにも多くの種類の味噌がある．

日本にも淡（タン）豆豉である寺納豆や糸引納豆があり，また醤は日本では比志保（ひしお），甘露ひしお，とも呼ばれた．醤および醤油（ジャンユー）の起源は中国で，古文書『周礼（しゅうらい）』天官によると，醤は周の時代に始まり，その当時は肉醤（ロウジャン）または豆醤（トウジャン）があった．

種々の古書を探索すると肉醤は商の時代に始まり，昔の醤には多くの種類があったが，特に肉醤に多くの種類がある．醤および醤油の起源当時の醸造技術と現在の方法を比べると，多くの技術進歩によって新しい種類の醤が生まれたが，昔の技術を学ぶことにより，現在の新製品の開発に役立てることができる．醤は昔の人類の食生活の変遷と同じで，最古の醤は鶏肉や獣類を原料として作られていた．古書によると，「醢（カイ）」と呼ばれる種類が増えたので，醢の文字の前に兎や馬などの名を付けて区別していた．魚介類は魚醢（ユーハイ）と呼ばれる．これらの中でも鶏肉などが主なものであった．

その後，農業の発展につれ，栽培作物の種子を原料とした醤が出現し，やがて豆醤や麦醤（マイジャン）が現れた．栽培技術の進歩により，豆や麦の生産量が急激に増大し，大豆醤（タートウジャン）と豆豉が飛躍的に発展した．その後，醤油が分かれ，今では醤と言えば豆醤を指す．面醤（ミエンジャン）（面＝麺）は原料として麦を用いた甘い麦醤のことである．以下に，古文書の中に記載されている主要な醤をまとめて示す．

中国の古文書に記載された主な醤（《　》内は書名を示す）
(1) 鳥，獣肉を原料としたもの
(1)-1　肉醢（骨なしの肉）
　① 醢醤（ハイジャン）《四民月令》
　② 蠃醢（ルオハイ）《周礼》　蠃（トラやヒョウ）
　③ 兎醢（トウハイ）《周礼》
　④ 雁醢（イァンハイ）《周礼》
　⑤ 鹿醢（ルーハイ）《周礼》
　⑥ 蚳醢（チーハイ）《周礼》　蚳（アリの卵）
　⑦ 肉醢（ロウハイ）《斉民要術》
(1)-2　醓（タン）（多汁のもの．麹や塩を混ぜ，酒漬にした肉汁）
　① 深蒲醓醢（シェンプータンハイ）
　② 醓醢《詩経，周礼》

(1)-3 臡（ナン）（骨つきの肉）
  ① 麋臡（ミーナン）《周礼，儀礼》　麋（トナカイ類）
  ② 鹿臡（ルーナン）《周礼，儀礼》
(1)-4 脡（ティン）（細長く延ばした肉）
(2) 魚介類を原料としたもの
  ① 魚醢（ユーハイ）《周礼》
  ② 魚醤（ユージャン）《斉民要術》
  ③ 魚醤汁（ユージャンツー）《斉民要術》
  ④ 蝦醤（シャジャン）《斉民要術》
  ⑤ 蜯醤（バンジャン）　蜯（ドブガイ）
  ⑥ 蚶醤（ハンジャン）《酉陽雑俎》　蚶（アカガイ）
  ⑦ 蛤醤（ハージャン）　蛤（ハマグリ）
  ⑧ 魚腸醤（ユーツァンジャン）《斉民要術》　魚腸（イワシのはらわた）
(3) 豆類を原料としたもの
  ① 豆醤（トウジャン）《論衡，斉民要術》
  ② 小豆醤（ショトウジャン）《農桑衣食撮要》
  ③ 豌豆醤（ワントウジャン）《農桑衣食撮要》
(4) 麦を原料としたもの
  ① 麦醤（マイジャン）《食経》
  ② 面醤（ミエンジャン）《農桑衣食撮要》
  ③ 大麦醤（ターマイジャン）《本草綱目》
(5) その他を原料としたもの
  ① 楡子醤（ウィズージャン）《斉民要術》　楡子（ニレの青い莢つきの実）
  ② 芥醤（カイジャン）《礼記》　芥（カラシナ）
  ③ 蒟醤（ジュジャン）《漢書》　蒟（コンニャク）

(1) 醤の起源

殷代（紀元前18世紀頃〜前11世紀頃）の古墳から発掘された多くの亀甲，獣骨文字の中に，その当時は畜産業が極めて盛んで，祭礼の時の供物に大きな動物や鶏も含まれていたことが示されており，甲骨文字に果樹，桑，粟（アワ），糸，綿，田（稲），禾（カ）（穀類），黍（キビ），麦などの農産物の文字が見られる．春には王が神に穀物を供え，秋には収穫物を供えてお祭りをした．供物の中に必ず酒があり，殷代の古墳から多くの種類の酒具が発掘され，酒造りが既に盛んであり，最も早くから醸造技術があった．周の時代に農業の始祖とも言われた棄は若い頃から菽（スウ）（大豆），

禾，麦，瓜（ウリ）などを栽培していた．その後，農業の師となって人々に栽培技術を教えて農神と言われた．夏（か）や殷の時代から主な産業は牧畜から農耕に移っていったが，殷時代には牧畜だけでなく，飼育した家畜からの肉類や魚類を原料として多種多様な醬が出来上がった．その当時の醬を総称して醢（ハイ）と呼んでいた．『周礼』には66の官職中に醢人（ハイレン）があり，四豆（ストウ）の種実を司り，漢の鄭玄（じょうげん）の注によると，醢や臡（ナン）を作る前に必ず肉を乾かしてから砕き，高粱麹（コーリャンチュ）（麹＝麴）および塩と混ぜ，酒に漬け，カメに入れて100日間熟成させたという．また麹を用いない醬もあり，この製造方法により麹が作られる以前に大量に生産されていた．殷の時代には酒を大規模に造り，殷墟には酒造りの坊が遺跡から発見されている．これにより殷の時代に肉醬に用いた麹があり，麹の起源が確認された．この麹は酒造の際に酵素分解と発酵作用の役割を持ち，麹により醬の風味が改善された．

『説文解字』7巻下の朩の字は前にも述べたように豆の形を表した象形文字で，その後，尗に変わり，これが豆類の総称となり，古文書には尗がよく用いられている．

『詩経』には中原（黄河流域の地方）の人々が7月に収穫した尗をザルに入れたとある．『戦国策』には民の食は大抵は豆飯で，1年収穫がないと糟糠（ツォカン）（粕や糠）で我慢をしたと記されている．『礼記』には尗飲水（スウインスィ）（らいき）をすすって楽しんだとある．孟子によると聖人は尗や粟があれば天下を治めることができ，尗や粟は水や火のように重要なものであったという．『周礼』天官によると大豆は九穀の1つであった．『周礼』，『礼記』，『管子』（かんし）の中の出現頻度は麦9，黍9，稲8，尗7，麻6，稷（コーリャン）（しょく）6，梁（アワ）（りょう）4，菱（ヒシ）1．この古文書の時代には大豆は一般の食料として用いられていた．その後，周代に用いた *Aspergillus oryzae*（コウジカビ）には糖化力やタンパク質分解酵素があり，この *A. oryzae* を用いて素晴らしい豆醬ができた．酒造においては，春秋戦国時代になると主にクモノスカビを用いた餅麹（へいきく）があった．『周礼』の中には，動物の肉を原料とした醸造品ができ，これを醢と呼んだとある．肉を原料としないものが作られ始めてから醬の字ができた．農業の発展につれ，多くの穀物が主食となり，尗と呼ばれた豆が重要なタンパク源となった．当時の醬は狭義の醬（醢）で，それぞれの醢の製造方法や製品の外観に共通点があった．その後，穀物の醬を含む広義の醬となり，『周礼』の中の百醬は広義の醬である．『史記』の「貨殖列伝」に大都や村々に「醯，一歳千醸，醯（シー），醬千甕（けい）」とあり，当時の都が繁栄し，醬の生産が普及していたことが分かる．許慎の『説文解字』の尗は豉のことで，「幽尗（ユースゥ）」と

は煮大豆に塩を加え，カメに詰め込み発酵させたもので，幽とはカメに詰め込み，密閉し，A. oryzae で発酵させたという意味である．西漢（前漢）の馬王堆1号墓から豆豉姜（トウチージャン）（ショウガの豆豉漬）が出土した．西漢の史遊の『急就篇』によると狭義の醤は豆と小麦を加えたもので，骨なしの肉には醢，骨つき肉には臡の字をあて，醤は広義でこれらの総てを言うとある．漢の時代に大豆加工がすでに行われており，醤と豉が分かれ，この醤清（ジャンチン）（醤の澄んだ液汁），豉汁（チーツー）が醤油になった．

(2) 豆醤と醤油

東漢（後漢）の崔寔の『四民月令』に正月に肉醤，清醤（チンジャン）（醤油）などを作ったとある．これらの容器の底に小孔を開けて汁液を流出させたもの，あるいは容器の中に竹カゴや竹筒を入れて，汁液を汲み取ったものが醤油である．『斉民要術』は最も古い醸造書で，醤や豉の製造法が科学的に述べられている．

醤は周より3000年の歴史があり，醤油は秦，漢以来，2000年の歴史がある．唐代の孫思邈は『千金宝要』に北魏の時代の醤清から醤油に変わったことを説明している．

北宋の蘇東坡の『物類相感志』や，南宋の林洪の『山家清供』の山家三脆の中には食膳に醤油を用いた記録がある．元朝の王禎の『農書』によると大豆から豆腐や醤料（ジャンリョ）を作った．この当時の醤料はその用途からみて，現在の醤油である．

宋代にも醤料の字が使われている．明の高濂の『遵生八箋』の一篇によると「飲饌服食箋」に醤油を調味料として用いている．明の県誌を集めたものの中で，清代の『上虞県誌』28巻の食貨誌3，『帰安県誌』13巻の飲饌の物産19，『欽定古今図書修集成』職方典1008巻，『金華府』部一集録の物産3，『順天府誌』50巻の食貨誌2，物産36に清醤が記載され，醤および醤油の製造方法が顧仲の『養小録』，李化楠の『随園録』に記載されている．

(3) 豆豉と醤油

『斉民要術』に豆豉と醤類の製造方法が詳しく述べられている．醤から発達し，東アジアで広く用いられている大豆や麦を原料とした醤油や，大豆だけを原料とした豆豉ができた．また，日本のたまり醤油や福建の珺頭グループの農村で生産されている豆醤油がある．農村の自家製の醤油は豆を蒸し，団子状に固め，カビの黄色の胞子を除き，塩水を加えて発酵させ，醤汁（ジャンツー）を汲み上げ，醤油とした．醤汁と豉汁の両者の作り方には明確な差がない．最初の豆豉は大豆を米麹菌で製麹し（『斉民要術』では黄衣（ファンイー）を作ると称する），これを無塩発

酵あるいは加塩発酵で製造した．その後，ケカビを利用した豆豉（四川豆豉），細菌を利用した豆豉（山東水豆豉，日本の糸引納豆），クモノスカビを利用した豆豉（インドネシアのテンペ）ができた．初めは主に米麹菌で豆豉を作っていた．この豆豉から醤油ができた．『斉民要術』の中に豆豉を多く用いた調理加工法があり，70か所に豉汁が記載されている．

『斉民要術』の調理加工法

脯（プー）：薄く切り，塩漬にした干し肉．

腊（シー）：鵝（ガチョウ），雁，鶏を風で乾燥した干し肉．

羹臛（コンホー）：野菜の吸い物と肉の吸い物．

蒸缹（ゼンフォ）：蒸煮．

胚腤煎消法（ゼンアンジャンショファ）：胚腤は魚や肉に水を加えて煮ること，煎消法は魚や肉に油を加え，炒める方法．

菹緑（ツウリュウ）：乳酸発酵を利用して野菜を加工保蔵すること．

炙法（チュファ）：肉を火の上にのせて焙る．

豉汁には醤より多くの用途があった．『斉民要術』によると醤は大豆と麦を原料とするため，タンパク分解力が弱く旨味は少ないが，糖分が多い．また，酵母による発酵で特有な風味があった．三国時代の曹植は煮豆から羹（コン）を作り，豆豉を漉して汁を作り，詩を書いて，豉汁を賞賛していた．このため当時，豉汁が醤清より広く使われていた．豉汁の醸造方法は『居家必用事類全集』に記載されている．ゴマの風味を付けるために，ゴマを加え，蒸した後，日に晒して乾燥する．この操作を3回繰り返して乾燥した香ばしい豉に白塩を加え，撹拌粉砕し，湯と山椒末（サンショウマツ），胡椒末（コショウマツ），乾燥生姜末（ショウキョウマツ），陳皮（チンピ）や白ネギを加え，すり潰し，煎りながら水をとばし，量を1/3に減じ，香辛料を加え，醤油を作った．今でも中国の南方および長江流域では豆豉は豆醤より盛んに生産され，常に豆豉を熱水に浸漬し，その褐色の旨味のある汁液を野菜などの調味に用いる．

現在，江西九江一帯では豉汁から作った醤油を市場で販売している．福建省では豆豉から作った醤油を豉油（チーユー）と称している．日本の醤油は福建泉州から伝わり，大正時代に盛んに生産された．愛知県のたまり醤油は中国の豉油に由来し，1978年，香港で出版された『選択』20期に豉油の醤油が紹介された．

（4） 麦醤と醤油

今まで述べてきた醤は大豆を主な原料として小麦粉を混ぜて作るが，麦醤（マイジャン）は小麦だけを用いる．『斉民要術』の作麦醤法（ズォマイジャンファ）では，小麦の粒で製麹したため酵素活性はあまり高くなく，発酵させたものであるが品

質は良くなかった．これは面醤（ミエンジャン．面＝麺）（小麦粉で作る醤）の先がけである．唐代の『新修本草』によると，醤の多くは大豆を使い，麦は少なかった．明代の『本草綱目』には面醤と豉油および大豆醤が記載されている．面醤の中には大麦，小麦を用いた甜醤（テンジャン），麩醤（フージャン）などがあり，醸造技術も改善された．原料の小麦を粉にして麹を作り，『斉民要術』の麦醤法より良くなった．この面醤は日本の愛知県で生産されている白醤油の先がけである．『本草綱目』に記載された大麦醤法（ターマイジャンファ）は，黒豆（黒大豆）1斗（10ℓ）を焙炒した後，水に半日間浸漬し，煮熟後，大麦の粉20斤（10kg）と混ぜて製麹し，諸味を発酵させて醤を作り，この諸味から汁液が分離したものを汲み取り，醤油とした．黒豆のため色が濃く，甘い味で，汁液は澄んでいた．日本の『和漢三才図会』に，「中国では大麦醤と小麦醤の2種類があり，大麦醤は大豆1斗を水煮した後，精麦1斗を焙炒して粗く砕いたものとよく混ぜて製麹後，日に晒してから塩1斗と水2斗5升を混ぜて仕込み，毎日攉入れをして，夏には75日，冬には100日で発酵させ，圧搾して醤油を得た」とある．日本の醤油と『本草綱目』の中の大麦醤法とは近縁関係にある．

2.2.2 豆醤および醤油の歴代醸造技術[1, 2]

(1) 漢代の豆醤および醤油

漢代の豆醤および醤油は，西漢の史游の『急就篇』，東漢の崔寔の『四民月令』および東漢の王充の『論衡』に記載されている．

1) 史游『急就篇』中の豆醤

史游は西漢時代の人で，『急就篇』には「塩豉を肉汁で調味し酢漬した醤」とある．唐の顔師がこれを注解し，醤は豆と小麦粉を混ぜて作ったもので，骨を除いた肉で作ったものが醢（ハイ），骨付きの肉の作ったものが臡（ナン）であるとしている．これは豆と小麦粉を混ぜて作った最も古い記録である．殷や周以来，骨のない肉に麹を加え，醸造していたが，これは直接，豆麹を作ったものではない．唐代に初めて，醤の製法に原料の全部を製麹する方法が出現し，醤と醤油は同じ醸造方式であったが，醤より醤油が独立して分かれ一大進歩をした．醤油だけを醸造するには徹底して原料を分解し，滓を少なくすることにより，多くの醤油が得られた．原料の全部を麹にすると必然的に酵素が増強して，タンパク質の分解が進み，原料から醤油になる量が増加した．

2) 王充『論衡』中の豆醤

東漢（後漢）の王充の『論衡』の中に豆醤は雷鳴の時期に作るのは悪いとある．

5月中頃から5月末は雨季で、農業の忙しい時であり、そのため農繁期の前に人を督促して早く醤を作るのである。また、雷鳴の時期は気温や湿度が高く、微生物が増殖しやすいので、空気中の微生物も比較的多く、雑菌が増殖しやすい。古代の醤は外気温に影響される天然醸造で、醸造中の雑菌汚染は醸造の大敵であった。このため雑菌の多い期間は避けるようにした。醤を作る場合、塩を加えると安全で品質のよい製品ができるが、さらに安全を保証するためには古人は冬季に醸造をしていた。

3) 崔寔『四民月令』中の豆醤

東漢の崔寔の『四民月令』は166年の成書で、今ではこの本はないが『斉民要術』と『玉燭宝典』に引用されている。例えば、1月の上旬に豆を炒って、中旬に煮て、豆を砕いて末都（モートウ）（豆を粉にして作った醤）を作る。5月の立夏後に豆醤に䤅魚（トンユー）を仕込み、6月に醤ができる。また豆醤に肉や魚を加えて醢醤（肉醤）を作る。6〜7月には魚醤（ユージャン）、肉醤（ロウジャン）、清醤（チンジャン）ができる。『玉燭宝典』によると、1月は気温が低く、雑菌が少なく、安全で品質の良い醤ができる。このため、通常、寒冷の季節に作る。例えば『斉民要術』の魚醤法によると、魚醤や肉醤は12月に作ると夏を経過しても虫がつかないが、それ以外の月に作った醤は夏に虫がつく。作醤法の中で12月と1月に作るのが最も良く、次に2月が良く、3月に作るのが可であるとしている。5月に作るのはあまり良くない。『四民月令』によると、2月に楡の莢がなると、青莢を収穫して乾燥し、貯えた青莢から、䭈醤（モウジャン）、䤅醤（トウジャン）を作る。これらは総て楡子醤（ウィズージャン）で、2月に作った。4月には䤅魚で醤を作った。䤅魚は鱧魚（リーユー）（ハモ）で別名を墨魚（モーユー）と言う。体形は円く長く、頭と尾は筒状で、これで魚醤を作った。『四民月令』では5月に酢を作る。6〜7月は最も暑い季節で、発酵には適さず、酒造にもよくない。

この季節は仕込んだ醤のタンパク質分解酵素がよく活動する時期である。また、麹を作るには適した時期である。『四民月令』によると6〜7月に小麦を搗き、石臼で破砕し、水を加えて撹拌し、これを寝かし（麹の原料を麹室に入れ、製麹する）、6回手入れをし、製麹をした。製麹日数は6〜7日間が良く、10日間以上はよくない。小麦を破砕し、蒸しあるいは炒り、または生麦に水を加え、撹拌し、寐臥（メイウォ）（餅状や煉瓦状に固めた大きな塊を並べて製麹すること）し、製麹した。6月の気温の高い時に大きな塊の麹ができる。もぐさ（ヨモギ）をきれいにして、麹の敷物や覆いにして乾燥しないようにする。出麹を8月には乾燥し、末都とした。炒った後、破砕した豆を脱皮し皮が入ると蒸すときに褐変しやすくなるが、

発酵して黄色になる．作醤法の原料処理は漢代から継承され，生麦で製麹した．『辛命典』（しんめいてん）の中に10月に収穫した瓜（ウリ）と麹を水に漬け醤としたとあり，冬に酒を造った．『四民月令』によると漢代に浸漬麹の酵母による酒造があった．また，『四民月令』の中に年間の醤を作る基準があり，醤を作る技術が農家に普及した．

4) 『斉民要術』の中の豆醤および醤油

北魏の賈思勰（かしきょう）の『斉民要術』（せいみんようじゅつ）に醤と豉の醸造技術に関する記述がある．麹菌を大豆に繁殖させて製麹した豆豉や，豆類または肉類（魚や獣肉など）に麹（麦麹，黄衣，黄蒸）を加えて発酵を行ったものがある．各種類の醤をまとめ，醤には豆醤，肉醤，魚醤，麦醤および楡子醤を含めている．

『斉民要術』の作醤法は大豆で製麹しない特徴の他に，醅（ペイ）（固い諸味）を作り，固体発酵を行い，後で麹と酵素抽出液を加えた諸味にしてから発酵をさせる．このような諸味の状態の発酵を稀発酵（シーファージョ）と称し，この醤は発酵型であると推定される．作醤法では白塩を日光に晒し，黄蒸（ファンゼン）や草蒿（ツァオジー）（一種の香草）や麦麹を乾かして作る．湿った塩を用いると苦味がつく恐れがある．黄蒸および麦麹はそれぞれ破砕して粉末にし，篩（ふるい）にかけ，草蒿中の雑草を除いて用いる．仕込みの原料の配合比は豆黄（トウファン）（皮を除き，蒸した黒大豆）30l，麦麹粉末10l，黄蒸末10l，食塩5l，草蒿1/3量（総量の）の割合で，よく揉み，水分を均一にしてカメに固く詰めて満たし，蓋をして，空気が入らないように泥で密封する．

この主な作用はタンパク質の分解とデンプンの糖化であり，密封して安全に発酵させる．また黄蒸を盆に取り，薄い塩水を加えて混ぜ，これを漉して滓（おり）を捨て，黄色い汁液を取り，黄蒸の浸出液を作った．これは黄蒸に含まれる酵素と有用な微生物を塩水に加え，発酵と熟成を促進させるもので，すでに1000年前に酵素を利用していた．食塩水と黄蒸の浸出液をカメに仕込んで稀発酵を行う．

(2) 唐代の豆醤

唐の韓鄂（かんがく）の『四時纂要』（しじさんよう）は『四民月令』を写したもので，農書として非常に価値のある本である．すでに失われているが，復刻版として北京図書館に収蔵されている．これを繆啓愉が注解しているが，例えば，神麹（センチュ）を作る方法の中に麹を作る祭神についての文が『斉民要術』に比べて多く，書き加えてある．

1) 製麹技術

①黄蒸：春に生小麦を粉末にし，散水し，蒸し，気溜（チーリュ）（蒸すこと）の後，冷やし，もぐさで覆い，作り方は黄衣法と同じである．

②罨黄衣（ヤンファンイー）（罨は蓋で覆うの意味で，原料を処理後，麹室に入れ，麹蓋

や布で覆い，温度，湿度を保ち，微生物の増殖を促し，製麹した）：小麦をカメの中に浸漬すると乳酸発酵して酸が生じ，これを水切りして蒸し，麹蓋の中に厚さ 4.5 cm ほどに敷き詰める．ヨモギを刈り，あるいはイバラの葉を採り，この葉を蓋として薄く覆う．黄衣（黄色い胞子が生じた菌糸で表面が覆われた麹）を取り出し，日に晒して乾かす．葉を除き，胞子が飛び散らないようにし，黄衣の発熱で発酵させる．

③神麹の製法：小麦 300l（生，蒸しおよび炒った小麦，それぞれ 100l）を粉にして用いる．生麦は搗いて細かい粉とし，蒼耳（ツァンオル）（オナモミ）などの汁に混ぜ，麹室の地面に散水し，湿度を保ち，製麹をする．

2) 醤の製法

①醤の製法：脱皮大豆を 1 晩浸漬し，釜で硬めに煮た後，大豆 10l に対して黄蒸の粉末 6l，神麹 4l，塩 5.5l を煮豆と煮豆の汁に加え，均一に混ぜた後，水分を調整し，カメに入れて密封する．

②十日醤法（シュリージャンファ）：脱皮大豆 10l を 3 回洗浄後，1 晩水に浸漬し，水切り後，時間をかけて潰れるほど軟らかく蒸す．蒸大豆の表面に小麦粉 25l を均一にまぶす．さらに蒸した後，37℃まで冷却し，通気をよくするために穀類の葉を敷き，その上に蒸大豆を薄く広げ，その上を穀類の葉で覆う．3〜4日間培養し，胞子が黄色に変じたら，晒して乾燥する．

③醤の仕込み：大豆麹 10l に対して水 10l，塩 5l で 37℃の食塩水を作り，小麦粉を全面にまぶした大豆麹 10l を加えてカメに入れ密封する．培養 7 日目に撹拌した後，絹袋に入れたコショウ 150 g をカメに入れ，冷やした油 0.5 kg，酒 5 kg を加え，10 日間発酵させる．1 か月後，袋のコショウを取り出し，乾燥する．乾燥した小麦粉をまぶし蒸大豆の余分な水を吸収させ，製麹をしやすくし，細菌の増殖を抑える．小麦粉が分解して糖類の生成が増加し，豆醤の風味も改善される．この製麹の工程中に酵素活性が増大し，分解が進み，発酵期間が短縮される．大豆を製麹しない場合に比較して，風味が良くなる．

(3) 元代の豆醤

1) 『農桑衣食撮要』の醤の製法

『農桑衣食撮要』には，分かりやすく 1 年中の主な農事活動が記載されている．

①小豆醤（ショトウジャン）の製法：豆を軟らかくなるまで蒸し，冷却後，円形の餅の形に固め，培養する．黄色に胞子が生じた後，乾燥した麹 100l に小豆 10l，塩 20 kg を加え，撹拌混合し，カメに入れ，毎日 1 回撹拌し，7 日間発酵させ，晒して食べる．

②醤の仕込み法：豆 100l を炒って脱皮し，軟らかくなるまで煮てから取り出

す．白い小麦粉30kgを煮大豆が熱いうちに混合し，竹葉の上に2cmの厚さに載せて，トチの葉あるいは蒼耳の葉で覆う．黄色になるまで麹菌を増殖させる．それから葉を取り去り，冷却し，翌日，日に晒し篩を通してきれいにし，塩20kg，水100kgを加える．また茴香（ウイキョウ），香草，ネギ，コショウを加え，香味を付ける．

2)『居家必用事類全集』の製醤法

『居家必用事類全集（きょかひつようじるいぜんしゅう）』の著者は不明であるが，熟黄醤（スウファンジャン）法，生黄醤（シェンファンジャン）法，小豆醤法，大麦醤法などがある．熟黄醤法と生黄醤法とでは原料処理および製麹方法が異なる．

①熟黄醤法：黒大豆と黄大豆を精選後，炒り，これを粉砕した粉末10lと小麦粉10〜20lに均一に散水し，混合し，扁平にして蒸した後，葦のムシロ（アシ）の上に敷き，麦わらや蒼耳の葉で覆い，黄衣が生じた麹を強い日に晒して乾燥する．この黄子（ファンズー）（麹）0.5kg，塩0.2kgに散水し，カメに入れ，表面が変質しないように乾燥した黄子を振りかけ，強い日の下で晒し，発酵させる．

②生黄醤法：三伏（さんぷく）（酷暑）に黒大豆や黄大豆を精選後，1晩水に浸漬し，篩で水切り後，潰れるほど軟らかく煮た後，冷却し，小麦粉を均一に混合して，葦のムシロの上に敷き，麦わらや蒼耳の葉で覆い，1日培養すると発熱する．2日目に黄衣が生じ，3日目に手入れ撹拌をする．黄衣が生じた麹を強い日に晒して乾燥する．この黄子0.5kg，塩0.2kgに散水し，カメに入れて仕込む．この黄子の表面より水を1こぶしの高さまで加える．小麦粉が多いほど醤は黄色になり，日に晒すほど味が良くなる．

③小豆醤法および豌豆醤法：小豆（アズキ）やエンドウ（豌豆）はデンプン含量が多いため，醤になると甘味が濃く，甜面醤と同様に甘い．豌豆醤（ワントウジャン）は小豆醤よりも甘いため，さらに風味が良い．小豆醤は小豆だけを用いる．脱皮して粉砕した生の小豆の粉末を水に浸漬し，団子状に固めて製麹する．生原料で製麹するためクモノスカビで1か月間培養し，出麹後大き目のザルに入れ，風で乾燥させ，貯蔵する．表面の白いカビの菌糸を平らに手で押さえ，これを搗（つ）き，細かく砕き，麹0.5kg，塩0.2kgを水に溶かし醤を作る．

この小豆醤の製法は蒸煮しない生原料で麹を作り分解させる方法であり，現在の豆瓣醤（トウバンジャン）（四川，安徽省が主要生産地）と似ている．『居家必用事類全集』の小豆醤の製法は生のソラマメの製麹工程の先祖である．豌豆醤の原料はエンドウおよび小麦を用いる．エンドウは水に浸漬し，蒸した後，晒して莢や皮を除く．豆10lと磨砕した小麦10lに水を加え，硬めに練り，蒸した後，製麹する．好気性条件で米麹菌を繁殖させ，黄衣（ファンイー）（黄色の胞子がついたもの）

を日に晒して乾燥させた後,塩水を加え,醤を作る.

④大麦醤(ターマイジャン)の製法:大麦の粉と潰れるほど煮た黒豆を撹拌混合し,これを切片とし,蒸した後,米麹菌で製麹する.黒豆50lを炒った後,半日水に浸漬し,浸漬液で潰れるほど煮た後,冷却し,大麦の粉50kgと均一に混合する.これを篩った後,大豆と煮汁とを撹拌混合し,大きな切片とし,こしき(甑)に入れて蒸した後,冷却する.これをコウゾの葉で覆い,黄衣ができた後,さらに晒して乾燥し,粉砕する.黄子10l,塩1kgを井戸水8lに溶かしたものをカメに入れて天日発酵させる.

3)『易牙遺意』の製醤法

元の末期の韓奕の『易牙遺意』が,初めて掲載されたのは明の周履靖の『類門広読』である.元代には醤の製造が盛んであった.諸味の管理について次のように述べている.雑菌の汚染を防止するため仕込みの水を少なくし,また,塩水の濃度が低いと酸味が増すのでこれを避け,固体発酵で諸味の上に散塩することにより雑菌の汚染を防止する.

豆醤の製法:大豆100lを脱皮し,沸騰した湯に浸漬し,こしきに入れて潰れるほど蒸した後,37℃まで冷却し,小麦粉40kgを加えて撹拌した後,葦の葉の上に2cmの厚さに敷く.3〜5日間培養して黄衣ができた後,手入れし,さらに3〜4日間培養後,麹と共に塩25〜30kgを水に溶かしてカメに入れ,均一に撹拌する.醤諸味の表面に散塩し,水をなるべく少なく加え,1日後に冷やした塩水を加える.

諸味の水が少ないと酸味も少ない.黄子を薄く敷くと熱が発散しやすく,黄色になる.雨の日にはカメの蓋を開けて空気を入れ替え,炒った塩と諸味を混合し,快晴の時は1〜2日間,諸味を均一に手入れ撹拌して熱を発散させる.酷暑の時に作る.

(4) 明代の豆醤および醤油

1)『本草綱目』にみる醤油醸造技術

初期の醤油醸造技術が『本草綱目』に豆油法(トウユーファ)として記載されている.大豆30lを水煮し,小麦粉12kgと混ぜて製麹し,その5kg当たり,食塩4kg,井戸水20kgを加え,撹拌してカメに入れ,日に晒して発酵させ,液体の豆油を得る.豆油は日本では,たまり醤油である.『本草綱目』の豆油の特徴は

① 原料の全部を製麹する.

② 小麦粉を生のまま用いる.

③ 稀発酵(水を多くした液体発酵)で行う.

生の小麦粉を用いるのが中国の醸造技術の特徴で，醤や醤油や食酢に用いられているばかりでなく，黄蒸（ファンゼン），大麹（ターチュ），餅麹（ビンチュ），磚麹（ヅァンチュ）（踏み固めて，大きな煉瓦状にした塊の麹）などに用いられる．リゾープス菌や黒麹菌の麹が生デンプンを糖化する力が強いことが知られている．この醤油は原料配合，発酵条件，熟成期間などは現代の日本の醤油と似ているが，生デンプンを分解するため，醤油に含まれる糖分が多い．これは生小麦粉の分解，糖化が緩慢で，酵母の増殖および発酵を抑制するためである．

　2）『養余月令』による醤油醸造

　『養余月令（ようよがつりょう）』は南京醤油の製法に詳しく，大豆，小麦粉で醤油を作る方法を述べている．淋醤油（リンジャンユー）（汁液を濾過した醤油）および醤の滓を利用した．

　大豆10lに対して小麦粉10kgを配合する．大豆を煮た後，煮汁を分ける．煮大豆と小麦粉を均一に混合し，煮汁を適量加え，顆粒を作る．葦のムシロの上に顆粒を広げ，薄い布で覆い，発熱後，覆布を取り去る．7日間培養後，布の上に出麹を広げ，日に晒し，2週間乾燥させる．麹0.5kgに対して塩0.5kg，井戸水3kgを均一に混合し，カメに入れ，日に晒し，夜露に晒して熟成させる．その後，液汁を篩に通し，漉して上清を取る．漉した粕や沈殿に，0.25kgの塩と0.15kgの水を加え，再び漉して醤油を取り出す．この醤油を二淋（オルリン）と言う．この粕は非常に塩辛いため野菜や大根と混合し，豆豉とする．

(5) 清代の豆醤および醤油醸造技術

　1）顧仲の『養小録』の醤油醸造法

　清代の『養小録』は浙江の嘉興の河内（河南省の黄河以北の地区）に住んでいた顧仲（こちゅう）が，楊子健の『食憲』に顧仲の見聞したことを加筆した食品加工の専門書で，内容は豊富，広範囲に書かれ，実用や衛生面を重要視しており，古文書として食品加工史の上に影響を与えている．全3巻で，上巻には醤類，油，食酢，豆豉などの調味品が記載されている．

　①豆醤油の製法-1：紅小豆（ファンショトウ）を蒸して茶碗の大きさの塊を作り，少し乾燥させる（これは大曲（ターチュ）を作る必要条件で，クモノスカビの生育条件は水分が少ない方が適する）．草を敷き，蒸して固めた紅小豆を広げ，草で覆い，カビ付けをする．菌糸体に覆われた麹を日に晒し，乾燥し，貯えた後，豆を子葉の半片（豆瓣片）になるようにひき，皮を除き，1晩水に浸漬後，水煮し，磨砕する．乾燥した紅小豆麹の粉末に塩を加え，カメに入れ，日に晒し，熟成させる．赤くなってから別のカメの底に細竹を敷き，この上に醤を入れカメに満たし，その上に醤油を振りかける．カメの下から液汁を取り出し鍋に入れ，煮た後，大き

いカメに入れ，日に晒し，乾燥させる．残った醤は瓜を加え，醤漬にする．

②豆醤油の製法-2：大豆または黒大豆を潰れるまで煮た後，小麦粉をまぶし，さらに豆の煮汁を加えて揉み，餅あるいは窩（ウォ）とし，青ヨモギで覆い，培養する．胞子が生じた後，粉砕し，塩湯水を入れ，日に晒して醤ができる．別のカメの底に細竹を敷き，醤を入れると，底の口から醤油が滴下する．この方法の原料は『本草綱目』の中の豆油と同じで，大豆と小麦粉を原料として醤油を作る．製麹は上記のように，大豆を潰れるほど煮た後，小麦粉と豆の煮汁を加えて餅状に固めるか，あるいは窩で行う．

窩は北方の窩窩頭（ウォウォトウ）（蒸した原料を円筒形に丸めたもの）で，底に孔があり，この表面にカビが繁殖しやすくなる．この窩窩頭にカビが増殖した麹を団麹（トァンチュ）と呼び，日本では味噌玉と言う．昔から日本，朝鮮および東南アジア地方の農村の自家製の醤および醤油の製造法に用いられてきた．この方法は蒸大豆を螺旋状の成形機に通して直径5〜6cmの円筒形に押し出し，約8cmの長さに回転式小刀で切り，団粒を作る．これを麹室前まで送り，カビの製麹条件に適した温度と湿度になるまで冷却し，余分な水滴を除き，機械で団麹を作る．朝鮮の伝統的な醤も大きな窩状麹を作り，使用している．この団麹は穀粒状の散麹（サンチュ）（丸大豆や穀粒のまま製麹した麹）より水分が多く，生育する微生物や繁殖状況も異なり，特に細菌が多く，内部は嫌気性となり乳酸菌が増殖し，有機酸，特に乳酸が多い．しかし，団麹の大きさにより，麹のデンプン分解酵素によって糖化した糖分は表面より内部に多かったり，酵素も異なるため，代謝物，風味も異なる．団麹は散麹より大豆のタンパク質分解率が低く，比較的作りにくいため，散麹の黄子（現代の製麹法）に変わった．『養小録』の豆醤油の特徴は淋醤油を改良したもので，醤油の諸味を竹篦（ツウビー）（スノコ）に載せて，これに水を振り掛けて下から液を取り，抽出する．これを鋪淋（プーリン）醤油と称する．諸味に水を振り掛けて抽出濾過して醤油を作った最初の方法である．

③秘伝醤油の作り方：好豆渣（ハオトウザー）（破砕した大豆）10lを蒸し，小麦10lを加えて撹拌し，蓋つき容器で黄子（麹）を作り，出麹を日に晒す．甘草0.5kgを湯で蒸した液汁7.5〜8kg，塩1.25kgを同時に大きなカメに入れ，この中に日に晒した麹の固形物をふるって胞子を除いたものを入れる．長期間仕込むほど美味しくなり，数年間保存ができた．これは生小麦粉（全粒粉）と蒸大豆に米麹菌を加えて発酵させる方法で，小麦粉が最初に用いられた記録である．麦のふすまには五炭糖が多いため，小麦粉（ふすまを除いた）で作った醤油より色が黒くなる．

2) 『醒園録』の豆醤および醤油醸造法

『醒園録[せいえんろく]』は清の李化楠[りかなん]が江浙地方（浙江と江蘇省）に旅をした時に，飲食に関係のある資料を収集し，これを後に李化楠の子が整理して編集した．上巻は調味食品および鶏，肉，魚の調味加工法で，調味品は醤8種，醤油5種，豆豉4種，腐乳6種，酢5種からなる．

①豆醤の製法-1（西瓜醤）：一般の豆醤と異なり，小麦粉の代わりに米粉を用い，スイカを加えて諸味を仕込み，西瓜醤（シーグァジャン）を作る．このほか，この醤を改良した豆豉の製造方法がある．大豆10lに対して米粉を約7.5kgの割合で用いる．まず，白米を1晩水に浸漬し，翌日粉砕し，ふるった後，日に晒す．次に大豆を洗浄し，鍋に入れ，水を満たし，弱火で1日間煮た後，火を止めて，そのまま1晩置く．翌日，鍋から煮豆を取り出して大盆に広げ，米粉と均一に撹拌し，手で揉み，塊を作り，カビが生えるまで草で覆い，7～10日間培養する．これを取り出し，広げて日に晒し，胞子をふるって除き，杵[きね]で砕き，塩や酢を均一に混ぜ，盆に入れる．黄子0.5kgに対してスイカ3kgを用いる．スイカは果肉を取り出し，潰した汁と共に，白皮を薄切り，粉砕して大盆に入れる．盆の蓋を開いて日に晒し，毎日4～5回撹拌し，40日目に大きなカメに入れる．もし，1か月以上置く場合は，別の小さいカメに入れ，多量のひねショウガや葉ショウガを千切りとし，アンズを加え，醤油でまず透けるほど煮た後，豆豉と共に均一に撹拌し，10日余り日に晒した後，淡豆豉として貯蔵する．

②豆醤の製法-2：原料大豆10lに対して小麦粉7.5kgと，予め塩を熱水に溶かし，底の砂やごみを除き，日に晒し，再結晶した塩6kgを用いる．まず大豆を大鍋に入れ，水を満たして1日煮た後，火を止める．翌日早く，汁と共に大盆に入れ，乾燥した小麦粉と均一に混ぜ，葦の上に載せて草で覆い，7～10日間培養する．これを取り出し，広げて日に晒し，粉砕した後，大きなカメに入れ，塩水を加える．乾かす場合は少量の水を用い，液状の醤にするには多くの水を用いる．日に晒し，毎朝こん棒で撹拌し，10～15日間で出来上がる．

③作清醤法（醤油の製法）-1：黒大豆を洗浄して潰れるほど煮た後，冷やし，温かいうちに白い小麦粉と均一に混ぜ，1～2cmの厚さに敷き，上を布でしっかり覆い，さらに上をムシロあるいはイグサで覆い，培養する．カビが生じ，暑い日では5～6日間，涼しい日には6～7日間，日に晒して培養する．カビの菌糸は多い方がよいが，しかし多過ぎてもいけない．もし好天気なら，冷えたお茶を加えて日に晒し，乾燥する．原料は大豆0.5kg，塩0.2kg，水2kgの割合である．塩をカメに入れ，熱湯を加え，冷やしながらごみを沈殿させる．この塩水に豆麹を

加えてカメに入れ，49日間日に晒し，発酵させる．良い香りの清醤はシイタケ，大茴（ターフィ），花椒（ホワジョ），糸ショウガ（細長く切ったショウガ），ゴマをそれぞれ少量加える．1回目の醤油の抽出を行い，その豆渣（トウザー）（醤油粕）を取り出し，塩水を入れ，水分を蒸発させながら，よく煮る．さらに2回目の醤油の抽出を行い，1回目と同様にして豆渣をよく煮る．これに適量の水を加えて3回目の抽出を行い，1～2回目と同様，豆渣をよく煮る．1～2回目の抽出液を均一に撹拌混合し，さらに数日間，日に晒し，あるいは弱火で燻煙し，よく保存できるようにする．豆渣は一般の家庭では常に料理に使う．さらに豆渣を日に晒し，少し乾燥し，香料（香辛料など）を加え，香豆豉（シャントウチー）を作る．

④作清醤法-2：精選大豆10*l*に豆が浸かるまで水を加え，豆が着色するまでよく煮る．豆の煮汁に，豆10*l*に対して小麦粉12kgの割合で加える．これを煮豆と共に均一に撹拌した後，竹ザルに分けて広げて盛り込み，無風の屋内に放置して，上を稲わらで蓋をするように覆う．7日後，カビが生えると稲わらを除き，日に晒し，夜は収納する．これを繰り返し，14日間乾燥させる．これが醤黄（ジャンファン）（醤油麹）の作り方である．カビの生えた醤黄10*l*に対して，まず，おおよそ50*l*の水をカメに入れ，次に塩7.5kgを量り，竹カゴに盛り，あるいはザルに入れ，これをカメの水の中に漬けて溶かし，ザルの底の滓を除く．カメの中に醤黄を入れて，3日間日に晒し，4日目の朝，木の熊手で底までよく混和，撹拌して日に晒し，日中の暑い時は撹拌しない．また2日後に混和，撹拌を3～4回繰り返し，20日間日に晒して発酵させると清醤ができる．清醤を作る場合，細い竹ひごで編んだ円筒状のカゴ（醤籠）を用いる．また，カメの口を覆うために竹で編んだ蓋を用いる．醤を抽出する時，醤籠（ジャンルン）をカメの中に入れると，その中に分解して濁った醤が続けて抽出される．醤籠をカメの底まで入れ，醤籠の上に煉瓦（れんが）の一塊を重石として置き，浮き上がるのを防ぐと，カメ底から濁った醤が流入する．翌朝に蓋を開いて，醤籠の中の醤の上清を碗でとり，清浄にしたカメの中に注ぐ．カメの口を麻布で包み，青蠅（アオバエ）の入るのを防ぎ，日の当たる所で15日間日に晒し，干して香豆豉を作る．『醒園録』に醤油の火入れ不要の製法がある．これは抽出した醤油を瓶に入れ，蓋をして，しっくいで封じ，毎日，日に晒す．この方法は火入れ法より数倍も収率が上がる．これは現代の大型発酵タンクによる熟成法である．しかし，当時は「独樹一幟方法」（独特な製法）であった．

一般の作醤法では醤を日に晒し，暑い時は撹拌せず，冷やしてから夜，蓋をする．撹拌をする時は早朝に行う．夜の涼しく冷えた時，蓋をするが，雨の時はカメと蓋の間に棒をはさむ．もし，蓋が密着していると，発酵したガスで膨れる恐

れがある．塩水の濃度を調べるには，鶏の卵を用いる．卵を塩水に入れ，卵が二指の高さまで浮き上がるのが最もよい濃度である．

2.3 豆豉の源流および，その歴代醸造技術

2.3.1 豆豉の源流および，その食品中の位置

明の羅頤の『物原』の食原に豆豉のことが記載されている．「殷湯作醢，呉寿夢作鮓，秦苦李作豉，糟醤諸物則周末製也」（殷ではスープを醢から作り，呉では寿夢（ソウメン）で鮓を作り，秦では苦李（クーリー）で豉を作り，周の末には，それぞれの物から糟醤（ツォジャン）を作っていた）とあり，これは豉が秦代に出現した証拠である．実際は，これよりもう少し早い時期に豉があり，『楚辞』招魂の中に「大苦鹹酸辛甘行些」と記載され，王逸の注釈によると大苦（タークー）は豉であり，辛（シン）はサンショウとショウガである．甘（カン）は飴と蜂蜜のことである．豉汁にサンショウやショウガを入れて，鹹（シェン），酸（スァン），辛味と甘味を調和させていた．戦国時代に，既に豆豉が作られていた．宋の洪興祖の『楚辞補註』の説によると，本草の中の豉味は苦く，ゆえに大苦は豉のことである．また「醢醯塩梅（シーハイヤンメイ）」とあり，この中では豉には言及していない．すなわち，古人には豉がなかったことになる．史游の『急就編』には芜（ウー），薑（イー），鹹豉（シェンチー），醢，酢（ツウ），醤の記載があるので，秦漢以後に初めて鹹豉が出来たという説もある．東漢の中頃（114〜119年），王逸は洛陽の校書部に勤め，楚から遠く離れていたが，楚の生まれで，楚の当時の一切の事情に比較的詳しかった．『楚辞章句』によると，醤と豉は双子の姉妹で，醤は周代に盛んに作られ，豉は数百年後の秦，漢の時代に遅れて生まれた．豆豉は誕生してからよく発達し，紀元前に相当な規模で作られていた．『史記』の「貨殖列伝」に「蘖麴鹹豉千瓵」と記載され，当時は大豆を用いた豆豉が盛んに作られていた．その200〜300年後の『説文解字』に「菽（スウ）」の字があり，宋代の『丹鉛録』の「配塩幽菽也」の菽は豆で，塩を加えて瓮（ツー）の中に入れ，密閉して作る．幽菽（ユウスウ）の幽の字は米麴菌が増殖して発酵することである．西漢の馬王堆1号の墓から豆豉姜（トウチージャン）の実物が出土した．馬王堆1号は紀元前2世紀の西漢の長沙王の宰相の妻の墳墓である．このため，『説文解字』より300年も前に豆豉があったことになり，中国の発酵大豆食品としての貴重な資料である．豆豉は食品としてではなく，豉汁調味料として作られ，豆豉を製造することは一種の醤油を生産することになり重要な意義がある．南北朝の『斉民要術』には豆豉の製法が書かれ，

また 8 編の 70 条に豆豉の調理方法が記録されている．当時は豆豉は総て食品として作られていた．後に液体調味料―豉汁（チーズー）として発達し，漸次変化して醤油となった．これが現在の福建の琯頭醤油（クァントウジャンユー）である．

『隋書経籍志』中の5部は『食経』と称し，この書物は既に失われたが『斉民要術』の中に引用されている．『食経』には北魏の崔浩の作豉法が書いてある．製造方法が比較的詳しく，初期の資料として唐の虞世南の『北堂書鈔』に注釈されている．西晋（265〜316年）の張華の『博物志』の中に豆豉を苦酒に浸漬し，日に晒し，よく乾燥し，ゴマ油で蒸した後，再び3割位乾燥し，細かくしたトウガラシの粉末を適時，多少混合し，調味したとある．また呉の謝承の『東漢書』（『後漢書』）によると，汝南の太守の韓崇の妻子は粗末な食事をとり，「飯為塩豉」すなわち，おかずとしては塩豉のみであった．次に南陽の太守となった時も塩豉一壺を持参していたという．『三輔決録』の中に，范仲公が大夫の時，塩豉と果物と共に水の入った筒を持参したとあり，王志堅の『表異録』の七飲食部の中に張考忠が災難に遭った時，毎日のお膳は粗末で豆醋（トウツウ）（豆の酢漬）のみであったなどと数例の記載がある．当時，豆豉は清廉潔白な官吏の常用食品であり，一般の人々の普遍的食品で，美味しく，安い大衆食品であった．また，酒のつまみとしてもよく用いられていた．宋代の偉大な詩人，蘇東坡の詩歌に豆豉がよく出てくる．誰でも，至る所でよく酒を飲み調理した豉の香味を好んでいた．当時も，四川は豆豉の名産地であった．また，豆豉の製造方法および風味が地方により異なり，多くの名産品があった．南朝の梁の時代の陶弘景『名医別録』中に陝西府の豉について，年月を経ても腐敗しない豆豉があり，襄陽の銭塘（チャンタン）豆豉の香りは良く，濃い味であったとある．唐代の陳蔵器の『本草拾遺』の中に浦州（プーツォ）豆豉があり，味付けに加えた塩加減により種々の豆豉ができ，同じ味のものはなく，濃い旨味があったという．唐代の孟洗の『食療本草』中に「香美味淡」とあり，香りは良く，味は淡白であった．これは江西（チャンシー）豆豉を評価した言葉である．清代後期の王士雄の『随息居飲食譜』中に金華（浙江省の地名）で作ったものが勝れていたと記されている．これらの唐代以後の豆豉の発展は種類の多様化と，医療方面に一定の基礎を生みだした．

唐代後期の咎殷の『食医心鑒』の12条に豉汁を加えた薬の記載がある．明の呉録の『食品集』中には次のように記されている．豆豉の味は甘塩辛く，無毒で，解熱作用があり，強烈に生臭い．その製法は，黒豆を酒酢に浸漬して，蒸し，日で乾燥し，ゴマ油を加え，再び蒸し，風に晒し，これを3回繰り返し，塩やトウガラシ粉末，乾燥ショウガ，陳皮の粉末を入れ，貯え，病人に食べさせた．羅周彦

の『医宗粋言』,盧之頤の『本草乗雅半偈』,清代の張路の『本経逢原』,呉化洛の『本草从新』,黄官綉の『本草求真』などに有用な薬としての記載がある.宋の周密の『武林旧事』1巻の聖節には次のような一節がある.枢密が多くの臣と殿中に上り,酒を飲み,祝いをして,新しい年を知らせ,百官に酒を賜り,三台に鹹豉を供えた.また2巻には次のような記載がある.元旦の夕べ,煎じた蜜や蜜のある果物,糖瓜を熬り,煎じた七宝姜豉(チーポージャンチー)は普通の砂糖漬類で,これらは総て縷鍮装花盤(ルートウツァンホワパン)に盛り込んだものである.この1,2巻に記載された豆豉は帝王に貢いだものであり,帝王の盛大な祭に用いられ,祭礼に欠くことのできない食物であった.『後武林旧事』の後編の3巻に直殿官の弁当の三色(サンスォー)豆豉が記載されている.低級官吏の七品の食事の一品として鹹豆豉があった.また『武林旧事』の外食の一節に「窩糸(ウォス)姜豉」があり,これは当時の人々が好んだ食物である.宋の陸游『老詩庵筆記』1巻に,全国の優秀な人を集め,客を招待した宴席中に,九皿を用い,第一皿に鹹豆豉の料理があったとある.この豆豉は帝王,貴族や,外国の使節を招待するときの主な食品であるだけでなく,一般の人々のおかずであり,さらに豆豉は食生活に重要なもので,栄養があり,保存性があるものであった.

2.3.2 豆豉の歴代醸造技術

(1) 『食経』の豆豉

『食経』に豆豉の醸造技術が詳しく記載されている.この中の豆の蒸し方は現在と大差がない.例えば,大豆 $100l$ を洗浄し,1晩水に浸漬後,翌日取り出して,豆を手で揉んで皮が剥ける程度に蒸す.現在の操作法も同じで,大豆を十分洗浄し,1晩水に浸漬後,翌日に水切りし,手で揉んで皮が剥ける程度に蒸している.『食経』の製麹は蒸大豆を厚さ 4.5cm に敷き,冷却後,青い茅で覆い,保温して培養すると,黄色になる.3日後,黄衣(ファンイー)(麹菌の黄色い胞子が生じたもの)ができたら,茅を除き,さらに薄く広げ,指で浅い溝を付け,十分発熱させて二酸化炭素を除き,酸素を供給する.これを毎日3回行い,3日間培養し,女麹(ニゥィチュ)を作る.これにモチキビ麹 $5l$,塩 $5l$ を加え,均一に撹拌し,豆汁で豆豉の水分を調整し,力を入れて搾ると指の間から液汁が出る程度にして,カメに入れ,もし一杯にならないときは,上にクワの葉を入れて仕込む.この後,27日間発酵させた豆豉に,クワの葉の液汁を振り掛けて再び蒸し,涼しい所で乾燥し,これを3回蒸し,3回冷やして製品とした.これは『食経』の豆豉の醸造技術の特徴である.

(2) 『斉民要術』の豆豉

『斉民要術』の作豉法で煖蔭屋（ヌァンインウー）（麹室）を用い，豆豉麹を作る技術は，現在の科学的な方法に近いものである．麹室は日を遮った日陰の室で，地下60〜90cm掘り，半地下の麹室を作って，保温，保湿だけでなく，凝縮水の発生を防ぐ．麹への凝縮水の滴下は麹の酸敗の原因となる．外気の冷風，虫，ネズミの侵入を防ぎ，保温のため，入口は出入りができる程度にできるだけ小さくし，ヨモギや稲わらの芯を編んで入口の戸を作り，製麹中には入口や窓以外は泥で密封する．これは麹室に必要な条件である．また製麹は季節の温度の影響を大きく受け，なるべく厳しい季候の冬，夏は避ける．4，5月が最も良く，次は7月の下旬から8月が良い．$A.\ oryzae$（コウジカビ）の生育の最適温度は37℃位で，当時は温度計がなかったが，おおよそ人の腋の下の温度を最適温度とした．温度のコントロールは高過ぎるより，むしろ低い方がよく，低過ぎるときはキビがらで覆い，保温する．温度が高過ぎると腐敗し，臭くなる．また高過ぎると納豆菌が繁殖し，粘りが発生する．大規模な製麹操作で常に連続して作る場合は，キビがらで覆う必要がない．少し作る場合は，冬はキビがらで豆のみを覆う．大量に製麹すると麹菌がよく繁殖して熱が発生しやすい．このため冬は麹の発生した熱で保温し，麹菌を増殖させる．連続製麹する場合，熱を発生させ，菌の増殖状況を見て，繰り返し頻繁に手入れをする．原料の搬入および出麹を連続して行う時は麹菌の繁殖する条件で保温する必要がある．これは当時としては麹菌の繁殖や製麹温度をコントロールする高い水準の技術であった．特徴のある豆豉の醸造技術が『斉民要術』の中に詳しく記載され，その後の技術に影響を与えた．『斉民要術』の作豉法は『食経』と異なり，豆を洗浄，浸漬後の蒸しの工程を改変し，精選した豆を大きい鍋で，豆を手で捏ねて軟らかくなるまで煮る．軟らか過ぎてもよくない．軟らか過ぎると製麹や発酵にも影響して豆豉の品質が劣る．さらに『斉民要術』では，煮豆を取り出し，冷却し，陰干しする．煮豆の温度は冬は少し温かいのがよく，夏はごく冷たくするのがよい．夏は細菌の汚染を抑制し，冬は麹菌の繁殖を促進させる．このため麹室で堆積保温をし，麹菌を迅速に繁殖させる．毎日，手で麹の品温を2回検査し，人の腋の下の温度と比較して，この品温になると，手入れ撹拌をする．手入れ撹拌をして品温が下がると堆積の厚さを少し厚くし，高くなると少し薄くする．この厚さの加減は必須条件である．『斉民要術』の黄衣法（麹の作り方）では，麹の胞子および菌糸は箕でふるって除く必要がないことを強調している．麦麹の場合は胞子の着生を抑制するが，もし着生した場合，風で吹き上げて麹の胞子を除くのは良くない．胞子の除き方が『斉民要術』の作黄蒸

法の中にあり，この作豉法では次のようにする．カメの半分まで水を入れ，豆豉麹を加え，急いで激しく撹拌する．漉す場合，ザルをカメの半ばまで入れ，1人がザルを持ち，1人は水を汲み，ザルの中に水を注ぎ，ザルを強く振り動かし，洗い水がきれいになったら止める．胞子が混入すると豆豉が苦くなる．

　豆豉，醤，醤油とも麹菌を用いて作る発酵食品で，麹の酵素で原料を分解するが，3種類の発酵食品の形，質，風味の基準が異なるため，作り方も異なる．これらを比べると，醤の場合は大豆以外の原料で製麹し，大豆原料を分解するのに必要な麹の酵素活性が十分にある．これらの酵素で大豆を分解し，アミノ酸や多量の中間分解物のペプチド類を作る．このペプチド類は美味しく，醤の独特な風味を形成する．現在，大量生産している日本の味噌のほとんどは大豆麹を用いないが，ペプチドは醤油より多く，アミノ酸の生成率は味噌が30.1%で醤油の45〜50%より低い．醤はアミノ酸の生成率が高く，ペプチド含量が少なく，味噌独特の風味とはかけ離れている．豆醤の固体発酵は嫌気性条件で，好気性や通性嫌気性発酵する微生物をコントロールして作る．日本では嫌気性条件にするため重石で加圧し，その後，数回，桶から桶に移し換える方法で特徴のある風味の良い味噌を製造している．『斉民要術』の作醤法は固体発酵の初期の技術であり，なるべく諸味の水分を少なくした固体発酵で，諸味を移し換えないで嫌気的環境下で作る．この方法は現在の消化分解型である．今はほとんどが原料の全部を麹にする方法を採用し，若い麹を用いている．『斉民要術』の作醤清法（醤油の製法）ではタンパク質分解率の高いことが必要で，豆を製麹しないため黄蒸（ファンゼン）（小麦麹）の浸出液を加え，分解酵素の活性を増強し，醤油の利用率を高め，旨味のある製品ができる．当然，胞子や菌糸を箕で取り去らない．『斉民要術』の作醤法は初期の稀発酵（諸味の発酵）である．豆豉は適当に軟らかく，豆粒のままで製麹するためタンパク質分解率は醤油麹より低いが，醤麹より高い．多量の胞子や菌糸が生じた出麹は無塩の条件下で多量の苦いペプチド類ができる．このため『斉民要術』では胞子を箕でふるい，水で洗い，一部の酵素を溶かし，苦いペプチド類を作る酵素を取り除く．豆の粒を残すための加工法である．この方法が現在の湖南省の豆豉の工場に残っている．『斉民要術』の豆豉の発酵期間は夏10日間，春秋12日間，冬15日間で，それぞれの期間を過ぎると苦味がでる．また発酵期間が足りないと豆豉は白くなり，原料の利用率が減少する．

(3)　唐宋時代の豆豉[1,3]

　唐代の詩人，皮日休は豆豉を「金醴可酣暢，玉豉堪咀嚼」（良い甘酒を飲むと体が爽快になり，豆豉を咀嚼すると旨味がでる）と吟咏し，宋代の陸游は「梅青巧配呉塩

白，笋美偏宜蜀豉香」（青梅を呉の白塩と巧みに配合し，筍に蜀の豆豉で味つけすると香りと味がよくなる）と吟じた．これは地方の豆豉の特色を示し，『古艶歌』に「白塩河東来，美豉出魯門」（河東の白塩を用いた，美味しい豉が魯門にあった）と歌われ，『本草拾遺』には浦州の豉は塩味で，豉の作り方は種々異なり，味の濃い豉があったと記され，また『食療本草』には江西豆豉は香りが良く，淡白な味で，陝府豉（サンフーチー）は 1 年経過しても腐敗しないとある．『名医別録』によると襄陽の銭塘豆豉は香りが良く，濃い味で，『撫郡農産考略』の撫郡（フージュン）豆豉は南昌で売られていたという．豆豉は唐代に外国に伝わり，日本には奈良時代（唐玄宗，中国暦天宝 12 年，753 年）の『唐大和尚東征伝』の中に鑑真和尚が東渡（日本渡来）の時に「甜豉三十石」と記載があり，これらの豆豉が遣唐使や留学僧により，寺から寺へと伝わり，京都の天竜寺納豆，大徳寺納豆，大阪の一休寺納豆，浜松地方の大福寺の浜納豆などとして伝わった．これらを藤原明衡の『新猿楽記』では唐納豆と称した．

1) 唐の韓鄂の『四時纂要』の豆豉

①作豆豉（豆豉の製法）：黒豆（黒大豆）の量にかかわらず 3〜4l でも作られた．まず，黒豆を洗い，翌日まで水に浸漬し，水切り後，十分に蒸す．蒸豆をムシロに広げ，品温が人の体温と同じ位まで冷却し，もぐさ（ヨモギ）で覆う．製麹法は黄衣の作り方と同じで，胞子の着生を 3 日に 1 回調べ，胞子が十分に着くと出麹する．胞子を箕でふるい去り，日に晒して乾燥する．豆麹を水で湿らして，力を入れて搾ると指の間から液汁がでる程度に水分を調整し，カメに入れて押し，積み上げ，上部をクワの葉で 10cm 位覆う．蓋をして泥で密封し，日に晒す．7 日後，蓋を開いて豆豉を取り出し，日に晒して乾燥する．その後，前のように水で湿らして密封する．この操作を 6〜7 回繰り返すと豆豉の色が極めて良くなる．その後，再び蒸して，冷えたら，またカメに入れて押し，固く積み上げ，泥で密封する．

②鹹豆豉（シェントウチー）：黒豆 10l を洗浄し，悪い豆を除き，ごく軟らかくなるまで蒸す．黄衣法で製麹する．製麹後，胞子は箕でふるい，さらに熱水で洗い，

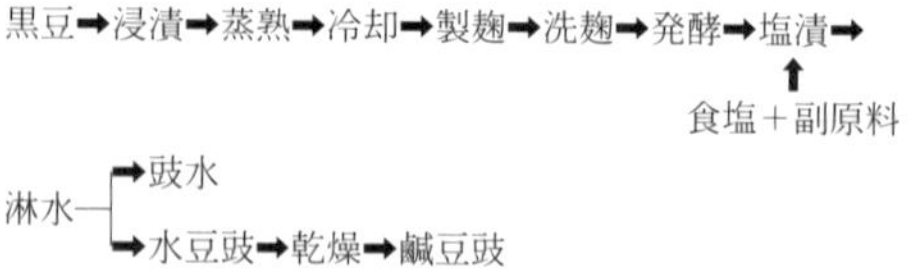

```
黒豆→浸漬→蒸熟→冷却→製麹→洗麹→発酵→塩漬→
                                    ↑
                                  食塩＋副原料
淋水─→豉水
    └→水豆豉→乾燥→鹹豆豉
```

図 2.12　『四時纂要』の鹹豆豉（黒豆）の製造工程

水切り後，豆10l，塩5l，ショウガ0.25kg（細かく切る），青トウガラシ1lなどを同時にカメに入れるが，まず，豆麹と香辛料を順序よく，層状に詰める．最後に体温位の食塩水をカメに注ぎ込み，蓋をして泥で密封し，日に晒して発酵させ，27日後に出して日に晒し，乾燥する．その汁は煎じて貯えておくが，精進料理に適し，味が良くなる．宋代には豆豉の醸造技術で複雑な味を持つ製品ができた．南宋末の呉自牧の『夢梁録』の12巻によると，夜の市で潤江魚（ルンチャンユー）鹹豆豉，十色鹹豉（シュスォーシェンチー），褐諸色姜豉（ホーズウスォージャンチー），波糸（ポース）姜豉などが売られていた．『武林旧事』の9巻に，宗の高宗を招待した宴席に金山鹹豉が出されたとある．1230年，禅僧覚心が南京に留学して，日本の紀州の由良の興国寺に径山（チンサン）鹹豉の製造方法を伝えた．

　大豆の多少にかかわらず，1晩水に浸漬し，潰れるほどに蒸し，少量の小麦粉をまぶして撹拌し，ふすまを入れ，撹拌する．竹ムシロに約6cmの厚さ敷き，キビがら，ヨモギや麦わらで覆い，5～7日間培養する．胞子を揉み，ふるって胞子を除き，麹を水で洗浄し，日に晒す．原料大豆10lに対して以下の副原料10lを加えてカメに入れる．新鮮な瓜（6cmに切る）やナス（4切片），陳皮（削ぎ，きれいにする），レンコン（水に浸漬して切片とする），ショウガ（厚い切片），川椒（ツァンジョ）（四川産のサンショウ）（芽を除く），茴香（少し炒る），甘草（磨砕する），シソの葉，ニンニク（皮を除く）を均一に混合撹拌する．まず大豆麹をカメの底に1層に敷き，その上に上記の混合したものを1層に敷き，さらにその上に塩を1層敷き，再び大豆麹を1層敷く．これを繰り返して層状にし，さらに塩を敷き，カメが満たされるまで入れ，しっかり押さえ，密封する．強い日に晒して半月後に取り出し，均一に撹拌後，再びカメに入れ，密封する．7日間，日に晒す．ナスや瓜に水分があるため水を入れない．食塩の量を加減して加える．

径山寺（日本には金山寺として伝わる）の豆豉の作り方の特徴は，
① 大豆に十分吸水させ，1晩水に浸漬後，潰れるほどに蒸し，豆の組織を破壊し，十分に水を含ませると製麹時に麹菌の菌糸が豆の内部に侵入し，繁殖しやすくなり，軟らかい製品ができる．
② 蒸大豆を冷却し，潰れるほどに蒸した豆の表面の水を吸収し尽くし，製麹しやすくするため，生の小麦粉やふすまを加えて撹拌する．
③ 製麹時に麹の原料を薄く敷き，手入れをする．堆積の厚さを薄くするのは，温度を下げ，低い温度で麹菌の成長を有利にするためで，比較的長時間製麹する．
④ 豆麹を洗浄し，日に晒し，瓜，塩などを加えて，カメに入れる．この場合，

瓜，ナス，香辛料の汁液を十分に利用し，水を加えない．大豆10lに対して副原料10lを加える．

径山寺の豆豉は美味で芳醇である．

(4) 元代の豆豉

『斉民要術』の技術の後，小麦粉をデンプン原料として加え，豆豉の風味を改善し，さらに製麹技術も進歩した．また瓜，野菜，香辛料を用いると豆豉の風味も複雑になり，味もバランスがとれて，まろやかになった．人々の食品の味に対する要求は単純なものから複雑なものへと変化し，芳香から強烈な香りがするものまで多くの種類の豆豉ができた．

1) 『農桑輯要』の豆豉

元代初期の官撰の『農桑輯要（のうそうしゅうよう）』の中の豆豉は麹菌型の淡豆豉で，黒豆を洗浄，1晩水に浸漬，漉し，水切りして作り，古人の作り方と大差がない．しかし，煮熟から蒸熟に改良した．蒸豆を37℃まで冷却し，ヨモギで覆い，麹菌を増殖させ，胞子の着生を3日に1回調べ，黄色の胞子に覆われたら出来上がる．以下の製造工程は『斉民要術』と同じである．

2) 『農桑衣食撮要』の豆豉

元の魯明善（ろめいぜん）の『農桑衣食撮要』は重要な醸造古文書であり，この中に生小麦粉の製麹法により6月の農繁期に豆豉を作る方法が記載されている．原料は黒豆で，原料処理は『斉民要術』の作豉法と同じで，煮豆の組織は蒸豆より，よく破壊される．表面に多量の水溶性のタンパク質や糖分を含む煮汁が付着しているため，冷却した後，薄い凝結膜ができる．この膜は麹菌の繁殖において不利であり，また水分含量が高いため，細菌に汚染されやすい．常に豆豉の中に有胞子細菌が増殖しているため，麹に粘りが出て，豆豉が臭くなる．『斉民要術』の中に，一度に多くの豆豉を麹菌で作るのは難しいため，細心の注意が必要であるとある．温度が高くなると，臭く，泥のように粘る．コントロールを間違って温度が低くなると，再び温めても，よくならない．酒造より難しいと言われている．『農桑衣食撮要』の技術は，ふるった小麦粉を煮豆に均一にまぶし，コウゾの葉で覆い，黄色い胞子が生ずるまで培養する．このため，煮豆の欠点を避けることができ，製

黒豆➡浄揚簸（洗浄・浸漬・水切り）➡煮熟➡撈出➡晾涼（冷却・陰干し）➡堆積➡生黄衣
　　　　　　　　　　　　　加塩＋うるち米小曲
　　　　　　　　　　　　　　　　↓
（製麹）➡翻曲（手入れ）➡洗曲➡下窖（カメ入れ）➡発酵➡曝晒（乾燥）➡豆豉

図 2.13 『斉民要術』の豆豉の製造工程

麹の技術が大きく進歩した．この時代の人々は微生物の生育の基礎を掌握し，卓越した応用により優れていた．

以下に，蒸煮大豆の表面に，生小麦粉をまぶした製麹の利点を述べる．
① デンプン原料が増すと麹のデンプン分解酵素が増し，糖化力も増強する．
② 製品の糖分も増し，風味だけでなく，香りも増し，香味が改善される．
③ 生成した糖分とアミノ酸が反応して褐変する．
④ 生小麦粉は吸水力が強いため有害カビの生育を抑制する．
⑤ 蒸煮大豆の表面に小麦粉が付着し，大豆の内部より表面の水分が少なくなり，麹菌の生育に適するが他の細菌は繁殖できない．
⑥ 蒸煮大豆の表面に生デンプンが付着していると大豆の表面に細菌の繁殖に必要な水溶性の栄養成分が不足し，細菌が繁殖できないが，麹菌は菌糸からデンプン分解酵素を分泌し，糖化した糖分を利用して増殖する．したがって，生小麦粉には細菌の生育を抑制する役割がある．
⑦ カビは蒸煮し，糊化したデンプンより生小麦粉に対して糖化が遅く，すぐ多量の糖分ができないため生育が遅く，分解熱，呼吸熱が少なく，品温は徐々に上がり，温度，水分をコントロールしやすく，自己発熱で急激に高温にならないため酵素の生成に適する．

生デンプンを用いた製麹法は歴史が古く，元の時代より中国の酒造りの麦麹にも生デンプンを用いていた．現在も，麦麹に生原料を用い，大豆発酵食品を作っている．しかし，生デンプンの欠点もある．『農桑衣食撮要』の作豉法の製麹方法は，まず麹を日に晒し，箕でふるい，胞子を除き，麹を水で洗わないため水分含量が少ない．瓜1kg，ナス1kgに塩0.1kgを加え，塩漬にして，ショウガ，陳皮，シソ，ディル（イノンド），コショウ，甘草を切断，粉砕して加え，撹拌し，1晩置く．この浸出液を麹に加えて発酵させる．この液汁と香辛料は豆豉の風味に対して良い影響を与える．また，撹拌した後，カメに入れ，上を竹の葉で覆い，重石で押し，カメの口を泥で密封し，嫌気条件を作って発酵微生物の増殖を抑制し，発酵を緩慢に進行させる．これは豆の粒のままで保温発酵するには有利である．この重石で押し，発酵させることは日本の浜納豆や味噌の生産にも採用されている．この方法は塩漬瓜やナスを発酵させ，浸出液を用いるが塩含量が少なく，発酵が速く，半月で熟成する．

(5) 明代の豆豉

1) 『居家必用事類全集』の豆豉

『居家必用事類全集』に鹹豆豉法，淡豆豉法，麦豆豉法，径山寺豆豉法がある．

①鹹豆豉法：黒豆 10l を固めに蒸した後，1 日間日に晒し，乾燥させる．瓜（20 本），ナス（40 個）を小さい塊にして，少し乾燥し，シソ，陳皮を砕き，撹拌混合し，さらに茴香（20g），炒った塩（0.2kg）を入れる．これらの原料を均一に撹拌し，3 日間培養し，酒を少量均一に振りかけ，再び蒸し，塩 0.2kg と撹拌し，再び酒を少し振りかけて，1 日間日に晒し，カメに入れ，しっかり押さえ，紙あるいは泥で密封し，三伏（酷暑）に日に晒して熟成させる．

②瓜豉（クァチー）の製法：大きな瓜 20 本，わたと種子を取り除き，洗うことなく，厚さ 6cm，幅 3cm に切り，塩 0.4kg を用い，2 晩水に漬け，水切りをして日に晒す．酢 5l，鹹豆豉 1l を加え，4〜5 回沸騰させたのち，煎った後，豆豉を取り除き，酢だけを放冷し，砂糖を 0.2kg 加え，イノンド（ディル），茴香，川椒，シソ，糸状陳皮，瓜を一括して 1 晩酢に浸漬後，水を切り，日に晒し，乾燥させる．これを再び浸漬，日に晒し，乾燥する．イノンド，茴香，川椒，シソ，陳皮を加え濃い味を付ける．すなわち，少量の塩で 1 晩塩漬後，揉んで乾燥した瓜を入れ，乾燥しすぎて白くならないように蒸発を防ぎ，三伏（夏を越させる）をすぎて秋に出来上がる．

2) 明の高濂の『遵生八牋』の豆豉

①十香（シュシァン）鹹豆豉法：『居家必用事類全集』の径山寺の豆豉とよく似ているが，小麦粉の代わりに炒ったふすまを用いる．ふすまを焙炒すると焦げた香り成分ができるが，製麹工程中にふすまをふるうため，豆豉の風味にあまり影響を与えない．このふすまを大豆と同量加えると，潰れるほど蒸した大豆の表面の水を吸いとり，順調に製麹が進む．発酵させる時に瓜やナスおよび香辛料を多く用い，さらに酒，酢の粕を混和撹拌し，密封して日に晒し，発酵時間を比較的長くすると風味もよくなる．生瓜やナスそれぞれ 5kg と塩 0.6kg を用い，まず塩 0.2kg で瓜やナスを 1 晩塩漬後，水切り，乾燥したものと，糸ショウガ 0.25kg，シソの葉 0.25kg，甘草粉末 25g，および葉や枝を除きひき砕いた花椒（ホワジョ）100g，茴香 50g，イノンド 50g，砂仁（サーレン）100g，カワミドリの葉 25g を用いる．潰れるほど蒸した大豆 1l と炒ったふすま 1l を混合撹拌し，培養して麹を作り，ふるって皮を除く．酒を 1l，酢粕半碗と塩 0.4kg を加え，撹拌し，カメに入れ，しっかり詰め，クマザサで 4〜5 層に覆い，竹片で固定し，再び紙，クマザサで口を閉め，泥で密封し，日に晒す．40 日間で取り出し，20 日間日に晒して乾燥する．日に対するカメの向きを変えて万遍なく色をつける．

②水豆豉法（スィトウチーファ）：麹 5kg，塩 2kg，金華の甘い酒 10 碗．まず，20 碗の湯で塩を溶かし，塩水を澄ませ，カメに入れ，この中に麹，酒を入れ，49 日

間日に晒す．大茴香（ターフィシャン），小茴香（ショフィシャン）150gずつ，草果（ツァオクォ），桂皮（ケイヒ）25g，木香（モッコウ）15g，陳皮50g，花椒50g，乾燥した糸ショウガ0.25kg，杏仁（キョウニン）0.5kgを混合してカメに入れ，再び日に晒し，撹拌3日目に，分けてカメに入れ，翌年に食べると美味しい．肉のたれとして最も良い．

③酒豆豉法（チュトウチーファ）：黄子（麹）15ℓをふるって表面をきれいにする．ナス2.5kg，瓜10kg，ショウガ0.7kg，陳皮を糸状に切り，茴香1ℓ，炒った塩2.3kg，青トウガラシ0.5kgを撹拌し，黄子とともにカメに入れ，しっかり詰め，上に酒を振りかけ，あるいは酒粕を6cmの厚さに敷き，紙，クマザサでカメの口を閉め，泥で密封し，49日間日に晒す．カメを回して均等に日に当てるようにして，出来上がったら大盆に取り出し，乾くまで日に晒し，黄草で編んだ布で覆う．

3）李時珍（りじちん）『本草綱目』の豆豉

①造淡豉法（淡豆豉の製法）：黒大豆20〜30ℓを用い，6月に精選，洗浄後，水に1晩浸漬し，水切り後，蒸し，蒸した豆をムシロの上に堆積してムシロで覆い，保温する．3日に1回，胞子の着生を調べ，胞子に万遍なく覆われたら取り出して晒し，箕でふるう．麹に散水し，水切り後，力を入れて搾ると指の間から液汁がでる程度に水分を調整する．麹をカメに入れ，押さえながらカメに積み上げ，上をクワの葉で厚さ6cm位に蓋をして泥で密封し，7日間日に晒す．これを取り出し，散水後，カメに入れる操作を7回繰り返し，再び蒸す．これを取り出し，冷却後，カメに詰め，密封し，出来上がった後，香辛料を加える．

②造鹹豉法（鹹豆豉の製法）：大豆10ℓを3日間，水に浸漬後，蒸し，晒し，製麹後，取り出し，箕でふるい，水に漬ける．水切り後，麹2kgに対して塩0.5kg，糸ショウガ0.25kg，コショウ，陳皮，シソ，茴香，杏仁を加え均一に撹拌し，カメに入れ，麹の上面3cm位まで水に浸漬し，蓋をして口を封じ，日に晒して1か月で出来上がる．

(6) 清代の豆豉および細菌型の豆豉

1）『醒園録』の湿豆豉（スートウチー）

李化楠（りかなん）の『醒園録』（せいえんろく）に豆豉の代表的な香豆豉（シャントウチー）について詳しく述べられている．

この1法は大豆10kgを水煮した後，水切りをし，小麦粉10kgと均一に撹拌するもので，小麦粉を用いるのが特徴である．この工程中に杏仁（アンズの種子）の皮や瓜の種子を除き，砂糖を用いる．杏仁には多くの苦味成分が含まれ，においが強く，製品の風味に大きく影響する．

2法は水煮した黒豆で麹を作り，生小麦粉ではなく冷飯を用いる．豆粒の表面

にデンプンを付着させるのがこの方法の特徴である．操作は比較的複雑である．現在，河北省の農村にも伝わり，作られている．この豆豉は独特な風味をもっている．以下に2法の作り方を詳しく述べる．

　黒豆を水煮後，日に晒して少し乾燥させ，麹室に入れて，麹蓋で覆い，麹蓋に付着している麹菌を利用し半月培養する．黄色の胞子が生ずると取り出し，日に晒し，乾燥後，胞子を篩(ふるい)で除く．毎日，冷飯に湯を加え，撹拌し，これを湿らし透き通るまで日に晒し，十分に乾燥させる．再び，冷飯に湯を加え，日に晒し，この操作を繰り返し，これに黒豆麹を混合し，豆粒が散らばるまで日に晒して乾燥する．さらに夜間の露に晒し，よく乾燥させる．大きい杏仁0.75～2.5kgを用い，水に浸漬し，ゆり動かして皮を除き，涼しい場所で乾燥させる．陳皮400gを細い糸状に切り，ひねショウガ1kgを洗浄し，皮付きのまま千切りにし，日に晒し，少し乾燥させる．塩辛くない豆豉なら淡豆豉（無塩の豆豉）500gに対して塩50g，塩辛い豆豉では淡豆豉500gに対して塩100～75gを加える．すべての原料と混合した豆豉に，さらにスイカ汁（大きいスイカ2個の肉汁を揉み潰し，澄ませたスイカ汁）を加え，強い日に晒し，よく乾燥する．さらにスイカ1個を潰して加え，日に晒し，よく乾燥する．その後，シソ50g，ハッカの葉50g，厚朴(コウボク)（ホオノキの樹皮．75gにショウガ汁を加え，炒めて用いる），甘草50g，黒い梅肉125g，小茴香50g，川貝母（ツァンベイムー）（アミガサユリ）50g，蜜桔子（ミージェズー）（ミカンの皮の砂糖漬）75g，水20碗を加え，煎じた濾液12碗をとり，さらに残渣に水15碗を加え，煎じて乾燥し，8碗とし，残渣を除く．煎じた濾液を豆豉と混合撹拌し，日に晒し，乾燥する．大粉草（ターファンツァオ）40g，実ジソ40g，ハッカ44g，小茴香44g，大茴香40g，川貝母29g，砂仁(シャニン)（縮砂(シュクシャ)の果実）34g，花椒34g，柿霜（スーファン）（干柿の表面にふく白い粉）100gを，それぞれ粉砕して混合し，老酒をよく混ぜ，よく浸透させ，液を切り，日に晒し，水が滴らない程度に乾燥する．小口の磁製のカメに入れ，口を布でしっかり閉めて空気が洩れないようにして，20日間引っ繰り返しながら熟成させた後，日に晒す．もし湿度が高い場合はカメの口を泥で包み，1か月日に晒し，乾燥し過ぎるときは酒を加えて撹拌する．これを数回繰り返しながら日に晒す．

2)『養小録』の湿豆豉

　水豆豉法（糸引納豆の製法）は2つあり，その1つは『遵生八牋』と同じなので，ここでは省略する．現在の西瓜豆瓣醤（シークァトウバンジャン）とよく似ている豆豉について述べる．発酵した大豆0.5kg，スイカの中身0.5kg，老酒0.5kg，塩0.25kgを用いる．酒で塩を溶かし，澄ませ，納豆菌を混合し，スイカの中身を撹

拌してからカメに入れ，密封し，日に晒さないで40日間で出来上がる．これまでに述べたように，古文書の水豉法と普通の豆豉の製法との主要な区別は，発酵する時に塩水あるいは調味液を多く加えることで，水分含量が高い湿豆豉ができる．現在の山東の水豆豉は微生物が異なるが，その他は同じである．

『養小録』の豆豉法は大青大豆（ターチンタートゥ）および小麦粉を用い，麹菌で比較的若い麹を作り（書中には中黄と称する），発酵する時にニガウリを用いて，一般の香辛料の他に，ハッカ，砂仁，白豆蔲（パイトウコウ）（カルダモン），官桂（クァンクェ）（桂皮）を用いて独特な風味をだす．

大豆 10l を 1 晩水に浸漬し，煮た後，小麦粉 5l を加えて撹拌し，ムシロに敷き，コウゾの葉で覆い，麹菌を培養し，箕でふるい，きれいにする．ニガウリ 5kg の白わたを取り除き，小塊に切り，塩漬にし，圧搾して乾燥し，塩 2.5kg あるいは塩を用いない．杏仁 0.2kg を煮て皮を取り除き，もし甘い杏仁を用いる場合は 1 回水に浸漬する．ショウガ 2.5kg の皮を取り除き，糸状に切る．葉や枝を除いた花椒 0.25kg の茎を取り除き，ハッカ，香菜（コリアンダー），シソを細かく切り砕き，陳皮 0.25kg の白身を取り，糸状に切る．大茴香，砂仁をそれぞれ 100g，白豆蔲は 50g 用いるか，または用いない．官桂 25g を瓜，豆と均一に混合し，これらをカメに入れ，8〜9 割まで酒，醤油同量を入れ，放置する．数日後，液がもし薄いときは醤油を加え，濃過ぎる場合は酒を加える．泥で密封し，酷暑に作ると秋に出来上がる．

以上を見ると，元，明，清の豆豉の醸造方法は米麹型であり，塩，香辛料，酒を用いて保存の問題を解決した．瓜，ナス，スイカを用いることが始まり，製品の風味が増し，湿豆豉と豆醤の醸造方法はだんだん接近してきた．

現在の製品と比べて，豆豉の外観は豆醤より豆の形が完全に残り，水分含量が低いが，香辛料を多く用いるため風味は豆醤より複雑で，特徴がある．豆醤にも瓜，果実，香辛料を用いた西瓜豆瓣醤，トマト豆瓣醤がある．豆醤は豆が潰れ，水分含量が高く，粘りがある．元，明，清の豆豉の醸造方法は以上の古文書のほかに，明の朝呉禄の『食品集』，羅周彦の『医宗粹言』，王象晋の『君芳譜』，盧之頤の『本草乗雅半偈』にも記載がある．

(7) 朝鮮古文書の豆豉

朝鮮の豆豉は，なぜ豆豉と言わないで醤と称するか．これは醤と豉の区別を重要視していないからである．朝鮮古文書の中の大豆発酵食品の主なものとして干醤（カンジャン），甘醤（カンジャン），豆瓣醤がある．『海東繹史』は『新唐書』に記載された渤海の首都柵域（サンユウ）の名物の豉について引用している．『吉林

通誌』にも柵域の名物の豉が記載されている．朝鮮の最初の記録は『三国史記』
にあり，醤と豉が記載された．その製法は中国の『斉民要術』の豆豉法と，ほぼ
同じである．その後，李朝明宗王9年（1554年）の『救荒概況』は，当時の醤類の
製造方法を収録し，それには沈醤法，造醤法など8種類が載っている．22代の正
祖王朝の学者の鄭若鏞（ゼンルオルー）の『山林経済』には多くの醤油，醤と豆豉
の醸造方法が記載されている．この中の水豉醤法は枯草菌で作る粘りの強い納豆
の製法で，オンドルの上で乾燥するか，紙袋に入れて日に晒し，乾燥して貯蔵す
る．この乾燥納豆は中国や日本にもある．食べ方は煮た後，塩を加えて調味して
食べる．『山林経済』の発酵大豆食品には水豉醤法でも醤の文字が付いている．
この内容から見ると典型的な糸引納豆であり，朝鮮の発酵食品は主に麹菌を用いて
作った豆豉が多い．朝鮮の豆醤は一部では豆を粒のままで製麹するが，ほとんど
の場合，丸大豆のままでは製麹しない．一般に蒸し，粉末とし，団子状の麹，あ
るいは麺片状の麹で，製品の形は豆豉と異なり豆の形をしていない．これは醤と
豉の主要な区別である．これより，『山林経済』の中の生黄醤法および急造醤法は
麹菌で作った豆豉であることが分かる．

①生黄醤法：大豆あるいは黒豆（黒大豆）を1晩水に浸漬し，煮た後，冷却し，
同量の若い麹と混合し，竹ムシロに敷き，ヨモギおよびオナモミで覆い，製麹す
る．1日目は自己発熱し，2日目に胞子が生じ，3日目に手入れをし，出麹した後，
日に晒し，乾燥する．麹 0.5kg に塩 0.2kg を加え，カメに入れ，水を麹の上に1
こぶしの高さまで加え，これを日に晒し，発酵させる．

②急造醤法：大豆 10l を潰れるほど蒸し，これに炒って粉砕した小麦粉 5l を混
合し，製麹する．出麹を繰り返し乾燥し，塩水 6l を加え，カメに入れ，日に晒し，
よく撹拌し，7日間発酵して出来上がる．これは中国の鹹豆豉の製法と似ている．

2.4 腐乳の源流および，その歴代醸造技術

2.4.1 腐乳の起源

腐乳（フールウ）は飲料や食事の変遷と共に長い年月を経てきた．かつて牧畜の
盛んな時代，牛乳を長時間，外に放置すると，乳酸菌が落下し，乳酸発酵をして，
乳の中のカゼインが凝固し，凝固乳の水分が蒸発し，チーズができた．腐乳の起
源も，このチーズの生成現象に似ている．豆乳は外見上も乳の形状と似ており，
微生物の作用により，大豆からも乳製品と類似のものができる．

農耕時代には盛んに大豆の栽培が行われ，その貯蔵加工技術が大いに進歩し，

2.4 腐乳の源流および,その歴代醸造技術

醤,醤油,豆豉など発酵食品が出現し,漢代に至り,同じように豆腐が出現し,最も簡単な保存方法として食塩を加えた塩蔵が行われた.豆腐に食塩が浸透し,豆腐を脱水し,硬くなる.これを醤などの調味料を加えて漬け込むと風味が増加し,貯蔵性が高まり,塩漬腐乳ができた.これが腌制腐乳(ヤンツーフールウ)の起源である.古人の経験に基づき,保存のために食塩を加えた豆腐を低温に放置して一定時間培養すると,表面に耐塩性のカビが増殖し,豆腐は柔軟になり,美味しくなる.これが発酵したカビ腐乳であり,毛霉(モーメイ)腐乳の起源である.この毛霉腐乳が漢代の淮南王,劉安(紀元前179〜前122年)の後に現れた.

隋の煬帝の時,謝諷が尚食(シャンシー)の直長に任命された.尚食は秦の時代に設置された膳食(サンシー)を管理する官職で,以後は尚食局となり,その官職は典御,奉御,奉膳大夫,直長などに分かれていた.謝諷が『大業拾遺』の中の「淮南王食経」に尚食のことを書いていたが,この本は既に消失し,北宋の陶谷の『清異録』に掲載されている.この中に53種の食品があり,加(ジャ)乳腐はその一種である.隋代に腐乳が既にあったが,しかし,製造方法は解明されていない.また,腐乳より分かれた紅(ファン)腐乳の作り方の記載もない.紅麹を用いた白(パイ)腐乳もない.しかし,漢代に既に紅麹があったので,この当時の腐乳は紅腐乳ではないかと推定される.

次に紅麹の起源を述べる.紅麹の起源と腐乳の起源とは関係があり,興味深く意義があることである.唐の徐堅が大宗(玄宗)の皇子の学習所で編集した故事の検索書の『初学記』に,漢の末の王粲の詩賦「七釈」の断片がある.三国時代の詩人,王粲は魏の都の許昌より洛陽を経て,西の東周の梁と呼ばれた国(現在の陝西省韓城南)に旅行した時に,宿で瓜州の紅麹を半分混ぜた夕ご飯を食べた.これは「柔らかく滑らかで,軟膏のように潤い,口に入れると,流れるように溶ける」と記載され,当時,既に紅麹があったことが分かる.紅麹の生産されたとされる瓜州は当時,西北の敦煌県および江蘇省の邗江に同じ地名があった.宋代の王安石の詩の中に瓜州に船を泊めたとあり,この地は大禹が土地を開拓した所で,周の時代の瓜州は米の大産地である.明代の著書『紅麹考略』では,瓜州は当時の紅麹の産地としては疑わしいとしている.ただ,廖楚強が『福建食文化的溯源』の中で,瓜州は敦煌を指し,福建の紅麹は西晋の末期の永嘉の乱(311年)以後,晋の貴族が大挙して敦煌から南下して福建に至り,紅麹を伝えたとしている.

現在の揚州一帯は紅麹および腐乳の生産が盛んな土地であり,敦煌は古い資料がないが紅麹および腐乳の産地であったと考えられる.王粲の食した紅麹の食品は,資料はないが精米と紅麹を混合した紅麹腐乳であるということが推測され

る．上述の腐乳の起源を見ると，カビを繁殖させない腌制腐乳およびカビが繁殖した発霉（ファーメイ）腐乳の両者がある．前者は脱水，塩漬し，醤類，酒および調味料を添加して熟成させたものである．『古今秘苑』の中の代表的な建寧（ジャンニン）腐乳で，現在，太原腐乳工場で採用している製造工程である．また，紹興（ソーシン）腐乳の棋方（チーファン）の製造工程も同じである．後者はケカビが繁殖後，調味諸味液を加え，再び発酵させたもので，現在，腐乳の中で最も優れ，風味が最も良く，好まれている．

2.4.2 腐乳の発展
(1) 腌制腐乳

1500年前，魏の末期に乾燥豆腐に食塩を加え，熟成した腐乳があったという記録がある．記録の上では，この腌制腐乳が最も古く，発霉腐乳より古い．清の趙学敏の『本草綱目拾遺』の中の腐乳は，またの名を菽乳（スウルウ）と言い，豆腐を腌制（塩に漬け込み，発酵させること）し，酒あるいは醤を加えて製造したもので，味は甘辛く，滑らかで，滋養があり，整胃作用がある．この製造技術には，カビが生えない前発酵も含み，鹹腌制豆腐と考えられる．その後，調味料を加えた腌制腐乳やアルコールあるいは醤を加えた後，塩漬をして少し発酵させたものが作られた．この腐乳の製造工程は後発酵にあたる．腌制腐乳の醸造技術は比較的に詳細に記載され，当時の『古今秘苑』4巻に14の建寧腐乳の製造方法がある．

1) 建寧腐乳の製造方法

10月に大豆を脱皮し，豆腐を作り，これを圧搾して固め，竹カゴの中に入れ，表面に塩を撒き，1晩放置後，小さい塊に切り，日に晒し，鍋に入れて蒸し，乾燥する．これを竹カゴに入れ，さらに冷暗所で乾燥し，醤に浸漬した後，取り出して洗浄し，再び乾燥し，醤油，酒，コショウ，辣椒（ラージョ）（辛味の強い種類のトウガラシ）と共にカメに入れ，密封して，数日放置すると美味しくなり，1か月経つと，さらに美味しくなる．これを貯蔵しても悪くならない．この製造工程を図2.14に示した．

```
                    食塩
                     ↓
豆腐→圧搾乾燥→塩漬→切塊→日晒→蒸し・乾燥→冷暗所乾燥→醤漬→洗浄→
乾燥→カメ入れ→密封→熟成→腐乳
       ↑
   醤油，料理酒，コショウ，トウガラシ
```

図2.14　『古今秘苑』の建寧腐乳の製造工程

この方法は食塩を加え，一定期間貯蔵したもので，風味は単調で，味は満足すべきものではない．このため酒や醤類を添加して調味したものが現れた．

2) 『醒園録(せいえんろく)』の豆腐乳法

これは腌制腐乳で，豆腐を四角に切り，3〜4日間塩漬後，2日間日に晒し，蒸籠(せいろ)（ゼンルン）でよく蒸した後，1日間日に晒し，撹拌し，醤と老酒を少し加え，しっかり蓋をして，日に晒す．あるいは小茴香の粉末を加えて日に晒すと，さらに良くなる．この製造工程を図2.15に示した．

```
              食塩                      老酒  醤
               ↓                         ↓
豆腐➡切塊➡塩漬➡日晒➡蒸し・乾燥➡冷暗所乾燥➡調味配合➡密封➡
日晒➡熟成➡腐乳
```

図2.15 『醒園録』の腌制腐乳の製造工程

この『醒園録』の腌制腐乳の他に糟豆腐乳法（ツォトウフールウファ）がある．糟は撈糟（ラォツォ）で作った腐乳である．江蘇，浙江では酒糟（チュツォ）（酒粕）と称するが，四川では撈糟と称し，また糟豆腐乳と呼ぶ．この製法はモチ米5 l を洗浄し，潰れるほど煮た後，米麹を加えて撹拌し，糖化させると，翌日，撈糟ができる．ザルで糟渣（ツォザー）（糖化酒粕）を濾過し，汁液を取った酒糟に，老酒，紅麹を混合し，白麹（米麹），脱水豆腐を加えてカメに入れ，発酵させる．これは独特な腐乳製造方法で，雨露や日に晒さない．

新鮮な豆腐5kg，食塩1.25kg（3部に分けて，1部はカメに入れるときに混合する）を用いる．豆腐を2つ切りして，塩を1層，その上に豆腐を1層に積み上げて盆に入れ，木板で覆い，上に重石をして圧搾する．重過ぎてはいけない．2日間圧搾，塩漬した後，取り出し，晩まで日に晒してから蒸す．翌日，再び日に晒して蒸し，小塊に切る．モチ米5 l を洗浄し，潰れるほど煮えたら取り出し，冷却する（蒸飯米を乾燥させないで，どろどろした脂肪のようになるまで煮て用いる）．白麹5塊を研磨機で粉砕し，均一に撹拌し，桶や盆に入れ，手で軽く押し，きれいにならし，布で蓋をし，板で塞ぎ，密封する．翌日の朝に，発酵の状態を見て，ザルで糖化・発酵した諸味を裏ごしする（翌朝では裏ごしが早過ぎるときは3日目でもよい）．下に盆を置き脂肪状のペーストを受け取り，かすを捨てる．これに老酒を1大カメの量と少量の紅麹粉末を加えて均一に撹拌する．酒糟を1層，その上に豆腐を1層に積み，これを繰り返し，カメに7割まで入れる（噴き出し，溢れるのを防ぐ）．カメの口にしっかり蓋をし，布あるいは泥で密封する．46日間貯蔵し出来上がる．紅麹粉末を多く加えると色がきれいになる．カメに入れる時に白麹粉末を少し入

れると軟らかくなる．もし乾き過ぎるときは酒を加える．ペースト状のものや酒が豆腐に少ししみ込む方が良い．

3) その他の方法

豆腐を四角い塊に切り，1割あるいは1.5割の食塩を加えて漬ける．塩漬豆腐を少量の湯で水煮し，沸騰したら直ちに取り出し，撹拌する．この塩漬豆腐とモチ米を等量混合してカメに入れ，酒を注ぎ，密封し，20日間で出来上がる．現在の紹興腐乳の中の棋方の作り方は，この腌制腐乳から改善したもので，小麦醤麹の粉末および黄酒と塩を加え，調合している．小麦醤麹の種々の酵素を利用してタンパク質を分解し，風味が改善される．

(2) 発霉腐乳（カビ腐乳）

明代の李日華の『蓬櫨夜話』に黔県（現在の貴州省）人は秋に醢腐（シーフー）を好んで作ったとある．豆腐の色が変わり，カビが生じたら，随時，その表面を拭き，蒸籠（ゼンルン）で蒸す．これは豆腐のカビ増殖過程を示すもので，いわゆる，カビ腐乳である．李化楠の『醒園録』の中の醤豆腐乳法はカビ腐乳製造法の例である．

1) 『醒園録』の面醤黄（ミエンジャンファン）（カビ腐乳）の製法（図2.16）

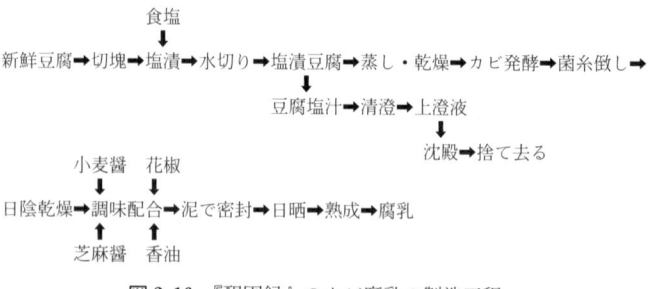

細かく粉砕した小麦と，新鮮な豆腐5kg，食塩1kgを用いる．豆腐を四角い塊に切り，塩を1層に広げ，その上に豆腐を1層にして漬け込み，5～6日間塩漬する．塩汁（この塩汁は後で使う）を分けた塩漬豆腐を蒸籠に敷き，蒸した後に，蒸籠に入れたままに発酵室に置くと，約半月間でカビが生える．白い菌糸を手で平らに倣し，少し日陰で乾燥する．さらに前述の豆腐塩汁を澄ませた液に小麦醤麹を等量加え，浸漬し，小麦醤を作る．カメに小麦醤を1層にし，その上にカビ豆腐を1層にし，さらに芝麻醤（チーマージャン）を層状に敷き，花椒（ホワジョ）を数粒加える．これを繰り返した後，カメの口を泥で固め，密封し，日に晒し，発酵熟成させる．1日間で食べられる．1個のカメに香油（ゴマ油）200gを入れる．

```
                        食塩
                         ↓
新鮮豆腐➡切塊➡塩漬➡水切り➡塩漬豆腐➡蒸し・乾燥➡カビ発酵➡菌糸倣し➡
                         ↓
                    豆腐塩汁➡清澄➡上澄液
                                      ↓
                                   沈殿➡捨て去る

      小麦醤  花椒
        ↓    ↓
   日陰乾燥➡調味配合➡泥で密封➡日晒➡熟成➡腐乳
        ↑    ↑
      芝麻醤  香油
```

図2.16 『醒園録』のカビ腐乳の製造工程

『醒園録』の中に別の製造方法があるが，上記の面醤黄の製法とほぼ同じなので省略する．

2) 清末の曽懿の『中饋録』の腐乳法

腐乳を作る際に重要なのは，水分が比較的少ない硬い豆腐（老豆腐や白豆腐干＝乾燥豆腐）を用いることである．豆腐を4つ切りの塊とし，蒸籠に草を敷き，その上に豆腐を平らに敷きつめ，稲わらで覆うと，7〜8日間でカビが生じる（これは自然カビ発生工程）．カビ豆腐に炒った塩とサンショウを振り掛けて，磁製のカメに入れる．8〜9日間の後に紹興酒を加え，さらに8〜9日経ったらカビ豆腐を引っ繰り返すと，発酵して良い味になる．清初の朱彝尊の『食憲鳴秘』の中の腐乳製法によるケカビ型の腐乳と同じである．

3) 建寧腐乳

豆腐を圧搾して極めてよく乾燥させるか，あるいは綿布で包み，灰を入れ乾燥させる．乾燥した豆腐を四角の塊に切り，蒸籠の中に詰めて敷き，上に蓋をし，春の2，3月や秋の9，10月に風が通る架の上に置く（浙中地方の製法は蒸籠に敷き，鍋の上で蒸した後，熱いうちに稲わらで覆い，周囲および上を，臼でひいた粗糠で埋め，風を避けて置く）．5〜6日間でカビが生じる．カビの色がやや黒く，あるいは青紅色になると取り出し，紙を用いて塊を拭き，カビを取り除くが，皮を破らないようにする（浙中地方の方法は指でカビの菌糸を押さえる）．大豆10 l に対して，炒った塩0.5kgと醤油1.5kgを加え（もし醤油がなければ炒った塩を2.5kg用いる），新鮮な紅麹0.4kg，きれいにした茴香，花椒，甘草を粉末にして加え，塩，酒と共に均一に撹拌し，豆腐をカメに入れ，表面に酒を加え，調味をする（浙中地方の方法は，カビが生じた豆腐を蒸籠から取り出し，カビの菌糸を押し，カメに入れる．豆腐の1塊ごとに塩を振り掛けて，豆腐を1層，塩を1層にし，塩が自然に溶けたら，取り出し，日に晒す．夜には腐汁〈豆腐を圧搾して生じた液汁〉に浸漬し，昼には日に晒し，これを繰り返し，腐汁を全部吸い終わるとカメに酒を加え，調味をする）．泥でカメの口を封じ，1か月間で出来上がる．固く密封し半年間置くと，味がしみ込み，最も良くなる．

文　献 (2.2〜2.3節)
1) 包啓安：中国醸造, **1** (1), 3；**1** (2), 1 (1982), **2** (3), 9；**2** (4), 8；**2** (6), 15 (1983), **3** (1), 9；**3** (3), 16 (1984)
2) 洪光住：中国醸造, **9** (1), 12 (1983)
3) 伊藤寛：発酵と食の文化, 小崎道雄, 石毛直道編, ドメス出版 (1986)

第3章　中国の発酵食品の微生物

3.1 微生物の分類

　微生物と呼ばれるものには原生動物，藻類，地衣類，菌類などがあり，これら多くの種類の微生物は従来の分類では原生動物のみを動物界に含め，その他は総て植物界に属するものとして分類されてきた．

　しかし，現在では種類の多い微生物を動物界や植物界から独立させている．さらに真核細胞（核膜を持ち，仁・ミトコンドリアなどの細胞内器官を持つ）を持つ高等微生物と，原核細胞（はっきりとした核膜をもたず，ミトコンドリアなどをもたない）を持つ下等微生物に分類されている．

　原核細胞を持つ原核生物には大腸菌などの細菌やラン藻類が属し，原始微生物である．これには高温性細菌や高濃度食塩の極限の環境条件に適するための脂質膜を有し，高濃度食塩の中に生息する好塩性や耐塩性の細菌が属し，魚醤油や大豆醤油に利用されている．また真菌（カビ，酵母類）は真核細胞を持つ高等微生物である．

　これらの微生物は極めて微小で，構造は単細胞あるいは簡単な多細胞からなり，自然界には細菌，放線菌，カビ，酵母，スピロヘータ，リケッチア，マイコプラズマ，ウイルスなどが存在する．大多数の微生物は，そのつど顕微鏡または電子顕微鏡を用いて個々の形を観察し，その姿を確認し，その微生物の機能性が明らかにされている．

　これらの微生物は空気，水，土壌，各種の有機物および生物体内に生息し，その種類や数も極めて多く，自然界の物質変換や循環に重要な働きをし，環境改善に役立っている．

　農業（発酵肥料（堆肥），発酵飼料など）や医薬工業（抗生物質，酵素剤など），醸造工業，食品工業，および石油などにおいて微生物が利用されている．また，植物やヒトの病気，食品の変質や腐敗を引き起こす微生物も少なからず存在する．

3.1 微生物の分類

```
                                    生物界
                    ┌─────────────────┼─────────────────┐
              ウイルス                         一般生物界
              Virus                          Living world
         ⎡動物ウイル⎤              ┌─────────────┼─────────────┐
         ⎢ス，植   ⎥        原生生物(微生物)    植 物        動 物
         ⎢物ウイル ⎥        Protists         Plants       Animals
         ⎢ス，バク ⎥      ┌──────┴──────┐
         ⎢テリオ   ⎥   下等微生物        高等微生物
         ⎣ファージ ⎦   Lower p.         Higher p.
                   ┌────┴────┐     ┌──────────┼──────────┐
                細菌類    ラン藻    一般藻類   原生動物   カビ類・地衣類
                Bacteria  Blue-green Algae    Protozoa   Fungi, Lichens
                放線菌    algae    ⎡クロレラ,⎤ (ゾウリムシ) ┌──────┴──────┐
                Actinomy- ⎡ユ レ モ⎤ ⎢アサクサ ⎥           粘菌類      真菌類
                cetes     ⎣ネンジュモ⎦ ⎢ノリ, 海藻⎥           Slime       True
                ⎡大腸菌 ⎤                ⎣          ⎦            molds       fungi
                ⎢枯草菌 ⎥
                ⎣放線菌 ⎦
  〔Virion〕  〔Procaryotic cell〕           〔Eucaryotic cell〕
  (ウイルス体)   (原核細胞)                      (真核細胞)
```

真菌類の分類大綱

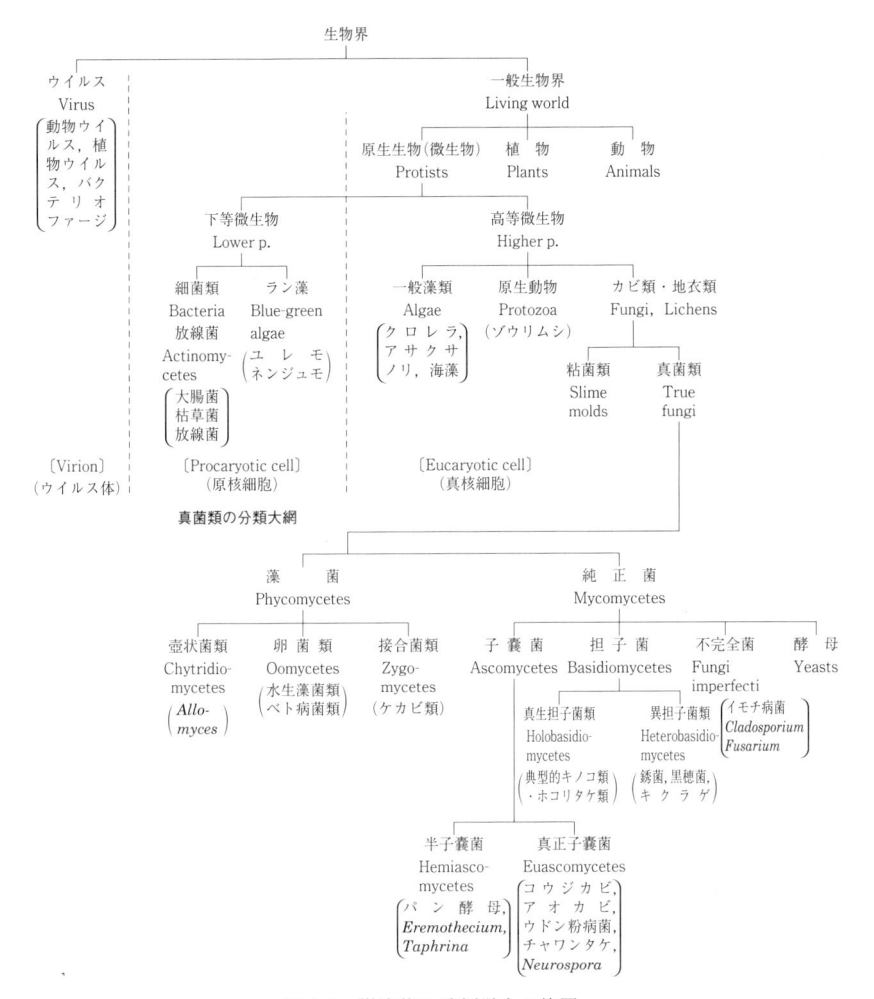

```
              ┌────────────────────────┴────────────────────────┐
           藻 菌                                              純 正 菌
         Phycomycetes                                        Mycomycetes
   ┌────────┼────────┐                    ┌──────────┬──────────┬──────────┐
 壺状菌類   卵菌類    接合菌類           子嚢菌       担子菌      不完全菌      酵母
 Chytridio- Oomycetes Zygo-              Ascomycetes  Basidiomycetes Fungi      Yeasts
 mycetes   ⎡水生藻菌類⎤ mycetes                       ┌──────┴──────┐ imperfecti
 ⎡Allo- ⎤  ⎣ペト病菌類⎦ (ケカビ類)                    真生担子菌類  異担子菌類  ⎡イモチ病菌⎤
 ⎣myces ⎦                                           Holobasidio-  Heterobasidio- ⎢Cladosporium⎥
                                                    mycetes       mycetes       ⎣Fusarium  ⎦
                                                    (典型的キノコ類 (錆菌,黒穂菌,
                                                     ・ホコリタケ類) キクラゲ )
                                 ┌──────┴──────┐
                              半子嚢菌       真正子嚢菌
                              Hemiasco-     Euascomycetes
                              mycetes       ⎡コウジカビ,⎤
                              ⎡パ ン 酵母,⎤   ⎢アオカビ, ⎥
                              ⎢Eremothecium,⎥ ⎢ウドン粉病菌,⎥
                              ⎣Taphrina    ⎦ ⎢チャワンタケ,⎥
                                              ⎣Neurospora ⎦
```

図 3.1　微生物の分類学上の位置

3.1.1 真　　菌

　真菌は植物に分類した場合は比較的下等で，菌糸体が多く，根，茎，葉があり，葉緑素を含む種類もある．寄生，腐生方式で生存し，少数の菌群には単細胞のものもあるが，その他のものは，そのつど分枝したり，分枝しない菌糸を出したり，有性あるいは無性生殖するものがある．真菌には食品工業に応用しているカビや酵母があり，また医薬品として，ペニシリンを生産する *Penicillium* 属の菌やセファロスポリン系の抗生物質を生産する *Cephalosporium* 属の菌がある．また，

磨菇（モーグー）（蒙古シメジ），香菇（シャングー）（シイタケ），銀茸（インルン）（シロキクラゲ），木茸（ムールン）（キクラゲ），霊芝（リンチー）（マンネンタケ），茯苓（ブーリン）などのキノコがあり，古くから中国では栄養食品あるいは薬として用いられてきた．また，真菌の多くの種類には植物やヒトに病害をもたらすものがあり，農林産品，紡績品，電子機器や光学機器，皮革などに増殖して害をもたらすカビがある．

(1) 形態と増殖器官

カビや酵母は分類上，真菌に含まれ，真菌類は菌糸に隔壁のない藻菌類（phycomycetes）と，隔壁のある純正菌類（mycomycetes）に分けられる．さらに有性生殖器官により藻菌類は卵胞子を形成する卵菌類と接合胞子を形成する接合菌類に，純正菌類は子嚢胞子を形成する子嚢菌類，担子胞子を形成する担子菌類，有性胞子の形成が認められていない不完全菌類に分けられる．

菌糸に隔壁のない藻菌類は容易に他のカビと識別される．菌類は繁殖時に菌糸が接近したり，機械で損傷させたり，あるいは菌糸が老衰すると隔壁を生ずる．菌糸は比較的粗い．また，比較的高等な菌種には固体基質上で仮根を生じるものがある．腐生あるいは寄生，水中あるいは土壌中に生育し，土壌中の藻菌の多くは農作物に危害を加える．しかし，食品醸造には常にケカビ，クモノスカビ，ユミケカビ属のカビを応用している．カビは糸状の分枝した菌糸（hyphae）の集合した菌糸体（mycelium）と胞子を着生する子実体（sporophore）から成る．カビは主として無性胞子により増殖するが，有性胞子を形成するものもあり，その胞子の形状や形成方法は多様で，真菌類の分類の重要な指標となっている．

1) 有性胞子

2個の細胞核が融合した核を中心につくられた胞子で，卵胞子（oospore），接合胞子（zygospore），担子胞子（basidiospore），子嚢胞子（ascospore）の4種類がある．

①接合胞子：接近する2本の菌糸からそれぞれ分枝が出て接合し，それぞれの細胞の核が融合し，その接合部分が膨らんで胞子ができる．

②子嚢胞子：子嚢（ascus）と呼ばれる特殊な細胞の中にできる胞子である．

2) 無性胞子

細胞核の融合なしに，分裂のみを重ねて無性的につくられる胞子で，胞子嚢胞子（sporangiospore），分生子（conidium），厚膜胞子（chamydospore），分裂子（oidia）などがある．

①胞子嚢胞子：培地の根元の菌糸から分枝して気中に伸びた胞子嚢柄（sporan-

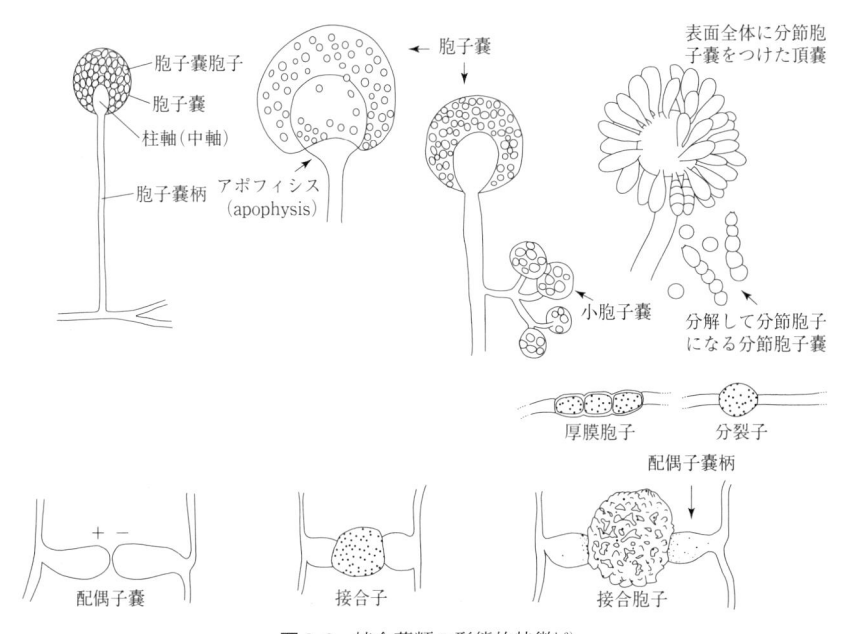

図 3.2 接合菌類の形態的特徴[1,2)]

giophore) の先端に胞子嚢 (sporangium) をつけ，その中に多数の胞子を生ずる．

　②分生子：培地の根元の菌糸から分枝して気中に伸びた分生子柄 (conidiophore) の先端につく胞子である．

(2) 主なカビ（霉菌（メイチュン），mold）

　藻菌類の中で接合菌類に属するクモノスカビ，ケカビ，ユミケカビが古くから米酒（ミーチュ），高粱酒（コーリァンチュ），小曲（ショチュ）（餅麹(へいきく)）などに用いられ，これらの菌類は醸造食品に重要である．

　1) 接合菌類

接合菌類	ケカビ目	ハリサシモドキ科	ハリサシモドキ
(Zygomycetes)	(Mucorales)	(Syncephalastraceae)	(Syncephalastrum)
		ケカビ科	クモノスカビ（根霉）
		(Mucoraceae)	(*Rhizopus*)
			ユミケカビ（梨頭霉）
			(*Absidia*)
			ケカビ（毛霉）
			(*Mucor*)

表 3.1 接合菌類の主要菌属の検索表

1a. 胞子嚢胞子は胞子嚢柄の膨らんだ先端を覆う分節胞子嚢中に形成される.	*Syncephalastrum*
1b. 胞子嚢胞子は中軸のある球形または洋梨形の胞子嚢中に形成される.	→2
2a. 胞子嚢と胞子嚢柄は通常暗色,胞子嚢柄はほとんど分枝せず,一般に集合して生じる;胞子嚢は直径 50〜360 μm と様々;胞子にはしばしば帯状の筋がある.	*Rhizopus*
2b. 胞子嚢と胞子嚢柄は全く着色していないか,あるいはわずかに着色,しばしば頻繁に分枝する;胞子嚢は直径が 100 μm を越えず,胞子には帯状の筋がない.	→3
3a. 胞子嚢には明確なアポフィシスがあり,洋梨形,直径 10〜40 μm(先端の胞子嚢は 80 μm までになる)	*Absidia*
3b. 胞子嚢にはアポフィシスがなく,球形,大部分は直径 40 μm 以上.	*Mucor*

接合菌類の菌糸体は多核性で,不稔性の菌糸体から胞子嚢,接合胞子などの特殊な器官を生じるときのみ隔壁が形成される.無性生殖は球形から洋梨形の胞子嚢に内生的に生じるか,あるいは分節胞子嚢(円筒形の胞子嚢で分裂して 1 列の分節胞子となる)内に形成される胞子嚢胞子(単細胞の不動胞子)により行われる.子嚢果(ascocarp)単独または連鎖状に厚膜胞子や分裂子を形成する種がある.胞子嚢胞子,厚膜胞子,分裂子は発芽して新しい菌糸体を形成する.有性生殖は 2 個の多核性の配偶子嚢が融合して行われ,多くの場合,針状突起またはその他の突起物で覆われた接合胞子が生じる.接合胞子の各端には 2 本の菌糸部分があり,配偶子嚢柄と言う.

アポフィシス(apophysis. 胞子嚢の直下にある胞子嚢柄の膨らみ)を特徴とする属もある.胞子嚢には中軸(柱軸,嚢軸,coolumella)を持つものと持たないものがある.分節胞子嚢は中軸を形成しない.胞子嚢は中軸のまわりに球状に形成される.その中に胞子嚢胞子を生じる.胞子嚢柄には単独に伸びて全く分枝しない Monomucor 型,房状に分枝する Racemomucor 型,仮軸状に分枝する Cymomucor 型がある.Monomucor 型がケカビである.

①クモノスカビ(根霉(コンメイ))[3〜5]:*Rhizopus* Ehrenb. コロニーの生育は早く,隔壁をもたない菌糸から葡匐枝(stolon)となって長く伸び,基質と接するところに仮根(rhizoid)を形成して付着し,仮根を生じた部分から 1 本ないし数本の胞子嚢柄を分枝する.胞子嚢柄の先端は膨れてアポフィシスを生じ,一般に半球形の中軸となり,周囲に球状の胞子嚢をつくる.胞子嚢は多くの胞子を内蔵し,大部分は大型で,最初は白色,後に成熟とともに黒褐色となる.中軸は褐色,球形〜亜球形,胞子は短楕円形,通常は菱形,しばしば筋があり,厚膜胞子は数種に存在する.接合胞子は *Mucor* に類似する.大部分の種はヘテロタリック(雌雄異株性)である.

クモノスカビの使用菌株：豆腐乳（トウフールウ）のカビ付け豆腐に普通は *Mucor* や *Actinomucor* 属のカビを用いるが，*Rhizopus* 属の菌を用いることもある．米小曲（ミーショチュ）は *Rhizopus oryzae*（AS. 3866）や *R. chinensis*, *R. javanicus*, *R. arrhizus* などのカビと，*Saccharomyces cereviciae* の k 号酵母や南陽酵母がよく用いられる．これらの種菌株には中国科学院・北京微生物研究所の菌種保蔵所（Institute of Microbiology, Academia Sinica of China；AS）に登録されている菌と，中国軽工業局北京食品発酵研究所（Institute of Food and Fermentation Industry；IFFI）の工業微生物保蔵所および中国商業局北京食品醸造研究所の菌株保存室に保存されている菌があり，それぞれの軽工業部局や商業局の傘下の醸造工場で，これらの菌を用いている．

②ケカビ（毛霉（モーメイ））[4]：*Mucor* 属の菌糸は白色もしくは着色，高さは 2, 3mm～数 cm まで様々である．胞子嚢柄はしばしば分枝し，その先端はアポフィシスを欠き，多数の胞子を内蔵する胞子嚢を常に形成する．胞子嚢の大きさは様々で，中軸はよく発達する．隔壁は破裂または溶解する．胞子の形態は様々で，

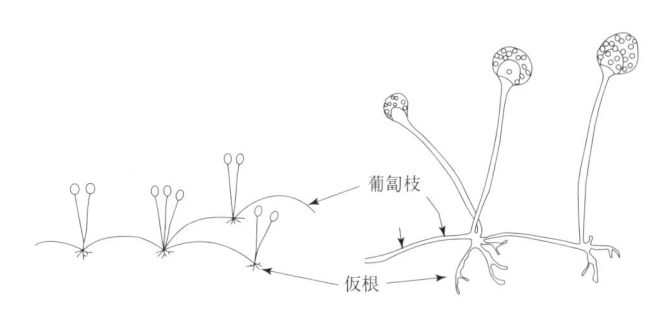

図 3.3 *Rhizopus* 属の形態

Monomucor　　Racemomucor　　Cymomucor

図 3.4 *Mucor* 属の形態[4]

平滑面もしくはわずかに模様がある．接合胞子の配偶子は配偶子嚢柄上に生じるが，付属枝はない．数種が厚膜胞子を形成する．

ケカビの分離，選別，育種：ケカビによる豆豉（トウチー）の主要な産地の四川

表 3.2　*Rhizopus* 属の分類の検索表[5,6]

A．37℃に生育しない．
　a．30℃に生育しないか，弱い生育．ホモタリズムの接合胞子を形成する．　*Sexualis* section
　　　　　　　　　　　　　　　　　　　　　　　　　　　　　　　　　　　　1. *R. sexualis*
　b．30℃によく生育する．接合胞子を形成しない．　*Nigricans* section
　　ba．胞子嚢柄は真っ直ぐ直立する．　2. *R. stolonifer* var. *stlonifer*
　　　　　　　　　　　　　　　　　　　　　　　　　　　　　　　　　　　(*R. nigricans*)
　　　　胞子嚢柄は直立し，反っている．　*R. stolonifer* var. *lyococcus*
　　bb．胞子嚢柄は中軸がなびく．　3. *R. reflexus*
B．37℃によく生育する．
　a．45℃に生育しない．　*Oryzae* section aa．
　　　厚膜胞子がない，あるいはまれに葡匐枝を形成する．　*Achlamydorhizopus* type
　α．胞子嚢や仮根はまれに生成する．胞子嚢柄は大部分が曲がり，ほとんどが無色あるいは淡
　　　黄褐色．　*Niveus* series
　　　　　　　　　　　　　　　　　　　　　　　　　　　　　　　　　　　　4. *R. niveus*
　β．胞子嚢や仮根は容易に生成する．胞子嚢柄は真っ直ぐで，淡黄褐色，暗灰褐色．
　　　　　　　　　　　　　　　　　　　　　　　　　　　　　　　Formosaensis series
　　　　　　　　　　　　　　　　　　　　　　　　　　　　　　　　5. *R. formosaensis*
　　　　　　　　　　　　　　　　　　　　　　　　　　　　　　　Syn. *R. achlamydosporus*
　　ab．葡匐枝の上に容易に厚膜胞子を形成する．　*Chlamydorhizopus* type
　α．胞子嚢や仮根はまれに生成する．胞子嚢柄は大部分が曲がり，ほとんどが無色あるいは淡
　　　黄褐色．　*Arrhizus* series
　　αa．胞子嚢は通常，径 100μm より大きい．　6. *R. arrhizus*
　　αb．胞子嚢は通常，径 100μm より小さい．　7. *R. semarangensis*
　β．胞子嚢や仮根は容易に生成する．胞子嚢柄は真っ直ぐで，淡黄褐色，暗灰褐色．
　　　　　　　　　　　　　　　　　　　　　　　　　　　　　　　　　　Oryzae series
　　βa．グルタミン酸ナトリウムを含む窒素源の最少液体培地で菌膜の反対側がほとんど白色
　　　　あるいは淡黄褐色．　*Oryzae-Oryzae* subseries
　　βaa．表面培養で乳酸を主に生産する．　8. *R. oryzae*
　　　　接合胞子を形成せず，胞子嚢胞子が楕円形．　*R. microsprus* var. *microsprus*
　　　　接合胞子を形成せず，胞子嚢胞子が円形で，48℃，120 時間でコロニーが 10mm．
　　　　　　　　　　　　　　　　　　　　　　　　　　　　　　R. microsprus var. *oligosporus*
　　　　　　　Syn. *R. batatas*, *R. nodosus*, *R. peka* II, *R. tonkinensis*, *R. tritci*, *R. usamii*
　　βab．表面培養でフマル酸を主に生産する．　9. *R. delemar*, *R. acidus*
　　　　　　　Syn. *R. acidus*, *R. chiuniang*, *R. chungkuoensis*, *R. chungkuoensis*
　　　　　　　　　　　　　　var. *isofermentarius*, *R. formosaensis* var. *chlamydosporeus*
　　βac．表面培養で乳酸とフマル酸を生産する．　10. *R. japonicus*, *R. borea*, *R. kansho*,
　　　　　　　　　　　　　　　　　　　　　　　　　　　　　　R. tamari, *R. thermosus*
　　βb．グルタミン酸ナトリウムを含む窒素源の最少液体培地で菌膜の反対側がほとんど灰褐
　　　　色，あるいは暗灰褐色．　11. *R. javanicus*
　b．45℃によく生育する．　12. *R. chinensis*
　　　　　　　　　　　　　　　　　　　　　　　　　　　　　　　　　13. *R. pseudochinensis*

表 3.3 *Rhizopus* 属の菌株とその分離源[5,7)]

菌　　種	分　離　源
1. *R. sexualis*	
2. *R. stolonifer* (*R. nigricans*)	土壌, 穀類, メジュ (韓国), 白酒曲 (雲南思芽), 景洪酒曲
R. stolonifer var. *lyococcus*	甜酒葯 (貴州雷山)
R. stolonifer var. *stolonifer*	酒曲, 甜酒曲 (雲南景洪), 甜酒葯 (貴州雷山)
	白酒曲 (雲南思芽)
4. *R. niveus*	酒葯 (杭州)
5. *R. formosaensis*, *R. chlamydorporus*	Tempe, Peka (台湾)
R. achlamydosporus	Tempe (インドネシア)
6. *R. arrhizus*	Tempe, Ragi
7. *R. semarangensis*	Ragi (インドネシア)
8. *R. oryzae*	焼酎曲 (貴州雷山), 酒曲 (雲南昆明, 景洪, 思芽, 貴州貴陽, 台湾), 甜酒葯 (貴州貴陽), 白曲 (雲南思芽), Ragi, Usar (インドネシア)
R. microsprus var. *microsprus*	甜酒曲 (雲南思芽)
R. microsprus var. *oligosporus*	甜酒曲 (雲南思芽), 酒曲 (山東省, 台湾), Tempe
R. tritici Saito	紹興酒曲
R. peka II	Peka (台湾)
R. tonkinensis	ベトナム
R. tritci	紹興
R. usamii	日本
9. *R. delemar*, *R. acidus*	アミロ法に用いる中国酒曲
R. chiuniang	上海酒葯
R. chungkuoensis	高粱酒酒葯 (安徽省)
R. chungkuoensis var. *isofermentarius*	インドネシア醤油麹
R. formosaensis var. *chlamydospore*	Peka (台湾), 紹興酒葯
10. *R. japonicus*, *R. thermosus*	Ragi, 日本の麹 (アミロ法)
11. *R. javanicus*	Ragi, 酒麦曲 (杭州)
12. *R. chinensis*	餅麹 (紹興, 台湾), Tempe
R. liquefaciens	紹興酒葯, Ragi
13. *R. pseudochinensis*	高粱酒酒葯 (長春), Ragi

表 3.4 *Mucor* 属の分類の検索表

1a. 中軸には通常1～数個の突起がある；胞子嚢胞子はわずかに滑面.　　　　*M. plumbeus*
1b. 中軸には突起がない；胞子胞子は滑面.　　　　→2
2a. コロニーは最初分枝せず, 後やや仮軸型に分枝する胞子嚢柄から成る；厚膜胞子は見られない；分裂子はときに基質中の菌糸に生じることがある.　　　　*M. piemalis*
2b. コロニーは長短2種類の胞子嚢柄から成り, 柄は仮軸型と短軸型両方, あるいは仮軸型のみの分枝を生じる；厚膜胞子は見られない場合もあり, 存在することもある.　　　　→3
3a. 厚膜胞子が胞子柄中, ときには中軸中にも多数存在する.　　　　*M. racemosus*
3b. 厚膜胞子は通常見られず, 存在する場合も基質中, または基質上に少数形成される.
　　　　M. circinelloides

表 3.5 *Mucor* 属の菌株とその分離源

菌　　種	分　　離　　源
M. plumbeus	メジュ（韓国）
M. hiemalis	メジュ（韓国）
M. racemosus	メジュ（韓国）
M. circinelloides	メジュ（韓国），Bubod[8]
sufu	豆腐乳
rouxianus WEHMER	魯氏毛霉台湾酒曲
Wutungkiao Fang	五通橋毛霉豆腐乳
javanicum	爪哇毛霉小曲酒
Actinomucor elegans	雅致放射毛霉豆腐乳
Syncephalastrum racemosum	メジュ（韓国），貴州雷山，雲南思芽，景洪，Murcha（ネパール）[7,9]
Absidia	Nuruk（韓国）[10]，天津中国曲

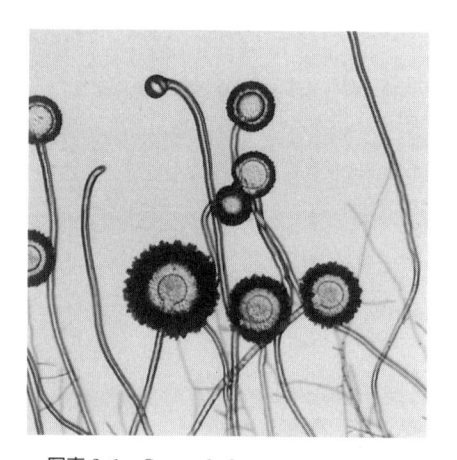

写真 3.1　*Syncephalastrum racemosum*
（餅麹，メジュ，murcha から分離）

省三台県醸造厂，永川県醸造厂，成都市宏発長醸造厂，成都市太和醸造厂の自然発酵のケカビ豆豉麹の中から分離，選別，育種をした．ケカビを純粋分離し，成長速度が早く，菌糸の伸びが旺盛で，胞子数が多く，耐久性強く，タンパク質分解酵素活性が高い菌を選別した[3,4]．この菌を用い伝統的発酵方法で醸造した生産品から，四川省標準局の優秀名産品のケカビ型豆豉の品質基準と符合する菌を選別した．顕微鏡撮影によりケカビの菌株に該当する菌の生育および形態変化を観察した．この結果，培養時間が24時間と短縮され，成長が旺盛で菌糸が密集し，胞子の生産能力が比較的強い菌を選択した．生育60時間以後，菌糸が老化し，からみあい，固まり，胞子嚢が生じた．これに伴い胞子が生じた．70時間後，ケカビが成熟した．ケカビの生育時間は3日間が必要である．低温性の環境条件で生育していたケカビを分離したが，中温条件下でも生育する菌であった．このほか，餅麹に *Syncephalastrum racemosum* が含まれていた[9,11]．

③ユミケカビ（梨頭霉（リートウメイ））[9,11,12]：クモノスカビと似て葡匐枝をもつが，仮根は菌糸の先端や胞子嚢柄の分岐部の中間部に生じる点が異なる．また洋梨形の胞子嚢を生ずる．*Absidia* 属は胞子嚢胞子の形や生育温度，硝酸やアンモ

表 3.6　*Absidia* 属の分類の検索表[10,12)]

胞子嚢胞子は卵形；栄養菌糸はよく発達，成長は早い；匍匐枝を形成し，仮根を持ち，白色〜灰色．
グループA．40℃に生育可能；NO_3，NH_4 を資化する；チアミンを要求する． 胞子嚢胞子の大きさ 2.5〜3.5×5.0〜5.3 μm；胞子嚢の大きさ 50〜60 μm；接合胞子は認めない．　　　　　　　　　　　　　　　　　　　　　　　　　*A. ramosa* 液化力，糖化力の活性あり．
グループB．15℃に生育可能；NO_3 を資化せず，NH_4 を資化する；チアミンを要求しない． 胞子嚢胞子の大きさ 2.5〜3.0×3.75〜5.0 μm；胞子嚢の大きさ 40〜50 μm；接合胞子は認めない．　　　　　　　　　　　　　　　　　　　　　　　　　*A. corymbifera* 液化力，糖化力の活性なし．

ニアの資化性，チアミン要求性から分類されているが，小崎ら[8,10)]は実用的な面から麹を作り，液化力，糖化力の活性を分類している．

2) 子嚢菌類のカビ

子嚢菌類の菌糸は隔壁を有し，よく分枝する．無性胞子は分生胞子（分生子）となって子実体から裸生し，有性生殖により子嚢中に子嚢胞子をつくるのが特徴であり，*Aspergillus* 属，*Penicillium* 属，*Monascus* 属，*Neurospora* 属などがある．*Aspergillus* 属，*Penicillium* 属で有性生殖の認められているものはごく少なく，無性胞子のみを生じる不完全世代のものがほとんどである．

①麹菌属（曲霉（チュメイ）属，*Aspergillus* 属）：菌叢は緻密で，白色，黄色，黄

　　　　　(a) *A.oryzae*　　　　　　(b) *P.citrinum*

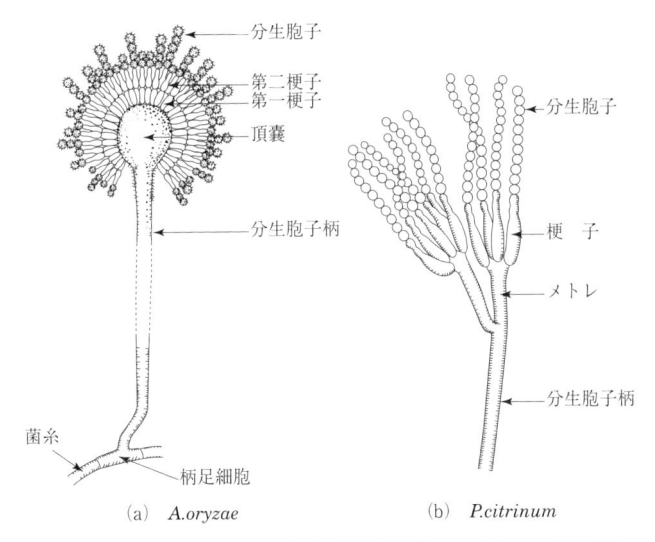

図 3.5　*Aspergillus oryzae* および *Penicillium citrinum* の形態[7)]

表 3.7 *Aspergillus* 属の分類の検索表

1a.	菌叢は白色，黄色，褐色，または黒色.	→2
1b.	菌叢は緑色を帯びる.	→6
2a.	分生子頭は白色，しばしば湿る.	*A. candidus*
2b.	分生子頭は黄色，褐色，または黒色.	→3
3a.	分生子頭は暗褐色～黒色.	*A. niger*
3b.	分生子頭は黄色～褐色.	→4
4a.	分生子頭は円柱状，しばしばシナモン褐色～ピンク褐色.	*A. terreus*
4b.	分生子頭は円柱状とならず，黄色または褐色.	→5
5a.	分生子頭は黄色，分生胞子は平滑面～わずかに粗面.	*A. ochraceus*
5b.	分生子頭は褐色，分生胞子は著しく模様がある.	*A. tamarii*
6a.	分生胞子柄は褐色，ヒューレ細胞がある.	*A. nidulans*
6b.	分生胞子柄は褐色とならない.	→7
7a.	菌叢は麦芽エキス寒天培地で生育が悪い（通常，1週間以内に直径1cm以下）	→8
7b.	菌叢の生育は速やか.	→10
8a.	菌叢の色は様々，分生子頭は複列.	*A. versicolor*
8b.	菌叢は灰緑色，分生子頭は単列，分生胞子はしばしば模様がある.	→9
9a.	分生子頭は円柱状．ショ糖または食塩を添加した培地上で *Eurotium* テレオモルフが見られない．	*A. penicilloides*
9b.	分生子頭は円柱状とならない．*Eurotium* テレオモルフが古い培養あるいは，ショ糖または食塩を添加した培地上に形成される.	*A. glaucus*
10a.	分生子頭は黄緑色.	→11
10b.	分生子頭は青緑色～暗緑色.	→13
11a.	分生子頭は単列のみから成る.	*A. parasiticus*
11b.	分生子頭は単列と複列が混在する.	→12
12a.	分生胞子は明確にいが栗状.	*A. flavus*
12b.	分生胞子は不規則に粗面または平滑面.	*A. oryzae*
13a.	分生子頭は円柱状，頂嚢は幅広いこん棒状，分生胞子は粗面～いが栗状	*A. fumigatus*
13b.	分生子頭は円柱状とならず，頂嚢は細いこん棒状，分生胞子は平滑面.	*A. clavatus*

褐色，褐色～黒色あるいは緑色を呈し，この属の形態は隔壁あるいは基中菌糸の一部がやや肥大した柄足細胞（へいそく）から分生胞子柄が直立し，密集した菌糸層から成る．分生胞子柄は分枝せず，その先端が膨らみ，球状，フラスコ状，こん棒状などを呈する頂嚢（ちょうのう）（vesicle）となる．頂嚢の表面に放射状に多数の梗子（フィアライド）をつけ，その先端に分生胞子を連鎖状に着生する．または頂嚢の表面に放射状にメトレをつけ，その先端に梗子をつけて分生胞子を連鎖状に着生するものもある．

村上[13]は *Aspergillus* 属の菌の識別に分生胞子の表面の突起の有無などを用い，表 3.8 に示した方法で分類している．

A. oryzae の菌叢は分生胞子が着生すると黄色から黄緑になり，古い培養では緑褐色ないし褐色を呈し，分生胞子の表面は粗い．*A. sojae* は *A. oryzae* に類似しているがメトレをもたず，分生胞子の表面に小突起がある．*A. tamarii* は *A.*

表 3.8 黄緑色 Aspergillus 属の識別表[13]

分生子			メトレ	菌核	ピンク分生子	コウジ酸	アフラトキシン	菌種
表面	直径	濃緑*						
小突起	4〜6μm	＋	＋	＋〜－	－	＋	＋＋＋	A. toxicarius
小突起	4〜6μm	＋	－	＋〜－	＋	＋	＋＋〜－	A. parasiticus
小突起	4〜6μm	－	－	－	－	＋〜－	－	A. sojae
非突起	4〜5μm 以下	＋〜－	＋	＋〜－	＋〜－	＋〜－	＋〜－	A. flavus
非平滑	3〜8μm	＋〜－	＋〜－	(＋)〜－	＋〜－	＋〜－	－	A. oryzae

＊ 分生子頭の色.

sojae に類似しているが, 分生胞子の表面は小突起がなく, 茶褐色の色素粒をもち, コブ状を呈している. 菌叢は一般に茶褐色を呈する. A. flavus, A. parasiticus, A toxicarius は野生のカビで, 菌叢の古い培養でも緑褐色, 緑色, 濃緑色などを呈し, いずれも緑を失わない. アフラトキシンを生産する.

②アオカビ（青黴（チンメイ）属, Penicillium 属）：菌叢は生育が速やかで緑色を呈し, ときには白色である. 普通, 分生胞子柄は単柄または束状となり, 柄の先端に頂囊をつくらず, 直接分枝して, その先端に梗子がほうき状に並び, 分生子頭を形成する. 分生子頭は左右非対称のものが多い.

3.1.2 中国で使用されている糸状菌

中国では伝統ある天然麹を用いた調味食品は全体の 10〜20％を占め, 地方の特産品を生産している. 大部分はそれぞれの発酵食品の生産に適する性質に改良し, 開発した霉菌（カビ）を用いて製麹した人工曲（曲＝麹）である. 現在中国でよく使用されるカビ類を表 3.9 に示した.

(1) 米霉菌（ミーメイチュン）（*Aspergillus* 属菌）

日本では A. oryzae の中でタンパク質分解力の強い菌を醤油醸造に用い, デンプン分解力の強い菌を清酒醸造に用い, 味噌醸造にはタンパク質分解力とデンプン分解力を有する菌を用いている. 中国では米に対してデンプン分解力の強い長毛菌 A. oryzae（AS.3800）を麦小曲（マイショチュ）（黄酒醸造）や, また甜面醤（テンミエンジャン）や豆醤の諸味にもよく使用している. タンパク質分解力の強い短毛菌 A. oryzae（AS.3951）を醤油醸造に用いている. この菌は上海市醸造科学研究所で 1970 年 AS.3863 株を紫外線照射法で変異させ, 長期間, 馴養した菌で生育速度が速く, 24 時間に製麹時間が短縮され, 雑菌の抑制能力が強く, 製麹しやすい. またタンパク質分解酵素の活性が約 30％以上高まり, このため醤油原料の全窒素利用率が明らかに高くなり, 醤油や醤の醸造に適した菌である. また, この

表 3.9 中国で使用されているカビ類[14]

菌　　株	用　　途
Aspergillus niger AS. 34309（別名 UV-11）	高粱，トウモロコシなどの分解力が強い．
A. niger var. UV-48	白酒やアルコール発酵に用いられる[15,16]．
A. awamori var. 河内白曲	甜面醤にも使用される．
A. oryzae　　　　AS. 3800	米の分解力が強い，米小曲
蘇州 16 号	中国の黄酒[3,4]
Rhizopus oryzae　AS. 341，AS. 3866	豆腐乳の諸味
R. japonicus　　　AS. 3249	甜面醤
R. arrhizus　　　AS. 32893	
A. oryzae　　　　AS. 3951（滬醸 3042）	醤油，豆醤
AS. 32792（別名豆豉菌）	豆豉
A. sojae　　　　　AS. 3495，AS. 3765	甜面醤
Mucor Wutungkiao AS. 325	豆腐乳
Mucor racemosus　IFFI. 03039	豆豉
Actinomucor elegans AS. 32778	豆腐乳
Monascus anka　　IFFI. 05028	豆腐乳の紅曲[1,2]
IFFI. 05027，IFFI. 05026	紅曲[1,2]
Monascus ruber　 IFFI. 05005	紅曲[1,2]

AS. 中国科学院微生物研究所登録番号，沪上海市の登録．

菌は培地の pH を下げても生育し，中国の醤油醸造の低塩高温固体発酵に適応し，中国全体に普及している．このほか，中国南方と西北の一部の醤油醸造工場では UE-336，UV-1229 の醤油麹菌 *Aspergillus sojae*（AS. 3811，西醸 8201 あるいは X-13 菌株）を用いている．UE-336 は上海市醸造科学研究所で滬醸（フーニャン）3042 菌株の原株にコバルト 60 の高速中性子，メチルスルホン酸エチルで変異処理をして得た新菌株である．この株は原菌に比較してタンパク質分解酵素活性は倍以上に高まった．しかし，この菌は死滅しやすく，製麹の管理が難しいために，用いている工場は少ない．UV-1229 の醤油麹菌は山東青島市第一醸造工場で 1982 年，変異処理に成功した新菌株である．ただし，山東一帯の別の工場で使用されている．また，AS. 3811 の醤油麹菌は重慶市調味品研究所で変異処理で育種した新菌株で，四川省で一般に使用されている．西醸（シーニァン）8201 と X-13 菌株は西安市醸造公司と西北大学で選別した新菌株で醤油醸造に用いられ，成長速度が速く，酵素活性力価などが高い特徴があり，現在，西北地区の一部の工場で使用されている．

A. niger（AS. 34309）は 1970 年に ^{60}Co 放射線と紫外線照射法で変異された菌で，高粱（コーリァン）やトウモロコシなどの穀類のデンプン分解力が強く，中国のほとんどの白酒とアルコール工場でよく用いる麹菌である．甜面醤にも用いることがある．

(2) ケカビ，クモノスカビ

　中国の北方では黄麹菌を用いて豆醤（トウジャン）や醤油を作るが，南方では黄麹菌の野生株の *A. flavus* などのアフラトキシン生産株が生息しやすいため，緑色のカビは用いない．また青緑色を呈する *Penicillium* 属のカビには食中毒の危険性のある菌株が存在するために用いない．胞子の色が黒か灰色の *A. niger*，ケカビやクモノスカビまたは紅麹菌を用いている．

　種菌として小麦粉とモチ米の粉を混ぜて固めた餅麹（径20cm，厚さ3cmの餅状から，径2～3.5cm，厚さ1.5cmの餅状，小さいものはエンドウの豆粒大まで種々の大きさのものがある）を用いている[19]．この餅麹は3種類（生，蒸したもの，炒ったもの）の小麦粉にモチ米を混ぜてある．特に，蒸したり，炒ったりすると麹菌がよく増殖し，生の穀類にはクモノスカビやケカビが増殖しやすい．また15～20℃ではケカビが，25℃以上ではクモノスカビが増殖しやすい．餅麹には *Rhizopus* 属や

写真 3.2　餅麹（インドネシアではラギーという）

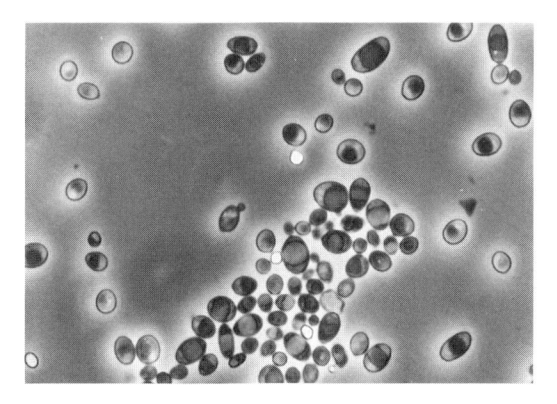

写真 3.3　*Saccharomycopsis fibuligera* の胞子

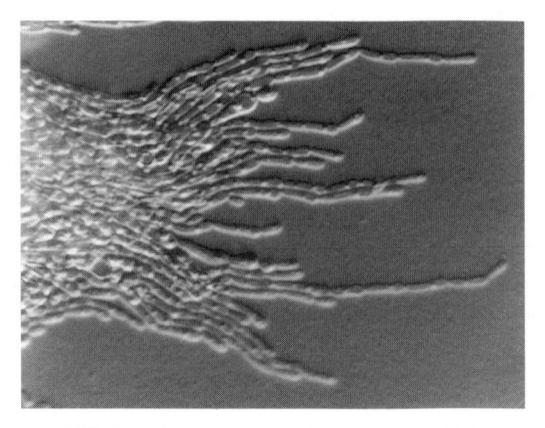

写真 3.4 *Saccharomycopsis fibuligera* の菌糸

Mucor 属の菌株と,酵母の *Saccharomyces* 属や *Saccharomycopsis* 属(東南アジアの餅麹やインドネシアのラギーに含まれる)が含まれている[21]. また,乳酸菌として乾燥に強い *Pediococcus pentosaceus* が含まれ,豆豉や酒の発酵に利用している.

3.1.3 耐塩性酵母と乳酸菌[21]

醤油や醤,豆豉の中で働く主要な酵母には有胞子酵母 *Zygosaccharomyces rouxii*(*Saccharomyces rouxii* を改名)および後熟酵母として *Candida versatilus*(*Torulopsis versatilus* を改名)と *Candida etchellsii*(*T. etchellsii* を改名)がある. 後熟酵母は加温しない天然長期熟成酵母として,醤や醤油の香気や味に関与している. 東北地方(ハルビン)の醤油や醤の諸味から分離された.

酵母菌体の自己消化によりグアニル酸の旨味が生成され,コク味や押し味が付与される. *Z. rouxii* の増殖に伴い,コハク酸が生成され,さらに旨味が増す. さらに酵母の役割には,原料臭,未熟臭(豆臭,糠臭),油焼けした臭いなどの消臭や,悪い臭いのマスク,醤や醤油の芳香の付与がある. なお,4-エチルグアイアコールが醤油の香りと言われていたが香りが強すぎ,品質の良い醤油には 4-hydroxy-2(or 5)-ethyl-5(or 2)-methyl-3(2H)-furanone が含まれ,醤油の塩味をやわらげ,まろやかな味にし,カラメル様の甘い香りを持っている. 最近,機能性の面で,酵母が生成に関与するリノレン酸エチルエステルに抗変異原性があることが証明されている.

(1) 耐塩性酵母の性質

醤油や醤から分離された *Z. rouxii* はヘテロタリック(雌雄異株性)の半数体で

表 3.10 新しい *Zygosaccharomyces* 属の分類キー[21]

1a. 1,000 μg/ml シクロヘキシミド存在下で生育可.	→2
1b. 1,000 μg/ml シクロヘキシミド存在下で生育不可.	→5
2a. 37℃で生育可.	*Z. fermentati*
2b. 37℃で生育不可.	→3
3a. 生育にイノシトールを要求.	*Z. cidri*
3b. 生育にイノシトールを要求せず.	→4
4a. α-メチル-D-グルコシドを資化する.	*Z. florentinus*
4b. α-メチル-D-グルコシドを資化せず.	*Z. mrakii*
5a. メリビオースを資化する.	*Z. microellipsoides*
5b. メリビオースを資化せず.	→6
6a. 1%酢酸寒天培地に生育可.	→7
6b. 1%酢酸寒天培地に生育不可.	→8
7a. トレハロースを資化する.	*Z. bailii*
7b. トレハロースを資化せず.	*Z. bisporus*
8a. 16%食塩/15%グルコース培地に生育可.	*Z. rouxii*
8b. 16%食塩/15%グルコース培地に生育不可.	*Z. mellis*

増殖する酵母である．同じような菌株が砂糖や含糖食品からも分離され，この分離株は抗浸透圧性の酵母で，ほとんどの株がホモタリック（雌雄同株性）である．醤油から分離された株は食塩を含む培地の中で培養することにより，菌体内にグリセロール，アラビトールなどを蓄積して耐塩性を獲得する．

耐塩性酵母は抗浸透圧性を示すが，抗浸透圧性の酵母は必ずしも耐塩性を示さない．食塩感受性株が存在したため，16%食塩培地に生育する株は *Z. rouxii* とし，16%に生育しない株は *Z. mellis* に分類された．また *Z. rouxii* も，19%高濃度食塩培地では生育最適 pH 4.0〜5.0 の範囲にしか生育しない株，pH 3.5〜6.0 の広範囲で旺盛な生育を示すグループ，この中間のグループの3つに分けられる．*Candida* 属の酵母は 17%以上の食塩培地でも pH 3〜6.5 の広い範囲で生育可能である．*Z. rouxii* は無塩下では適温 25〜30℃で生育し，40℃では生育できないが，食塩 18%では 40℃でも生育可能になる．食塩濃度 22%までも生育できる耐塩性の酵母である．*Candida* 属の酵母は適温 25〜30℃で生育し，35℃以上では生育しない．*Candida* 属の酵母は無塩よりも 7〜10%の食塩濃度で最もよく生育し，23%でも生育する菌である．

Z. rouxii は培養液の食塩濃度の増加に伴い，イノシトールとパントテン酸，ビオチンの要求が増大し，食塩 18%を含むグルコース培地では生育し，無塩下ではマルトース培地で生育できるが，15%以上の高濃度食塩培地では生育できなくなる．この性質を利用して *Z. rouxii* と *Candida* 属の酵母を分別して，生育状態の菌数を計数できる．このほかに *Candida* 属の酵母はオルトバニリン（1.2mg/100 ml 培地）で阻害されて生育しない．また Z. rouxii はリチウムや亜鉛の金属塩で生育を完全に阻害されるが，Candida 属の酵母は阻害されないために培地に加えて選別計数をしている．

(2) 耐塩性酵母の培養条件

醤油，醤や豆豉に含まれる耐塩性酵母は高濃度食塩の中で生育するために前述のビタミンなどを必要とするが，これらは大豆が分解した豆豉や醤油に含まれ，これらの諸味(もろみ)の成分を加えると増殖が良くなる．例えば，種培養や分離培地に5～7%の豆豉や10～12%の生醤油（火入れや保存料を添加してないもの）を加えると増殖が良くなる．30℃で Z. rouxii は2～3日で，Candida 属の酵母は5～7日で増殖し，コロニーが検出される．普通の酵母より培養期間が長く，Candida 属の酵母はコロニーが小さく滑らかである．Z. rouxii ではよく増殖した大きなコロニーは粗面でしわ状になり，Candida 属の酵母と判別しやすい．酵母を斜面培地で保存する場合，0～5℃で3～6か月植え継ぐ必要がある．しかし，豆豉や醤の諸味を水で5～10倍に希釈し，2%グルコースを補糖し，7～8%の食塩濃度で（食塩を加えると耐塩性を獲得しやすい），pH 4.5～5.0 に調整して酵母を接種すると，乾燥しない限り，2～5℃で3～4年保存可能である．特に Candida 属の酵母は豆豉や醤の諸味の中で保存することが必要である．醤や醤油の仕込みに添加する種菌は，Z. rouxii では液体培地に前培養し，種水として加える．Candida 属の酵母は醤や醤油諸味に前培養して加えるのが最も良い．

(3) 乳 酸 菌

1) *Tetragenococcus halophilus*

醤，豆豉，醤油の製造に有効な乳酸菌は *Tetragenococcus*（*Pediococcus* 属を改名）*halophilus* で，グルコースから乳酸だけを生成するホモ型の四連球菌である．この菌は味噌，醤油の諸味の中では5～10%の食塩濃度で最適の増殖を示し，好塩性で，22%の食塩濃度でも生育できる．高濃度食塩の中に生育する場合，ビオチン，ピリドキシン，ニコチン酸，パントテン酸，リボフラビンが必須であり，このほか，ベタイン，コリンやある種のペプチドやウラシルを要求する．これらのものが麹や豆豉，醤油の大豆分解物に含まれるので，スターターや保存培地，分離培地に豆豉や醤油諸味を加えることが必須条件である．麹の中で *Micrococcus* 属の菌が異常に増殖し pH を下げ，酸臭がするようになると，*Micrococcus* 属の菌が *T. halophilus* の栄養源を先食いするので諸味の中で *T. halophilus* が増殖しない．このため醤油では麹室(こうじむろ)の洗浄を行い *Micrococcus* 属の菌の汚染を防止している．*T. halophilus* は他の乳酸菌に比較して長期間の培養が必要で，

30℃，4〜7日間以上培養すると，コロニーが検出される．この菌は脱脂粉乳の中で凍結乾燥すると長期間保存が可能である．この菌の役割は豆豉，醤油諸味の中で乳酸を生成し，諸味のpHを下げ，食塩含有培地の中で増殖する耐塩性酵母の増殖最適pHにすることである．また，低いpHは醤油の変質や微生物の汚染を防ぎ，保存性を増す効果がある．例えば，仕込み後の諸味発酵期間中に醤油の有害菌である産膜性酵母（*Hansenula, Pichia, Debaryomyces* 属菌）や細菌の菌数がpHの低下や熟成と共に減少し，最後にはほとんど検出されなくなる．このほか，豆豉や豆醤の乳酸が増加すると塩なれ（同じ食塩濃度でも酸を微量加えると塩辛く感じないこと）と押し味を付与する．最近，*T. halophilus* は次のように有機酸代謝の多様性があることが明らかになった．

① リンゴ酸，クエン酸を分解する株
② どちらも分解しない株
③ どちらか一方を分解する株
④ 酢酸を生成しない株

酢酸は耐塩性酵母の生育を阻害するため，香味が悪くなるので，酢酸を生成しない菌株を選択している．

2) その他の乳酸菌

食塩濃度の低い豆豉や醤油諸味，麹の中では *T. halophilus* 以外の乳酸菌が検出される．豆麹の中では *Enterococcus faecalis*（*Streptococcus faecalis* を改名），面曲（小麦麹）では *Pediococcus acidilactici*（麦の分解成分が含まれると，この酸敗乳酸菌がよく増殖する）がよく検出され，酸敗しやすい．*E. faecalis* は大豆分解成分や醤油諸味を，*P. acidilactici* は麦分解成分を加えて馴養することにより，13％以上の食塩濃度にも増殖するようになり，耐塩性を獲得する．麹の中で増殖し検出された多くの微生物は仕込み後，豆豉や醤油の諸味の中では菌数が減少するが，耐塩性を獲得した乳酸菌は一時増加し，その後は徐々に減少する．

3.2 微生物の発酵管理

味噌，醤油の起源は古く，豆類を発酵した豆豉（発酵して豆粒が残ったもの）や豆醤（豆粒が麹の酵素で分解し，あるいは押し潰して粒のない，どろどろした諸味状のもの）が中国にあり，この豆豉や豆醤から生成した液体が醤油である．これらの作り方が中国の東北部から朝鮮半島へと陸伝いに広がり，島根，山口に伝わる甘露醤油（再仕込醤油）になった．この製造方法は韓国のカンジャンと同様な作り方である．

現在，中国の南の人々は豆豉を好み，北の人々は醤を好んで食べている．これらには共通した秘伝が残っている．

普通，蒸煮した豆から麹を作るのは難しい．大豆を水に浸漬し，蒸煮して，木灰を加え，アルカリ性とすると納豆となる．しかし，中国の南方では浸漬する時に乳酸発酵してpHが下がり，蒸煮豆にカビが増殖しやすくなる．また蒸煮豆を味噌玉にし，小麦粉をまぶして製麹すると味噌玉の表面の水滴は乾き，カビが増殖しやすい水分となり，また味噌玉の内部は乳酸菌が増殖し，pHを下げ，納豆菌よりもカビが増殖しやすくなる．大豆の限定浸漬（一般には吸水した重量が200～300％になるが，150％になるように浸漬する）と，褐変するまで蒸煮する方法が日本の豆味噌や，たまり醤油に用いられている．朝鮮半島では蒸し大豆を固めたメジュ（醤麹）からカンジャン（醤油）やテンジャン（豆味噌）を加工している．中国の北方では窩窩頭（ウォウォトウ）（蒸した原料を円筒状に丸めたもの）にした団麹（トァンチュ）があり，これは日本の味噌玉麹である．また中国では大曲（ターチュ）（曲＝麹）や小曲（ショチュ）（餅麹も含まれる）を作り，豆豉，豆醤を製造している．

この味噌玉麹はカビ類をはじめ酵母や細菌類が含まれ，醸造上，風味に関与している．また仕込み後の豆醤や豆豉の諸味の中で，主要な微生物は食塩を含んでいても生育し，活動できることが必要条件である．

(1) 糸状菌の働き

糸状菌が増殖した麦，小麦粉，大豆またソラマメから麹を作り，豆豉，豆醤や豆瓣醤（トウバンジャン）を作り，これらの液体を醤油などに利用している．

これらの麹が生産した酵素（アミラーゼ，プロテアーゼ，ペプチダーゼ，グルタミナーゼ）が原料のデンプンやタンパク質を分解してデキストリンや糖，ペプチドやアミノ酸を生成し，味に関与している．また，これらの生成物質が乳酸菌や酵母の増殖因子や栄養素の補給に役立ち，さらにフレーバーの前駆物質の生成に役立っている．

(2) 麹の酵素と生産条件[17]

麹菌は多くの種類の酵素を生産し，醤，豆豉，醤油に利用されている．

タンパク質の分解には酸性（pH 3 付近），弱酸性（pH 6.0）と中性（pH 7.0）のプロテアーゼとペプチダーゼ（ロイシンアミノペプチダーゼ，酸性カルボキシルペプチダーゼ）を用い，醤油では，さらに，このほかにグルタミナーゼやセルラーゼ，ペクチナーゼなどを利用している．*Rhizopus* 属，*Mucor* 属の菌や *A. niger* は *A. oryzae* よりアミラーゼ，プロテアーゼ活性が弱いがセルラーゼ活性が強く，しかも，pH 3.5 の酸性アミラーゼや酸性プロテアーゼ活性が強い．この性質を利用

し，醤油麹や面曲と上記のカビを併用して繊維成分の多いオカラや雑穀類から豆類発酵食品を製造している[17,18]．また，製麹の温度条件により生成されるプロテアーゼやアミラーゼの酵素活性が異なる．28〜30℃以下で製麹するとプロテアーゼ活性が強くなる種麹を醤油に利用している．また，2番手入れ以後に40℃以上で製麹するとアミラーゼ活性の強い麹ができ，甜面醤に利用されている．

麹の製造に0.5%炭酸カルシウムを加えると中性プロテアーゼ活性が対照の麹の2〜3倍になり，リン酸塩の共存下でグルタミン酸ナトリウムやコハク酸ナトリウム，クエン酸ナトリウムの製麹助剤を添加するとプロテアーゼ活性が著しく増強される．また製麹中に湿度を高め，上記の製麹助剤を加えるとプロテアーゼ活性（pH6）がさらに増強される．醤，醤油，豆豉の製造上pH6.0で測定される弱酸性プロテアーゼ活性が強く影響し，重要な役割を占めている．

ロイシンアミノペプチダーゼは菌体内酵素であるため，培養した麹菌体を加えるとグルタミン酸が増加して旨味が増す[17]．また麹のフィターゼによりフィチンを分解し，リン酸とイノシトールを生成し，耐塩性酵母の生育因子になる．この

表3.11 中国で用いられている*Rhizopus*属の菌株の生成する酵素活性[14]

菌株	酵素	酵素生産最適培養温度(℃)	酵素活性が最大となる培養時間			最大酵素活性(unit/g麹)
			25℃	30℃	37℃	
R. japonicus AS. 3849	α-アミラーゼ	30〜37	160	100	120	2.6×10^6
	α-グルコシダーゼ	35〜30	180	100	50	9,000
	プロテイナーゼ	25〜30	160	100	75	9,000
	exo-セルラーゼ	25〜30	110	90	60	250
	endo-セルラーゼ	30〜37	110	110	110	3,000
R. oryzae AS. 341	α-アミラーゼ	30〜37	130	120	60	4.4×10^6
	α-グルコシダーゼ	30〜37	110	95	100	13,000
	プロテイナーゼ	25〜34	50	60	40	3,800
	exo-セルラーゼ	25〜37	100	60	50	360
	endo-セルラーゼ	30〜37	140	60	50	3,200
R. oryzae AS. 32893	α-アミラーゼ	37	110	95	95	4.6×10^6
	α-グルコシダーゼ	37	140	120	85	7,800
	プロテイナーゼ	30〜34	130	120	85	7,500
	exo-セルラーゼ	37	110	95	110	440
	endo-セルラーゼ	25	110	110	100	3,700

三角フラスコで培養したふすま麹の酵素活性．
現在中国で用いられている麹菌株の酵素および酵素力価を示した．
酵素の最適温度：α-アミラーゼ，一部のα-グルコシダーゼ，セルラーゼが最適温度30〜37℃で普通の菌株より高く，最大酵素力価に達するまでの時間はセルラーゼがより早く，セルラーゼの最大酵素力価は*Rhizopus*属の方が*Aspergillus*属より高かった．
プロテイナーゼは，プロテアーゼ，ペプチダーゼなど総てのタンパク質分解酵素をいう．

表3.12 中国で用いられている *Aspergills* 属の菌株の生成する酵素活性[14]

菌株	酵素	酵素生産最適培養温度(℃)	酵素活性が最大となる培養時間			最大酵素活性（unit/g 麹）
			25℃	30℃	37℃	
A. niger UV-48	α-アミラーゼ	30～37		65	100	5.8×10^7
	α-グルコシダーゼ	30～34	65	90		55,000
	プロテイナーゼ	25～30	125	70		4,800
	exo-セルラーゼ	30		60	65	450
	endo-セルラーゼ	25	110	115	115	2,700
A. oryzae AS. 3800	α-アミラーゼ	30～37	78	100	110	4.2×10^7
	α-グルコシダーゼ	30～37	110	95	110	130,000
	プロテイナーゼ	34～37	50	90	40	3,800
	exo-セルラーゼ	30	50	42	50	320
	endo-セルラーゼ	25	500	60	50	2,200
A. oryzae AS. 3951	α-アミラーゼ	30		80		4.6×10^6
	α-グルコシダーゼ	30		56		7,800
	プロテイナーゼ	25～30	120	70		7,500
	exo-セルラーゼ	30		50		400
	endo-セルラーゼ	30～34	130	100		2,300

三角フラスコで培養したふすま麹の酵素活性．

ほか製麹中にパントテン酸，ビオチン，ビタミン B_1 などの生育促進因子を生成する．

(3) 発酵管理

1) 製麹中の微生物の動態と管理

製麹中，麹菌の自己発熱により麹がしまり，塊となり嫌気的になるため，塊を揉みほぐし，撹拌し，上下を引っ繰り返し，手入れをして通気をよくする．1番手入れまでに，混入した細菌は一時増殖するが，その後，さらに品温が35℃に上昇し，麹の2番手入れを行うと，この間に麹の自己発熱と麹菌の増殖に応じて混入した微生物は減少する．しかし，有胞子，耐熱性の *Bacillus* 属，*Clostridium* 属菌が麹の中に混入すると発酵食品の香味が悪くなるため，麹室の滅菌，洗浄と乾燥を厳しく行い，汚染を防いでいる．特に豆麹を製造する際，蒸煮大豆に *Bacillus* 属菌が増殖しやすく，30℃以上の夏季には汚染が著しいため，昔は雑菌が少ない冬や春の初めに製麹をしていた．これ以外の時に製麹する場合は，*Bacillus* 属の菌の増殖を抑制するための種々の伝統的な方法が昔から行われている．

① 中国の南の地方では浸漬時に水温が30℃になり，乳酸発酵をしてpHが低下し，または酸を加えてpHを下げた大豆の *Bacillus* 属菌の胞子は発芽して栄養細胞となるので，これを蒸煮すると滅菌されやすい．

② 甜面醤や低塩固体発酵の醤油などは大豆の浸漬時間を短くして，水切り後の重量増を1.6～1.7倍（一般の味噌は2.2倍）となるように限定浸漬し，蒸煮後の水分が40％以下になるようにする．

③ 醤油の場合は炒熬割砕小麦を加え，蒸煮大豆の水分を約45％になるように調節する．低塩固体発酵の醤油は香煎（麦を炒って粉にしたもの）や小麦粉を加え，水分の調節をして麹の増殖に適する環境条件を作る．あるいは水分を麹菌の最適生育水分にするため蒸煮大豆を乾燥（中国の径山寺豆豉や日本の寺納豆では天日乾燥）をして水分を調節している．

④ 中国の低塩固体発酵による醤油の製造には，過度の蒸煮をして褐変した大豆（主に糖やアミノ酸の褐変反応によるピラジン化合物などの褐変物質が生成する）を作り，*Bacillus* 属菌の増殖を防ぐ．

⑤ 蒸煮大豆に種菌を接種後，味噌玉を作り，屋外の軒下に吊し，あるいは麹室で製麹する．味噌玉の大きさは小玉（1.9～2.4cm）から最も大きい径4.5cmのものまである．大きいものほど内部は嫌気性となり，乳酸発酵（主に *E. faecalis* が多い）をしてpHが低下し，*Bacillus* 属の菌の増殖を防ぎ，表面は少し乾燥して麹菌が増殖しやすい条件になり，麹の菌糸が増殖して表面を覆う．この味噌玉麹と類似した韓国のメジュや中国の大曲や小曲を伝統的な製造方法として採用している．

2) 仕込み後の諸味中の微生物の動態と管理

① 対水食塩濃度

麹，蒸煮大豆，食塩および適量の種水（乳酸菌や酵母の種が含まれる水）を加え，均一に混合して発酵容器に仕込む．この場合，食塩濃度のバラツキのないように仕込む．混合が不均一で食塩濃度の低い場合は酸敗，腐造や異常発酵が起こりやすい．また高い場合は麹による酵素の分解が悪く，乳酸菌や酵母の発酵が起こらない．

麹菌が増殖する場合，温度と湿度に関連する水分活性により影響されるが，仕込んだ豆醤や醤油の諸味中では液相の中の食塩濃度に影響される．この関係を対水食塩濃度として表わしている．

$$対水食塩濃度 = \frac{味噌の食塩(\%)}{味噌の水分(\%) + 味噌の食塩(\%)}$$

中国の豆醤や醤油諸味の対水食塩濃度を図3.6に示した．

対水食塩濃度により微生物の増殖と発酵が影響される．対水食塩濃度23％以上

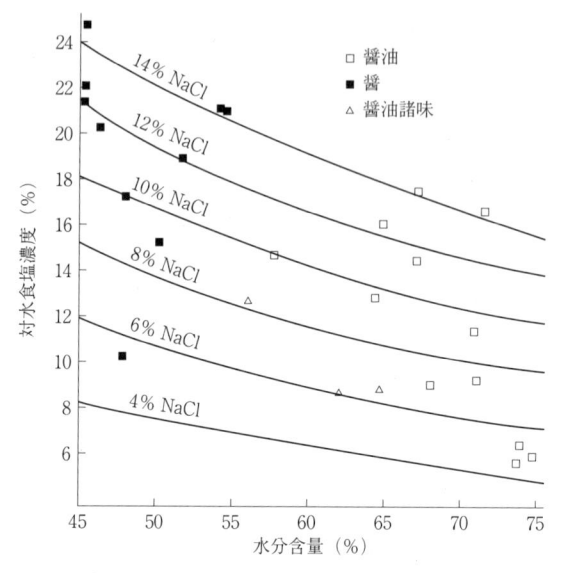

図 3.6 中国醤油と醤類の対水食塩濃度

では，耐塩性酵母によるアルコール発酵や乳酸菌による乳酸発酵が行われない．食塩濃度が高い諸味の中での酵母の発酵を促すため，仕込みに加える種水を多くすると，どろどろした諸味となる．中国の醤油は低塩で短期間の醸造目的のため，水分含量を少なくした固体発酵で醤油を作る．

　小麦粉より作った甜面醤は食塩濃度が低く，対水食塩濃度も低いが，諸味の仕込みの水分含量を 40％以下にして微生物の汚染を防ぐ．また，豆麹由来の *Bacillus* 属の菌を抑制する方法や，アルコールの添加や酵母の生成するアルコールで微生物の増殖を抑える方法がある．現在，低塩や減塩の豆醤や醤油を製造するには，さらに水分を減少させるために蒸煮大豆の乾燥や出麹(でこうじ)の天日乾燥が行われている．

②　醤油の原料配合割合と仕込塩水（日本では汲水(くみみず)と言う）

　醤油の原料配合は，体積比でタンパク原料（大豆または脱脂加工大豆）：デンプン原料（小麦粉またはふすま）＝55：45 に 12 水の飽和食塩水を加える．12 水とは元原料（大豆と小麦）10kl に対して仕込飽和食塩水を 12kl 用いることである．この仕込塩水が多いと食塩濃度が高く，発酵を抑え，麹の酵素によるタンパク原料の分解が悪い．加える仕込塩水が少ないと諸味の食塩濃度が低くなり，酵素による分解や発酵熟成が促進される．また低塩になると諸味の酸味が増す．現在，11.5 水

を加え，成分の濃い醤油を製造している．雑菌の混入を防ぐために出麹に5℃に冷却した飽和食塩水を加え，よく混和し，同時に *T. halophilus* を 10^6/ml 加え，乳酸発酵をさせる．さらに撹拌して，酵母の発酵を促し，醤油の香味を生成させる．中国の醤油の低塩固体発酵では，脱脂大豆：ふすま＝50：50に対して6水の飽和食塩水を加え，1か月の短期間で分解発酵させる．

③ 醤油の発酵管理

低温の食塩水で仕込み，内部まで食塩水を十分に吸収させ，麹中の有害細菌を抑えるために，櫂棒で撹拌する．しかし，過度に撹拌すると諸味が粘り，べたつき，嫌気性となり，窒素利用率も下がり，酵母が発酵せず，香気が劣る．初めの頃は1週間に1回の割合で撹拌をする．仕込み後，約20℃で7～10日間おきpHが下がったら，酵母（*Z. rouxii* を 10^5/ml と *C. versatilus* を 10^6/ml）を添加する．その後，酵母の増殖と発酵を促すため，諸味の品温を25℃に上げ，通気撹拌の回数を多くし，酵母の発酵の最盛期の夏季には2～3日に1回，冬は8～10日に1回の割合で通気撹拌をする．しかし，脱脂加工大豆は潰れやすいため，丸大豆より撹拌を少なめにする．仕込み直後に酵母を添加することもある．しかし *C. versatilus* などは諸味のpHが5.3位に低下してから加える．*Candida* 属の酵母は，大豆の分解成分が含まれる諸味の中で培養した種諸味を添加すると最も効果がある．

増殖に適した環境条件下で *Z. rouxii* を諸味に添加しても酵母の増殖と発酵が起こらないことがある．これを調べると野生酵母が添加酵母を殺すキラー現象があり，耐塩性キラー（食塩の濃度が増大すると共にキラー活性が増大する性質）酵母が醤油の諸味から分離され，*Z. rouxii* の生育を阻害していることが分かった．現在，*Z. rouxii* に対するキラー酵母として *Hansenula anomala*（醤油諸味から分離），*Pichia farinosa*, *Kluyveromyces thermotolerans* が強い耐塩性キラー阻害を示す．このほか，*Z. rouxii* に対して *Kluyveromyces* 属の酵母のうち *K. vanudenii* と *K. lactis* が食塩の存在下や食塩の存在しない場合でもキラー性を示す酵母として検出されている．漬物や醤油を汚染して変敗させる有害な酵母 *Hansenula anomala* を殺す耐塩性キラー酵母をタクアンの漬物工場から分離した．この酵母は漬物工場で有害なカビ（産膜性酵母は表面がカビ状となるためにカビと言われる）が発生したと思われた．翌年はカビの発生が見られなかったので調べたところ，タクアンの漬込液の中から耐塩性キラー酵母 *Debaryomyces hansenii* を分離した．この酵母の培養液を加えると *Hansenula anomala* の増殖が阻害され，産膜性酵母のカビが検出されなかった．

Z. rouxii は好気的条件でのみ増殖するので,通気撹拌や固体発酵では空気に接触させるため,切り返し(天地返しとも言う)を行う.

 Candida 属の酵母は,乳酸やタンパク質が分解して窒素成分が多い諸味の中では *Z. rouxii* より溶存酸素が少ない状態でも増殖し,発酵した.

3) 品質の良い製品を作るための条件

 大豆発酵食品の醬や醬油の諸味の中で働く酵母や乳酸菌は,高濃度食塩で増殖する耐塩性や好塩性の菌で,大豆や穀類(米,麦など)の分解した成分の含まれる諸味の中で増殖,発酵を行い,酒や酪農製品に含まれる酵母や乳酸菌と著しく性質が異なる.液体の中より固形状の諸味の中で増殖するために,団粒構造の隙間に酸素を含む豆豉や醬の諸味が適している.例えば,仕込み時に蒸煮大豆と麹と塩を混合し,擂砕機(チョッパー)で細かく漉すと粘り,嫌気性となり,酵母の増殖が悪い.このため,漉す網目の径が粗い6〜14インチ孔を通し,団粒構造の隙間ができるようにする.しかし,酵母の増殖を必要としない甜豆豉は細かく漉し,空気の入る隙間のないように詰めて分解させる.醬油諸味では,細かい脱脂大豆よりも粒をそろえた脱脂加工大豆を使用している.また,ふすまの残った麹麦も顆粒状のものがよく発酵して諸味の中で空気を取り込み,良い醬油ができる.このように品質の良い豆醬や醬油を製造するには,酵母や乳酸菌の性質を知り,増殖や発酵を抑制したり,促進させる環境条件を作ることが必要である.醬や醬油の諸味から分離した *T. halophilus* や *Z. rouxii*, *C. versatilus* は,魚醬油の諸味の浸出液(予め活性炭でアミンなどを除いた浸出液)を7〜8%培養液に加えると20%の高濃度食塩の諸味の中でも,よく増殖するようになる.魚醬油の分解した成分に,これらの醬油の乳酸菌や酵母の耐塩性の増殖因子が含まれている.また,これらの醬油や豆醬から分離した菌も魚醬油の発酵に利用される.

 豆豉や豆醬および醬油の低塩高温固体発酵法で,大豆を過度に蒸煮したり,仕込みの時に麹を堆積して,自己発熱で品温が45℃以上になる場合や,45℃以上の高温発酵あるいは過度の加熱滅菌(火入れ)により大豆が褐変して,ピラジンが生成する.ピラジンは香ばしい香気を示すが,多過ぎると *Z. rouxii* や納豆菌の増殖を阻害する.このため褐変してピラジンの生成した豆醬,豆豉,醬油は微生物による汚染や変敗が起こらない.これらのピラジンは抗変異原性を示す.

文　献

1) 蘇遠志:醱協誌, **33**, 32 (1975)
2) 蘇遠志,陳文亮,方鴻源,翁浩慶,王文祥:中国農業化学会誌, **8**, 46 (1970)

3) 朱文錦,　朱呈雄,　魏建銘,　陳培興：中国調味品, **6**, 16（1985）
4) 黄福州：中国醸造, **4**, 39（1992）
5) 大谷惣助：醸協, **68**, 423, 579（1973）
6) T. Inui, Y. Takeda, H. Iizuka：*The Journal of General and Applied Microbiology*, **11**, 1（1965）
7) 塩田日出男：昭和60年度, 第1回全国味噌技術講習会要旨, 19（1985）
8) 小崎道雄, 内村泰：醸協, **85**, 815（1990）
9) 小泉幸道, 館博, 村清司, 岡田早苗, 新村洋一, 柳田藤治：醸協, **84**, 341（1989）
10) 内村泰, 高木重樹, 渡辺堅二, 小崎道雄：醸協, **85**, 888（1990）
11) 村清司, 岡田早苗, 小泉幸道, 館博, 新村洋一, 柳田藤治：醸協, **84**, 345（1989）
12) H. Zycha, R. Siepmann：Mucorales, Verlag von J. Cramer（1969）
13) 村上英也：醸協, **68**, 305（1973）
14) 金鳳燮：醸協, **89**, 691（1994）
15) 金鳳燮, 稲保幸：中国の酒事典, p. 306, 書物亀鶴社（1991）
16) 華南工学院編著：酒精与白酒工芸学, p. 146, 中国軽工業出版社（1990）
17) 館博, 綾部浩太郎, 菊池修平：味噌の科学と技術, **41**, 144（1993）
18) 原山文徳, 安平仁美：醸協, **85**, 813（1990）
19) 小泉武夫：醸造の事典, 中国酒, p. 384, 朝倉書店（1988）
20) 横山直行, 田中一良, 杜連祥, 荒巻功, 木崎康造, 小林信也, 岡崎直人：醸協, **89**, 72（1989）
21) 伊藤寛, 童江明：日本食品微生物学会雑誌, **11**, 151（1994）

第4章　特色のある中国の麹

　何千年も前に中国に始まった大豆発酵食品は，東南アジア，朝鮮半島を経て，日本にも伝わった．中国ではそれぞれの地方の原料事情，気候風土あるいは習慣に応じて，地方の特色ある多種類の発酵食品を生み出し，これらの食品は何れも東洋人の食生活を豊かにし，栄養を維持するのに重要な役割を果たしてきた．この発酵食品は微生物の働きで作られ，特に麹と密接な関係を持っている．中国では麹を使って，酒造りが5000年以前の竜山文化時代に始まり，後漢の古書に初めて草麹（ツァオチュ）が記載され，紀元300年頃の『方言』に麹は原料別に，餅麹（䴷，䴷，麸），大麦麹（䴷），小麦麹（䴷），細かい餅麹（䴷），有衣麹（カビに覆われている麹）（䴷）の7種類が記載されている．その後の『斉民要術』には9種類（神麹（センチュ），頤麹（イーチュ），白醪麹（パイラォチュ），笨麹（ペンチュ），河東神麹（ホートンセンチュ），大州百堕麹（ターツォパイドォチュ），黄衣（ファンイー），黄蒸（ファンゼン）など）の製麹と使用法が詳述されている[1]．

　中国の伝統的な醸造食品はほとんどが麹を用い，これらの麹に含まれる微生物の種類により製品の出来が左右され，現代中国では伝統的な経験に基づき，性質を異にする麹が作られている．

4.1　麹の種類[1-3]

　麹は中国簡体字で曲（チュ）と書く．製麹方法はそれぞれの地方，生産品，特徴また季節によって違ってくる．麹の名称は白酒，黄酒，食酢，醤および醤油醸造業によって違う名称と通俗名を用いている．現在，麹は長年用いていた麹室，麹床や竹ザルなどに付着した微生物を穀物に着生させ製麹する天然曲（テンランチュ）と，純粋培養した種麹を接種する人工曲（レンクンチュ）の2種類がある．

4.1.1　天然曲と人工曲[4]

　天然曲は別名，老法曲（ラォファチュ）（古い方法で作った麹）と言い，蒸煮した原料にその半分以上の生の穀物やふすま，糠などを適量の水とともに散布して，長

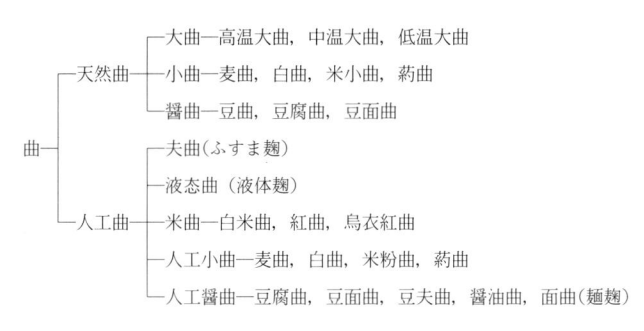

```
          ┌─大曲─高温大曲, 中温大曲, 低温大曲
    ┌天然曲┼─小曲─麦曲, 白曲, 米小曲, 葯曲
    │     └─醬曲─豆曲, 豆腐曲, 豆面曲
曲─┤     ┌─夫曲(ふすま麹)
    │     ├─液态曲(液体麹)
    └人工曲┼─米曲─白米曲, 紅曲, 烏衣紅曲
          ├─人工小曲─麦曲, 白曲, 米粉曲, 葯曲
          └─人工醬曲─豆腐曲, 豆面曲, 豆夫曲, 醬油曲, 面曲(麵麹)
```

図 4.1 中国の曲（麹）の分類[2]

方形あるいは円形の餅状に固め，昔ながらの方法で作る．すなわち，使用していた麹室やザル，ムシロに付着しているカビ，酵母や細菌類を培養して作った麹である．天然曲には穀物を分解するデンプン分解酵素やタンパク質分解酵素を生産するカビ類の他，よい香りなどを生成する酵母や細菌が含まれている．また，人工曲は普通に蒸した穀物やふすま，糠に，純粋培養したカビ類や酵母，乳酸菌などを接種して作る麹で，麹の糖化力とタンパク質分解力を利用している．さらに曲の原料である穀物の種類により細かく分類されているが，それを図 4.1 に示した．米曲（ミーチュ）には，蒸米に *Aspergillus oryzae* を培養した白米曲（パイミーチュ），*Monascus* 属カビを培養した紅曲（ファンチュ），また *Monascus* 属のカビと *A. niger* を混合培養した烏衣（ウーイー）紅曲がある．これらの麹は中国の伝統ある黄酒，食酢や豆腐乳（トウフールウ）などの生産に用いられている．夫曲（フーチュ）（夫＝麸）は穀物，ふすまなどを蒸した原料に *A. oryzae* の種麹を接種し，培養した麹で，白酒，食酢，味噌，醤油などの生産に用いられる．液态曲（イェタイチュ）（液体麹）はアルコールの生産に用いられている．中国の伝統ある醬曲（ジャンチュ）は，大豆，脱皮ソラマメ，落花生と小麦粉などを原料として *A. oryzae*, *Rhizopus* 属，*Mucor* 属カビを接種するか，あるいは天然培養で作る麹で，特徴ある醤類と醤油（ジャンユー），豆腐乳などの製造に用いられる．豆曲（トウチュ）は大豆，ソラマメなどを原料として豆醤（トウジャン）（中国の北方では大醤（タージャン）と呼ぶ）と豆瓣醤（トウバンジャン）の生産に用いられている．豆曲には，日本には蒸煮した大豆を固めた味噌玉（長野地方の 10×10×10 cm の立方体または円柱形，愛知の豆味噌の場合，直径 20～40 mm），韓国にはメジュ（醬麹を言う）があり，味噌や醤油を作っている．麦曲（マイチュ）は大麦または小麦を割砕し炒ったり，浸漬後に蒸して製麹した麦麹である．面糕曲（ミエンコーチュ）は小麦粉を煉瓦（れんが）状に固め，

あるいは円い餅状や小判形にして蒸し,冷却後,種麹を接種して40℃以下で通風製麹したもので,甜面醤(テンミエンジャン)や腐乳の副原料として用いる.

麹の作り方は用いる微生物により異なる.日本の麹は米麹,大豆麹や麦麹のように蒸煮した原料に種麹を接種し,その表面に麹菌が増殖した散麹(ばらこうじ)であるが,中国の天然曲は原料の穀類を蒸煮することなく,生のまま粉砕した後,散水して固め,成形し,培養したもので,特に種麹を加えず,前回用いたザルや麹室や容器に付着し,生息しているカビを利用し,または餅麹の種を加えて培養し,これを酒や豆豉(トウチー)の製造に用いている.生の原料を用いると $Rhizopus$ 属の菌や $A.\ niger$ が増殖しやすい.中国の南方では $A.\ oryzae$ と同じように緑色の胞子を生成するものの中にカビ毒を作る $A.\ flavus$ などの野生菌が生息し,汚染しやすいため,緑~濃緑色を呈するカビはほとんど用いない.しかし,北方では野生のカビ毒を作る菌が生息できないため,多くの発酵食品に $A.\ oryzae$ を用い,大豆から散麹を作り,醤や醤油を製造している.また $Rhizopus$ 属の菌や $A.\ niger$ はタンパク質分解力が $A.\ oryzae$ や $A.\ sojae$ より弱いため豆の粒が残った豆豉ができ,タンパク質分解力の強い $A.\ oryzae$ や $A.\ sojae$ を用い,醤油曲や夫曲を作って仕込むと,発酵中に豆類のタンパク質がよく分解して豆粒が残らない,どろどろした醤や諸味(もろみ)ができる.また煉瓦状の大曲(ターチュ)より小さい,2~3cmの球状ないし偏平楕円形(餅状,小判形)に成形して製麹する小曲(ショチュ)がある.小曲の場合はカビと酵母を一緒に接種培養しているため,発酵作用も伴う.

4.1.2 大　　　曲[1-3]

6世紀初頭の『斉民要術』に神麹,白醪麹,笨麹がある.これらは大曲の元祖である.現在,中国の大曲は小麦を主な原料とし,生の原料を自然培養して作る麹で,一部の工場では特徴ある製品を作るために大麦,エンドウ(豌豆),大豆を入れることもある.大曲は中国の白酒や大曲酒の生産に用いる麹である.食酢(日本では酢酸は液体発酵で作り,中国では麹と水を混合した半固体発酵である)や調味食品の製造にも用いる.

(1) 大曲の製造方法

精選した小麦の水分を量り,目標水分が15%になるように5~10%の水を散布し,放置後,粉砕する.粉の50%が20メッシュの篩(ふるい)を通過した粉に,3~5%の母曲粉(ムーチュファン)(小麦粉に種酵母と種麹を混ぜたもの)と20~30%の水を散布して,長方形の木製の型枠で煉瓦状に固め,2~5kgの大きさに成形する.そ

4.1 麹の種類

表 4.1　大曲の大きさと麹の性状

麹　名	生産地	大きさ (cm)	重さ (kg)	麹の性状
汾酒大曲	山西省	27.5×16×5.5	1.7	麹の表面が白色，両側に粟の皮が付着し，カビの香りがする．
瀘州大曲	四川省	34×20×5	2.5〜2.8	麹の表面に白い斑点あるいは菌糸にむらがあり，カビの香りがする．
茅台大曲	貴州省	37×23×6.5	4.8	カビの香りを持ち，刺激的な香りがする．
西鳳大曲	陝西省	28×18×6	2.2	大曲の両側に粟の皮が付着し，カビの香りがする．

の大きさは，それぞれの地方や工場での酒の種類で異なるが，一例を表4.1に示した．麹を固め，踏み付けて作るために大曲を別名，磚曲（ヅァンチュ）と言い，白酒や大曲酒の生産に用いる．この塊を曲坯（チュペイ）という．それぞれの地方の特産の穀類を成形し，昔から用いていた麹室に入れ，麹床に稲わらを15cmの厚さに敷き，その上に曲塊を2cm間隔で並べ，また3〜7cmの敷わらをし，さらに曲塊を並べ，これを繰り返し，4〜5段重ねる．最上段に稲わらを敷き，水を噴霧して湿度を保つと，カゴやカメなどの容器に生息していたカビや酵母が着生し，増殖し，自己発熱で生じた熱により品温が上昇する．このため室温を下げ，大曲の上下の積み換えなどを行い，品温の制御をする．4日目頃から品温が45℃を越え，麹の中心にカビの菌糸が食い込み，次第に麹は硬くなり，そのまま放置すると麹の中心温度が65℃まで上がることもある．高温になると熱に弱い菌類が淘汰され，耐熱性の細菌や Rhizopus 属のカビの胞子が残る．引っ繰り返し手入れをし，40〜50日放置すると曲塊の品温が常温になり，乾燥して水分が15％になる．これを仕込むと糖化力のある麹により，各地方の特徴のある中国酒ができる．また中国の酒の製造に，製麹後，麹を3か月ねかせて少し乾燥させて用いるが，これを陳曲（ツェンチュ）と呼んでいる．麹の中心の最高温度が60〜65℃に達したものを高温曲，50〜60℃のものを中温曲，40〜50℃のものを低温曲という．この温度と地方の酒の関係を表4.2に示した．製麹管理の温度経過が異なる麹の中心最高温度により，それぞれの地方独特の風味のある酒ができる．香味のタイプにより次のように分けられている[3,4]．

①濃香型白酒（ノンシャンシンパイチュ）：中国の規格の官能評価に「窖香（ジャシャン）は濃郁（ノンウィ）」とあり，地面に掘った穴の中のタンクで発酵した香りが窖香で，カプロン酸エチル，酢酸イソアミル，酢酸エチル，酪酸，カプロン酸などが主要な成分である．カプロン酸菌（Clostridium kluyveri）やメタン菌（Metha-

表4.2 大曲の製麹温度と酒の種類[3]

麹の種類	原料	最高培養温度 (℃)	培養時間 (日)	用途と性状
高温大曲	小麦	60〜65	45〜50	茅台酒など醬香型酒製造
中温大曲	①小麦 ②小麦：大麦：エンドウ＝7：2：1または6：3：1	50〜60	30	瀘州大曲酒など濃香型酒製造
低温大曲	①小麦 ②小麦：エンドウ	40〜50	25〜28	汾酒など清香型酒，食酢などの製造

最高培養温度は麹の中心温度．

nobacterium brgantii）の混合培養で生成した香りの酒．

②醬香型白酒（ジャンシャンシンパイチュ）：茅台酒（モータイチュ）のアセトイン，ジアセチル，フルフラール，ベンズアルデヒド，エチルグアイアコール，バニリンやフェルラ酸のエステルの他，ピラジンなどが褐変反応を起こした香りの酒である．60℃以上で製麹すると，褐変反応が進み，小麦のリグニンが熱と酵素によりバニリンやフェルラ酸に分解し，細菌によりエチルグアイアコールが生成した醬香の酒が生産される．この大曲の製麹中のカビは14日目頃まで増殖した後，品温が60℃以上に上昇すると急激に減少し，代わって細菌が増殖し，出麹は90％が細菌で占められる．この主な細菌として *Bacillus megaterium*, *B. cereus*, *B. licheniformis*, *B. subtilis* と酵母が分離されている．

③清香型白酒（チンシャンシンパイチュ）：汾酒（フェンチュ）の酢酸エチルの爽やかな香りで，濃香型や醬香型白酒と異なり異臭のない酒ができる．清香型では製麹中の最高温度が40〜50℃以下で，醬香型の60℃以上や濃香型の50〜60℃の最高温度をとらないため，製麹中に褐変化により生成する成分や細菌の酵素による醬香の生成がなく，酵母による酢酸エチルが生成される．主に *Saccharomyces*, *Hansenula*, *Candida* 属の酵母や，細菌として *Streptococcus* 属，*Pediococcus* 属，*Acetobacter* 属，*Bacillus* 属などの菌を分離している．

(2) 大曲に含まれる微生物

大曲は昔から天然曲を用い，自然に生息している微生物を利用していた．多くの研究者により大曲から多種類の微生物が分離同定されている．この主な属を表4.3に示した．それぞれの分類された菌名については第3章に詳細に記載した．中国の白酒に用いている大曲のカビ類は主として *Rhizopus* 属，*Mucor* 属菌であるが，時には *Monascus* 属，*Absidia* 属，*Aspergillus* 属，*Penicillium* 属菌も混在

4.1 麹の種類

表 4.3 天然曲に含まれる微生物

カビ類	酵母類	細菌類
Rhizopus 属	*Saccharomyces* 属	*Bacillus* 属
Mucor 属	*Candida* 属	*Streptococcus* 属
Monascus 属	*Hansenula* 属	*Lactobacillus* 属
Absidia 属	*Trichosporon* 属	*Pediococcus* 属
Aspergillus 属	*Geotrichum* 属	*Aerobacter* 属
Penicillium 属		*Acetobacter* 属

表 4.4 大曲培養中の微生物と水分, 糖化力の変化

製麹期		初期の低温期	高温期	出麹期
品温 (℃)		30	55	32
水分 (%)	表層部	34	20	14
	内部	37	29	16.5
酵母数 (菌数/g 麹)	表層部	1.2×10^8	2.8×10^6	1.0×10^6
	内部	8.6×10^7	4.0×10^4	7.6×10^5
細菌数 (菌数/g 麹)	表層部	1.0×10^8	2.8×10^6	1.0×10^6
	内部	4.0×10^6	5.0×10^4	8.6×10^5
糖化力 (mg グルコース/h・g 麹)	表層部	—	528	557
	内部	—	29	288

酵母数：麦芽培地に生育した菌数, 細菌数：肉エキス培地に生育した菌数.
表層部：表面から1cm の部分, 内部：中心部分.

している. 最近の報告によると, 天津の大曲（大きさ 22×15cm, 高さ 6cm の麹）のカビの主要な菌は *Rhizopus* 属でなく, ほとんどが *Absidia* 属であり, 麹を5層に分けて調べると, 表面よりその次の内層に多く, さらに中心に近づくと減少していた. α-アミラーゼやグルコアミラーゼ, 酸性プロテアーゼ活性も表面より内層ほど強く, しかし, 中心では減少した. またアルコールも表面より内層が多く, 酵母数も表面には少ないが次の内層に多く, しかし, さらに内部に入るに従い減少したという. 細菌数は表面に多く, 内部では減少していた. 酵母として *Saccharomycopsis fibuligera* を確認している. 一般に酵母類として発酵力の強い *Saccharomyces* 属と良い香りを生成する *Candida* 属, *Hansenula* 属の他に *Trichosporon* 属, *Geotrichum* 属の菌も存在し, 細菌類は *Bacillus* 属の菌や乳酸菌が存在している. 大曲の培養中の微生物や糖化力を表 4.4 に示した. 大曲を30℃以下で製麹の初期培養をした場合, 微生物は 10^8 個/g（その中で80%は細菌, 約18%が酵母, 2%がカビ類）になるが, 高温期になると 3×10^6 個/g に減り, 乾燥した麹では 10^6 個/g になる.

表4.5 薬草の名称一覧

生薬名	中国読み	科名	植物名	利用部分	別名,成分など
威霊仙（イレイセン）	ウィリンシァン	キンポウゲ科	センニンソウ	根	
黄柏（オウバク）	ファンパイ	ミカン科	キハダ	樹皮	ベルベリン
黄連（オウレン）	ファンリァン	キンポウゲ科	オウレン	根茎	
滑石（カッセキ）	ホワスー				カオリン．含水ケイ酸アルミニウム
艾（ガイ，もぐさ）	アイ	キク科	ヨモギ	茎葉	
甘草（カンゾウ）	カンツァオ	マメ科	カンゾウ	根	グリチルリチン
甘松（カンショウ）	カンスン	オミナエシ科		根茎	甘松香．jatamansone
杏仁（キョウニン）	シンレン	バラ科	アンズ	種子	
花椒（カショウ）	ホワジョ	ミカン科	イヌザンショウ	果実	メチルチャビコール
牙皂（ガソウ）	ヤーゾー	マメ科	サイカチ	豆果	皂莢（ソウキョウ）．サポニン
柴胡（サイコ）	ツァイフー	セリ科	ミシマサイコ	根	
桂皮（ケイヒ）	クェピー	クスノキ科	ニッケイ	樹皮	肉桂（ロウクェ）の樹皮，官桂（クァンクェ），玉桂（ウィクェ）は別名カッシア，玉桂子は種子．シンナムアルデヒド
細辛（サイシン）	シーシン	ウマノスズクサ科	ウスバサイシン	根	メチルオイゲノール
小茴香（ショウウイキョウ）	ショフィシァン	セリ科	ヒメウイキョウ	果実	小茴，キャラウェイ．カルボン，リモネン
茴香（ウイキョウ）	フィシァン	セリ科	ウイキョウ	果実	フェンネル．アネトール
大茴香（ダイウイキョウ）	ターフィシァン	シキミ科	トウシキミ	果実	八角，スターアニス，五香粉．アネトール
升麻（ショウマ）	シェンマー	キンポウゲ科	サラシナショウマ	根茎	
茱萸（シュユ）	ズウィ	ミズキ科	サンシュユ	果実	山茱萸
山奈（サンナ）	サンナイ	ショウガ科	バンウコン	根茎	山茶（サンツァ）
山梔子（サンシシ）	サンズーズー	アカネ科	クチナシ	果実	
石膏（セッコウ）					含水硫酸カルシウム
前胡（ゼンコ）	チァンフー	セリ科	ノダケ	根	
川貝	ツァンベイ	ユリ科	バイモ	鱗茎	貝母，アミガサユリ
川芎（センキュウ）	ツァンチュン	セリ科	センキュウ	根	川馬（ツァンマー）
川乾姜	ツァンカンジァン	ショウガ科			四川省のショウガの乾燥物
生姜（ショウキョウ）	シェンジァン	ショウガ科	ショウガ	根茎	ジンジャー，ショウガオール，ジンゲロン
姜黄（キョウオウ）	ジァンファン	ショウガ科	キョウオウ	根茎	
青蒿（セイワ）	チンウォ	キク科	カワラニンジン	根茎	
蒼子（ソウジ）	ツァンズー	キク科	オナモミ	果実	
桑叶（ソウヨウ）	サンイェ	クワ科	マグワ	葉	桑葉
草撥（ソウハツ）	ツァオボー	コショウ科		果穂	熟した果穂
陳皮（チンピ）	ツェンピー	ミカン科	ウンシュウミカン	果皮	成熟果皮．リモネン
杜仲（トチュウ）	トゥズン	トチュウ科	トチュウ	樹皮	
巴豆（ハズ）	パトウ	トウダイグサ科	ハズ	種子	
独活（ドッカツ）	ドゥフォ	ウコギ科	ウド	根茎	羌活（チァンフォ）

（表4.5つづき）

生薬名	中国読み	科名	植物名	利用部分	別名, 成分など
天南星（テンナンショウ）	テンナンシン	サトイモ科	テンナンショウ	根茎	
薄荷（ハッカ）	ポーホー	シソ科	ハッカ	葉	
白芷（ビャクシ）	パイズー	セリ科	ヨロイグサ	根	
白朮（ビャクジュツ）	パイズウ	キク科	オケラ	根茎	
檳榔（ビンロウ）	ビンラン	ヤシ科	ビンロウ	種子	
茯苓（ブクリョウ）	ブーリン	サルノコシカケ科	マツホド	菌核	
附子（ブシ）	フーズー	キンポウゲ科	トリカブト	塊根	
泡参（ホウサン）	ポーセン	ウコギ科	チョウセンニンジン	塊根	オタネニンジン
防風（ボウフウ）	パンフェン	セリ科	ボウフウ	根茎	
木香（モッコウ）	ムーシャン	キク科	モッコウ	根	
益智（ヤクチ）	イーツー	ショウガ科	ヤクチ	果実	
草烏（ソウウ）	ツァオウー	タデ科	ツルドクダミ	塊根	何首烏（カシュウ）
草蔲	ツァオコウ	ショウガ科	ショウズク	種子	小豆蔲, 豆蔲（トウコウ）, カルダモン
草豆蔲	ツァオトウコウ	ショウガ科		種子	草豆
蒼朮（ソウジュツ）	ツァンズウ	キク科	ホソバオケラ	根茎	アトラクチオール
麻黄（マオウ）	マーファン	マオウ科	シナマオウ	茎	エフェドリン
公丁香	クンディンシャン	フトモモ科	チョウジ	蕾	公丁, 丁香, 丁字, クローブ. オイゲノール
万春花	ワンツンホワ	ユリ科	オモト	根茎	万年青
闇羊藿	ナォヤンフォ	メギ科	イカリソウ	全草	淫羊藿

4.1.3 小曲[4,5)]

小曲には酒薬（チュヨー），薬曲（ヨーチュ）あるいは薬餅（ヨービン）の別名がある．中国の南方でよく作られ，南曲（ナンチュ）と称し，大きさが大曲より小さいため小曲と呼んでいる．小曲は大麦，小麦，米，モチ米や糠を主な原料とし，時には種々の薬（薬）草を混ぜて作る．形と大きさは地方や工場，製品によって異なる．大きいものでは20×20×3cm（約0.5kg）から直径3～5cmの餅形や2×2×2cmの立方体，直径1.5～3cmの球形，小さいものはエンドウ位のものなど種々の形がある．小曲は生の原料で作ったものが多いが，蒸してから作ることもある．小麦で作った麹を麦小曲（マイショチュ），白糠（精白した米糠）で作った麹を白小曲（パイショチュ），モチ米粉に漢方薬を入れて作った麹を薬小曲（ヨーショ

表4.6 アジア諸国における小曲（餅麹）の名称

国名	名称
中国	餅曲（ビンチュ）
フィリピン	bubod（ブボット）
タイ	luk paeng（ルクパン）
台湾	chuniang
インドネシア	ragi（ラギー）
マレーシア	ragi
ブータン	chan poo（チャンプー）
ネパール	murcha（マーチャ），米粉製 manapu（マナップ），麦粉製
インド	murcha（マーチャ）

チュ）と言う．小曲に漢方薬を加えると，製品の味および香りに影響する．漢方薬の成分が雑菌の汚染を抑え，カビと酵母の増殖を促す．小曲には自然の微生物を利用する天然曲と，人工接種により作る人工曲がある．これらの小曲は中国の黄酒，小曲酒，食酢および豆豉や豆腐乳などの生産に用いられる．中国の小曲と同じ餅麹が東南アジアの中国系の人々により作られ，餅形や小判形，ドーナッツ形および球形があり，米酒，大豆製品のテンペ（中国では淡豆豉と言う），酢の製造に用いられている．それぞれの国の餅麹（小曲）の呼び名を表4.6に示した．小曲の特徴は，米，高粱（コーリャン），トウモロコシに対するデンプン分解力は大曲，夫曲より強いが，いも類に対しては少し弱い．

（1）薬小曲の製造法

1）天然薬小曲の製造

カビと酵母を共生させるために加える薬草の配合は，それぞれの工場で異なり，これを表4.7と表4.8に示した．

新鮮な米粉500kgに薬草粉23kg，米糠150kgを混合し，これに55〜60％の熱水を混ぜながら加え，品温が約40℃で10kgの母小曲粉（ムーショチュファン）（種菌の含まれる餅麹粉末）を加え，よく混ぜる．これを2〜3cmの立方体に切り，転がして球形にする．または径7.5cmの餅形を作る．あるいは成形後，母小曲粉を表面に吸着させる場合もある．種菌を接種した後，培養室に移し，わらで包み，

表4.7 薬曲に用いる薬草の配合割合（例1）（米粉1,000kgに対するkg）

薬草名	使用量	薬草名	使用量	薬草名	使用量	薬草名	使用量
甘　草	0.35	小茴香	0.18	陳　皮	0.55	肉　桂	0.16
花　椒	0.18	川　芎	0.34	大茴香	0.35	麻　黄	0.525
生　姜	1.20	蒼　朮	0.24	杜　仲	0.75		
升　麻	0.727	草　烏	0.35	巴　豆	0.70		

表4.8 薬曲に用いる薬草の配合割合（例2）（米粉1,000kgに対するkg）

薬草名	使用量	薬草名	使用量	薬草名	使用量	薬草名	使用量
威霊仙	1.00	牙　皂	3.00	石　膏	8.00	草　烏	2.00
茴　香	0.75	桂　皮	1.0	川　巴	3.00	草　豆	0.50
黄　柏	1.00	細　辛	1.0	川　芎	0.50	麻　黄	3.00
滑　石	4.00	小　茴	1.5	前　胡	3.00	公　丁	0.5
甘　草	1.00	升　黄	1.5	川乾姜	1.50	官　桂	1.5
甘　松	0.50	山　奈	1.0	独　活	0.5	万春花	1.0
玉桂子	0.5	山梔子	1.00	白　芷	2.0	闍羊藿	1.0

升黄：地黄（ジオウ），川巴：四川の巴戟（ハゲキ．アカネ科の植物）．

35℃を越えないように，時々上下を引っ繰り返して（天地返し）培養する．50〜60時間すると表面の2/3が菌糸に覆われ，さらに35℃以下で3日間培養すると，ある程度水分が蒸発して乾き，品温が上昇しなくなる．これを日に晒し，乾燥させ，水分12%以下の葯小曲ができる．

2）寧波（ニンポー）小曲の製造

浙江省寧波地区の小曲は陸稲米と辣蓼草（ラーリョツァオ）（水蓼（スィリョ），ヤナギタデ）を原料として，天然に生息するカビと酵母を共生させた麹である．これを寧波小曲と呼ぶ．立秋の涼しい時に収穫した陸稲米を磨砕し，50メッシュの粉にしたものと，7月中旬，未開花の野生の辣蓼草の葉を日光に晒して乾燥後，粉にしたものを用いる．米粉：辣蓼草粉：水＝20：0.5：10.5の割合でよく混ぜて練り，2〜3cmの立方体に切り，これに約3%の母小曲粉を散布し，転がしながら球形とし，カメに入れ，37℃以下で30時間培養すると，表面が白いカビの菌糸に覆われる．さらに柳や竹で編んだザルなどに入れ，麹室に移し，30〜35℃，5日間培養する．作り始めてから出麹まで6〜7日間かかる．培養後，毎日，半日間日に晒し，37℃を越えないように3日間乾燥する．乾燥後，カメに入れ，密封保存する．寧波小曲の製造工程を図4.2に示した．

3）厦門白曲（シァメンパイチュ）の製造[4]

厦門白曲は福建省に始まり，米糠を原料とし，薬草を加えない製造方法である．米糠100kgに米粉10〜20kgを混ぜ，蒸した後，約35℃に冷やし，4kgの *Rhizopus* 属の種麹と500mlの前培養した酵母液を加え，接種混合した後，成形し，培

表4.9 寧波小曲の酵素力価

麹水分(%)	糖化力(mg)	液化力(mg)	発酵力(単位)
15.9	83.5	93.5	16.5

糖化力：麹1gより30℃，1時間で生成されたグルコースのmg値．
液化力：麹1gが30℃，1時間で消化したデンプンのmg値．
発酵力：麹1gより30℃，1時間で生成されたエタノール17.5mgを1単位とした．

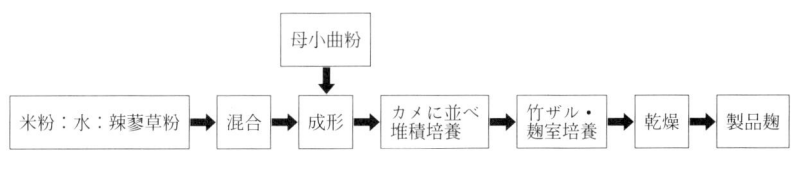

米粉：水：辣蓼草粉 → 混合 → 成形（母小曲粉）→ カメに並べ堆積培養 → 竹ザル・麹室培養 → 乾燥 → 製品麹

図4.2 寧波小曲の製造工程

養室に入れる．35℃以上にならないように撹拌手入れをし，約2日間培養後，乾燥し，小曲となる．これを白曲と呼ぶ．

4) 人工薬小曲[4]

米粉 100kg に 1.5kg の薬草粉（20～40種類の薬草を混合した粉），2l の前培養した酵母液と 4kg の *Rhizopus* 属の種，原料の約60％の水を加え，混合し，餅形に成形し，35℃以下で60時間培養後，乾燥し，製品とする．人工小曲にふすまを用いる場合にはカビと酵母が共存すると生育しないため，カビと酵母は別々に培養し，混合する．

(2) 小曲の微生物

1) 原料の種類と微生物

生デンプンを練り込んだ小曲には *Rhizopus* 属のカビが増殖しやすいため，天然小曲から分離した微生物は主に *Rhizopus* 属のカビと酵母であるが，*Mucor* 属，*Aspergillus* 属，*Monascus* 属カビもよく見られる．天然小曲の中で小麦を用いた小曲は黄麹菌（*Aspergillus* 属のカビ）が主で，*Rhizopus* 属と *Mucor* 属のカビが混入し，黄色の麹になるが，酵母などは少ないために酵母を添加する必要がある．米小曲は米糠を原料とした場合，米糠にはカビと酵母がよく増殖するため，他の成分を加えなくてもよい．しかし米を原料とする場合は，カビと酵母を増殖させるため，葯材（ヨーツァイ）という漢方薬を加えて葯小曲とする．これらの酵母は *Saccharomyces* 属と *Hansenula* 属の菌株である．

2) 漢方薬の微生物に対する影響[6]

東南アジアの餅麹はデンプンを分解する酵素を利用し，酒または酢，あるいは醤や豆豉（インドネシアの大豆発酵食品のテンペは中国では淡豆豉の一種である）の製造に用いられている．これらの作り方は小曲と同じく，それぞれの目的に応じ，米粉に漢方薬（香辛料）や草根木皮類を加えたものがある．東南アジアの国々では穀類の粉末に良質の餅麹末あるいは酒諸味を加え，さらに3種から多いときには20種ほどの香辛料を加え，水で捏ねて成形する．インドネシアのラギー（餅麹）にはニンニク，ショウガ，白コショウ，黒コショウ，トウガラシ，肉桂（ニッケイ）が用いられ，これらの混合割合や種類は工場により異なり，明らかにされていない．これらの香辛料から耐性のあるカビや酵母が分離されている．小曲に加える漢方薬は，発酵製品の賦香（ふこう）や調味を目的としている．例えばネパールの餅麹のマーチャにはシダ類，インドネシアのラギーにはウサール（ハイビスカス）の葉が含まれ，これらの葉と接したデンプン質の周りには *Rhizopus* 属のカビの胞子が着生し，*Rhizopus* 属の発育と胞子の生成に適した生息条件であった．

これ以外に香辛料の精油の抗酸化性や抗菌性が報告されている．中国や古代エジプトの遺跡から肉桂（シナモン）や丁字（クローブ）が発見され，これらが微生物に対して静菌および殺菌効果を有していることが古くから知られていた．小曲を作る時に加える香辛料は，調味料としての食品加工面よりも，主に病原菌に対する殺菌剤として研究されてきた．細菌に対してガーリック，クローブ，シナモン，マスタードが特に強く，オニオン，オレガノ，ナツメグ，セージ，ローズマリーにも効果があった．カビ，酵母に対してはクローブ，シナモン，オールスパイスに顕著な効果があった．古くは醤油の防黴（防カビ）について，芳香を有する丁香（丁字），桂皮，小茴香油（ショフィシァンユー）が 0.015〜0.03%の最低濃度で効果があるとの報告がある．トウガラシのカプサイシンは，濃度が高いと *A. niger* や *A. oryzae* の発育を阻害するが，低濃度では発育が促進されるとの報告がある．小曲に用いる漢方薬が，低濃度で酵母やカビの発育を促進し，細菌を抑え，良い麹ができ，また発酵製品にも良い味と香りを与えている．表 4.10，表 4.11 に酵母とカビの増殖に対する薬草の影響を示した．それぞれの薬草を切断し，10 倍の水を加え，20 分間加熱浸出し，この浸出液 1ml および 2ml を 50ml の酵母培地に加え，培養後，検出された酵母数について，対照として薬草を加えない培地の酵母数を 1 として，薬草を加えた酵母数の倍数で示してある．この結果，黄蓮と黄柏

表 4.10　薬草の酵母の増殖に対する影響

薬草名	浸出液 1ml	浸出液 2ml	薬草名	浸出液 1ml	浸出液 2ml
黄　柏	0.6	0.47	陳　皮	5.0	5.0
黄　蓮	0.2	—	丁　香	2.6	3.0
艾	2.4	2.9	天南星	4.6	4.8
甘　草	2.3	2.6	肉　桂	3.7	2.9
杏　仁	5.0	5.8	薄　荷	5.5	7.0
柴　胡	4.0	4.5	白　芷	3.2	4.3
細　辛	2.2	2.2	白　朮	3.2	4.3
姜　黄	2.5	2.7	檳　榔	3.0	3.0
茱　萸	3.0	3.4	茯　苓	1.6	2.5
青　蒿	2.9	3.3	附　子	2.0	2.5
蒼　子	3.0	3.2	泡　参	3.0	3.3
川　椒	1.9	1.9	防　風	2.9	4.5
川　蒿	4.0	5.0	木　香	3.1	2.4
桑　叶	4.8	5.4	益　智	2.1	2.7
草　撥	2.7	2.0	良　姜	3.0	2.6

酵母の生育倍数：酵母の基本培地に増殖した酵母菌数を 1.0 とし，薬草の浸出液を加えた培地に増殖した菌数の倍数で示した．
川蒿：四川の青蒿，良姜：品質の良いショウガ．

表 4.11 薬草のカビ類の増殖に対する影響

薬草名	A. oryzae	A. niger	Rhizopus 菌	薬草名	A. oryzae	A. niger	Rhizopus 菌
黄　柏	1.3	1.6	1.0	陳　皮	1.3	1.8	1.0
黄　蓮	—	2.5	—	丁　香	1.2	1.6	1.0
艾	1.5	1.6	1.0	天南星	1.4	1.9	1.0
甘　草	1.5	1.6	1.2	肉　桂	1.5	1.2	1.0
杏　仁	0.9	1.5	1.0	薄　荷	1.3	1.5	1.0
柴　胡	1.1	1.6	1.0	白　芷	1.4	1.7	1.2
細　辛	1.4	1.3	1.0	白　朮	1.3	1.9	1.3
姜　黄	1.2	1.6	1.1	檳　榔	1.4	1.5	1.2
茱　萸	1.3	1.6	1.0	茯　苓	1.3	—	1.0
青　蒿	1.4	1.5	1.0	附　子	1.0	1.5	1.0
蒼　子	1.2	1.0	1.0	泡　参	1.3	1.4	1.2
川　椒	1.3	1.5	1.0	防　風	1.5	1.5	1.0
川　蒿	1.0	1.5	1.2	木　香	0.4	1.8	0.9
桑　叶	1.2	1.5	1.2	益　智	1.3	1.6	1.0
草　撥	1.3	1.5	1.0	良　姜	1.5	1.5	1.0

カビの生育倍数：カビの基本培地に増殖したカビの乾燥菌体重量を 1.0 とし，薬草の浸出液を加えた培地に増殖した乾燥菌体重量の倍数で示した．

（キハダ）は酵母の増殖を抑制するが，他の薬草は増殖を促進して酵母数が 3 倍以上になった．特にハッカ，杏仁（キョウニン），桑葉（ソウヨウ）は酵母数が 4〜5 倍に増えた．同様に，薬草の浸出液をカビの培地に加えて，培養後のカビを集菌して乾燥重量を比較すると，*Rhizopus* 属のカビは薬草による増殖効果がなかったが，*A. niger* や *A. oryzae* に対しては増殖促進効果があった．これら薬草が餅麹に含まれると，カビが増殖して良い麹を作り，さらに発酵中に酵母の増殖を促進し，良い味と香りの発酵製品ができる．

3) 小曲から分離された微生物

天然曲には多くの種類の微生物が含まれている．これらの異なる微生物により，それぞれの地方の名産品が生産されている．しかし天然曲の場合，手数がかかり，原料の利用率が低い欠点があるため，天然小曲から目的に応じた菌を分離して純粋培養を行い，育種した良い種菌を用いている．葯小曲からは主に *Rhizopus* 属，*Mucor* 属カビと酵母が分離されている．貴州，雲南のほとんどの餅麹にはカビが 10^3〜10^6/g，乳酸菌は 10^6/g が含まれている．酵母は検出された種類は少ないが，10^6〜10^7/g が検出された．*Rhizopus* 属として *R. oryzae* が多く検出され，このほかに *R. stolonifer*, *R. microsporus*, *R. oligosporus* が分離されている．また *Syncephalastrum* 属のカビも分離されている．これらの糸状菌の性質は第 3 章に記述した．

東南アジアの餅麹から *R. oryzae* がよく分離される．インドネシアの餅麹からは *R. oryzae* の他に *R. oligosporus*, *R. stolonifer*, *R. arrhizus* が分離される．餅麹には3種以上の種菌が含まれ，製造する時の環境条件である温度，湿度，酸素要求により，また製造目的と用いる原料により *Rhizopus* 属カビの増殖が異なるために，性質の異なる種菌が昔から用いられていた．ネパールの餅麹も大きさが種々あり，天然曲からは中国の餅曲と同じカビが分離されている．しかし，カビ以外に酵母として *Saccharomyces cerevisiae* と *Saccharomycopsis fibuligera* が分離されている．*S. fibuligera* は糸状になる酵母で，α-アミラーゼまたはグルコアミラーゼあるいは両者の酵素をもち，デンプンを分解し，生成した糖を発酵してアルコールを生成する．このほか，*Hansenula* 属の酵母が多く，*Pichia* 属，*Debaryomyces* 属の酵母も検出されている．東南アジアの餅麹からも *S. fibuligera* がよく分離される．乳酸菌として乾燥に強い *Pediococcus pentosaceus*，腸内細菌の *Enterococcus faecium*, *E. faecalis* および *Lactobacillus* 属の乳酸菌を分離している．

4.1.4 豆曲（豆麹）[6]

豆曲（トウチュ）製造に用いられる豆は大豆（別名：黄豆），青豆（青大豆）と黒豆（黒大豆），ソラマメ（蚕豆（ツァントウ），別名：胡豆（フートウ），蘿漢豆（ローハントウ），仏豆（ブートウ）あるいは寒豆（ハントウ）など），エンドウ（豌豆）（別名：小寒豆（ショハントウ），淮豆（ファイトウ），麦豆（マイトウ））を用いている．大豆は中国全域で栽培され，南方では黒豆が多く，ソラマメは西南（四川省など）地区，華中（湖北省など）地区と華東地区などで多く栽培されている．このほかに豆曲は，大豆，黒豆，ソラマメなどに少量の小麦粉を混ぜて作り，天然曲と人工曲の2種類ある．これらは醤油，醤および豆豉などの生産に用いられている．天然豆曲の場合，培養温度が15～22℃で *Mucor* 属のカビが，25～30℃では *A. oryzae* を始めとして *Rhizopus* 属，*Mucor* 属のカビがよく着生し，40℃ではタンパク質分解酵素が強い *Bacillus* 属の細菌がよく増殖する．人工曲では *A. oryzae*, *A. sojae* と *Mucor* 属カビをよく用いる．また，特別の製品で *Bacillus* 属の菌を用いることもある．

(1) 天然豆曲の製法

天然豆曲の製法を老法制曲（ラォファツーチュ．制曲＝製麹）（古い製麹法）とも言う．豆豉曲は丸大豆を用い，醤や醤油醸造の豆曲製造には丸大豆あるいは大豆を潰す場合があり，ソラマメは脱皮して用いる．

1) 醤用天然豆曲

醤用天然豆曲には大豆とソラマメを用い，大豆では普通小麦粉を 10～50% 混ぜ，ソラマメはデンプンなどの含量が多いため，そのままで麹を作る．天然曲を作る場合，低温では *Mucor* 属カビが主に着生し，*Rhizopus* 属のカビが混じる．常温では麹菌（*Aspergillus*）が主に着生し，*Mucor* 属と *Rhizopus* 属カビが混じる．高温（38～43℃）ではタンパク質分解酵素が強い *Bacillus* 属の菌が着生する．中国で一番よく用いる醤用麹は常温で麹菌が着生し，この麹を黄子（ファンズー）と言う．

①醤用天然豆曲の製造：大豆を選別し，常温で水に 16～20 時間浸漬後，常圧で 3 時間蒸し，臼で蒸豆を挽き潰しながら，50% 位の小麦粉を混合し，長方体（26.5×8.3×1.7cm）か，あるいは餅形に成形し，これを豆曲塊（トウチュクァイ）と言う．この豆曲塊を麹室の棚に並べ，ムシロで周りを囲い，培養を始め，4～5 日後，約 35℃になるとムシロを取り，品温が低下すると再度ムシロで囲う．35℃を越えないように 20 時間培養すると黄子になる．これを 2 日間日に晒し乾燥する．胞子を除き，菌糸を手で平らに押さえ，醤の製造に用いる．

②高温天然豆曲：大豆を水に浸漬し蒸した後，豆を潰し，長方体あるいは餅形に成形し，麹室の棚の底部に稲わらを撒き散らし，その上に豆曲塊を 1 つ 1 つ隙間があるように並べ，その上にまた稲わらを撒き散らし，再び豆曲塊を並べ 3～4 段にし，一番上も稲わらで覆う．室温を 38～40℃とし，豆曲塊中の温度は 38～45℃までとし，3～4 日間培養した後，1～2 日間乾燥して醤の製造に用いる．

③丸大豆の豆曲：丸大豆の天然曲は豆豉醸造や銘柄醤油の醸造に用いる．麹菌を主にした豆曲，*Mucor* 属カビを主とする豆曲，*Bacillus* 属の菌を主とする豆曲の 3 種類がある．

a) 麹菌の丸大豆天然曲：丸大豆を選別，浸漬，蒸した後，竹で編んだ簸箕（写真 4.1）に蒸豆を厚さ 3cm 位に入れ，25℃まで冷却し，これを麹室に引き込む．室温 28～30℃，品温 30～35℃で，適当に塊を形成しないように撹拌し，6～7 日間培養すると，水分 21% 位の黄色の天然豆曲になる．麹菌を主として *Mucor* 属や *Rhizopus* 属カビが混じった豆曲の胞子などを洗った後，豆豉製造に用いる．醤油醸造に用いる丸大豆の天然曲

写真 4.1 簸箕（ポーチー）

写真 4.2 架子（ジャズー）（簸箕の麹棚）

写真 4.3 竹筐（ツゥコワン）（水切りカゴ）

は，蒸大豆が 80℃のとき，小麦粉を加え，大豆にまぶし，約 35℃で竹の箕や麹箱に厚さ 3cm 位に入れ，麹室で 38℃以下で 7 日間培養すると黄色の麹になる．

b) *Mucor* 属菌を主とした丸大豆天然曲：*Mucor* 属カビを主とした天然曲は一般に冬に作る．蒸豆を冷却し，室温 2～6℃の麹室に入れ，品温 6～12℃で 3～4 日間培養すると，大豆表面に白い斑点が形成され，8～12 日間経ると菌糸に覆われ，16～20 日間経過すると灰白色の天然豆曲になる．着生した微生物は *Mucor* 属カビが一番多く，*Rhizopus* 属カビなどが混入している．

c) *Bacillus* 属の細菌を主とした丸大豆天然曲：蒸大豆を麻袋や草袋に入れ，あるいは包んで，40℃で 3～4 日間培養すると，大豆表面に糸を引く粘質物が多い天然曲になる．この微生物はタンパク質分解力の強い *Bacillus* 属の細菌が多く，球菌やカビは少ない．

(2) 人工豆曲の製法[7]

　天然豆曲は何千年もの間，工夫に工夫を重ねて現在の方法になった．着生した微生物の種類により多くの発酵食品が作られた．しかし，天然豆曲は雑菌に汚染されたり，発酵期間が長く手数がかかる欠点があるため，現在では天然曲の使用は少なく，有用微生物を純粋培養して，分離，増菌した種菌を人工的に接種し，麹を作るようになった．

　1）　丸大豆の人工曲

　丸大豆麹を作る場合，麹菌と *Mucor* 属のカビを用い，豆豉醸造には大豆のみを原料とし，醤や醤油醸造の場合は大豆と小麦粉を原料としている．

　①麹菌による豆曲：大豆を選別，常温で水に 10～18 時間浸漬，水切りし，圧力 1～1.5kg/cm^2 で 15～45 分間蒸煮後，蒸豆を 80℃まで冷却，生小麦粉を 10～50％混ぜ，小麦粉をまぶした蒸豆をさらに 35～40℃まで冷却し，麹菌（*A. oryzae* AS.3951）の種麹を 0.1～0.3％接種し，麹の通風培養装置に引き込み，38℃以上にならないように時々撹拌，通風しながら培養する．醤麹の場合，22～24 時間培養後，菌糸が増殖して白色の豆曲になり，醤油麹は 40～44 時間培養後，胞子がつき淡黄色になる．豆豉醸造に用いる豆曲を作る場合，蒸大豆を 35℃まで冷却し，種麹を 0.5％接種し，竹で編んだザルに入れ，品温 35℃以下で 72 時間培養後，黄色の豆曲を洗い胞子を除く．

　②*Mucor* 属カビの豆曲：四川省の潼川（トンツァン）豆豉と永川（ユンツァン）豆豉は *Mucor* 属のカビで豆曲を作っている．天然の四川（スツァン）豆豉から分離した *Mucor* sp. MRC-1 菌による豆曲の製法を次に示す．大豆を選別，浸漬，水切り後蒸煮し，蒸豆を 35℃まで冷却した後，種麹を約 5％接種し，麹の通風培養装置に引き込み，厚さ 15～20cm に堆積し，送風しながら 25～29℃で 80～90 時間培養すると，*Mucor* 属カビの豆曲ができ，これを豆豉醸造に用いる．

4.1.5　蚕　豆　曲

　ソラマメの原料処理（脱皮，浸漬），生原料による製麹，蒸煮豆瓣（豆の半片）の製麹については第 5 章で述べる．

4.1.6　面曲（小麦麹）

　小麦粉から饅頭（マントウ）（蒸しパン）を作り，カビを増殖させる．または面糕（ミエンコー）（きしめんのように幅を広くした麺生地）にカビを増殖させる．面曲の製造方法は第 5 章の甜面醤の所で述べる．

4.1.7 醤　油　麹[6]

　中国では1950年代から醤油醸造には自然の微生物が着生した天然曲をほとんど使用せず，麹菌を接種した人工曲を用いている．しかし，地方の雲南，広西自治区，四川省の辺境では依然として天然曲を用いている．

(1) 原　　　料

　脱脂大豆（中国では大豆を圧搾法で脱脂するが，日本では油の酸化やタンパク質の変性を考慮して大豆からヘキサン抽出法で油脂を除き，粒形を揃え，加工しやすいようにした脱脂加工大豆を用いる）にふすまや小麦を混合するか，あるいは大豆に小麦粉（中国では面＝麺，あるいは面粉と呼んでいる）を混ぜる．この原料配合は工場や地方の醤油の種類により異なる．配合比率の一例を表4.12に示した．

　このほかにタンパク質原料として脱脂落花生（中国では落花餅（ラォホワビン）と言う），脱脂ナタネ（中国では菜籽餅（ツァイズービン）），ソラマメ，エンドウを用い，デンプン原料として小麦，ふすま，小麦粉，砕米，トウモロコシなどを用いる．原料の水分が40～50％になるように散水し，よく撹拌し1時間放置後，蒸煮した原料を35℃以下に冷却し，0.2％の種麹を散布し，種付けを行い，通風培養装置で27時間培養して麹を作る．醤油麹の製造はほとんど通風培養法（通風製麹法）で行っている．醤油の麹菌は，製麹時間を42～48時間から22～28時間まで短縮し，短時間で麹ができる麹菌を育種したもので，AS. 3951菌株を用いている[8]．また，この菌が製麹中に消費する原料の消耗も5～10％と少なく，中国全土に普及し，醤油や醤を作っている．

(2) 種麹の製造法[9,10]

　中国では種麹を購入することは少なく，ほとんどの工場では自家製で種麹を作り，増量して用いている．原菌株は北京にある中国科学院微生物研究所に保存されている．

1) 保存斜面培地の調製

　A. oryzae AS. 3951菌株はCzapek's寒天培地の試験管斜面に接種して保存す

表4.12　醤油麹の原料配合比率例

	1	2	3	4	5	6	7	8	9	10
脱脂大豆	80	70	60	100	100	100	120			
ふすま	20	30	40	10	15		80			
小　麦				40	5	100				
丸大豆								100	100	100
小麦粉								10	20	30

表4.13 Czapek's 寒天培地組成

砂糖	30	g
NaNO$_3$	3	g
MgSO$_4$・7H$_2$O	0.5	g
KCl	0.5	g
FeSO$_4$・7H$_2$O	0.01	g
KH$_2$PO$_4$	1.0	g
寒天	13	g
水	1,000	ml

表4.14 工場の保存斜面培地

可溶性デンプン	20 g
MgSO$_4$・7H$_2$O	0.5g
KH$_2$PO$_4$	1.0g
(NH$_4$)$_2$SO$_4$	0.5g
5°Bé 大豆浸出液	1,000ml
pH 6.0 に調節した後,寒天 20g を加える.	

る.

5°Bé 大豆浸出液の調製法は,脱脂大豆に5倍の水を加え,1時間加熱後,濾過し,大豆浸出液を調製する.100gの大豆から200mlの浸出液が調製される.上記の培地を加熱溶解し,綿栓試験管(乾熱滅菌済み)に分注した後,1kg/cm^{2}の蒸気圧で30分間滅菌,斜面培地を作り,3～4日間放置し,培地上の水滴を除き,麹菌を接種した後,28～30℃,3日間培養して黄緑色の胞子を着生させ,斜面培地の菌株を4℃で5～6か月保存する.

2) 三角フラスコ拡大培養[7,9]

ふすま80g,小麦粉20gに水70mlを散水,混合し,これを300mlの綿栓三角フラスコ(150～160℃で乾熱滅菌済み)に厚さ1～1.5cm入れ,1kg/cm^{2}加圧,30分間滅菌,冷却後,1～2本の試験管の原菌を接種し,28～30℃で約20時間培養すると菌糸が増殖し,麹原料を覆う.フラスコを揺り動かし,麹原料を砕き小さい塊とし手入れをする.さらに5～6時間培養後,再び手入れをし,約48時間培養,菌糸が十分に成長して餅状に固まると,フラスコを斜めに傾けて叩き,麹原料を引っ繰り返し,撹拌して十分に空気と接触させる.約70時間後,胞子が着生して黄緑色になる.これをスターターとする.4℃で4か月保存可能である.

3) 種麹の製造法[10]

普通,種麹はふすま80部,小麦粉20部を均一に混合し,10メッシュの篩を通し,塊を揉みほぐし,総用水量(約90部)の40～50%を散水,1時間堆積し,水を吸着させた後,蒸しこしき(甑)で常圧で1時間蒸し,さらに弱火で1～2時間蒸した後,こしきから出す.または,加圧蒸煮缶で0.8～1.0kg/cm^2,30～40分間加圧蒸煮した後,蒸煮缶から出し,熱いうちに10メッシュの篩を通し,さらに残りの水を撒き,均一に混合,撹拌後,急速に冷却する.散水には滅菌した湯ざましの水,あるいは0.3%の氷酢酸を加えた湯ざましの水を用いる.蒸した材料を操作台の上に移し,滅菌したサラシ布で表面を覆い,38～42℃まで冷やし,原料に

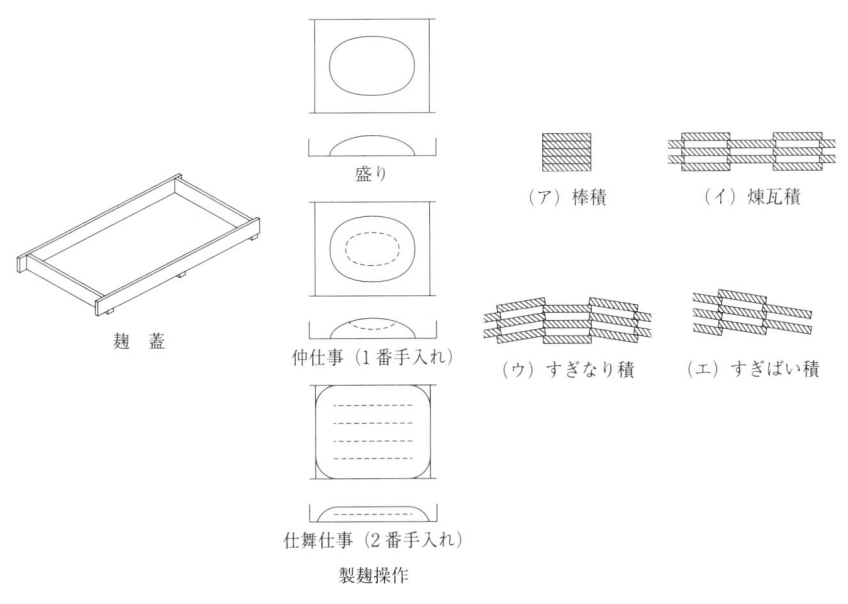

図 4.3 製麹操作と麹蓋（蓋板）の積み方

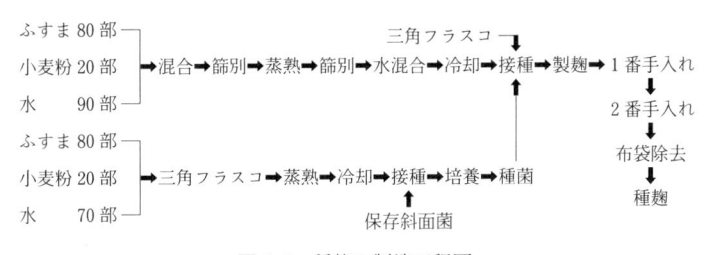

図 4.4 種麹の製造工程図

対して三角フラスコで拡大培養した種菌 0.1〜0.2％を，滅菌した原料ふすまの 1〜1.5％にまぶし，増量して均一に撹拌接種する．これを麹蓋，あるいは竹で編んだザルに入れ，厚さ 1〜1.2cm に平らにする．麹室の中で麹蓋を重ねて積み上げ，最上段に空の麹蓋（共蓋）を逆さにかぶせる．種麹室の室温 28〜30℃，乾湿球の温度差 1℃で約 6 時間培養後，上層の品温が上昇して 35〜36℃になったら麹蓋の上下を置き換え，調整する．約 16 時間継続培養すると品温が上昇して 33〜35℃になり，麹の表層にやや発酵して白い塊ができると 1 番手入れをする．手入れは手で軽く揉み散らし，空隙が多くなるように，よく撹拌する．手入れ後，麹

蓋を滅菌しぬれた布袋で覆い，麹蓋の上下，左右の位置を相互に交換して十字形に積み上げ，品温を28～30℃に下げる．4～6時間後，麹の上の全面が菌糸に覆われ，塊は白色となり品温が36℃に上昇すると2番手入れをする．麹蓋を滅菌しぬれた布袋で覆い，同時に麹蓋を煉瓦積(れんがづみ)にする．麹の品温を36℃に保つため，室温を25～28℃に下げ，麹蓋を開いてコントロールする．40℃を越えると麹菌の繁殖力に影響する．麹蓋を覆った布袋の湿度を保ち，あるいは種麹室内に清水を噴霧して相対湿度を100％に近づけ，8～10時間経過すると，菌糸が淡黄色の胞子に覆われる．48～50時間（麹室に引込み後の時間）培養後，乾燥させるため，覆った布袋を取り除き，室温を30℃に保持して1日間継続して培養し，全部が黄緑色になった時に出麹(でこうじ)とする．麹室に麹蓋を引込み後，出麹するまでに68～72時間を要する．

4） 種麹の品質検査[11]

①外観：種麹の表面には直立した菌糸に鮮黄緑色の胞子が生じる．その他，異なる色や雑菌の汚染がなく，種麹の内部はふすま皮の褐色や硬い芯がなく，手で触れて柔らかく，滑らかで，胞子が舞い上がっているもの．

②香味：麹特有の香味があり，酸味，アンモニア臭やすえた臭いがしない．

③胞子数：胞子数を顕微鏡下で調べ，25～30億個/g．

④ふるった後の胞子数：10gの種麹を乾燥後，胞子をふるい落とした後の胞子数は1/100に低下し，種麹の量に対して約18％になる．

⑤発芽率：点滴培養法で胞子の発芽率が80％以上であること．種麹を用いて製麹したとき色が正常でなく，雑菌が多くあるいは胞子が少なく，発芽率が低い場合は使用を停止し，徹底的に原因を究明し，新たに種麹を製造する．

⑥種麹の保存：新しく出来た種麹を直ちに用いるのがよい．保存する場合，10℃以下の低温で行う．麹室での保存は麹蓋を閉じて35～40℃で，含水量10～15％に乾燥，紙袋で包装して，底に石灰あるいは無水硫酸ナトリウムを入れた密封容器内で低温，乾燥保存する．

(3) 醤油麹の短縮製麹法

1） 原料処理

脱脂大豆に約80℃の温水（原料の90～120％）を散水し，5時間後，その他の原料（ふすまなど）を混合し，加圧蒸煮缶に入れ，$1kg/cm^2$，25分間加圧蒸煮後，そのまま予熱で3時間蒸し，その後，蒸気を排気して，蒸煮した豆を35℃以下に冷却し，0.2％の種麹を種付け後，製麹装置で培養する．丸大豆は選別後8～16時間浸漬，水切りをし，加圧蒸煮缶に入れ，$1kg/cm^2$，20～30分間加圧蒸煮後，80℃以下に

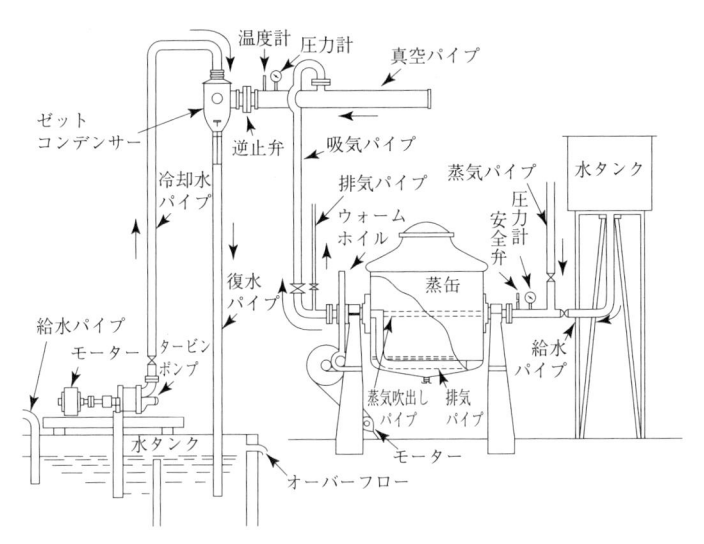

図 4.5 NK 式蒸煮装置[12]

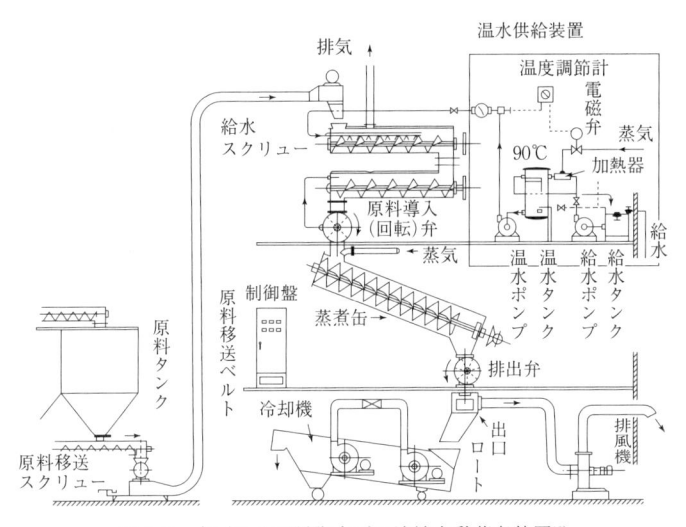

図 4.6 大豆および脱脂大豆の連続自動蒸煮装置[12]

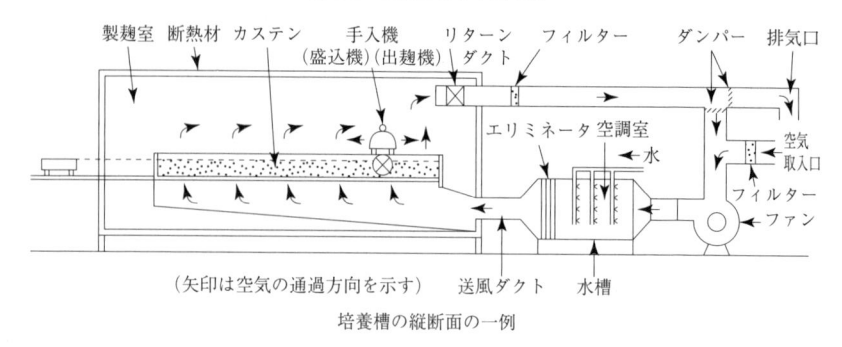

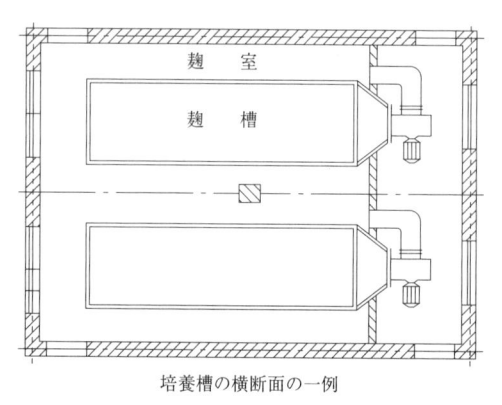

図 4.7 回分式通風製麹装置[12]

冷やし，これに小麦粉をまぶしてさらに35℃に冷やし，種麹を接種した後，製麹する．

中国のほとんどの工場ではNK式蒸煮装置を用い，さらに大規模な新しい工場や合弁会社の醤油工場では3段式のFM式高圧連続蒸煮装置を用いている（図4.5, 図4.6）．

2) 製麹装置

中国の大部分の醤油工場では醤油麹や醤麹の製麹にはコンクリートで作った通風培養装置（図4.7）を用い，1980年代から連続円盤式通風製麹装置が開発され，実用化されているが，使用している工場は少ない．通風培養装置はほとんどの工場で使用しているが，回分式の製麹装置である．このコンクリートの槽は，底が多孔板あるいは網で，槽の上部の撹拌手入機により時々撹拌をし，下から送風ができる．種麹や醤麹を作る場合は小さな装置を用い，醤油麹を作る場合には規模の大きい装置を用いる．脱脂大豆とふすまを原料として醤油麹を作る場合，麹層

の厚さ 20～30cm で, 最大風速 10～15cm/秒, 送風機の風圧 150～200mm で送風する. 1955 年に日本で開発された回転円盤型の製麹方式を湖南省益陽市裕大醬厂で改善した YP 80-1 型醤油麹製造機は, 直径 4.2m で, 1 回に 1,800kg の麹を作ることができる (図 4.8)[14]. また, 1980 年に河北省山海関市調味品厂で, 日本の永田式を参考として YUZ-490 型の連続回転円盤式製麹機を開発して, 醤油麹製造に実用化した[15]. 製麹装置への 1 回の投入量が 1,250～1,500kg で, 麹層の厚さ 20～25cm, *A. oryzae* (AS.3951) の場合, 24 時間で出麹になる[8]. 出麹のタンパク質分解酵素活性は 1,200～1,850U/g 麹であり, 水分の減少は 12%, 電気消費量は 43.2kWh (1 回の製麹) で, 雑菌の汚染も少なく, 良い経済効果と生産効果が

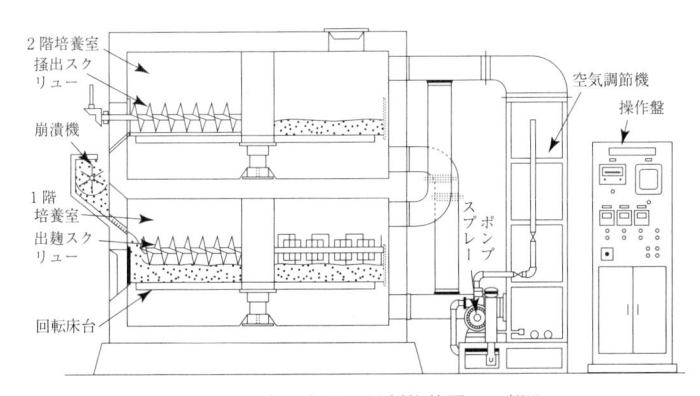

図 4.8 回転円盤型通風製麹装置の一例[14]

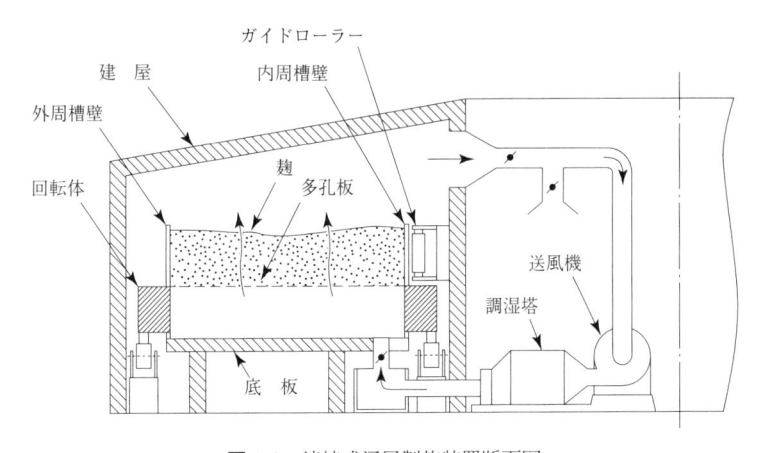

図 4.9 連続式通風製麹装置断面図

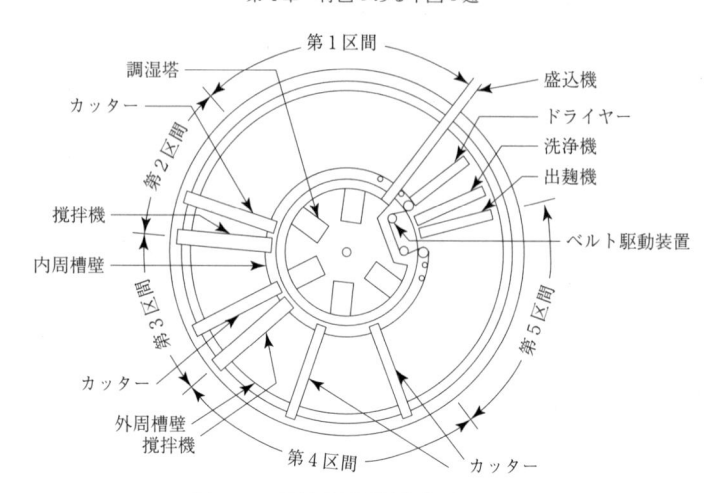

図 4.10 連続式通風製麴装置平面図[12]

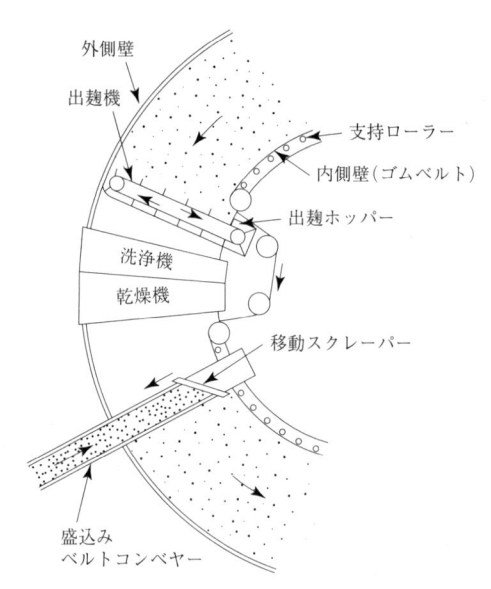

図 4.11 回転円盤式製麴装置の麴の排出部[12]

あった（図 4.9～4.11）．

　3）製麴工程中の麴の生育状態と変化[15]

　製麴中の麴菌の生育の状態は，胞子発芽期（誘導期），自己発熱期，菌糸成長期

(対数期),菌糸繁殖期,胞子着生期(定常期)の5段階からなる.この麹菌の生育状態と管理方法を表4.15に示した.一般に胞子の種麹から製麹する場合,40〜48時間の製麹時間がかかるが,種麹の添加量を多くしたり,培養温度の管理や麹の酵素力価の増強により製麹時間の短縮ができる.

4) 製麹条件[16]

製麹工程中の麹菌の増殖および,麹中のタンパク質分解酵素やデンプン分解酵素などの生産は,麹原料に含まれる水分と,品温経過や製麹時間に影響される.日本では機械設備の経済性から,4日間要した製麹時間を3日麹(実際は42〜45時間)に短縮した.中国の短時間製麹法を次に述べる.

①胞子発芽促進作用:胞子発芽を促進するために,麹原料の水分は50%程度がよく,最適発芽温度は35℃で,発芽率の高い種麹を用い,接種する種麹量を2〜3倍(一般に粒状種麹は0.1%,胞子だけの粉末種麹は0.01%を用いる)多く加える.製麹初期に35℃で胞子の発芽を促進する.また前回の2番手入れした麹を,とも麹として大量に加えると,すでに発芽が終わり,成長期になって,誘導期や発芽期を省略したことになり,24時間製麹が可能となった.ただし,とも麹を加え,撹拌し過ぎると,発芽直後の伸びた菌糸が切られ,増殖が落ちることがあり,注意を要する.とも麹を大量に加えると胞子の着生が少なく,白い菌糸で,中国の低塩固体発酵に用いるのに適したタンパク質分解酵素力($1,500〜1,800U/g$ 麹)のある麹ができる.中国では丸大豆麹など60〜70時間製麹して胞子が多量に着生した出麹は,水で洗浄するか,あるいは黄子磨き(麹と麹をこすり合わせて胞子を遊離させ,風でとばして除く)をして胞子や着色する成分を除いて使用する.

②品温管理による酵素活性の増強:2番手入れ後,タンパク質分解酵素の生産が旺盛な品温35℃の時期に,品温が25〜28℃になるように送風の温度と風量を調節し,麹の撹拌,手入れ,麹蓋の積み換えなどを行う.品温が高めで経過するとタンパク質分解酵素の活性が低下する.しかし,2番手入れ後,品温40℃と高

表4.15 短時間製麹中の温度,通風制御管理(*A. oryzae* AS. 3951)[13]

麹の増殖形態	製麹時間(h)	製麹品温(℃)	通風制御	手入れ撹拌	
誘導期	1〜4	35	—	—	増殖対数期
胞子発芽期	4〜8	30〜32	回分通風	—	
菌糸成長期	8〜12	32	連続通風	第1回撹拌	
菌糸繁殖期	12〜18	35〜37	回分通風	第2回撹拌	
胞子着生期	18〜24	28〜32	通風	—	増殖定常期

回分式通風製麹装置でのデータ.

めに経過するとデンプン分解酵素の生産が強まる．菌糸成長期から麹菌による代謝により自己発熱をするために，送風による循環通気と手入れ撹拌を行う．2番手入れ後は発熱が最も旺盛で，連続送風をして麹の固まりを崩し，通気をよくする．増殖の定常期になり，胞子着生期には送風温度を28～30℃に下げ，麹を通気した空気を排出し，新鮮な外部の空気を導入して，麹が乾燥するように製麹する．出麹の時に麹水分を30%位まで乾燥させる．

③麹のタンパク質分解酵素の力価増強法：製麹時に麹原料に有機酸塩やリン酸塩あるいは炭酸カルシウムなどを加えると，菌の増殖がよくなりタンパク質分解酵素の生成が促進される．菌の増殖や酵素タンパクの生産には多くのエネルギーを必要とし，このエネルギー獲得において，ATPの合成に関与するTCAサイクルに含まれる有機酸類が最も迅速にエネルギーに変換され，酵素タンパクの合成に関与している．タンパク質分解酵素には多くの種類があるが，麹に含まれる酵素の中でpH 6.0で反応する弱酸性プロテアーゼ活性が強く，最もよく大豆などのタンパク質を分解する．したがって，この酵素の生成と安定性に適したpH 6.0の条件下で製麹し，酵素生産をすることが好ましい．このためにリン酸塩や炭酸カルシウムを加え，麹をpH 6.0に保ち，製麹する．

有機酸塩：リン酸一ナトリウム＝2：1の比率で混合して，麹の原料に対して0.5～1%を加え製麹すると，プロテアーゼ力価が6～9倍に増強される．有機酸としてクエン酸，イソクエン酸，α-ケトグルタル酸（またはグルタミン酸），コハク酸，リンゴ酸のナトリウム塩が有効である．炭酸カルシウムを加えると中性プロテアーゼ力価が増強される．この結果，40時間で製麹され，製麹時間が短縮される．

文　　献

1) 陳騎声：調味副食品科技，第7期，1 (1983)
2) 金鳳燮：味噌の科学と技術，**40**，77 (1992)
3) 金鳳燮，稲保幸：中国の酒辞典，p. 306，書物亀鶴社 (1991)
4) 華南工学院他著：酒精与白酒工芸学，p. 146，中国軽工業出版社 (1990)
5) 黄酒生産工芸編集組著：黄酒生産工芸，p. 86，中国軽工業出版社 (1988)
6) 金鳳燮：日本醸造協会誌，**89**，694 (1994)
7) 李幼筠：中国醸造，第3期，28 (1989)
8) 上海市醸造科技研究所：調味副食品科技，第3期，4 (1980)
9) 李井泉他：中国調味品，第4期，24 (1992)
10) 王長生：中国醸造，第6期，45 (1992)
11) 呂淑坤：中国調味品，第7期，22 (1986)

12) 黄仲華, 田元蘭, 廖鴻生編：中国調味食品技術実用手冊, p. 271 (1991)
13) 劉宝家他編著：食品加工技術工芸和配方全（中冊）, p. 398, 中国科学技術文献出版社 (1992)
14) 藩祖耀：中国調味品, 第8期, 1 (1993)
15) 朱史斉：中国醸造, 第1期, 11 (1992)
16) 黄仲華, 田元蘭, 廖鴻生編：中国調味食品技術実用手冊, p. 291 (1991)
17) 宋鋼, 伊藤寛：味噌の科学と技術, **37**, 251 (1989)
18) 李幼筠：中国調味品, 第10期, 12 (1988)

4.2 紅曲（紅麹）[1-3]

紅麹は米に *Monascus* 属カビが増殖した鮮紅色から朱色の麹で, 中国では古くからあり, 丹曲（タンチュ）または紅曲（ファンチュ）と言う. この紅麹の色素は毒性がなく, 食欲を増進し, 消化を助け, 血行を良くし, 漢方薬としても優れている. 醸造酒, 腐乳や豆瓣醤の原料として好まれ, 魚, 肉や漬物の調味や着色, 保存などに用いられ, また紅麹から抽出した色素は食品添加物の天然色素として用いられている.

紅曲米（ファンチュミー）は福建, 浙江, 江西, 四川省などの特産品で, 中でも古田（グーテン）紅曲が有名である. 古田県平湖, 羅華や屏南県長橋の製造法が中国の各地や台湾に広がり, 沖縄の豆腐ようも中国から伝わった紅腐乳（ファンフールウ）の一種である.

4.2.1 紅麹の歴史

唐代の徐堅の『初学記』に収載されている漢末の王粲の『七釈』に, 西方の梁を旅行し, 宿で「瓜州（現在の甘粛省安西, 敦煌地方）の紅麹を混ぜ, 柔らかく, 滑らかで, 口に入れるとよく溶ける精進料理を食べた」と最初の紅麹の記録がある. また『初学記』中に紅麹から醸造酒を造ったことや, 唐代の『洛陽伽藍記』に紅酒が載っている. また, 五代（907～960年）の陶穀の『清異録』に中国で初めて紅麹とともに肉を煮た料理の話があり, 北宋の朱翼の『北山酒径』には, 他の麹菌に比べ高い製麹温度で紅麹が繁殖し, 灼熱の火の如く, 中心が紅くなったという話がある. 元代の魯明善『農桑衣食撮要』に紅麹から酢を醸造したという記載がある. 明代の呉氏『墨娥小録』, 劉基『多能鄙事』, 鄭番『便民図纂』, 宋応星『天工開物』など多数の紅麹の資料があり, 明の李時珍（1518～1593年）の『本草綱目』の丹渓補遺の中に「蒸米に種麹を加え, 温湿度を与え, 培養すると, 紅色の長期

間変色しない紅麹ができた」とある.これらは自然の技術を巧みに取り込んだものである.

4.2.2 紅麹菌の分離
(1) 紅麹菌の分離源
古文書よると福建省の建甌県,松渓県,政和県と古田県一帯で紅麹が作られ,この種菌の多くは建甌県の玉山や陽沢一帯の農家の生産した土紅曲(トウファンチュ)を用いている.この土紅曲には冬の寒い日に洞窟で作る窟曲(クーチュ)と夏の暑い日に屋外で作る块(=塊)曲(ァィチュ)がある.製麹時に米をやや硬めに蒸し,もみほぐして温度を下げ,老陳酢(ラォツェンツー)を加え,よく撹拌し,竹ムシロに包み込み,日陰の風通しの良い軒下に吊して天然のカビを生えさせる.その青紅色の菌糸から主に黒麹菌が,また微紅色のものから紅麹菌が選別される.青みを帯びた紅色の麹は,烏衣紅曲(ウーイーファンチュ)として *Monascus* 属カビと *Aspergillus niger* の共生したものが有名である.

(2) 紅麹菌の分離培養
1) 種菌の分離

紅糟(ファンツォ)(紅酒の諸味),紅腐乳や紅麹を滅菌水で希釈し,シャーレの麹

表 4.16 *Monascus* 属とその分離源

菌　　種	起　　源
M. purpureus	紅曲,曲子(中国大陸,台湾,韓国)
M. anka	紅曲(台湾),紅腐乳曲子,沖縄の豆腐よう
M. anka var. *rubellus*	紅老酒滓
M. barkeri	サムツ酒の原料麹
M. albidus	醤豆腐(上海)
M. albidus var. *glaber*	曲子(福州)
M. araneosus	高粱酒用曲子(中国東北部)
M. fuliginosus	曲子(貴州)
M. major	曲子(福州)
M. pilosus	高粱酒用曲子(中国東北部瀋陽)
M. rubropanctatus	曲子(福州)
M. pubigerus	高粱酒用曲子(中国東北部遼陽)
M. rubinosus	曲子(中国東北部)
M. serorubescens	紅腐乳(香港)
M. vitreus	紅腐乳(香港)
M. kaoliang	高粱酒用曲子(台湾)
M. ruber	水田土壌,サイレージ,腐敗果実など
M. paxi	枯れ枝

汁寒天培地に混釈し，33℃で2〜4日間培養後，胞子が発芽し，増殖した微紅色の菌糸を試験管の斜面培地に移す．現在，中国大陸，台湾や韓国の紅麹，紅腐乳，紅酒などの試料から20種類が分離されている．

斜面培地の調製：6〜8°Béの米麹汁100mlに，可溶性デンプン5g，ペプチド8g，寒天2gを加え，加熱溶解後，試験管に10mlずつ分注し，125℃，10分間滅菌後，試験管ごとに95％酢酸0.02mlを加え，斜面培地を調製する．

2) 種菌培養

①米の原料処理：冷やした蒸米50gを乾熱滅菌した500mlの三角フラスコに入れ，125℃，10分間滅菌後，38℃以下に冷やす．

②接種培養：無菌箱で，冷やした蒸米に菌液2ml（紅麹の菌糸10％を含む0.4％酢酸溶液）を接種後，フラスコの一隅に蒸米を集めて堆積し，約36℃，15〜17時間培養する．全面に菌糸が伸びた米を平らに広げ，フラスコを撹拌し，壁面の水滴を米に吸着させた後，30〜32℃，8〜10時間培養する．菌糸に覆われて米の表面が微紅色になった麹のフラスコごとに滅菌水2mlを加え，均一に撹拌し，平らに広げ，乾燥しやすいので水を噴霧して3回湿度を調節し，8〜9日間，種菌を培養する．

③検査：種菌の外観は鮮やかな濃紅色で均一に菌糸が生育し，雑菌の汚染がなく，特有の紅麹香を有し，増殖度98％，顕微鏡下では比較的多数のヒマワリの花に似た子嚢果が含まれる（図4.12）．さらに胞子の発芽率を調べる．

④種麹の乾燥：培養後の種菌を40〜45℃で水分を7〜12％まで乾燥し，胞子とともに粉末にして種麹粉末を得る．これをビニールの袋に入れ，乾燥した冷暗所に保存し，1年以内に使用する．

(3) 紅麹菌の種類と性質[3)]

紅麹菌は紅麹菌属（Monascaceae）に属し，主に中国では *Monascus anka*, *M. purpureus*, *M. fuliginocus*, *M. rubiginosus* と *M. serorubescens* が用いられる．紅麹菌は雌雄同株性であり，有性生殖期間に子嚢果（cheistothecium）をつくる．子嚢果は通常長さ150μmで，時には

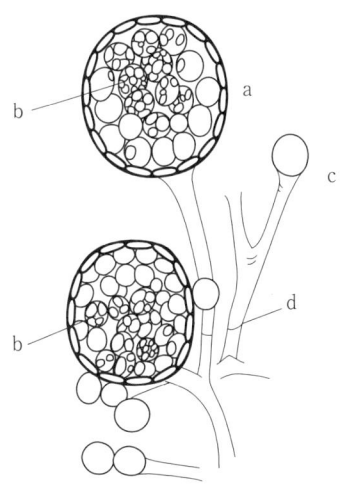

図4.12 紅麹菌の子嚢果と分生胞子
a. 子嚢果，b. 子嚢胞子，c. 分生胞子，
d. 子嚢隔壁．

表 4.17 *Monascus* 属の主要菌種の菌学的性質

菌　　名	菌　糸	子嚢果	子　嚢	子嚢胞子	分生胞子	発育温度
M. ruber (M. purpureus)	無色〜褐色を帯びた赤色 幅4.2〜7.5μm 気菌糸は密生	150〜1,000 μm 球形，直径 20〜70μm	球形〜亜球形 黄色 直径 7.5〜10μm	卵形〜楕円形 5〜6×3〜4 μm 20〜40個	頂端から連続して生じる 卵形〜洋梨形 6〜8×5〜6μm	25〜40℃
M. anka	無色〜褐色を帯びた赤色 速やかに鮮赤色 幅3〜5μm 気菌糸は生じない	直径 20〜40μm	球形	白色，球形 2〜3μm	頂端から2〜3個連結 5〜10μm	33〜35℃

1,000μm に達し，小柄の先端に形成される．菌糸は分枝し，先端に球形または楕円形の子嚢（ascus）をつくり，熟すると徐々に膨れ，その下部から生ずる菌糸で包まれた被子器（perithecium）の内部に多数の球形胞子をつくる．子嚢胞子は黄色，卵形〜楕円形，子嚢隔壁はしばしば無色，無性生殖では菌糸の側枝に分生胞子を2個ないし3個連結して生じ，初め白色を呈するが，後には赤色となる．

(4) 紅麹製造の要点[3,4]

　紅麹は長時間製麹するため，乾燥し，ハゼ落ち（麹米の中心まで菌糸が増殖しない）しやすい．乾燥を防ぐため散水などを行うと湿度が高くなり，雑菌により汚染されやすくなり，このため種々の工夫がされている．

　1）　原料処理条件

　①洗浄，浸漬：米を水でよく洗浄し，米に付着した糠や異物を除き，浸漬すると，米のデンプンが十分に吸水膨張し，軟らかくなり，細胞粒子の間が詰まり，蒸すとデンプンが糊化し，カビが繁殖しやすくなる．冬，春には4〜5時間浸漬，夏秋は2〜3時間浸漬し，吸水量を約28％になるように調節する．

　②水切り：浸漬後，蒸気がべたつかないように十分に水切りをし，汚水を除き，麹の繁殖しやすい水分に調節する．

　③蒸し：水切り後の米をこしき（甑）に入れ，表面を平らにし，蒸気を吹き込み，米の表面の全体から蒸気が吹き抜けてから0.5気圧で8〜10分間均一に蒸し，白い芯がなく，表面が硬く，内部が軟らかく，べたつかず，糊のようにならないようにする．これを広げて38℃まで冷やし，種菌を接種する．

　2）　製　　麹

　①温度制御：種付け後の蒸米を麹室に引き込み，蒸米の層を厚く堆積すると，自己発熱で品温が上昇する．40℃になると麹蓋に盛り込むが，品温が45℃以上に

なると麹が焼ける．これを防止するため，麹の上下の位置を換え，撹拌手入れをする．固まった麹を揉み砕き，麹層を薄く広げ，通気を良くし，木板で平らにならす．手入れで麹の呼吸が盛んになったら，発生した熱や臭いを発散させ，品温を下げる．また，麹の厚さが薄過ぎると自己発熱による品温が上がらず菌糸が増殖しない．堆積と保温が必要で，38〜40℃で最もよく増殖する．また，品温は麹に挿し込んだ温度計の位置（麹室の上下，麹の中心と端の位置）により異なる．温度計の挿し込む位置を変えて測定し，温度差をなくすように手入れ管理をする．

②湿度制御：紅麹は湿度の多い中で増殖するが，乾燥するとハゼ落ちして，デンプンやタンパク質の分解が悪く，糖やアミノ酸の生成が少ない．このため飽和湿度に保ち，麹米を堆積し，麹の表面を布で覆う．さらに盛り込み後，麹米に水を噴霧または散水，あるいは麹を袋に入れ水に浸漬して吸水させ湿度調製をする．しかし，水分が多く，湿度が高いと雑菌に汚染されやすくなる．

③ pH の制御と雑菌の汚染防止：麹室は使用1日前にあらかじめ塩素殺菌をし，容器は洗浄，乾燥，滅菌して用いる．紅麹菌は他のカビと同じく酸性で生育し，細菌は酸性では抑制されるため，酢酸でpHを3.5前後とし，曲公醤（チュクンジャン）あるいはアルコールを含む諸味（曲公糟（チュクンツォ））を加え，雑菌を抑えて製麹する．

④麹菌の増殖促進：紅麹は味噌の米麹に比較して糖化力が弱いため紅麹菌の増殖が遅い．このため，蒸米を *A. oryzae* や *A. niger* などの米麹から抽出したアミラーゼ溶液に浸漬し，デンプン質を分解し糖分を増加させるか，あるいは蒸米を米麹の糖化液に短時間（15〜30分）浸漬し，水切り後，紅麹菌を接種する．そのほかに次のような方法がある．糖分を増加させた蒸米を加圧滅菌して紅麹菌を種付けする．麹米の中心まで菌糸をよくハゼ込ませるために，米を膨化させるか，二度蒸しをする．あるいは高圧で蒸す．パンや蒸しパンのように膨らませて中身をスポンジ状にすると，カビが増殖するための湿度の制御が容易になる．また，米などのデンプン原料に脱脂大豆を混合すると *Monascus* 属のカビの増殖が良くなり，赤色色素の生成やタンパク質分解酵素などの生成が早まる[5]．

4.2.3 種麹の製造

玄米種麹は胞子の生成が多く，長期間保存する場合に適している．

(1) 玄米種麹の製造

玄米を水で洗った後，水に1日浸漬し，蒸米機で圧力 1.2kg/cm², 60分間，一度蒸しをする．40℃に冷やし，麹床（こうじどこ）に移し，原料米に対して20％の水を散水し，

水切り後，同一条件で二度蒸しを行い，38℃に冷却し，種菌（A. oryzae, A. niger, 紅麹菌）を接種，培養して種麹を製造する．

(2) 曲公糟の製造

市販のパン1.5斤の表皮の部分を除いた内部を0.7cm角に細切りする．この30gを500mlの綿栓フラスコに入れ，加圧滅菌後，冷却し，紅麹種菌とアルコール20%を含む酒母を加え，30℃，10日間培養後，さらに20℃で5日間培養し，曲公糟（糟は種麹に水と酵母が含まれる酒諸味）を製造する．

(3) 曲公醬による製麹法[5]

1) 種付け

蒸米100kgに対して曲公醬6.2kg（紅麹種麹：水：酢酸=1:11:0.2）を均一に攪拌混合し，袋に詰める．ここで言う醬は，どろどろした液状の諸味のことである．

2) 培養

麹室の床にムシロを敷き，その上に乾燥した清潔な布を敷き詰め，その上に袋に詰めて固めた麹原料を堆積し，さらに表面や周囲を布で覆い，飽和湿度にして38℃で18〜20時間培養する．品温が40℃に上昇したとき麹蓋に盛り，麹の厚さを5cmに広げ，4〜6時間後，手で揉みほぐし，攪拌し，1番手入れをする．さらに麹室の約2/3の面積まで麹を厚さ3cmに広げ，6時間培養後に2番手入れをする．厚さをさらに2cmになるまで広げる．手入れをした24時間後に蒸米は紅麹菌の微紅色の菌糸に覆われる．サラサラと乾燥したとき0.2%酢酸水中に約5分間，攪拌しながら浸漬する．水切り後，麹室に入れ，麹を堆積すると，品温が上昇する．約36℃で麹の厚さをできる限り薄く広げ，34℃に保ち，6時間ごとに1回攪拌手入れを行う．手入れごとに厚さを薄くし，1回目の浸漬後，18〜20時間の間に2回目の1分間浸漬をする．水切り後，麹室に再び麹を堆積し，35℃で麹を厚さ2cmに広げ，34℃に保つ．品温が34℃以上になると，攪拌手入れをして温度を下げる．また麹室の通気口を開き，通風をよくする．2回目の浸漬23時間後，3回目の浸漬を行い，浸漬のつど酢酸水中に沈め，直ちに上げ，水切り後，水滴がなく飽和湿度に近い麹を麹室に入れ，堆積し，35℃になると麹を広げ，3時間ごとに1回攪拌手入れをする．通気口を開き，通風し，3回目の浸漬後24時間で菌糸が米の中心まで侵入し，胞子が生ずると湿度を段階的に下げる．麹の品温がゆっくりと上昇し，約6時間ごとに1回攪拌手入れをし，8日間培養する．これを乾燥保存する．製造後1年以内に用いる．7〜9月間の気候が麹を作るのに最も適している．

4.2.4 紅麹の製造
(1) 土紅曲の伝統的製造法[3]
1) 種麹,種麹粉末(曲公(チュクン),曲公粉(チュクンファン))製造

蒸米100kgに対して種麹粉末80g(紅麹菌を含む)と土曲糟(トウチュツォ)(紅麹菌と酵母を含む諸味)500〜800gを加え,40℃で麹室に引き込み,品温38〜40℃,4〜5日間培養し,出麹後,乾燥した種麹を粉砕し,種麹粉末とする.

2) 土曲糟(曲母(チュムー),曲母漿(チュムージャン))製造

蒸米100kgに対して種麹粉末20g,土曲糟1.6kgを加え,40℃で麹室に引き込み,38〜40℃,4〜5日間培養し,出麹を乾燥,粉砕して微紅色の種麹粉末を得る.また米に水を加え,粥(かゆ)を作り,約32℃に冷却し,米1.5kgに対して水7.5kg,種麹粉末1kgを加え,7日間培養する.酒味のする土曲糟(酒母諸味)となる.

3) 配合比率

米100kg,種麹粉末40gと土曲糟750gから土紅曲50kgが作られる.

4) 製麹

蒸米に種麹粉末と土曲糟を加え,種付け,製麹後,乾燥して土紅曲を作る.

(2) 米の高圧原料処理による土紅曲の製造[3]
1) 原料処理

浸漬米を高圧蒸米機に入れ,圧力4.5kg/cm^{2}で5〜10分間蒸し,放冷後,再び5〜10分間加圧蒸し後,蒸米の芯が透き通ったとき取り出し,20℃以下に冷やし,これに土曲糟を加え,混合撹拌する.

2) 土曲糟の配合

2種類の配合がある.

① 米100kgに対して3年以上経過した古酢3kgと土曲糟5kgの配合割合で,数回に分けて冷やした蒸米に加え,蒸米が紅色に染まるまで均一に撹拌をする.

② 米100kgに対して粘るように炊いた米飯5kgと種麹粉末7kgおよび古酢5kgの配合割合で,数回に分けて冷やした蒸米に加え,均一に混合,撹拌する.

3) 製麹

種付けした蒸米を麹室に引き込み,山形に堆積し,表面を布で覆う.品温35〜40℃で24時間保った後,床に広げ,15分間通気をし,再び堆積し,布で覆う.35℃で6時間培養後,再び床に広げ,品温を40℃以下で12時間保つ.その後,通気し,40℃で均一に撹拌し,1番手入れをする.続いて8時間ごとに床の上で均一に手入れをし,培養2日後,麹の米粒に紅色を帯びた白い斑点が生じ,ツキハゼ

麹（中国では蛋花曲（ダンホワチュ）という）となる．
　湿度の調整方法は次のとおりである．
　①石灰水中の浸漬調湿法：培養5日後，麹蓋に入れ，培養6日後，麹を希釈した石灰水に浸漬し，水切り後，麹室に入れる．7日培養後，品温が40℃以上になると2回手入れをし，8日後に土紅曲を乾燥する．
　②浸漬と噴霧の併用による調湿法：培養4日後，約38℃で麹を麻袋に入れ，水に約20分間浸漬し，再び麹室に引き込み，床に麹を敷き詰め，山形に堆積し，布で覆い，室温30℃で2日間培養する．その後，通気しながら，原料米100kgに対して40〜50kgの水を数回に分けて均一に噴霧する．以後，1日ごとに1回，切り返しを行い塊を崩し，温度差をなくし，均一に培養する．9〜14日間培養すると紅麹米がしまり，固まる．この紅麹を竹ムシロの上に広げ，強い日に晒し，よく切り返し，虫が発生しないように春，秋，冬は12時間，夏は7時間乾燥する．手の指でひねると，紅麹が粉末になりやすく，鮮やかな，つやのある紅色のものが良い．袋に密封包装後，長期間貯蔵する．

(3) トウモロコシ紅麹の製造[6]

　中国の東北地方ではトウモロコシが穀類の半分以上を占め，価格も米の半分で，これから紅麹を製造している．トウモロコシを破砕して3つ割りにし，粉と皮を8メッシュの篩で分ける．この粒を玉米（ウィミー）と呼び，硬いため，熱水に6〜8時間浸漬後，水切りし，常圧で1.5時間蒸した後，35℃に冷却する．曲公醬を接種した後，麹室に堆積し，表面を麻袋で覆い，約30時間培養し，自己発熱で品温が40℃以上になると切り返しをして手入れをする．さらに40℃を越えると撹拌手入れをし，約48時間経過すると表面に赤い斑点が生じる．これを竹カゴに入れ，30℃の水に15分間浸漬し，表面を洗い，再び堆積する．品温が40℃になると厚さ12cmに広げる．1回目の浸漬から12時間培養すると，ほとんどの表面が赤くなる．乾燥して水分が不足すると2回目の浸漬をする．さらに12時間培養するごとに浸漬を繰り返す．4回目の浸漬をして培養すると，粒の内部まで赤くなる．もし内部に白い点が残っているときは，さらに5回目の浸漬をして，40℃以下で培養して内部まで赤くする．その後20時間続けて培養し，乾燥する．この全工程の培養が7〜9日間かかる．トウモロコシ紅麹は米よりも赤色の色素の生成が良く，原料の損失も25％と低く，米の紅麹に劣らない．トウモロコシ紅麹は豆腐乳の諸味，黄酒，豆瓣醬や特色のある醬油生産に用いる．

(4) 水噴霧による温度,湿度の段階的制御の製麹[7]

1) 原料処理

米 300 kg を浸漬,水切り後,連続蒸米機で蒸し,通風冷却機で冷却し,固まりを砕き,撹拌しながら 36～38℃まで冷却する.

2) 種付け

下記の曲公醬と蒸米を配合し,螺旋(らせん)輸送機(スクリューコンベヤー)で固まりを砕き,よく混合し,種付けをする.種麹,氷酢酸および水の配合比は米 100 に対して,

① 春季,種麹:氷酢酸:水＝0.5:0.1:5.6
② 夏秋,種麹:氷酢酸:水＝0.4:0.08:5.7
③ 冬季,種麹:氷酢酸:水＝0.6:0.15:5.4

3) 袋詰め

種付けした蒸米の熱を発散後,これを滅菌した麻袋に 50 kg ずつ 6 袋に詰め,麻縄で袋の口を縛る.

4) 製麹工程

①引込み:種付け後の蒸米を詰めた麻袋を麹室に引き込み,麻袋を横にして下に 3 袋,上に 3 袋と 2 段に重ね,隙間なく敷き詰め,袋の上と周囲を滅菌した布で覆い,製麹する.通気口を閉め,室温 35～40℃で 18～22 時間培養し,袋の中の麹が自己発熱し品温が上昇し,40℃になったら通風製麹床に盛り込む.

②盛り込み:麹を床の 1/3 に平らに敷き詰める.初めは品温は下がるが,盛り込み後,4 時間以内に段階的にゆっくりと品温が上昇する.

③床(とこ)モミ:品温 40℃で床モミをする.麹の厚さを薄くし,温度計を斜めに挿入し,床モミ後,5 時間で 40℃になると 1 回手入れをし,約 10 時間後,再び温度が上昇すると,さらに手入れをし,湿度の調節のために水を噴霧し,一次の調湿操作を行う.

④一次調湿製麹:一般に盛り込み 24 時間後,麹の上や麹床の周辺から均一に麹の約 30%の水を噴霧し,麹床の底から水が流れ出てきたら噴霧を止める.その

種麹➡配合➡磨砕➡曲公醬
　　　　　　　↓
白米➡浸漬➡水切り➡蒸し➡冷却➡混合➡袋詰め➡引込み➡盛込み➡床モミ➡培養➡手入れ
➡培養➡手入れ➡一次調湿➡堆積培養➡広げ➡手入れ➡二次調湿➡手入れ➡培養➡三次調湿
➡手入れ➡培養➡四次調湿➡培養➡手入れ➡断水製麹➡乾燥➡検査➡製品

図 4.13 水噴霧による温湿度の段階的制御の製麹工程図

後,均一に撹拌し,堆積後,品温が上昇し,37℃に達してから50〜60分後,麹を広げ,平らにならす.通気口のダンパーを調節し,一端を一定角度の斜めに開き,一端の幅を薄くしたり厚くしたり,また風力を小さくしたり大きくしたりして,通風制御をする.品温37℃,湿度80%,室温20〜23℃に保ち,水を噴霧後,4時間以内に品温が上昇するように一次調湿操作後,7〜8時間で手入れをする.

⑤二次調湿製麹:通常,一次調湿操作後,二次調湿操作まで約10時間の間隔がある.麹には桃紅色の均一な集落を生じる.手入れをして間隙をつくり通気をする.通気のため麹が乾燥すると,一次調湿操作と同様に水を噴霧し,品温36℃,湿度90%,室温28〜30℃に保ち,二次調湿操作をする.6時間後,手入れをする.二次ないし三次調湿操作の間が麹の最も旺盛な発育時期で品温が上昇する.一般に1〜2分間につきダンパーを半開きで30分間隔で通気し,夏季には通気口を開いたままで段階的に連続して通気をする.

⑥三次調湿製麹:通常,二次調湿操作から三次調湿操作までの間隔は8〜10時間で,米の総量の約35%の水量を噴霧し,品温36℃,湿度85%,室温25〜28℃に保ち,7時間で手入れをする.

⑦四次調湿製麹:三次調湿操作から12時間後,紅麹菌が増殖したら,麹の水分を少なくするため噴霧水量を減らし,室温30℃以下で製麹する.紅麹の水分が過多になると吐水現象が起こり,麹の表面に付着水がつき,水滴を吸収できなくなる.このため通気ができず,紅色が紫黒色に変色し,乾燥後,固まりが生じ,糖化力が下がり,酸度が増加し,吐水曲(トウスィチュ)ができる.これを防ぐため,品温36℃で水を噴霧し,湿度80%,室温20〜25℃とし,操作後4時間で手入れ撹拌をする.品温を35℃に保ち,再び8時間後に手入れ撹拌をする.

⑧断水製麹:一般に水を噴霧して加湿しながら製麹するが,四次調湿操作から12時間後,加湿せずに加温通風すると乾燥した麹ができる.この麹を断水曲(ダンスィチュ)と言う.乾燥製麹は品温34℃,湿度80%に保ち,室温を約20℃とし,段階的に通気口と麹室を開き,24時間の断水操作後,乾燥する.

5) 乾　燥

乾燥機に白米300kgから製造した紅麹を厚さ約30mmに堆積し,底部から乾燥した風や蒸気を送り,30分ごとに紅麹を切り返し,上下の層の品温を均一にし,最後に堆積した麹の表面を乾燥し,麹の水分を12%以下にする.

6) 紅麹の性状

紅麹は培養期間と収量により庫曲(クーチュ),軽曲(チンチュ)と色曲(スォーチュ)の3つの用途に分けている.庫曲は9〜10日間培養で,収量は原料米の45

表 4.18 紅麹の性状[7]

項目＼品種・等級	庫曲 特級	庫曲 1級	庫曲 2級	軽曲 特級	軽曲 1級	軽曲 2級	色曲 特級	色曲 1級	色曲 2級
容積重量（g/100ml）	38.0〜50.0			32.0〜37.0			25.0〜31.0		
菌糸生育度（％）	99	90	98	99	97	94	100	99	96
水　分（％）	12	12	12	12	12	12	12	12	12
色　度	450	350	200	800	600	450	1,000	850	700
糖化力	1,000	800	—	900	700	500	—	—	—

庫曲：三次調湿製麹後の水分，軽曲：四次調湿製麹後の水分，色曲：断水製麹後の水分，色度は上記の糖化液を1/500に希釈した液の520nmの透過度，糖化力：麹1gが1時間に生成するグルコースmg量．

〜50％，糖化目的に用いる．軽曲は培養期間11〜12日間，収量30〜40％で糖化と色素を目的に用いる．色曲の培養期間は14〜16日間，収量は25〜30％，色素を目的に用いる（表4.18）．

(5) 通風製麹法

1) 原料処理

精白米250kgを5時間浸漬，水切りし，蒸米機に入れ，常圧で蒸気を吹き出し，10分間蒸した後，蒸米を蒸米機から取り出し，40℃に冷却する．

2) 盛込み

種麹菌液0.6％を蒸米と均一に撹拌し，接種後，固まりをなくし，品温30〜35℃に保ち，通風製麹装置（図4.9）の麹槽に堆積し，麹布で表面を覆う．室温28〜30℃で18時間保ち，品温が上昇し，40℃になったら1番手入れを行う．麹を平らに広げ，撹拌して32℃前後まで下げ，再び堆積し，4時間後，40℃で2番手入れを行う．麹を均一に撹拌し，床に平らにならし，次に通風製麹を行う．

3) 通風製麹

品温が上昇したら通気をして30℃に制御する．3時間ごとに撹拌手入れをする．夜間は回数を減らし，7〜8時間ごとに手入れをし，さらに72時間通気をし，米粒の表面に紅麹菌の菌糸が一面に生育し，米粒にハゼ込んだら，20分間，水に浸漬，水切り後，麹槽に堆積する．40℃に品温が上昇すると手入れをして，麹を平らにならし，32℃で連続培養する．5時間ごとに手入れをする．再び水に浸漬した後，10時間培養し，水30kg（原料の10〜12％）を噴霧する．均一に撹拌，麹を平らにならし，15時間培養後，再び50kgの水を噴霧すると，菌糸が米粒の中心まで繁殖し，伸び，ハゼ込む．手で揉み砕くと，鮮紅色の色素で米粒の中心まで染まり，多数の胞子が発生する．全工程172時間経過後，乾燥する．

4.2.5 紅麹の調味料への利用

(1) 紅麹色素の利用

　紅麹の色素は4種類の成分の組合せからなる．紫外線，N-メチル-N-ニトロ-N-ニトロソグアニジン処理による変異株により鮮やかな赤色や橙桃色の色素を得ている．この色素はアセトン，酢酸に溶解する．紅麹からエタノールあるいはプロピレングリコールで色素を抽出し，日本では加工タコ，たらこ，あん菓子，魚肉ねり製品，ケチャップ，魚の漬物に利用する．

(2) 蒸肉米粉（ゼンロウミーファン）（調味のたれ）

　醤油や酒で下味をしみ込ませた豚の三枚肉の切り身に蒸肉米粉をまぶし，2〜4時間蒸す．また，牛蒸肉や鶏蒸肉にも用いる．蒸肉米粉の製法は砕いた炒り米（あるいは膨化米）を食塩，五香（ウーシャン）（肉桂，丁香，花椒，陳皮，茴香），八角（大茴香），桂皮，ショウガ，グルタミン酸ナトリウム，紅麹と腐乳汁を混ぜ，乾燥し，水分12％以下，食塩濃度8〜12％で用いる．これは四川省，湖北省の名産品である．

(3) 紅腐乳の製造

　腐乳に添加して紅腐乳を作る．

(4) 醤油，豆瓣醤，豆豉への利用

　醤油用紅麹は *A. oryzae* と *Monascus* 属のカビを混合して培養するか，両種を別々に培養して麹を作り，仕込み時に紅麹を醤油麹や味噌麹とともに仕込む，2つの方法がある．

1）醤油用紅麹の製造

　醤油用の麹はタンパク質分解酵素が重要であるが，米などのデンプン原料に脱脂大豆を混合すると *Monascus* 属のカビの増殖がよくなり，赤色色素の生成やタンパク質分解酵素の生成が早まる[5]．デンプン原料として米のほかに小麦やトウモロコシなどを用いる．

　400kgの脱脂大豆に240kgの水を撒き，よく混合し，3時間静置して均一に吸水させた後，1.5kg/cm^{2}の圧力で30分間蒸す．この蒸した脱脂大豆に，小麦400kgを180℃で50秒間炒り破砕したものと，無菌水160kg，10％酢酸80kgをよく混合し，35℃以下に冷やし，3〜5％の曲公醤を接種し，これを麹室の通風床に堆積する．品温40℃で1回引っ繰り返し，手入れ後，麹の厚さを薄くして堆積し，48時間培養する．乾燥して水分が不足すると散水する．さらに培養を続け，品温が40℃を越えないように通風し，24時間後に水分が不足すると散水を繰り返し，約120時間経過後，醤油麹ができる．醤油用紅麹の酵素力価を表4.19に示した．

表 4.19 醤油用紅麹の酵素力価[8]

細菌数 (生菌数/g麹)	糖化率 (％)	プロテアーゼ	
		酸 性	中 性
3×10^2	36.0	230U/g麹	8U/g麹

U：チロシン単位．

2) 醤油用紅麹の利用

醤油用紅麹の酵素力価は酸性プロテアーゼが強い．このため A. oryzae 醤油麹に醤油用紅麹を10～25％混合すると風味の良い醤油ができる．また，米を原料とした紅麹は醤油麹と等量あるいはそれ以下加える．紅麹の諸味は肉を紅色に着色し，保存効果が上がるため，肉や魚の味噌漬によく使用される．紅糟（ファンツォ）（蒸米に水，酵母，紅麹と酒を入れて発酵した諸味）や紅醤（ファンジャン）（紅麹，食塩，香辛料などを加え，どろどろした諸味）が野菜の漬物に利用されている．

(5) 食酢への利用[8]

紅麹酢は福建省，浙江省が有名である．精白米を水に浸漬，洗浄，水切りし，蒸した後，紅麹を加え，撹拌混合し，カメに入れ，堆積発酵をする．自己発熱の発酵で38℃以上にならないように，数回に分けて米と冷却水（1：2）を加える．5日後，炒った米の液を加え，1日1回撹拌し，酵母を加え，70日間アルコール発酵をした後，酢酸菌を接種し，1～3年間発酵させる．その後，酢と残った固形物を分ける．あるいは米麹と紅麹を等量加え，糖化後，酵母を加え3日間発酵した後，種酢を加え3か月酢酸発酵をさせ，さらに10か月間熟成させる．コクがあり，酢のもの，酢味噌，ドレッシングや焼肉，すき焼きのたれなどの調味料として用いる．

文　献

1) 蘇遠志：醱協誌，**33**，32（1975）
2) 蘇遠志，陳文亮，方鴻源，翁浩慶，王文祥：中国農業化学会誌，**8**，46（1970）
3) 朱文錦，朱呈雄，魏建銘，陳培興：中国調味品，**6**，16（1985）
4) 黄福州：中国醸造，**4**，39（1992）
5) 伊藤寛：日本醸造協会誌，**89**（12），946（1994）
6) 金鳳燮：日本醸造協会誌，**87**（9），629（1992）
7) 周国範：調味副食品科技，第7期，22（1983）
8) 曹俊生：中国調味品，第8期，22（1990）

第5章　中国の醤類[1-5]

　醤（ジャン）とは醤油の諸味（もろみ）のように，どろどろした調味食品を言う．醤は3種類に大別される．1つは動物性タンパク質の醤で最も古い時代は醢（ハイ）と言い，鳥獣肉や魚などの肉醤（ロウジャン）や魚醤（ユージャン）のことで，後の時代に穀物で作った醤が普及し，穀物を発酵したものを醤と言うようになった．この穀物を発酵した醤は，さらに3つに分類され，大豆を主原料とした黄醤（ファンジャン）と，面粉（ミエンファン）（小麦粉）を原料とした甜面醤（テンミエンジャン），ソラマメを原料とした豆瓣醤（トウバンジャン）がある．このほかにペースト状の果醤（クォジャン）（果物のジャム），番茄醤（バンチージャン）（トマトケチャップ），蛋黄醤（ダンファンジャン）（マヨネーズ）など発酵しない粘稠液がある．一般的に醤とは穀類や豆類を原料として微生物の発酵により醸造した半流動状態の粘稠な調味食品を言う．醤には多くの種類があり，その主原料の名前や，醤に加えた副原料により，それぞれの名前をつけた醤がある．例えば落花生をすり潰したピーナッツバターの花生醤（ホワシェンジャン），炒ったゴマを磨砕し，ゴマ油を混ぜた芝麻醤（チーマージャン），虾（＝蝦）米（シャミー）（干しエビ）を分解発酵させた虾醤（シャジャン），肉類あるいは辛辣（シンラー）類（トウガラシ類）などを加工した醤がある．

豆瓣辣醤　　　　　花生醤　　　　　芝麻醤

写真 5.1　中国の醤類

ちなみに日本の味噌は中国では米紹醤（ミーソージャン）と呼ぶ．

醤は調味食品の一種であり，調味料として栄養豊富で，容易に人体に吸収され，食欲増進作用がある．中国は国土が広大なため，それぞれの地方には独特な伝統的な醤が残っている．また，同じ分類に入る醤でも地方の気候条件や生産される加工原料により製造方法が異なっている．中国の醤の醸造技術の起源は古く，紀元前1000年前に遡る．『周礼』天官に醤用の120のカメがあったと記されている．また『論語』に醤がないと食せず，『史記』貨殖列伝に醤千甕と記載されている．最も古い時代には動物性タンパク質である獣肉あるいは魚介を原料とした肉醤や魚醤があったが，以後，次第に植物性タンパク質が用いられるようになった．西漢（前漢）の史游の『急就篇』の中説に，醤は豆と小麦粉を混ぜて作ったもので，骨を除いた肉を漬けたものは醢であるが，骨付きの肉を漬けたものも臡（ナン）と言うとある．また，食べる時に必ず醤があると記されており，当時の豆醤（トゥジャン）を作った状況が明確に描写されている．

中国の豆醤生産には数千年の歴史があるが，これらの伝統食品は長い期間，封建社会に拘束され，醤の製造技術の進歩は甚だ遅く，ほとんどの操作が経験にまかせられ，古い仕来りを固守し，技術の発展が停滞していた．開放後の新中国では醤の製造技術が発展し，幾多の鍵となる技術が改良された．例えば従来，野生のカビを利用していたが，純粋培養した菌種を用いて製麹するようになった．また，地方の条件に適した簡易通風製麹方法を考案し，従来の日晒夜露（リーサイイェロー）発酵法を人工培養による保温発酵法に改めた．昔は気候や季節的条件に制限され，長期間かかった発酵時間を大幅に短縮した．また酵素剤を用い，酵素法による醤の製造に成功した．原料の利用率を10％高め，種々の醤類を生産し，人々の食膳の内容を豊かにした．生産設備を逐次機械化し，生産効率が高まり，労働条件が改善され，製造工程の規定が改められ，衛生管理が強まり，一定の品質が保証されている．現在では甜面醤，黄醤などについて中華人民共和国の専業標準（品質基準や衛生基準）が定められ，日本の醤油の農林規格（JAS）を参考にした品質表示とともに官能評価，理化学成分の分析法や基準値および製造方法が国の商業局から示されている．

5.1 醤類の醸造方法[6]

5.1.1 甜面醤の製造法[1,2]

面曲（ミエンチュ）は小麦粉から作った麹で，この製麹には2種類の伝統的な方

法がある．1つは小麦粉から饅頭（蒸しパン）を作り，自然に生息しているカビを着生させた饅頭曲（マントウチュ）と小麦粉から面糕（ミエンコー）（麺生地）を作り，麹床および通風製麹装置で作った麹で仕込む甜面醤製造法で，もう1つは酵素による速醸法である．面曲は北京ダックに用いる甜面醤の製造や豆腐乳の諸味の製造に用いる．

(1) 面糕曲，地面曲床(ティミエンチュツァン)(麹床)製麹，常温発酵法(天然醸造法)

小麦粉を蒸して面糕（日本のひもかわうどんのように幅広くした麺生地）を作り，麹床で製麹し，天然醸造による甜面醤製造法．

麹菌や醤油麹菌の胞子数 5×10^9 以上で緑色あるいは黄緑色，羊毛のようにふわふわとし，肉眼で雑菌が検出されない，乾燥粉末の種麹を用いる．

1) 製造工程

製造工程を図 5.1 に示す．

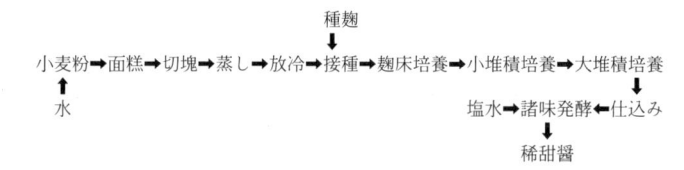

```
                          種麹
                           ↓
小麦粉→面糕→切塊→蒸し→放冷→接種→麹床培養→小堆積培養→大堆積培養
       ↑                                              ↓
       水                                    塩水→諸味発酵←仕込み
                                                      ↓
                                                    稀甜醤
```

図 5.1 面糕曲による甜面醤の製造工程

2) 面糕製造

手作りと面糕連続蒸熟製造機を用いる場合がある．

①手作り：小麦粉に水 28〜30％を加え，よく混捏し，径1〜2cm の細い棒状の生地を作り，これを小さい団子状に切り，これを圧して平らな麺を作る．これを蒸籠（ゼンルン）で1時間，生煮えのないように蒸した後，冷やし，麹菌を接種し，製麹し，面糕曲を作る．

②面糕製造機による製造：小麦粉 100kg を撹拌機に入れ，水 38kg を加え，均一に撹拌し，吸水させ，よく捏ねて麺生地を作る．これを圧延ロール機で反復圧延し，麺状に延ばした生地を二等辺 25〜30cm，底辺 15〜20cm の二等辺三角形あるいは長軸 25〜30cm，短軸 15〜20cm の楕円形，厚さ約 3cm の大きさに刃で切る．表面が乾ききった生地を面糕連続蒸熟装置に入れ，蒸気で蒸した後，サイクロンで真空に吸引しながら，出口から取り出し，室温まで冷やし，面糕（麹原料）を作る．

3) 製 麹

伝統的なムシロの製麹（麹床培養）と通風製麹がある．

① 伝統的なムシロの製麴

a) 麴床培養：麴床の地面は平らで滑らかで水洗しやすく，清潔にする．麴室は通風良好で室温は20～25℃，相対湿度は約80%とする．麴室の地面の1箇所に稲わら，あるいは麦わらを厚さ5～10cmの1層に敷き，その上に葦のムシロを敷き，麴床を作る．蒸した麴原料を麴床の上に均一に散布し，0.3%の種麴を接種後，麴床の平面から75度前後の鋭角になるよう盛り込み，堆積する．この表面を葦のムシロまたは麻袋で覆い，約20時間培養後，始めて覆いをとり，麴原料の切返しを行い，手入れし，新鮮な空気を入れる．さらに12～20時間培養し，2回目の麴の手入れをする．以後，毎日1回手入れを行い，品温が40℃以上にならないようにし，35～37℃で製麴する．温度が上がると葦のムシロを30～40cmの高さの低い棚に載せ，通気をよくし，麴菌の増殖を促す．5～7日間で麴原料の表面が白色の菌糸で覆われ，さらに培養すると黄緑色の胞子が生じ，表面が乾燥し，亀裂が生じる．

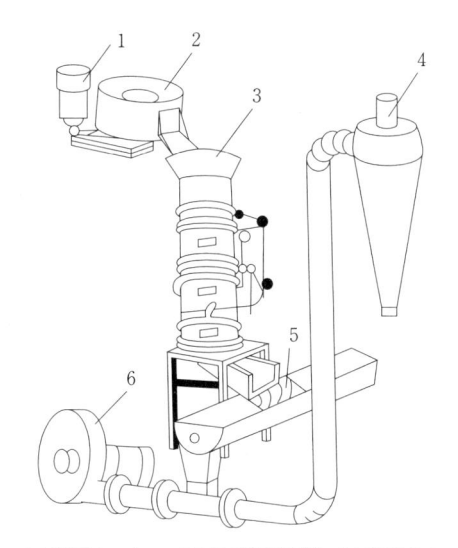

1：変速モーター，2：混捏麺製造機，3：蒸熟ドラム，4：サイクロン式，5：スクリューコンベヤー，6：送風機

図5.2　麺糕の連続蒸熟装置

b) 小堆積培養：麴床培養後，乾燥し，増殖が止まった麴を麴室の一隅に高さ80～100cm，幅80cm前後，長さは制限なく堆積する．麻袋で覆って培養すると，菌糸が麴塊の内部に向かって伸びる．以後，2～3日間隔で1回，堆積した麴塊の切返しを行い，手入れをし，品温36℃以下で約10日間小堆積培養をする．

c) 大堆積培養：小堆積培養の麴を集め，直径1.5～2.0mの円柱形に堆積し，周囲をムシロで囲い，小堆積培養と同様な操作を行い，12～15日間大堆積培養をする．出麴を陰干しした後，径5mm前後の顆粒に破砕する．

② 通風製麴

蒸して冷やした面糕に種麴を接種した後，通風製麴槽に入れ，室温30℃で，1～2日間培養すると品温が40℃になる．45℃以上にならないように撹拌手入れをし，5日間培養すると表面は黄緑色の胞子が密生し，麴の香りがして，硬い芯が

なく，内部は柔らかく，内層の断面は淡い灰白色の面糕曲ができる．
  4） 発　酵
  ①塩水調製：出麹100kg対して春冬は14.5°Béの塩水170〜175kg，夏秋は15°Béの塩水160〜165kgを作り，沈殿物を除き，清澄液を用いる．
  ②発酵管理：塩水を入れた屋外のカメに破砕した麹を少量ずつ加え，仕込む．この諸味を押さえつけ，塩水によく漬け込み，7〜8日間静置した後，日に晒す．麹に塩水が吸収されてから撹拌を始め，毎回，醤を切り返し，毎日1回撹拌し，日晒夜露法で夏季は25〜30日間，春の終わりや秋の初めには約45日間，冬は90日間以上発酵させる．発酵期間は地方の気候条件や工場の製造方法で延長あるいは短縮する．小麦粉100kgに対して稀甜醤（シーテンジャン）（生揚醤油）200kgができる．

  5） 品質規格
  光沢のある黄金色で醤の香りが強く，エステル香があり，旨味があり，甘味が強く，後味が舌にいつまでも残り，酸味がなく，きめが細かく適度な粘りがあり，べとつかない．

(2) 饅頭曲，伝統的な製麹と通風製麹，保温発酵法
  小麦粉で饅頭（マントウ）（面餅とも言う）を作り，これを通風製麹，加温醸造する甜面醤製造法．
  饅頭に面肥（ミェンベイ）（または面引子（ミェンインズー）と言う．発酵させたパン生地の一部を残し，パン種とし，次回，使用する時に小麦粉と水で捏ねて用いる）を加える．一般にパンのイーストや酒母を加え，饅頭の生地を作る．中国の家庭では，饅頭や包子（パォズー）（肉まんじゅう）を作る時に面肥を用いる．パン生地に面肥を加え，よく混捏する．数時間するとガスが発生し，気泡が全体に行き渡り，一様に膨れたパン生地となる．

  1） 製造工程
  製造工程を図5.3に示す．
  2） 饅頭（蒸しパン生地）製造
  ①面肥(パン種)の製造：小麦粉に35℃の温水と以前発酵に用いた面肥を練り込

　　　　　　　　　　　　　　　　　種麹　　塩水
　　　　　　　　　　　　　　　　　　↓　　　↓
　　　　小麦粉➡饅頭➡蒸し➡接種➡製麹➡出麹➡諸味製造➡発酵➡甜面醤
　　　　　　　↑　　　（蒸しパン）
　　　　　水＋面肥

図5.3　饅頭曲による甜面醤の製造工程

み，ぬれた布をかけ，ペースト状に調製し，2日間自然発酵させて面肥を作る．現在は純粋培養の酵母を加え，よく練り合わせ，数時間放置して酵母の発酵によりガスを発生させ，気泡が全体に行き渡り，一様に膨れたパン生地を用いる．

②饅頭曲の製造：小麦粉 50kg に，面肥 15kg と 35℃の水 10kg を加え，練り機で混捏し生地を作る．これを木の台の上で径 5〜7cm の棒状にまるめ，さらに長さ 5〜6cm の饅頭を作り，蒸籠に入れ，30〜60 分間蒸す．あるいは蒸器に入れ，圧力 1kg/cm² の蒸気で蒸す．その後，饅頭を涼しい所で 40℃以下に冷やし，蒸しパンの上に種麹 0.3kg を 10 倍量の小麦粉で増量し，均一に接種する．

3) 通風製麹

①発芽・生育期：ほぐした麹原料を麹蓋に盛り込み，厚さ 25cm の層に広げ，品温 30〜32℃で，約 6 時間静置培養する．その後，麹の品温が漸次上昇すると，温風を循環させて断続的に通風を行い，さらに 33℃，6〜8 時間培養すると麹の表面に，じゅうたんの毛のような白色の菌糸が生じる．内部に菌糸が伸び，麹がしまり，固くなると手入れを行い，通風をし，品温を下げて，製麹の第 2 段階に入る．

②菌体繁殖期：麹の品温の上昇が続き，麹が固まり，白色の菌糸が生じると冷風を導入し，1 番手入れ（麹の上下を引っ繰り返し，揉みほぐす）を行い，麹の品温を 30℃前後まで下げ，連続通風をする．品温 35℃前後で約 8 時間通風培養した後，麹が固くなると 2 番手入れを行う．第 3 段階に入る．

③胞子着生期：2 番手入れ後，麹の品温はゆるやかに上昇し，麹の表層に胞子が着生し始め，さらに培養すると黄色の胞子が生じる．麹蓋の間に温風を循環させて連続的に送り，室温と相対湿度を調節し，品温 35℃前後で約 8 時間培養後，胞子が黄色より緑色に変わり，麹がしまり，ふんわりとした塊になると出麹する．

④出麹の性状：黄緑色で麹の香りがして柔らかく，弾力があり，硬い麹や，バカハゼ麹（蒸米が柔らかく，湿気が過多の場合に生じた麹で酵素力が弱い）や焼け麹（製麹温度が高過ぎたため，焼けてタンパク質分解酵素の力価が低下した麹）がない．また酸臭や，不良な臭いがない．

4) 発 酵

①諸味の調製：14°Bé の塩水 115〜120kg を 45℃に温め，発酵タンクに入れ，麹 100kg を少量ずつ加え，撹拌し，室温 50℃前後で 3 日間浸漬をする．

②発酵管理：仕込み後，3 段階の温度管理をする．初めに品温 40℃前後で毎日 2 回撹拌し，約 10 日間発酵させ，中期は室温 45〜50℃，品温 40〜45℃で 10 日間発酵させる．後期は室温 40℃，品温 40℃前後で 10〜15 日間発酵させ，1 日おきに

1回醤を引っ繰り返し,撹拌をして甜面醤をつくる.
(3) 酵素による速醸法
酵素を用い,小麦粉を食塩水中で液化,糖化,発酵をさせた甜面醤製造法.
1) 製造工程

製造工程を図5.4に示す.

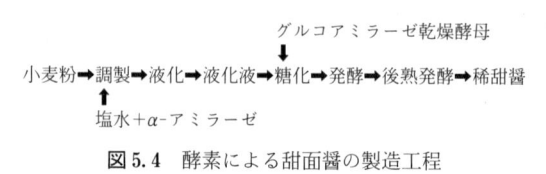

```
                              グルコアミラーゼ乾燥酵母
                                    ↓
小麦粉→調製→液化→液化液→糖化→発酵→後熟発酵→稀甜醤
           ↑
       塩水+α-アミラーゼ
```

図5.4 酵素による甜面醤の製造工程

2) ふすま麹および乾燥酵母の製造

①α-アミラーゼ生産ふすま麹製造法:ふすま80kg,脱脂大豆15kg,小麦粉5kg,炭酸ナトリウム0.1kg,水110kgを混合撹拌後,常圧で1.5時間蒸煮し,30～32℃まで冷やし,種麹(α-アミラーゼを生産する麹菌)1%を接種し,室温30～32℃,相対湿度80%,品温36～37℃で45～48時間,通風製麹をする.

麹の性状:黄褐色で麹の香りがして不良な臭いがなく,雑菌の汚染がなく,α-アミラーゼ活性1,800U/g以上.

②グルコアミラーゼ生産ふすま麹製造法:ふすま100kgに水95kgを撒き,混合後,常圧で1.5時間蒸し,37～38℃で種麹(グルコアミラーゼおよび中性プロテアーゼを生産する麹菌)0.75～1%を接種し,品温28～32℃で48時間製麹する.製麹中,24%炭酸ナトリウム水溶液でpH8.0になるように麹のpHを調節する.

麹の性状:黄緑色で,ふんわりとして麹の香りがし,雑菌の汚染がなく,中性プロテアーゼ活性2,500U/g以上,グルコアミラーゼ活性2,200U/g以上.

③乾燥酵母の製造方法:脱脂大豆5kg,小麦粉45kg,ふすま50kgを混合し,水60kgを撒き,均一に撹拌後,常圧で2時間蒸煮し,揉み砕き,種酵母(耐塩性,耐浸透圧性があり,香りの良い酵母)15～20%を均一に撹拌接種し,発酵タンクに入れ,ガーゼで蓋をし,品温28～30℃で48時間培養後,34～35℃以下で通風乾燥し,含水量が15%以下になるまで2～3日間乾燥する.

乾燥酵母の性状:淡黄褐色で,エステル香とアルコール香があり,不良な臭いがなく,雑菌の汚染がない乾燥酵母.

3) 酵素分解法

①調製小麦粉:発酵タンクに小麦粉100kgに対して8～9%塩水85～90kgを入れ,撹拌機で撹拌しながら小麦粉を少量ずつ加え,均一に糊状に調製し,これ

にα-アミラーゼ20～30万単位のふすま麹を2回に分けて加える．初めに50%を投入し，品温を80℃まで上げ，さらに50%のふすま麹を加える．

②液化：発酵タンクに直接蒸気を吹き込み，撹拌しながら，逐次，60～70℃で15分，80～90℃で25分，100℃で30分加熱して液化する．液化液の直接還元糖の含量が13%に達するまで分解をする．

③糖化：液化液を40℃に冷却し，小麦粉100kg対して糖化用のふすま麹8～9kgを加え，40～45℃で8日間，さらに45～52℃で3日間糖化する．逐次温度を下げて40～42℃，3日間反応させる．この糖化液のアミノ態窒素0.136，還元糖26～27%，食塩濃度11%，総酸0.75%（乳酸量として）．

4) 発　酵

糖化液の温度を30～32℃まで下げ，小麦粉100kgに対して0.1kgの粉砕した乾燥酵母を加え，均一に撹拌し，30～32℃で7日間発酵後，エタノール200～300mg%を生成させる．

5) 後熟発酵

発酵後，醤を屋外のカメの中に移し，日に晒し，夜露にあて7～10日間に1回撹拌してエステル化を促進し，風味の改善を図る．

5.1.2　黄醤の製造法[4,5,7]

黄醤は大豆を主原料とした醤のことで，黄豆醤（ファントゥジャン）あるいは豆醤と称し，東北では大醤（ターヂャン）とも言う．米麹菌を利用して，微生物（乳酸菌，酵母）により醸造した醤である．

1) 常圧蒸煮，竹ザル製麹，常温発酵法（天然醸造法）

脱脂大豆，小麦粉を用いた伝統的常圧蒸煮，竹ザル製麹，天然醸造法による豆醤製造法．

① 製造工程

製造工程を図5.5に示す．

② 製造方法

a) 粉砕：脱脂大豆を径5mm前後の顆粒状に粉砕する．微粉末は20%以下．

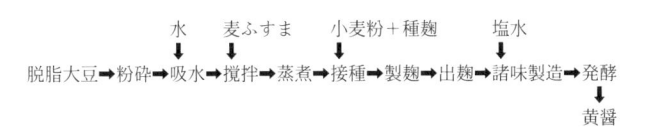

```
                水    麦ふすま   小麦粉+種麹    塩水
                ↓       ↓           ↓          ↓
   脱脂大豆→粉砕→吸水→撹拌→蒸煮→接種→製麹→出麹→諸味製造→発酵
                                                            ↓
                                                           黄醤
```

図5.5　伝統的方法による黄醤の製造工程

b) 吸水：粉砕脱脂大豆100kgを麹床の上に堆積し，中央に凹みをつくり，凹みの土手の高さは30cmより高くする．この凹みの中に脱脂大豆の重量に対して90～100％の水を注ぎ，ゆっくりと凹みにそって脱脂大豆をかき集め，凹みに入れ，水を流失させないように脱脂大豆を水で湿らせ，2時間静置後，麦のふすま20kgを投入し，1～2回撹拌混合する．

c) 蒸煮：こしき（甑）の底のサナ（スノコ状の竹の台）の上に混合原料を平らに厚さ20cmに敷き，圧力$3kg/cm^2$の蒸気が原料の層を吹き抜けた後，再び混合原料を加え，さらに蒸気が吹き抜けた後，繰り返し混合原料を加え，こしきを満し，蓋をして常圧で1時間蒸し，さらに，しっかりと蓋をして，弱火で30分蒸した後，こしきから出して40℃以下に冷却する．

d) 接種：蒸煮後，冷却した脱脂大豆の表面に種麹を散布して均一に混合撹拌し，麹室の中の竹ザルに入れ，製麹用の竹製の数段の棚枠に挿し入れる．

e) 製麹：麹室の室温を25～30℃，麹の品温を28～32℃とし，16～17時間培養後，麹の自己発熱で品温が上昇したら，35～37℃で手入れを行う．室温20～25℃，相対湿度約90％，品温37℃以下で約60時間製麹する．

f) 諸味製造：屋外のカメに18～20°Béの塩水130～140kgを入れる．この中に出麹100kgを少量ずつ加え，塩水を麹に十分にしみ込ませるため，2日目より毎日1回，諸味の表面を押さえ込み，撹拌混和する．

g) 発酵：諸味製造の発酵期間は季節により異なり，夏秋は3～4か月，春冬は6か月間発酵熟成させる．晴天には日に晒し，夜露に晒し，雨降りには蓋をする．発酵後は蓋をして諸味を日に晒さない．発酵期間中「三翻両捺（サンファンリャンナー）」（三翻はカメを替え，3回諸味を引っ繰り返し，撹拌をすること．両捺は底の醤から下に押し付け，底から上まで隙間なくぎっしり詰めること）を2回行い，その後，前後5回醤の上下を引っ繰り返し，撹拌した醤を日や夜露に晒し，発酵させる．発酵で生成したガスを除き，諸味の上下を引っ繰り返すために，カメを移し換える．気温の高低で10～20日間に1回，三翻両捺を交互に行い，発酵管理をする．

③ 品質規格

赤褐色で明るい光沢があり，醤の香気とエステル香があり，旨味，甘味，塩味があり，適度な粘りがあり，べたつかず，濁りがない製品．

2) 通風製麹，常温発酵法

大豆（黄大豆，青大豆，黒豆）と小麦粉を用い通風製麹，天然醸造法による豆醤製造法．

① 製造工程

製造工程を図5.6に示す．

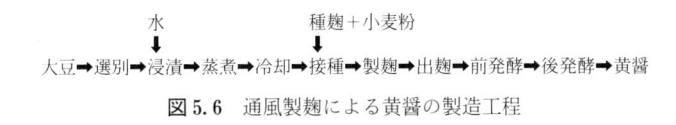

```
                 水              種麹＋小麦粉
                 ↓                  ↓
大豆➡選別➡浸漬➡蒸煮➡冷却➡接種➡製麹➡出麹➡前発酵➡後発酵➡黄醤
```

図5.6　通風製麹による黄醤の製造工程

② 製造方法

a) 浸漬：篩で選別し，乾燥した大豆70kgを水に10～12時間（夏秋は10時間，冬春は20時間）浸漬する．豆粒の表皮のしわがなくなり，子葉片が伸びて平らになるまで浸漬する．その間1回換水する．

b) 蒸煮：浸漬大豆を蒸煮缶に入れ，常圧で2時間蒸煮し，さらに，弱火で30分間蒸す．あるいは1.1kg/cm^{2}の圧力で30分間蒸煮する．豆粒は均一に軟らかくなり，手で捏ねて餅ができるようになる．蒸煮缶から出し，厚さ20cmに広げ，冷却する．引っ繰り返して豆粒の表面の遊離水をとり，40℃まで冷やす．

c) 製麹：冷やした蒸豆の中に種麹および小麦粉30kgを均一に混合撹拌する．これを麹蓋に入れ，厚さ約25cmに平らに広げ，室温25～30℃で6～8時間静置培養し，品温が35℃になると通風を始め，30℃に下がると通風を止める．これを反復，数回繰り返す．約16時間後，麹の表層に白色の菌糸が生じ，麹が固く固まり，縫い目のような亀裂が生じると短時間に注意して塊を砕き，平らにならす．1番手入れを行った後，菌糸の繁殖が旺盛で品温が急上昇すると，連続通風する．品温35℃前後で4～6時間連続培養し，2番手入れを行った後，連続通風で品温30～32℃で14～16時間製麹する．

麹の性状：黄緑色で，麹の香りがあり，ふんわりと柔らかく，弾力があり，麹水分25～28％．

d) 前発酵：出麹100kgに対して食塩24kgを水100lに溶解した塩水を用い，カメに出麹を打ち砕いて入れ，3日間浸漬する．その後，別のカメに移し換え，醤を引っ繰り返し，日や夜露に晒し，自然発酵させる．以後，毎週1回カメを換えて醤を引っ繰り返し，撹拌を連続3回行うと，大部分が黄褐色となり，醤の諸味ができる．

e) 後発酵：醤の諸味を2週間発酵後，醤諸味100kgに対して塩水（食塩18kgに水100l）を3回に分けて補充する．1，2回目には塩水を補充後，カメを換え，醤を引っ繰り返し，3回目後は毎日1回撹拌する．気温の高低により，発酵期間3～5か月で黄醤を作る．

5.1.3 豆瓣醤製造[3]
(1) 豆瓣天然曲

　ソラマメ（蚕豆（ツァントウ））はタンパク質とデンプンが多く，脂肪含量の少ないものを用いる．豆瓣辣醤（トウバンラージャン）の製造にはソラマメを脱皮して豆瓣（子葉片）にする．

　① 原料処理

　ソラマメの脱皮処理には湿式脱皮，乾燥脱皮および化学的脱皮法がある．

　a) 湿式脱皮：一般にソラマメは水温により浸漬時間が異なり，冬季は3日，春秋は約2日，夏季は約1日間浸漬する．豆粒が吸水膨張して，しわがなくなり，横断面に白い芯がなくなると，発芽状態になる．夏には浸漬時に乳酸発酵によりpHを下げて豆粒を硬くさせる．硬くないと，出来上がった豆瓣醤の豆粒が過度に軟化する．手で剥皮する脱皮方法は効率がよくない．現在，ゴム製ロール式双筒破砕機を用い，脱皮した豆粒や新たに加えた豆粒を繰り返しロールで脱皮して除く．

　b) 化学的脱皮：2%水酸化ナトリウム溶液を80〜85℃に加温し，ソラマメを投入して4〜5分間浸漬し，皮が茶褐色に変われば直ちに取り出し，表皮のアルカリ液を洗浄する．豆が変色しやすいため，こすりながらの脱皮操作を迅速にする必要がある．この脱皮豆瓣は必ず蒸煮処理をする．

　c) 乾燥脱皮：夾雑物を除いたソラマメを日に晒し，乾燥させ，石臼（いしうす）あるいは研磨機のロールの間隔を調整し，ソラマメを破砕して半片にして皮をファンで除き，最後に竹製の篩で比較的大きな半片の豆瓣を選別する．現在，大規模な工場で採用している機械乾燥処理法のソラマメ乾燥脱皮装置を図5.7に示した．この機械は鍾式研磨機と風選分離機が主体で，昇降バケットコンベヤー，流動篩，振動篩と集塵機からなる．ソラマメをバケットコンベヤーで輸送して流動篩で夾雑物を除き，鍾式研磨機で破砕して両瓣（リャンバン）（2つ割りの豆片）を作り，再び風選分離機を通して豆瓣と皮を分別する．この機械は8時間で1,500kgのソラマメの脱皮ができる．分離した皮は飼料用として用いる．

　② 乾燥豆瓣の浸漬

　脱皮した乾燥豆瓣の顆粒の大小を分別して容器の中に入れ，多量の水を加えると，豆瓣が十分に吸水，膨張し，重量が1.8〜2倍になる．切断面が白く，硬い芯がなくなるまで浸漬する．水温により浸漬時間が異なる．水温が高いと浸漬中に豆瓣の可溶性成分が多く溶出するため，あまり高くないのがよい．十分に吸水した豆瓣は外側は軟らかく，中心は硬く，わん曲しないで弾力がある．水分を47〜

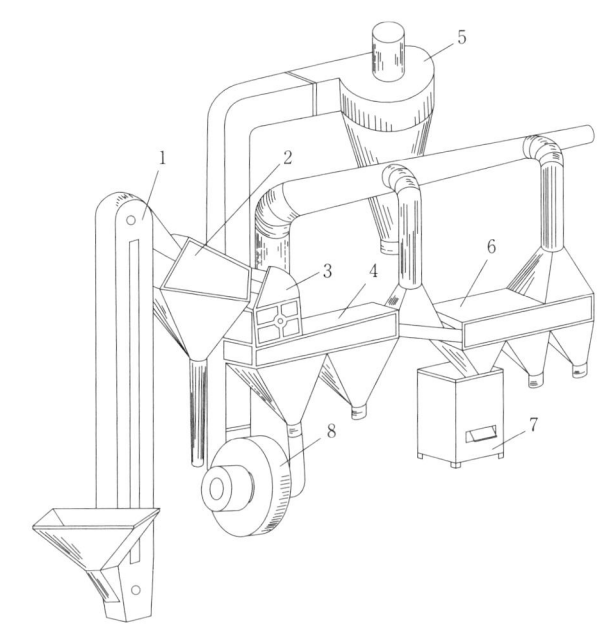

1：昇降機，2：流動篩，3：研磨機，4：振動篩，5：集塵機（サイクロン式），6：風選分離機，7：豆収納器，8：送風機

図 5.7 ソラマメ乾燥脱皮装置（中国調味食品技術実用手冊より）

表 5.1 脱皮豆瓣の水温と浸漬時間の関係

水　温（℃）	10	15	20	25	30	35
浸漬時間（分）	105～120	95～100	80～90	60～65	50～60	40～45

50%にコントロールして水切り後，製麹室に入れる．

③ 生 原 料

　生で製麹すると発酵中に酵素分解によりタンパク質やデンプンが少しずつ分解される．過度の変性や十分な糊化を受けず，形が破壊されないで豆瓣が残る．生の蚕豆瓣（ツァントウバン）の中のデンプン分子は β デンプン（生デンプン）で，デンプンの含まれる細胞は緻密な束状組織で接合し，この細胞の間隙は非常に小さく，蚕豆曲（ツァントウチュ）（ソラマメ麹）による加水分解酵素の作用を受けやすい．しかも，ソラマメのタンパク質やデンプンが最適条件下で分解して，アミノ酸，糖，アルコール，有機酸および脂肪酸エステル類を生成する．また，特定な条件下では分解しても完全な形をした豆瓣が残り，発酵中に徐々に分解して可溶

性物質が豆瓣の粒子から溶けて増加する．蚕豆瓣を破砕して潰すと光沢を失うが，完全な粒が整った製品は，しっとりとし，光沢があり，軟らかく，ざらつきがなく，分離した汁液は透明で独特な風味がある．

④　蒸熟豆瓣（ゼンスウトウバン）

蒸熟した豆瓣のデンプン粒子は吸水膨張し，束状組織が消失し，細胞がばらばらになる．水に囲まれた溶液状態で α デンプンになり，分解して糖を生成しやすくなる．またソラマメのタンパク質は熱変性を受け，消化酵素により分解されやすくなり，最終製品の豆瓣醬の完全粒が分解して残らず，汁液が混濁し，黒い光沢を失い，蚕豆瓣醬の特有な風味を失うため，好まれない．このためソラマメの場合は形を残すために加熱せずに生のまま用いる．

蒸熟方法は大豆を原料とした豆瓣醬の製造に用いられ，豆瓣の蒸し方には常圧蒸熟と加圧蒸熟がある．

a）　常圧蒸熟：浸漬豆瓣を水切り後，常圧蒸煮缶に入れ，蒸気が豆瓣の表面の全面から吹き抜けた後，5～10分間維持し，その後，蒸気弁を閉め，10～15分間蒸す．

b）　加圧蒸熟：乾燥豆瓣を回転蒸煮缶に盛り込み，豆瓣に70％の水を加え，30～50分間，間欠的に回転浸漬をして比較的に均一に吸水させ，その後，1kg/cm^2 の蒸気圧で10～15分間蒸す．この蒸しの程度は豆瓣が水滴を帯びず，手指で軽く捏ねると容易に粉状となり，口に含んで生煮えのないものがよい．

⑤　製　　麹

a）　蒸熟豆瓣の製麹：蒸熟後，約35℃に冷やした豆瓣に30％の小麦粉をまぶして混和し，0.3％の種麹を均一に混合接種し，通風製麹装置に入れる．あるいは竹製の箕を用いて製麹する．通風製麹では麹原料の厚さを25～30cm，箕では2.5～3.0cmとし，よく通気をするようにして製麹する．麹の品温32℃，相対湿度90％以上で培養すると，白色の菌糸が生じ，塊ができる．品温35℃以上で1番手入れを行い，手入れ後，室温を30～32℃に下げ，自己発熱で再び品温が上昇するのを待ち，麹が固まってくると2番手入れをする．その後，長時間通風し，麹の亀裂した箇所だけを風が通過するのを防ぐために固まりを砕く．製麹後期には大量の黄緑色の胞子が着生する．室温を30～32℃に保持して，乾湿計の温度差を約2℃にして3～4日間製麹する．

b）　生の蚕豆瓣の製麹：脱皮，浸漬したソラマメに30％の生小麦粉を少しずつ，まぶしながら加えた後，種麹を接種し，麹室の培養装置に入れる．麹原料を厚さ20cmに広げ，34～39℃で7～8日間製麹する．蚕豆曲の表面は菌糸および

黄緑色の胞子に包まれ，麹塊は軟らかく，麹の香味があり，ソラマメ粒の断面は，ふんわりと柔らかい．この麹は豆瓣醤や豆豉の製造に用いる．

c） 乾燥：蚕豆曲には大量の麹菌の胞子が含まれ，苦味や渋味がある．迅速に日に晒し，紫外線をあて麹の中の有害微生物を殺菌する．日や風で乾燥し，水分が減少し，軟らかく脆くなったら，胞子を除き，製麹中に生じた異味成分を除き，諸味の発酵に有利にする．通常，蚕豆曲を竹ムシロに敷き，強烈な日の下で，春秋および冬は24時間，夏は12時間晒す．この間，麹の上下を反転させる．蚕豆曲の粒は，ふんわりと柔らかくなる．晒した後，蚕豆曲の表面は黄色を呈し，顆粒は均一で，麹の水分は15～16％となる．製麹後，直ちに用いるのがよい．蚕豆曲の酵素活性を表5.2に示した．

⑥ 発　酵

蚕豆曲の胞子を風選で除き，予め塩水を入れてあるカメに蚕豆曲を加え，屋外で日晒夜露発酵で数回切り返し，6か月間発酵させる．

表5.2　蚕豆曲の酵素活性（乾物当たり）

測定例	水分(％)	タンパク質分解酵素（Pu）			デンプン分解酵素（U/mg）	
		酸性	中性	アルカリ性	液化型	糖化型
1	12.9	389	350	273	15.0	108
2	13.0	381	341	254	13.5	106
3	13.0	397	357	275	14.7	109
4	13.8	391	330	280	14.0	102
5	14.0	297	277	276	14.0	124
6	14.0	274	299	263	14.3	157
7	14.0	389	339	279	13.9	103
8	15.0	370	323	268	14.5	111
9	15.0	380	331	270	14.3	110
10	19.3	329	427	283	12.4	103
11	21.8	276	767	519	15.3	96

タンパク質分解酵素（Pu）：麹1gが40℃，一定のpHの条件下で1分間にカゼインを分解して生成されるチロシン1μgを1単位（Pu）とした．
酸性タンパク質分解酵素：pH 3.0，中性タンパク質分解酵素：pH 7.2，アルカリ性タンパク質分解酵素：pH 10で測定した．
液化型デンプン分解酵素：麹1gが60℃，pH 6.0の条件下で1時間に液化する可溶性デンプンのmg数を1単位（U/mg）とした．
糖化型デンプン分解酵素：麹1gが40℃，pH 4.6の条件下で1時間に可溶性デンプンが分解して生成されるグルコース1mgを1単位とした．

5.2 四川地方の醤[8,9)]

四川省には豆醤,面醤(小麦醤)および蚕豆醤があり,蚕豆醤が最も有名である.四川の人々は蚕豆醤を豆瓣醤と呼ぶ習慣がある.家庭での作り方が発達し,工業生産となり,すでに数百年の歴史がある.これらの醤類は省内各県の醸造調味食品工場で生産され,四川省の主要な産業である.地方の豆瓣醤専門の生産工場には郫県豆瓣厂,臨江寺豆瓣厂があり,また,その加工品は国内外で有名で,名誉ある賞を受けている.社会の進歩と交通の発達にともない豆瓣醤の製造技術が次第に広がり伝わって,現在では長江(揚子江)沿岸の省や市でも生産されている.

5.2.1 豆　瓣　醤

四川地区の醤類の分類と有名な醤を図5.8に示した.

豆瓣醤類の製造工程中に辣椒(ラージョ)(トウガラシ)を添加するかしないかにより甜豆瓣醤(テントウバンジャン)と豆瓣辣醤(トウバンラージャン)に大別される.トウガラシを添加した豆瓣辣醤は色,香り,味が良く,栄養豊富で四川料理の主要な調味料である.中国の八大料理の1つ四川料理は,その色や香味が優れ,国の内外に名を馳せ,豆瓣醤類は四川料理の調理には欠かせない.豆瓣辣醤は旨

```
醤類 ─┬─ 豆醤
      ├─ 面醤(甜醤)
      └─ 蚕豆醤 ─┬─ 甜豆瓣醤 ── "長春号"杏仁豆瓣醤
                  └─ 豆瓣辣醤 ─┬─ 烹飪型豆瓣辣醤 ─┬─ 細豆瓣醤 ─┬─ 元紅豆瓣醤
                                │                  │            └─ 成都細豆瓣醤
                                │                  └─ 粗豆瓣醤 ─┬─ 郫県豆瓣醤
                                │                               ├─ 天彭豆瓣醤
                                │                               ├─ 紅双豆瓣醤
                                │                               └─ 眉山豆瓣醤
                                └─ 佐餐型豆瓣辣醤 ─┬─ "山城牌"金鉤豆瓣醤
                                                   ├─ "臨江寺牌"金鉤豆瓣醤
                                                   ├─ "臨江寺牌"香油豆瓣醤
                                                   ├─ "徐山牌"香油豆瓣醤
                                                   ├─ "氷川牌"香油豆瓣醤
                                                   └─ "天車牌"芝麻豆瓣醤
```

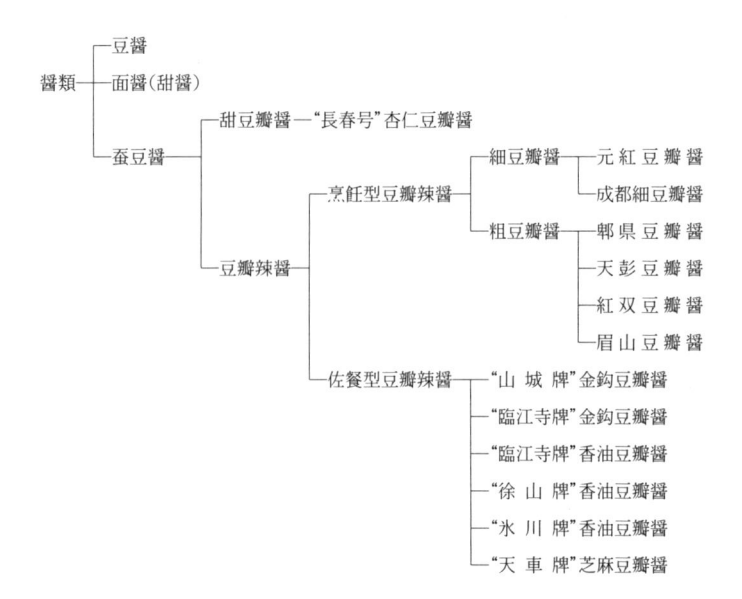

図5.8 四川地区醤類の分類と有名な醤

味, 甘味, 鹹味 (塩味), 辛味, 酸味などが調和し口に合い, 消化を助け, 食欲を増進させる. 薬膳料理の一種として消費者に喜ばれる食品である.

　甜豆瓣醤は辛味を嫌う消費者の口に合う. 烹飪 (プンレン) (調理加工) や佐餐 (ヅォツァン) (食欲増進) などの作用は豆瓣辣醤によるところが大きい. 豆瓣辣醤はトウガラシの添加量により烹飪型豆瓣辣醤 (原料の70～80%トウガラシ量) と佐餐型豆瓣辣醤 (原料の15～20%トウガラシ量) に分けられる.

(1) 甜豆瓣醤

　甜豆瓣醤は元汁 (ユァンツー) 豆瓣醤とも称し, 蚕豆曲に塩水を加え, 日晒夜露 (リーサイイエロー) 発酵 (日や夜露に晒す発酵) 法で製造される. 作った製品を直接販売するか, 半製品を作り, これに豆瓣辣醤を配合して用いる. また発酵諸味の中に杏仁 (アンズの種子) を加えた杏仁 (シンレン) 豆瓣醤があり, 名誉あるパナマ国際博覧会で「新都杏仁豆瓣醤」が金賞を獲得した. 近年, 連続して長春号杏仁豆瓣醤 (四川省彭山県醸造厂) が受賞している.

(2) 豆瓣辣醤

　①烹飪型豆瓣辣醤: 烹飪型 (調理加工用) 豆瓣辣醤の主原料はトウガラシで, 旨味と辛味がある醤. そのトウガラシの切り方の大小および水分の多い少ないで, 粗 (ツー) 豆瓣辣醤と細 (シー) 豆瓣辣醤に分けられる. 粗豆瓣辣醤はトウガラシを1/2～1/3の大きさに切り, 水分49%. 細豆瓣辣醤はトウガラシを1/5～1/20の大きさに細かく切り, 粘稠状を呈し, 水分65%. この中で粗豆瓣辣醤が最も好

表5.3　烹飪型豆瓣辣醤の品質規格

項　目		郫県豆瓣醤	紅双豆瓣醤	元紅豆瓣醤	成都細豆瓣醤
官能評価	色　沢	紅褐色 つやのある光沢	紅褐色 つやのある光沢	鮮紅色	紅褐色 つやのある光沢
	香　気	醤香, 濃いトウガラシ香	醤香, 濃いトウガラシ香	芳醇な香り	強いトウガラシ香
	味	トウガラシ旨味 ソラマメ粒が軟らかくもろい	甘味のあるトウガラシ旨味	トウガラシ激辛	トウガラシ辛味が強い
	組　成	粘りがありソラマメやトウガラシの粒が残る	トウガラシの実がもろく歯ごたえ良い	トウガラシの実がもろく歯ごたえ良い	粘りがありソラマメやトウガラシの粒が残る
理化学成分 (g/100g)	総　酸 アミノ態窒素 食　塩 直接還元糖 水　分	1.60以下 0.40以上 17.0以上 2.00以上 48.0以下	1.60以下 0.30以上 17.0以上 — 53.0以下	1.50以下 0.30以上 12.0以上 1.00以上 70.0以下	1.50以下 0.20以上 16.0以上 — 65.0以下

まれている．烹飪豆瓣魚（トウバンユー），豆瓣肘子（トウバンゾウズー）(豚もも肉)，麻婆豆腐（マーポートウフー），干煸鱔魚（カンビァンヤンユー）(細切りしたタウナギ—水田に棲むドジョウのようなウナギ（25～30cm）—に豆瓣醤を入れ強火で炒めたもの)，回鍋肉（フィクォロウ）などに用いられ，四川料理の辛味の基本となる不可欠の調味料で，四川の豆瓣醤は全国生産量の70％以上を占めている．

②佐餐型豆瓣辣醤：佐餐型（食事の時に直接食べる）豆瓣辣醤の主原料はソラマメで，どろどろした諸味状の醤である．発酵後期に芝麻（チーマー）（ゴマ），金鈎（チンコウ）（小エビ），火腿（フォトエイ）（塩漬発酵ハム），香油（シャンユー）（ゴマ油），磨菇（モーグー）（キノコ）と甘味料，旨味料を加え，後熟を行う．添加した材料の名称を付した醤がある．その特色は，旨味や甘味とわずかに辛味があり，南北の人々に共に好まれ，軟らかく，爽快で，光沢がある茶褐色をしていることである．豆瓣（子葉片）の粒は柔軟で完全粒で液は濁っていない．濃い醤の香りがあり，長く香りを保ち，消化を助ける．清燉牛肉湯（チンドゥンニュロウタン），清燉牛尾湯（ニュウェイタン）など湯菜（タンツァイ）の最も良い調味料である．また，この醤は1980年代の初期に古い伝統を受け継ぎ開発された四川の火鍋（フォクォ）や麻婆豆

表5.4 佐餐型豆瓣辣醤の品質規格

	項　目	臨江寺牌		山城牌	涂山牌	永川牌	天車牌
		金鈎豆瓣醤	香油豆瓣醤	金鈎豆瓣醤	香油豆瓣醤	香油豆瓣醤	芝麻豆瓣醤
官能評価	色　沢	茶褐色　つやのある光沢	赤褐色　つやのある光沢	濃茶褐色　つや，てりがある	赤褐色　つやのある光沢	赤褐色　つやのある光沢	赤褐色　つやのある光沢
	香　気	醤香，エステル香	醤香，エステル香	醤香，ゴマ香	濃い醤香	醤香，濃い芳醇な香り	醤香，ゴマ油香
	味	甘味のある旨味　辛味やエビ味あり，塩味は淡い	甘味のある旨味　辛味，ゴマ油味	甘味のある旨味　辛味をおび塩味は淡い	甘味，旨味があり，少し辛い	旨味，甘味があり，少し辛い	旨味があり，少し辛く，塩味は淡い
	組　成	ソフトで溶けやすい　醤状表面に油層　エビ粒は破砕され，ソラマメ半片は残る	ソフトで溶けやすい　醤状表面に油層　ソラマメ半片や粒がある	醤表面に油層　ソラマメやエビ粒がある	どろどろしてソラマメが軟らかい	少し粘る	ソフトで溶けやすい　醤状表面に油層　ソラマメ半片や粒がある
理化学成分	総　酸	1.60	1.60	1.50	2.00	2.00	1.60
	アミノ態窒素	0.65	0.65	0.60	0.40	0.40	0.60
	食　塩	12.0	12.0	7.50	9.00	11.0	11.0
	直接還元糖	6.50	6.50	3.00	4.00	3.00	7.00
	水　分	53.0	53.0	50.0	50.0	60.0	50.0

理化学成分（g/100g）

腐の調味，また四川料理の六菜（リュツァイ）や湯（タン）（スープ）系列の調味などに用いられ，それぞれの地方の特産品として複合調味料がある．1986 年，富順県美楽食品厂が研究開発し，製造，出品した香辣醤（シャンラージャン）は独特の風味があり，広大な国内市場の販売の上位を占め，優れた佐餐型調味料である．

5.2.2 有名な豆瓣醤[10, 11]
(1) 四川郫県豆瓣醤

　四川省は天然資源に恵まれ，トウガラシの生産が多く，四川の人々はトウガラシを好んで食べている．四川には独特な嗜好と食習慣が残っている．豆瓣醤の製造には数千年の歴史があり，この環境から美味な郫県（ベイシャン）豆瓣醤が誕生した．郫県豆瓣醤は清朝時代の道光年間（1823～1850 年）に四川郫県，益豊の醤園の店主である陳守信が作り始め，その後，子孫の陳竹安が醸造法を改良し，現在に至り，製造技術が確立した．新中国成立後，豆瓣醤の生産は増大し，四川だけでなく，省外の人々にも好まれ，四川料理に欠かせない調味料である．また国外の人々にも歓迎されている．1985 年，軽工業部の優秀賞を受賞している．郫県豆瓣醤は辛く，発酵した芳香があり，豆瓣が軟らかく，口あたりがよく，粘稠で，つやのある赤色をしており，芳醇な香味がある．焼肉を炒めるときの味や色をつけるのに用いる．

 1) 製造工程

　製造工程を図 5.9 に示す．

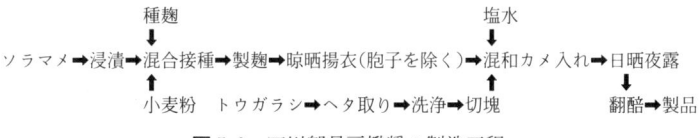

```
                         種麹                    塩水
                          ↓                      ↓
ソラマメ ➡ 浸漬 ➡ 混合接種 ➡ 製麹 ➡ 晾晒揚衣（胞子を除く）➡ 混和カメ入れ ➡ 日晒夜露
          小麦粉   トウガラシ ➡ ヘタ取り ➡ 洗浄 ➡ 切塊          翻醅 ➡ 製品
```

図 5.9　四川郫県豆瓣醤の製造工程

 2) 原　　料

　主原料のトウガラシは成都近郊で生産される新鮮な二荊条伏椒（オルジンティアオブージョ）を用いる．外形が細長く，鮮赤色で，辛味は強く，水分が少なく，辛味成分を豊富に含み，ビタミンAとCを含む．醸造すると鮮やかで美しい色を呈し，香りがよく，辛味が残る．また，四川地方産の青皮蚕豆（チンピーツァントウ）は小粒で，よく実が入り，デンプンやタンパク質に富み，醸造すると外観が美しく，甘味があり，栄養豊富である．

3) 原料処理

脱皮ソラマメを水に浸漬し，水切りしたソラマメの子葉片は切断されたものがない半片で，軟らかくなったソラマメを小麦粉と均一に混合し，種麹を接種し，通風製麹または麹ザルで製麹する．

4) 製　麹

通風製麹の麹の堆積層は厚さ25～30cm，麹ザルでは厚さ2.5～3cmに盛り込み，品温は約32℃，湿度は90％で製麹する．豆麹粒の表面に白い菌糸が生じたら，からみ合った麹を切り返し，1番手入れをする．その後，温度が上昇し，再び麹がしまり，塊ができると麹を切り返し，2番手入れを行う．製麹後期には多量の黄緑色の胞子が生じる．3～4日間製麹する．

5) 発　酵

蚕豆曲を晾晒揚衣（リャンサイヤンイー）（日陰でファンによる選別で胞子を除く）をして，塩水を入れてあるカメ（缸）に入れ，さらに砕いたトウガラシを加え，屋外で日晒夜露発酵で，数回，翻醅（ファンペイ）（諸味を引っ繰り返し，撹拌すること）し，発酵させる．一般には夏の初めに生産を開始し，盛夏を経て，秋の末まで約6か月間発酵熟成させる．また初冬にカメに入れ，日に晒し，翌年の9月まで約1年間発酵させる．

(2) 紅双豆瓣醤

紅双（ファンファン）豆瓣醤は成都市醸造五厂で生産され，1930年に始まり，60余年の歴史があり，1991年，四川省優秀品として推奨されている．

1) 製造工程

製造工程を図5.10に示す．

トウガラシ➡ヘタ取り➡洗浄➡切塊➡塩腌➡カメ入れ➡日晒発酵➡翻醅➡辣椒醅(諸味)

　　　　　　　　　　　　　　　　　　　　　　　　　　　熟成豆瓣醤➡混和カメ入れ

　　　　　　　　　　　　　　　　　　　　　　　　　　　　　　　　日晒夜露➡製品

図5.10　紅双豆瓣醤の製造工程

2) 製造方法

新鮮なトウガラシ54kgに花塩（ホワヤン）（粉末にした食塩）6.5kgを加え，塩腌（ヤンヤン）（塩漬）した後，カメに入れ，日晒夜露で発酵させる．翻醅した辣椒醅（ラージョペイ）（トウガラシ諸味）に甜豆瓣醤22kgを混和撹拌し，カメに入れ，日晒夜露で，定期的に翻醅し，3か月間発酵させる．

(3) 眉山豆瓣醤

　眉山（メイサン）豆瓣醤は四川省眉山県醸造厂で生産され，独特な製造方法で作られる特産品である．眉山豆瓣醤には2種類の醸造方法がある．陰醅（インペイ）は蚕豆曲とトウガラシなどの副原料を混合後，カメに入れ，密封して発酵させるものであり，密封発酵ともいう．もう1つは晒醅（サイペイ）で，日や夜露に晒し発酵熟成した豆瓣醤に塩漬したトウガラシを混合し熟成させるもので，日晒夜露法とも言う．

1）密封発酵法

　胞子を除去した蚕豆曲（豆瓣曲）42kgを混合槽に入れ，まず植物油2kgと均一に混合後，トウガラシ100kg，食塩26kg，白酒2kgおよび香辛料0.5kgを入れ，撹拌しながら混合する．口の小さい，中央の大きく膨らんだカメに入れ，隙間のないように押さえつけ，カメ80%までに満たし，表面に塩を撒き，カメの口をビニールや紙で包み，さらに泥で密封し，自然条件下に放置し，5か月間，密封発酵させる．製造工程を図5.11に示した．

2）日晒夜露発酵法

　製造した豆瓣醤100kgに塩漬トウガラシ120kgおよび植物油，白酒，香辛料を均一に混合後，1か月間熟成させる（図5.12）．

食塩+植物油+白酒+香辛料
↓
豆瓣曲→胞子除去→混合→カメ入れ→密封→発酵熟成→製品
　　　　　　　　　↑
トウガラシ→ヘタ取り→線切り

図5.11　眉山豆瓣醤の密封発酵法の製造工程

　　　　　　塩水　　　　　　　　　　　植物油+白酒+香辛料
　　　　　　↓　　　　　　　　　　　　↓
豆瓣曲→カメ入れ→日晒夜露発酵→熟成豆瓣醤→混合→熟成→製品
　　　　　　　　　　　　　　　　　　　　↑
　　　トウガラシ→ヘタ取り→線切り→塩漬

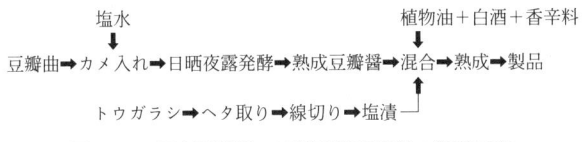

図5.12　眉山豆瓣醤の日晒夜露発酵法の製造工程

(4) 臨江寺香油豆瓣醤，金鈎豆瓣醤

　この豆瓣醤は四川佐餐型豆瓣醤の中で最も古くから有名で200年の歴史がある．20世紀の初めから長江の中・下流に広がり，人々に資川醤（ジーツァンジャン），川醤（ツァンジャン）と呼ばれていた．現在，この伝統製品が四川省臨江寺（リンチャンス）豆瓣醤厂で生産され，これらの中で最も有名なものが香油（シャンユー）豆瓣醤，金鈎（チンコウ）豆瓣醤および火腿（フォトエイ）豆瓣醤である．臨

江寺金鈎豆瓣醤は1982年,四川省の優秀品として推奨され,また1984年に中国の商業部からも受賞した.

1) 製造工程

製造工程を図5.13に示す.

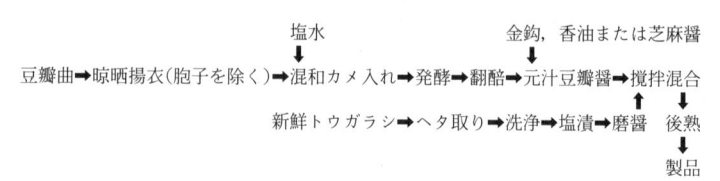

```
                                  ↓塩水           ↓金鈎,香油または芝麻醤
豆瓣曲→晾晒揚衣(胞子を除く)→混和カメ入れ→発酵→翻酷→元汁豆瓣醤→攪拌混合
                             ↑
         新鮮トウガラシ→ヘタ取り→洗浄→塩漬→磨醤          後熟
                                                       ↓
                                                      製品
```

図5.13 四川佐餐型豆瓣醤の製造工程

2) 製造方法

臨江寺豆瓣醤はソラマメを主原料とし,冷水に浸漬し,生の原料で製麹する.比較的トウガラシの量が少なく,トウガラシを塩漬後,磨醤(モージャン)(石臼でひいた醤)とする.日晒夜露発酵法で製造した豆瓣醤に金鈎(小エビ),香油(ゴマ油),香辛料,甜味料(甘味料),旨味料などを加え熟成させる.

(5) 山城牌金鈎豆瓣醤

山城牌(サンツェンパイ)金鈎豆瓣醤は重慶醸造厂で1958年に創製され,香りや旨味があり,わずかに塩辛く,甘味がいつまでも残る.ひなびた趣があり,国内外の消費者に好まれ,国内の20余の省と市や東南アジア各国の市場で消費されている.1975年に四川省の優秀品として,また1981年には国家の優秀品として金賞を受賞し,1984年に商業部醤類品評会に参加してトップの優秀品となった.ソラマメを主原料として製造した醤にゴマ,香油,金鈎や砂糖などを加え熟成させる.

(6) 涂山牌香油豆瓣醤,永川香油豆瓣醤

重慶市の山城牌金鈎豆瓣醤を継いだ涂山牌(トサンパイ)香油豆瓣醤と永川(ユンツァン)香油豆瓣醤は独特の風味があり,1984年に政府の商業局の優秀品として賞を獲得した.郷土色が濃く消費者に好まれ,涂山牌香油豆瓣醤は重慶市南岸醸造厂で,永川香油豆瓣醤は重慶市永川県醸造厂で作られている.ソラマメを主原料とした醤にトウガラシ,香油などの副原料を配合して製造する.

(7) 天車牌芝麻豆瓣醤

天車牌(テンツェパイ)芝麻豆瓣醤は自貢市醸造厂で生産され,1988年に四川省および政府の商業局の優秀品として推奨された.北京,広東など20余の省と市,自治区などで消費され,消費者に好まれる佐餐調味食品である.ソラマメを主原

料として製造した醤にトウガラシ,ゴマ,香辛料を加え熟成させる.

(8) 長春号杏仁豆瓣醤

　長春号（ツァンツンハオ）杏仁豆瓣醤は四川省彭山県醸造廠で生産され,甜豆瓣醤類に属する.1882年度,パナマ博覧会で金賞を受賞し,国内では多くの賞を受けている.

　製造工程を図5.14に示す.

```
                       塩水
                        ↓
蚕豆曲→混和撹拌→日晒夜露発酵→豆瓣醤→カメ入れ→日晒夜露発酵→翻醅→検査→製品
                              ↑
                杏仁→湯浸漬→去皮→換水
```

図5.14 長春号杏仁豆瓣醤の製造工程

　長春号杏仁豆瓣醤の製造上の特徴は,日晒夜露発酵法で製造した豆瓣醤に処理した杏仁を加え,再び日晒夜露発酵で熟成させる.

　杏仁の処理：杏仁を熱湯に浸漬し,皮を剥ぎ,その間,数回水を換えて,杏仁の苦味および渋味を除去し,杏仁が白くなった後,水を切り,豆瓣醤と混ぜる.

5.3　北京周辺の醤

5.3.1　北 京 黄 醤[12-14]

　黄醤（ファンジャン）は豆醤（トウジャン）あるいは大醤（タージャン）ともいう.北京を中心として河北省など中国の北方地域の代表的な伝統発酵食品である.北京の黄醤は鮮やかなつやのある赤褐色で,特徴のある黄醤の香りやエステル香をもち,塩味が少なく美味である.

　この黄醤の伝統的な製造方法は,自然の気温条件下で1年間発酵させる.春に培養して菌糸が十分に伸びた黄子（ファンズー）（麹）を作る.黄子の分解は30℃以上で促進されるため,夏はカメに入れた黄子を屋外で天日に晒す.これを黄子晒しと言

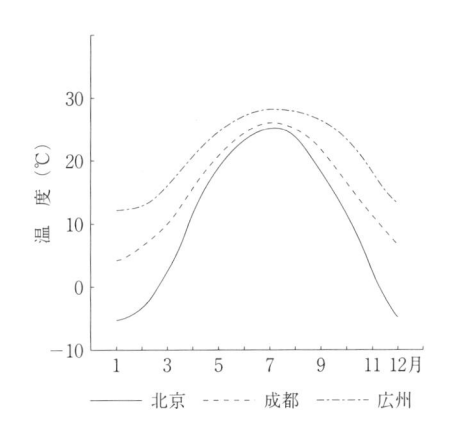

図5.15 年間の月間平均気温
　　　（北京,成都,広州）

う.北京,成都と広州の1年間の月間平均気温を図5.15に示した.北京の夏の日中気温は33℃を超えることがしばしばあり,夏の間,黄醤の諸味の分解発酵をさせ,秋の終わり頃に熟成を終了させる.現在,黄醤の生産は黄子を入れたカメをガラス温室に置き,加温熟成を行っている.また,製麹方法は各工場によって異なるが,伝統的な製麹や近代的な通風製麹を行っている.

1) 製造工程

製造工程を図5.16に示す.

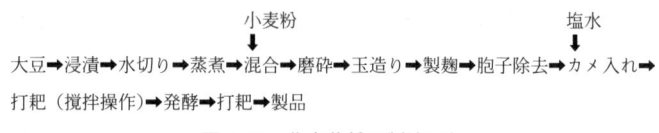

```
                        小麦粉                    塩水
                         ↓                       ↓
     大豆➡浸漬➡水切り➡蒸煮➡混合➡磨砕➡玉造り➡製麹➡胞子除去➡カメ入れ➡
     打耙(撹拌操作)➡発酵➡打耙➡製品
```

図5.16 北京黄醤の製造工程

2) 製造方法

①原料処理:選別大豆100kgを水に約20時間浸漬し,水切り後,蒸煮釜に入れ,初めは強火で蒸し,蒸気が十分に吹き抜けたら弱火で約3時間蒸す.蒸大豆は赤褐色となり,軟らかく,指で軽くこすり合わせると潰せるほどよく蒸す.蒸豆を小麦粉50kgと混合しながら臼で磨砕し,大豆を完全に潰す.これを黄子製塊機(日本では味噌玉造り機械)でしっかり固め,長さ26.6cm,幅8.3cm,厚さ1.6cmの塊にする.

②製麹:麹室の床に竹ムシロを敷き,ムシロの上に長方形の木棒を組み合わせ,棚を作り,この上に細い竹竿(たけざお)を並べる.これを黄子架(ファンズージャ)という.成形した大豆塊をこの黄子架に並べ,さらに上に棚を作り,細い竹竿を並べ,大豆塊を繰り返してその上に積み重ね,天井まで並べる.最上段は約66cmの空間を残し,上から2枚のムシロで黄子架をよく包んで覆い,温度や湿度を調節するため,毎日2回ムシロに水をかける.3~5日培養すると品温が上昇し,35℃になると連なっている2枚のムシロの間を開き,隙間をつくり,湿気を排出する.この排気作業は毎日1回,朝の6時から7時まで1時間行い,品温を30℃に保ち,1週間後から1~2日おきに1回の排気をする.室内の湿気を排気後,ムシロにある排気口を閉じ,約20日間製麹して黄子ができる.

③黄子磨き:製麹後,製麹室のムシロを解き,ある程度乾燥した麹から黄子磨き機械で菌糸と胞子を除去する.

④仕込発酵:菌糸を除去した黄子100kg,食塩50kg,水200kgを混合し,カメに入れ,発酵させる.その間,発酵を促進させるために少量の水を夏至の前に加

表5.5 北京の黄醤の一般成分

水　分	食　塩	総　酸	直接還元糖	アミノ態窒素含量
60%以下	12〜16%	2%以下	3%以下	0.6%以下

え，夏至から打耙（ダーパ）（強く撹拌するのではなく，緩やかにかき混ぜる）を行う．毎日4回，毎回20耙行う．夏の土用から定耙（ティンパ）（定期的にかき混ぜる）を始め，前回よりも朝晩2回，それぞれ20耙と打耙の回数をやや増やし，1か月間続け，その後は毎日3回，毎回20耙と少なくした打耙を行い，翌年の8月20〜23日には打耙を止め，1年をかけて日晒発酵で熟成させる．

　3) 品質規格

鮮やかな赤褐色で，独特の醤の香りやエステル香があり，旨味やアルコールに富み，塩味や甘味が適し，酸味，苦味や不快臭のない，適度の粘りのある醤．

5.3.2　甜　面　醤[9, 14]

甜面醤は甜醤とも呼ばれ，北京ダックに用いる甘い醤として有名である．このほかに漬物の醤漬や加工調味料として用いる．製造方法には面曲（麺麹）を作る方法と饅頭（蒸しパン）から製麹する方法がある．面曲を仕込み，日晒夜露で発酵させる．

5.4　東北地方の醤

東北地方の大醤の主な製品には大豆醤（タートゥジャン），甜面醤，豆瓣醤と調味（ティァンウェイ）醤（複合醤）などがある．

5.4.1　大　豆　醤

(1) 自家製大豆醤

東北地方の一般家庭では冬に天然豆麹を作り，春に諸味を仕込み，発酵させ，秋に醤ができる．天然豆麹には主に細菌を利用する場合とカビを利用する場合がある．選別大豆を水に18時間浸漬し，蒸した後，潰して円形の餅形，あるいは煉瓦状の豆塊を作り，自然の微生物を増殖させて豆麹を作る．

　1) 細菌を利用する場合

成形豆塊を稲わらではさみ，オンドルの上に積み，その上を稲わらや草袋などで覆い，2日間培養し，品温が上昇し40〜45℃になると，豆塊を稲わらの縄で

縛って，15～20℃の麹室に吊すか，棚に置いて自然培養をする．一般には冬至に作った豆塊が翌年の3月に天然醤豆曲（日本の納豆に似ている）になる．

2) カビを利用する場合

成形豆塊を常温で2日間放置し，固くなった後，稲わらの縄で縛り，15～20℃の麹室に吊すか，棚に置いて2～3か月，自然の微生物を増殖させて麹を作る．この麹に *Aspergillus* 属のカビを主とし，*Mucor* 属，*Rhizopus* 属，*Monascus* 属のカビが着生し，酵母，細菌などが多く混入している．この麹の表面を洗って，小さい粒に潰して，日に晒して乾燥する．大豆50kgに対して，予め煮沸し冷やした約18％食塩水50kgをカメに入れ，これに麹を加え，麹を押さえ，表面に食塩を撒き，時々撹拌をして日晒夜露で6～12か月間発酵させると赤褐色の大豆醤となる．

(2) 普通大醤

東北地方では普通の大醤は大豆と小麦粉を原料として高温発酵法で醸造する．選別大豆100部を水に浸漬後，蒸し，80℃に冷却し，生小麦粉50部をよく混ぜ，35～40℃で種麹を接種し，通風培養装置で製麹する．出麹を発酵タンクに入れ，堆積して押さえ，麹の品温が40℃になった時，60℃の14.5°Béの食塩水90部を加え，表面を押さえ，その上に粉末食塩を10部ふりかけて覆い，45℃で10日間発酵させる．この上から24°Béの食塩水を注ぎ，撹拌して表面の食塩などをよく混合した後，常温で4～5日間熟成させ，石臼で磨砕し，大醤ができる．

5.4.2 豆 瓣 醤

四川ではソラマメとトウガラシで作るが，東北地方では大豆とトウガラシで作る．

1) 辣椒醤（ラージョジャン）の製造

磨砕した新鮮なトウガラシ100部に粉末食塩15部を均一に撒き，重石をし，2～3日後カメに移し，表面に食塩5部を撒き，重石をし，3か月間発酵熟成させて辣椒醤を作る．1～2年間は新鮮なトウガラシの赤色を保ち，保存できる．またトウガラシ粉を用いる場合は，トウガラシ粉100部に20°Béの食塩水600部を混合し，数日間塩漬した後，豆瓣醤に加える．

2) 豆瓣醤の製造

選別大豆100部を浸漬，蒸煮し，80℃に冷却後，生小麦粉10～40部を混合し，種麹を接種し，通風培養により，37℃以下で24～27時間製麹をする．この麹に20～30部（対原料）のトウガラシを磨砕したものと，食塩水（製品の食塩濃度が12～

13%,水分55〜60%になるように添加する)をよく混合して発酵タンクに入れ,表面をしっかりと押さえ,表面に食塩を撒き,40〜45℃で15〜30日間培養するか,あるいは常温で3〜6か月間発酵させて豆瓣醤を作る.製品は0.1%安息香酸ナトリウムなどの保存料を加え,細かく磨砕して60〜70℃,10分間滅菌する.豆瓣醤は野菜に付けて直接食べたり,東北の大排面(ターパイミエン)(麺に肩骨付きのロース肉をのせたもの)に豆瓣醤を直接入れるか,あるいは加工醤の味付や中華料理を作る時の調味料として用いる.

5.4.3 甜　面　醤

伝統的な方法では小麦粉に約30%の水を加え,混捏し,饅頭(蒸しパン)を作り,これに天然曲(自然条件下に A. oryzae を増殖させた麹)を作り,甜面醤を作る.現在では団子のような麹を作るか,あるいは幅の広い麺生地(きしめん)から面糕曲(ミエンコーチュ)を作る.それに食塩濃度約7%,水分約50%になるように食塩水を入れ,50〜55℃で発酵させる.甘い醤である.

(1) 普通の甜面醤

1) 製造工程

製造工程を図5.17に示す.

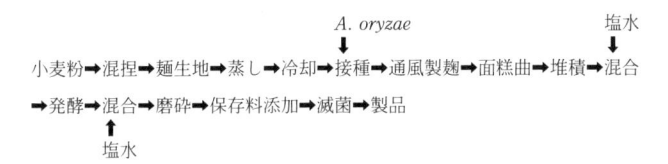

```
                              A. oryzae              塩水
                                 ↓                    ↓
小麦粉→混捏→麺生地→蒸し→冷却→接種→通風製麹→面糕曲→堆積→混合
→発酵→混合→磨砕→保存料添加→滅菌→製品
         ↑
        塩水
```

図 5.17　甜面醤の製造工程

2) 製造方法

① 面糕曲法

小麦粉に約30%の水を加え,混捏してソラマメ大の顆粒を作り,蒸した後,冷やし,A. oryzae を接種し,通風製麹槽に入れ,時々通風しながら,40℃以下で2〜3日間培養して面糕曲を作る.この麹を発酵槽に入れ,堆積すると麹の自己発熱で品温が50℃に上がる.原料小麦粉100部に対して50〜60℃の14°Béの食塩水50部を加え,混合して仕込む.これを1日1回撹拌しながら,53〜55℃で7日間発酵させるとデンプン粒が酵素により分解して潰れ,発酵が終了する.それに約60℃の14°Béの食塩水50部を入れ,よく混合し,磨砕し,保存料を加え,70℃で滅菌して甜面醤を作る.

② 速醸甜面醤

面糕曲を 53〜55℃で糖化してから食塩を加えて仕込んだ甜面醤で,醸造期間を短縮したものである.

製造工程を図 5.18 に示す.

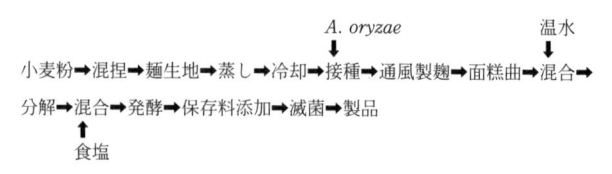

```
                              A. oryzae              温水
                                 ↓                   ↓
小麦粉→混捏→麺生地→蒸し→冷却→接種→通風製麹→面糕曲→混合→
分解→混合→発酵→保存料添加→滅菌→製品
  ↑
 食塩
```

図 5.18 速醸甜面醤の製造工程

前述の方法で麺生地を作り,これに麹菌を接種し,面糕曲を作る.この麹 100 部に滅菌水 75 部を加え,60℃で 3 日間分解後,食塩 14 部を加え,よく撹拌し,2 日間発酵させ,調味料と保存料を加え,70℃で滅菌して,甜面醤を作る.

③ 酵素分解甜面醤

この甜面醤は $A.\ oryzae$(AS. 3951)麹と $A.\ niger$(AS. 3324)麹を作り,これらの麹の酵素を利用して仕込み,甜面醤を作る.

製造方法:前述の方法で麺生地を作り,蒸した後,40℃に冷却し,10 部の $A.\ oryzae$ のふすま麹の浸出液と 3 部の $A.\ niger$ 麹の浸出液(麹浸出液と水を合わせ,63 部になる)を加え,さらに食塩 16 部を加えて 45℃,1 日間酵素分解後,45〜50℃で 1 日 1 回撹拌しながら 6 日間発酵させる.その後 55〜60℃で数日間発酵させ,調味料と保存料を加え,70℃で滅菌して,甜面醤を作る.

普通の面糕曲からは小麦粉 100 部に対して甜面醤 175 部ができるが,この麹浸出液の酵素分解を行うと小麦粉 100 部に対して 200 部の甜面醤ができる.

④ 日晒夜露法による甜面醤

大連は遼東半島の先に位置した港湾都市で,冬は寒いため日晒夜露法で醤や醤油を作ることはできない.このためガラスの温室で日晒夜露発酵を行う.

麺生地を作り,蒸した後,面糕曲を作り,ガラスの温室の発酵槽に入れ,14°Bé の食塩水 50 部を加え,毎日 1 回撹拌する.日中には室温 35〜40℃まで上がり,夜は 20〜30℃になる.この条件下で半年から 1 年発酵させると,品質の良い甜面醤ができる.甜面醤は北京ダックや東北地方で有名な李連貴燻餅(リーリャンクィシュンビン)(柔らかい大餅を 4 片に切り,バターで炒め,甜面醤と糸状にしたネギと肉を挟んだもの)にしてよく食べる.

(2) 北方調味辣醤

北方調味辣醤（ベイファンティァンウェイラージャン）は韓国のトウガラシ味噌（コチュジャン）に似ている．トウガラシとモチ米を入れた辣醤で，その製造工程を図5.19に示した．

　　　　　　　　　生小麦粉　種麹　　　　　15°Bé 食塩水　23°Bé 食塩水
　　　　　　　　　　↓　　　↓　　　　　　　↓　　　　　　↓
大豆➡浸漬➡水切り➡蒸煮➡冷却➡接種➡通風製麹➡豆麹➡カメ入れ➡発酵➡混合➡熟成➡磨砕➡豆醤➡混合
　　トウガラシ粉，生モチ米粉，砕いたニンニク，15°Bé 食塩水，砂糖，ショウガ➡混合➡自然発酵 ┘
➡発酵➡滅菌➡保存料添加➡製品

図5.19 北方調味辣醤の製造工程

1）豆醤製造

選別大豆100kgを浸漬後，蒸し，80℃に冷却する．蒸豆に生小麦粉40～60kgをまぶし，さらに冷やし，35℃で種麹を接種し，通風培養槽に入れ，通風しながら37℃以下で22～28時間培養すると，淡黄色あるいは白い麹になる．この豆麹100kgを温醸培養槽に堆積すると発熱して品温が40℃になる．60℃の15°Béの食塩水70kgを加え，表面を押さえ，食塩10kgを撒き，40～45℃で15日間発酵後，さらに23°Béの食塩水30kgを加え，表面の食塩と共によく混合して，再び5日間発酵熟成後，これを磨砕し，豆醤ができる．

2）辣椒醤の製造

トウガラシ100kgに生のモチ米粉40kg，砂糖10kg，砕いたニンニク6～8kgとショウガ2kg，15°Béの食塩水160kgをよく混ぜてカメに入れ，常温で15日間自然発酵をさせ，辣椒醤ができる．

3）調味辣醤の製造

豆醤と辣椒醤を1：1の比率で混合し，40℃，15日間発酵後，80℃，10分間滅菌し，0.1％安息香酸ナトリウムあるいは0.5％プロピオン酸ナトリウムなどの保存料を加え，包装して北方調味辣醤をつくる．この北方調味辣醤は光沢のある赤色の甘口辣醤で，水分60％以下，食塩14％，全窒素含量1.18％，アミノ態窒素0.7％，総酸（乳酸として）1.3％以下である．

(3) 調味醤

調味醤（ティァンウェイジャン）は加工醤で，普通は豆瓣辣醤や甜面醤にゴマ，落花生，肉あるいは海産物などを加えたものである．中国は国土が広く，人口が多いので，地方により味の嗜好が異なり，その製造方法にも差がある．四川や南方地区の醤に比べて東北地方の人々の嗜好に合うように，少し味をコントロールし

たものである．

1) 牛肉，豚肉辣醤

磨砕した豆瓣醤 40kg，塩漬トウガラシ（磨砕したもの）15kg，甜面醤 18kg，芝麻醤 6kg，生揚醤油 10kg，砂糖 3kg，ゴマ油あるいは落花生油 5kg，砕いたニンニク 2kg，ショウガ 1kg，コショウ粉 0.05kg と少量のグルタミン酸ナトリウムを混合し，これに牛肉あるいは豚肉を煮熟し磨砕した後，0.1%安息香酸ナトリウムを加えたものを入れ，80℃で 10 分間滅菌して包装する．東北地方の人々が好む牛肉辣醤あるいは豚肉辣醤ができる．

2) 海鮮醤（ハイシャンジャン）

大豆醤にエビや魚などを加えた醤で，牛肉辣醤の肉の代わりにエビ 2kg，貝肉 2kg，昆布 2kg，魚犬魚（ユーチュンユー）2kg，虫非肉（ツンフェイロウ）2kg を蒸熟し，砕いた後，滅菌して包装する．

3) 蒜蓉辣醤（スァンルンラージャン）

①元辣醤（ユァンラージャン）：80kg の新鮮トウガラシに 6kg の食塩を均一に散布し，24〜36 時間塩漬後，磨砕し，これに煮沸した食塩水（水 100kg に食塩 14kg，安息香酸ナトリウム 800g，クエン酸 1.5kg を混合した塩水）11kg を入れ，10 日間熟成させる．

②元蒜醤（ユァンスァンジャン）：元辣醤のトウガラシの代わりに脱皮ニンニクを用い，同じ方法で作ったものである．

③調味醤の製造：元辣醤 93kg，元蒜醤 36kg，水 63kg，食塩 12kg，砂糖 1.5kg，グルタミン酸ナトリウム 0.05kg，クエン酸 0.07kg，安息香酸ナトリウム 0.056kg，寒天 0.075kg を混合して，100℃，5 分間滅菌し，蒜蓉辣醤ができる．この蒜蓉辣醤はシャブシャブの羊肉や焼肉，焼イカの味付けに用いられる．

5.5 華南地方の醤[3,4]

5.5.1 胡玉美豆瓣辣醤

中国安徽省安慶市の胡玉美（フーウィメイ）豆瓣辣醤は，国際博覧会において国内外の特産品として連続 4 回推奨され賞を得た．

1) 製造工程

製造工程を図 5.20 に示す．

2) 原　料

①ソラマメ（蚕豆）：胡豆（フートウ）あるいは仏豆（ブートウ）とも言う．ソラマ

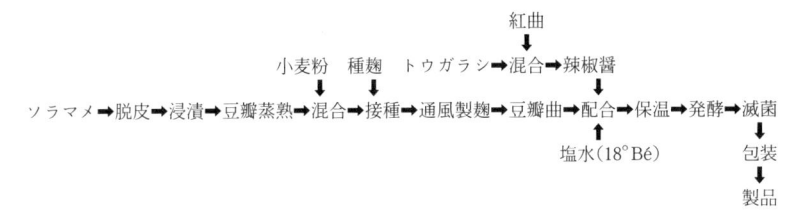

```
                                              紅曲
                                               ↓
                   小麦粉  種麹  トウガラシ→混合→辣椒醤
                     ↓     ↓      ↑
ソラマメ→脱皮→浸漬→豆瓣蒸熟→混合→接種→通風製麹→豆瓣曲→配合→保温→発酵→滅菌
                                               ↑              ↓
                                         塩水(18°Bé)        包装
                                                              ↓
                                                            製品
```

図 5.20 胡玉美豆瓣辣醤の製造工程

メの品種は多いが，豆瓣醤には一般に十分成熟し，実粒が大きく豊かで，虫害がなく，優良な豆を選択する．醸造用に脱皮したソラマメを用いる．

②辣椒（トウガラシ）：辣子（ラーズー）あるいは海椒（ハイジョ）とも称する．トウガラシの実は若い時は濃緑色で，熟すると濃紅色となる．肉質が厚く，やや甘味を帯び，日本のタカノツメのように辛味が強いトウガラシが最も適している．

③ゴマ油：一般に漬け込んだトウガラシの表面に少量ゴマ油をたらし，白カビを防止する．ゴマ油は透明で香りの良いものがよい．

3) 辣椒醤の製造

新鮮な紅トウガラシまたは乾燥トウガラシを用いる．一般に塩腌（ヤンヤン）（塩漬）用には新鮮なトウガラシ100kgを洗浄，水切りし，ヘタを除き，石臼で磨砕を繰り返し，細かく砕く．または研磨機を用い，3～4回繰り返し，細かく砕く．ただし，トウガラシの種を砕かないように注意し，トウガラシの種を分離する．磨砕中に2.5～3.0%の紅曲を混合する．この混合したトウガラシと食塩15kgをカメごとに分けて，カメの中に1層にトウガラシを入れ，その上に1層に塩を撒き，しっかりと圧を加え，これを繰り返す．2～3日後，汁液が浸出したら直ちに取り出し，塩汁の入ったカメに入れる．醤の上下を引っ繰り返し，撹拌をして，詰め替え，平らにした表面に5%の食塩を撒き，その上に竹製のムシロを敷き，重石をすると塩汁が浸出してトウガラシの表面を覆う．なるべくトウガラシが空気に直接接触して変色することがないように，水分が不足したら20°Béの塩水を補充する．出来上がった辣椒醤の水分は60%で，カメに保存して毎日，必ず撹拌して表面に白カビが発生するのを防ぐ．一般に3か月間塩漬をして熟成させ，辣椒醤ができる．

4) 製　麹

ソラマメ100kgを蒸し，熱いうちに小麦粉30kgを加え，均一に撹拌後，通風で40℃以下に冷やし，0.15～0.3%の種麹を加え，麹材料を均一に揉みほぐして通気を良くし，麹の発酵槽に厚さ約30cmに平らに敷き詰める（ただし，足で踏み

付け，圧をかけてはいけない），麹材料の上，中，下の層に温度計を差し込み，最高の品温が37℃を越えないようにする．また上，中，下層の品温を均一にするため通風装置を用いる．まず，胞子の発芽を促進させるため，麹材料の品温を36～37℃にして，3～5時間堆積培養をする．その後，品温を30～32℃に下げ，麹の自己発熱により，徐々に品温が上昇するので，36～37℃で通風を始め，段階的に断続通風と循環通風で温度を制御する．さらに新鮮な空気を送り，菌糸の成長を促進させる．数時間経過すると菌糸が旺盛に成長し，品温が急激に上昇し，麹が固まり始め，通気が悪くなり，上下層の品温の差が拡大すると，新鮮な空気と循環通風を取り入れ，品温を32～34℃に制御して，連続通風をする．しかし，品温が35℃以上に上昇し，通風しても下降しなくなると1番翻曲（手入れ）を行う．手入れ後，揉んで固まりを砕き，通気を良くする．1番手入れ後は，さらに菌糸が旺盛に成長し，品温が速やかに上昇するので，通風する温湿度や送風量を調節して通気をする．品温32～34℃で35℃を越えないように数時間培養して，麹の表層に縫ったような亀裂が生じ，麹全体が白く餅のように固まり，品温が35℃以上に上昇すると2番手入れをする．その後，数時間経過すると菌糸に胞子が生じ始め，これを胞子形成期と称する．この時期が米麹菌のタンパク質分解酵素の生成が旺盛である．30～32℃に制御して，品温が上がらないように，また麹が乾燥しないようにしてタンパク質分解酵素の生成を促す．この期間中に，もし麹が収縮して縫い目のような亀裂が生じた場合には板で麹を押し，あるいはスコップで麹の縫い目をふさいで風が縫い目から洩れるのを防ぎ，通風効果の低下を防ぐ．以後は品温を30～32℃に保ち，室温と品温に大差が生じた場合にはスコップで手入れ撹拌をして麹の縫い目をふさぎ，さらに培養する．淡黄緑色の胞子が生じたら品温を逐次下げ，出麹する．通風製麹は製麹槽に入れてから約2日間培養する．

麹の性状：外観は塊状で，手で握ると柔らかく綿のような弾力があり，麹の塊の内外に菌糸がぎっしりと詰まり，白色を呈し，胞子は淡黄緑色で黒灰色，褐色を帯びて芯がなく，麹の香味があり，微かに甘く，酸味，渋味，苦味，臭みがないものが良い．冬の麹の水分は28～34%，秋の麹は25%以下にしない．優秀な麹のタンパク質分解酵素活性は80チロシン単位/g以上，50～80が合格麹で，50以下は劣る麹である．

5）発　酵

①発酵設備：保温発酵は温水循環水浴槽を用い，保温槽の周囲を煉瓦で長方形あるいは正方形に囲み，この中に数個の陶土製400～500l容の発酵カメを入れ，カメの上部と蓋の間に木板を挟み込み，結露がカメの中に入らないようにする．

カメとカメの間の槽内の水の中に蒸気を直接吹き込んで保温をする．または鋼板製の水浴発酵タンクを用い，タンクは円柱状の二重層で，その間に蒸気を通じて保温する．タンク内の壁にはエポキシ樹脂を塗り，腐食を防ぐ．

②発酵管理：ソラマメ100kgに対して18～18.5°Béの食塩水106kgを入れた発酵タンクに豆瓣曲と紅曲に辣椒醤37.5kgを加え，均一に混合撹拌し，温度を上げ42～45℃で12時間保った後，漸次温度を上げ，55～58℃で12日間発酵させる．この期間中に毎日朝晩，それぞれ2回引っ繰り返して撹拌し，12.5日後，さらに夏65～70℃，冬60～65℃に温度を上げ，36時間保った後，14日間冷やし，豆瓣辣醤ができる．

6) 滅　菌

出来た豆瓣辣醤を80℃に加熱した二重層の鍋で10分間滅菌し，同時に0.1%安息香酸ナトリウムを加え保存する．加熱滅菌時に，温度が高過ぎて焦げた糊状とならないように注意し，滅菌食塩水を加える．

7) 包　装

0.25kg容の広口のガラス瓶を洗浄し，水切り，乾燥し，滅菌箱内で蒸気滅菌後，この瓶に豆瓣辣醤を入れ，瓶の醤の表層にゴマ油（防カビ，防腐のため0.1%安息香酸ナトリウムを加えた油）6.5gを加え，油分の浸出を防ぐため蓋の内部をパラフィン紙で覆い，蓋をした後，ラベルを貼り，箱に入れ，包装する．

8) 品質規格

豆瓣辣醤は赤褐色を呈し，光沢があり，やや辛味と旨味があり，豆瓣辣醤の濃厚な風味がある．カビ臭く，苦味，渋味があり，酸味が強いものはよくない．きめ細かく，ざらつきや，こわばった豆粒や黒い粒がなく，トウガラシの種がない．水分60%以下，食塩14～15%，全窒素1.18%以上，アミノ態窒素0.7%以上，総酸（乳酸として）1.3%以上．

5.5.2　普　寧　豆　醤[3,15]

普寧豆醤（プーニントウジャン）は130年の歴史があり，広東の潮汕地区の伝統のある名産品で，省内外に名を馳せた．香港，マカオや東南アジアでも売られ，独特の醸造技術で，広東の東や福建省の南一帯に伝わり広がった．

1) 製造工程

製造工程を図5.21に示す．

2) 原料処理

①浸漬：選別大豆を砕き（打瓣），豆瓣（子葉片）とし，皮を除き，豆瓣85～87%

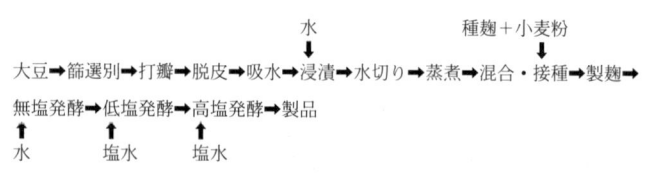

```
                                              水              種麹＋小麦粉
                                              ↓                  ↓
大豆➡篩選別➡打瓣➡脱皮➡吸水➡浸漬➡水切り➡蒸煮➡混合・接種➡製麹➡
無塩発酵➡低塩発酵➡高塩発酵➡製品
  ↑       ↑        ↑
  水     塩水     塩水
```

図 5.21 普寧豆醤の製造工程

を得る．豆瓣 100kg に水 80kg を加え，均一に吸水させるため数回攪拌する．全部の水が豆瓣に吸収されると大量の水を加え，夏は最大約 3 時間，冬は約 6 時間浸漬し，水切り後，増加した重量を測定し，吸水量を求める．

②蒸煮：普寧豆醤は豆瓣が完全に整い，蒸した豆瓣が手で握っても潰れないように常圧で 60〜70 分間蒸す．高圧蒸煮ではコントロールが難しいが，$1kg/cm^2$ の圧力で 10〜12 分間蒸すと豆瓣が潰れない．

③製麹：蒸した豆瓣を冷やし，原料豆 100kg に対して小麦粉 30〜35kg と種麹 0.2% を均一に混合攪拌した後，麹室に入れる．製麹管理は胡玉美豆瓣辣醤の製麹と基本的に同じ方法による．ただし，菌糸が長く，淡色の麹であることが重要である．胞子が着生しないように製麹温度を比較的低くし，短時間で製麹する．菌糸が繁殖し，約 44 時間で出麹する．豆瓣に長い菌糸が充満し，外観は淡緑色で，黒カビがなく，麹の水分約 30%．

④発酵：胡玉美豆瓣辣醤と同じ発酵設備を用いる．普寧豆醤は日晒夜露法で発酵させる．しかし発酵には無塩前発酵，低塩中発酵と高塩後発酵の 3 段階がある．麹 100kg，食塩 55〜60kg，水 200〜220kg，この配合で醸造して 300kg の豆醤ができる．

a) 無塩前発酵：まず，大カメの中に夏は冷水，冬は 40℃の温水を一定量（麹塊の水分が 45% になるように水を加える）を入れ，さらに豆瓣麹を加え，麹塊を突き散らし，均一に攪拌後，無塩下で前発酵を進め，夏は約 8 時間，冬は約 16 時間分解させる．一般にアルコールの香りや味がしないようコントロールする．豆瓣は十分に水分を吸収し，膨張し，沈殿物が浮き上がり始め，半浮脚（パンフージョ）（半浮き，半沈殿状態をいう）の諸味ができる．

b) 低塩中発酵：上記の諸味の上層にまず全量の 60% の食塩水を入れ，攪拌溶解する．この低塩中で冬は 18 時間，夏は 12 時間発酵させる．この段階でエステル香が生じる．ただし，アルコールの香味が発生しないように厳格にコントロールする．豆瓣が全部浮上したら，再び残りの食塩水を投入して攪拌する．カメの底に未溶解沈殿が残るので，緩やかに攪拌して溶かすと，豆醤の諸味の塩分

が逐次増加する．次に高塩後発酵を行う．

c) 高塩後発酵：カメに入れて10日間，毎日1回撹拌する，以後2～3日に1回撹拌し，蓋を開き（夜は雨露を防ぐためにガラスの蓋をし，露天で発酵させる），晴れた日にはできるだけ日に晒し，天然の保温，速醸方法でアルコール発酵させる．潮汕地区では夏の日中には醤の諸味は45～50℃にもなり，冬でも20～25℃になる．露天発酵は保温設備がなくても通年生産ができる．夏は約2か月，冬は4か月間発酵させる．

⑤品質規格：普寧豆醤の一般成分は全窒素1.45%，アミノ態窒素0.65%，食塩17.3%，総酸1.92%（乳酸として），可溶性無塩固形物14.5%．

⑥特徴：豆醤に2倍以上の水を加えて製造する．含まれる固形の豆醤を除き，醤汁を希釈して食用にしている．また，普寧豆醤は烹飪（プンレン）用（調理加工用）の他に，卓上用の醤として冷やしてサラダなどに均一に混ぜ合わせて用いる．塩漬の醤としての用途が広い．香気が強く，アルコール香で，色は比較的うすく，調理の味付けの時，野菜や魚の原色を保持できる．旨味があり，甘く，すっきりとし，保存期間は比較的短い．一般に醤を瓶に入れて低温で滅菌して3か月以上保存できる．しかし，瓶を開けると半月しか持たない．

5.5.3 南 康 辣 醤[3)]

江西省南康辣醤（ナンカンラージャン）の原名は"頂呱呱徳福斎辣椒醤（ディンクァクァトーフーザイ・ラージョジャン）"で200余年の歴史がある．醤の香味が強く，口当たりが良く，甘辛く，光沢がある．爽やかで食欲が進み，栄養豊富で保存性があり，大衆化された独特の風味がある．食欲増進作用食品として用いる．

1) 製造工程

製造工程を図5.22に示す．

2) 原料配合

塩トウガラシ醤437.5kg，大豆90kg，モチ米240kg，ウルチ米190kg，砂糖

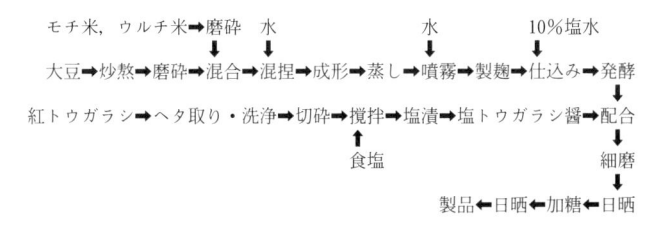

```
                モチ米，ウルチ米➡磨砕   水              水        10%塩水
                              ↓      ↓              ↓         ↓
大豆➡炒熬➡磨砕➡混合➡混捏➡成形➡蒸し➡噴霧➡製麹➡仕込み➡発酵
                                                             ↓
紅トウガラシ➡ヘタ取り・洗浄➡切砕➡撹拌➡塩漬➡塩トウガラシ醤➡配合
                               ↑                            ↓
                              食塩                          細磨
                                                             ↓
                                        製品⬅日晒⬅加糖⬅日晒
```

図5.22 南康辣醤の製造工程

137.5kgから辣醤（ラージャン）675kgが出来る．

3）原料処理（塩トウガラシ醤製造）

鮮紅色で肉厚のトウガラシを選び，洗浄し，ヘタを取り，切り砕く．このトウガラシ100kgに対して食塩20kgを均一に混合撹拌後，カメに入れ，1～2日後，1回引っ繰り返し，均一に塩漬をするために，しっかりと押さえ，表面に薄く食塩を撒き，密封する．トウガラシ醤は変質や腐敗しないため，1～2年用いられる．

4）製　麹

大豆を炒った後，細く磨砕し，これに磨砕したモチ米やウルチ米の粉を加え，しっかりと捏ねあるいは固めて，手を放しても散らばらない程度の量の水を加えて，さらに均一に揉み捏ねて混合し，木棚の上に置き，しっかりと押さえ，平らにして長さ12cm，幅6cm，厚さ3cmの塊に切る．これを蒸籠（ゼンルン）で約20時間，透き通るまで蒸した後，取り出し，冷却する．この塊を木棚の上に置き，薄く表面に水を噴霧し，湿度を高める．木棚と共に塊を，漸次，麹室に入れ，入口を閉める．室温を33～35℃に保持し，2～3日間培養後，表面に白色のカビが一面に生えると手入れを行い，さらに13～15日間製麹をすると淡紅色の麹ができる．

5）発　酵

出麹を数個のカメに入れ，10%食塩水を加える．麹に食塩水が浸透し，吸収される．そのカメを雨天には蓋をし，晴天には蓋を開いて日に晒し，3～5日ごとに天地返しを行い，さらに晒して淡黄色に熟成させ，醤餅（ジャンビン）ができる．

6）配　合

日に晒した醤餅を数個のカメに入れ，塩トウガラシ醤と共に均一に混合撹拌し，反復して2回細く磨砕する．再びカメに入れ，毎日1～2回，天地返しをして日に晒す．半乾燥した時，白砂糖を加え，均一に混合し，さらに日に晒す．これを手で捏ね，団子にして辣醤ができる．晒した辣醤を大型のカメに入れて保存する．

5.5.4 淳安辣椒醤

淳安辣椒醤（ツンアンラージョジャン）は浙江省の一大名産品であり，辛味があり，美味で，口に爽快で，よく製造されている．長く保存でき，値段も安くできて経済的利点があった．

1）製造工程

製造工程を図5.23に示す．

```
                    水 ウルチ米 ➡ 磨砕 ➡ 炒熬 トウガラシ ➡ 洗浄 ➡ 晒干 ➡ 切砕
                     ↓                                              ↓
大豆 ➡ 洗浄 ➡ 浸漬 ➡ 煮熟 ➡ 冷却 ➡ 混合 ➡ 発酵 ➡ 晒干（豆豉）➡ 配合 ➡
                                                          ↑
                                                       食塩＋香辛料
```

撹拌 ➡ 密封熟成 ➡ 辣椒醤

図 5.23 淳安辣椒醤の製造工程

2) 製造方法

大豆を洗浄後，水に浸漬し，煮た後，広げて冷やす．この煮豆に炒って磨砕した米粉を豆粒から水滴が垂れない程度にまぶす．ビニールシートで蓋をし，培養する．豆の表面に金黄色の豆花（トウホワ）（カビの菌糸）が生えると，さらに培養して，菌糸が一面に生えた豆豉を水気がなくなるまで日に晒す．最後に，新鮮なトウガラシを洗浄し，晒干（サイカン）（日に晒して乾燥する）して豆豉の表面にしわがよるまで乾燥する．これを切り砕く．乾燥したトウガラシを豆豉に対して30％の食塩と共に加え，反復撹拌して食塩の水分で豆豉が湿ると撹拌を止める．トウガラシよりも塩漬発酵させたトウガラシ醤を加えると旨味が増す．これにショウガ，ニンニク，茴香（ウイキョウ）など副原料を少量を加える．これをカメや壷に入れ，口を密封し，3〜8か月熟成させ，製品とする．

5.5.5 桐 郷 辣 醤[16]

桐郷辣醤（トンシァンラージャン）は浙江省の地方の特産品で，清朝の乾隆（けんりゅう）年間（1736〜1793年）に創製され，300余年の歴史がある．材料を選び，適正な配合で，極めて丁寧に作られ，独特な風味がある．旨味があり，色が濃く，組成も良く，消費者に歓迎され，既に中国全土や香港，マカオで販売されている．

1) 原　　料

紅トウガラシは新鮮で肉が厚く，種子や辛味が少なく，油の多い，全紅丁頭椒（ゼンファンディントウジョ）や小羊角椒（ショヤンジャオジョ）を用いる．ゴマは，よく熟し，よく乾燥し，皮が薄く，その年収穫した品質の良い白ゴマを用いる．食塩として浙江省沿岸に産する真っ白な水分や夾雑物のない姚塩（ヨーヤン）（別名：浙塩（ゼーヤン））を用いる．

2) 製造工程

製造工程を図5.24に示す．

3) 辣椒醤（トウガラシ醤）製造法

①鮮紅椒（シァンファンジョ）塩漬：紅トウガラシを洗浄後，ヘタや種子を取り

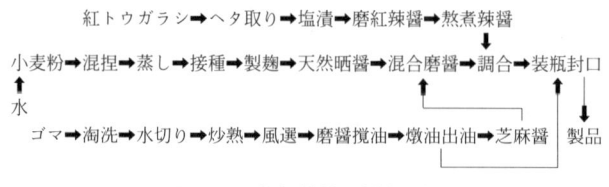

```
紅トウガラシ→ヘタ取り→塩漬→磨紅辣醤→熬煮辣醤
                                              ↓
小麦粉→混捏→蒸し→接種→製麹→天然晒醤→混合磨醤→調合→装瓶封口
    ↑                              ↑     ↑          ↓
    水
    ゴマ→淘洗→水切り→炒熟→風選→磨醤撹油→燉油出油→芝麻醤  製品
```

図5.24 桐郷辣醤の製造工程

去ったもの100kgと食塩18kgをカメの中に入れて塩漬する．1層にトウガラシ，1層に塩を均一に撒き，これを繰り返す．底は塩を少なく，表面に近くなるに従って多くする．カメにトウガラシを満たし，表面に平らに食塩を撒き，その上に竹スダレを敷き，足で何度も押し，長方体の専用の石塊で重石をする．塩水が不足する場合，20°Béの塩水を補う，塩漬2年後に塩漬トウガラシができる．

②磨紅（モーファン）辣醤：カメに浸出した辣油（ラーユー）の中から塩漬トウガラシを取り出し，夾雑物をカメの中の水で洗い流し，トウガラシを水の中からすくい上げる．その後，石臼で磨砕するか，あるいは小さい鋼鉄製のグラインダーで磨砕する．これを3～4回繰り返す．その後，カメから濾過した鹹水（シェンスィ）（塩漬の汁液）を静置し，沈殿物を除き清澄にした後，保存する．

③熬煮（オーツウ）辣醤：まずナタネ油を鍋の中に入れ煮詰めた後，冷却し，磨紅辣醤を入れて煮沸し，約30分間，煮詰めた後，鍋から出して，カメの中に入れる．

4） ゴマ油，芝麻醤の加工方法

①夾雑物の篩選別：ゴマの中の雑草や土粒などの夾雑物を除き，篩（ふるい）で泥や砂をふるい，さらに箕で灰のような塵や，萎縮した種子をふるい分ける．

②淘洗（トーシャン）：篩でゴマを選別しても，夾雑物を完全に除去するのは不可能であるので，水中で夾雑物を洗い流しながら清浄にする．すなわち，カメに清水を注入し，カメを倒し，篩に水とともにゴマを流し入れて選別し，約15分間，振動撹拌して砂やゴミを除き，ゴマを乾燥する．次に萎縮したゴマ粒や砕けた草の粉末などを逐次，水面に浮かせ，揚げザルを用いて洗い流す．最後に電動ゴマ撹拌器でゴミを排出後，さらにファインフィルターで濾過し，水を切り，乾燥させる．

③炒熟揚塵（ツォスウヤンツェン）：洗浄，水切り，乾燥したゴマを鉄鍋に入れて，火で焙炒（ばいしょう）する．含水量の多いゴマは火を強くし，均一に炒る．鍋の中に蒸気が発生しなくなった後，初めとろ火で，ゴマが少し膨らんだら少し強火とし，180

～200℃に温度をコントロールして，よく炒る．炒ったゴマの内外がコーヒー色を呈したら（ゴマの品質により濃淡ができる），手で一捻りして砕き，直ちに冷却水を注入し（ゴマの量の2～3％），撹拌しながら鍋から取り出して，敷き広げ，温度を下げる．ゴマを箕の中に入れ，高い所から落下させながら側面から風で灰，塵や皮層を吹き散らす．

④磨醬撹油（モージャンジョウー）：炒り，風選し，精選したゴマを石臼で細かく碾き砕く．磨砕した塊を手の甲の上に置き，口先で軽く吹いたとき，手の甲の上に小顆粒が残らない程度に細かいのが良い．さらに磨砕したゴマに，煮沸して冷ました水を加えて分離する．水は3回加えるが，加水量は芝麻醬の約85％で，1回目は総加水量の60～70％，2回目は25～30％，3回目は5～10％．1回目の加水後，木棒で迅速に撹拌する．初めは速く，後にはゆっくりと撹拌し，鍋の縁や鍋底に油がたまるのを防ぐ．2回目からは，一方向に撹拌し，塊に粘性が生じ，それが強くなり，油玉が光りだしたら，撹拌を止めて，しっかり蓋をする．冬の建物の温度が低い時は鍋の底を少し強火で焙り，鍋の温度を約75℃，建物温度は約25℃に保つ．

⑤燉油出油（トンユーツィユー）：磨醬撹油に煮沸し冷ました水を加えて撹拌すると大部分のゴマ油は表面に浮き上がる．次に上下，左右に激しく振動して，鉄柄杓を用いて油をすくい取り，さらにカメの中に沈殿を約10日前後放置して，上層の精油を柄杓で取り，下層の沈殿は濾過して少量の油を取る．最後に下には芝麻醬が残る．

5）面糕醬（ミェンコージャン）（小麦粉の麺醬）の加工方法

①小麦粉の混捏，蒸し処理：小麦粉に対して水30％を加え，小麦粉撹拌機を用いて撹拌混和する．手作業では，小麦粉を長方形の板の上に載せ水を反復して加え，両手で揉み捏ね，小麦粉の塊を打ち，空気を抜き，均一にしてから止める．小麦粉の塊を延ばし，撹拌混和し，こしきの中に1層，1層にして入れ，蒸し棚枠に載せる（まず開始時に鍋の中に煮沸した水を入れる）．ゆっくりと層ごとに蒸し，透明になるまで蒸し生煮えをなくす．1回に50～100kgを木桶で蒸す（こしきの容量の大小で蒸す量が定まる）．蒸気が表層の全面から吹き出し，煮えると面糕が透明な白色を呈し，咀嚼しても歯に粘りつかなくなる．ただし，やや甘味を帯びる．

②面糕製麹：面糕を蒸した後，竹ムシロの上に敷き，涼しく，風通しの良い所で通風をする（風で灰や塵の飛ばない地方では竹ムシロに載せて通風する）．自然の風力を借りて温度を下げるか，あるいは送風機で冷やす．冷やした面糕に種麹（胞子を分離した種麹）0.3～0.5％を接種し，均一に撹拌後，平たい竹ザルに入れ，均一に

2cm の厚さに広げ，全部の麹材料を広げ終わったら，木枠の上にザルを載せる．麹室の地面，麹床や壁の周囲に噴霧機で水を噴霧し，さらに窓や入口にも噴霧し，麹室の温度を45～50℃に保つ．気温が低く，温度が不足する時は練炭火鉢（炭火の上に水を入れた鍋を置く）を用いる．麹室内に蒸気の管を装備し，温度を上げる．加温後，麹室の温度が逐次上昇し，品温が28～30℃よりゆっくりと上昇し，33～35℃になり，さらに上昇して37℃以上になると通風して温度を下げる．およそ20時間で菌糸が生じ，さらに品温を28～30℃に保つと2日間で麹が固まり，黄緑色の胞子が生じる．

③天然晒醤（テンランサイジャン）：桐郷辣醤は品質を高めるために大きなカメに醤を入れ，屋外の太陽のもとで晒し，自然発酵で製造する．特に夏の土用に醤を晒し，発酵時間を短縮する．

④塩水配合：清水を60～65℃に熱し，冷やした後，濾過する．これに食塩20%を加え，木のこん棒で撹拌し，食塩水中の沈殿物を濾過して除く．塩水を屋外のカメに入れ，2日間晒す．

⑤屋外晒醤：塩水100kgの入ったカメに麹塊95kgを入れ，日によく晒して醤を作る．雨天にはカメに蓋（竹製のカバー）をする．カメの口の両辺に竹管を入れて隙間を作り，カバーをする．空気を通し，毎日，早朝1回，上下を撹拌し，15～20日間熟成させる（具体的な日数は気候条件で決定する）．面醤は黄金色で，アルコールと醤の香りが強く，口に入れると旨味と甘味があり，粘りや酸味がない．

6）調合・瓶詰め・滅菌

面醤50kgに対して芝麻醤15kgを配合し，石臼あるいは小さいグラインダーで1～2回磨砕し，さらに煮詰めた辣椒醤35kgを加え，カメの中で均一に反復撹拌する．この中に安息香酸ナトリウム25g加えて撹拌し，瓶に詰め，醤の表面にゴマ油を辣椒醤の5～7%加える．その後，蓋を巻き締め，高温で滅菌する．

7）品質基準[16]

桐郷辣醤の品質基準を表5.6に示した．

表5.6 桐郷辣醤の品質基準

官能基準	化学成分	衛生基準
色は鮮やかな紅色，つやつやし，光り，きめ細かく，ざらつきがない．旨味，辛味，甘味があり，醤香，脂肪やゴマ油が多く含まれ，酸味，嫌味や異物がない．	塩分 8%以上 総酸 1.5%以下 アミノ態窒素 0.35%以上 糖分 20%以上 水分 55%以下	食品衛生基準 GB 2718-86による

文　　献

1) 劉宝家他編：食品加工技術工芸和配方全，中，科学技術文献出版社（1992）
2) 劉宝家他編：食品加工技術工芸和配方全，続集，中，科学技術文献出版社（1992）
3) 西南農業大学編：醸造調味品生産技術，農業出版社（1985）
4) 上海市粮油工業公司技校，上海市醸造科学研究所編：発酵調味品生産技術，中，軽工業出版社（1984）
5) 黄仲華，田元蘭，廖鴻生：中国調味食品技術実用手冊，中国標準出版社（1991）
6) 童江明，李幼筠，伊藤寛：醸協，**92**，825（1997）
7) 楊淑媛，田元蘭，丁純孝：新編大豆食品，中国商業出版社（1989）
8) 謝剛中：中国調味品，第 5 期，29（1985）
9) 伊藤寛，山田勝男：味噌の科学と技術，**40**，262（1993）
10) 呉周和，李幼筠，金鳳爕，伊藤寛：醸協，**92**，885（1997）
11) 呉周和，呉伝茂，宋鋼，伊藤寛：醸協，**93**，198（1998）
12) 宋鋼，伊藤寛：味噌の科学と技術，**37**，251（1989）
13) 宋鋼，伊藤寛：大豆月報，6/7，11（1991）
14) 商業部副食品局調味品処編：名，特，優醤腌菜工芸規定（専業標準匯編），p. 283（1988）
15) 劉伝光：広東食品工業，(1)，4（1988）
16) 曹勤士：中国醸造，(1)，43（1993）

第6章 醤　　　油

6.1 醤油について

　醤油（ジャンユー）は大昔から伝えられてきた歴史のある調味料である．昔は8か月〜1年以上の天然晒露（テンランサイロー）発酵方式で作られていたが，新中国の成立後，人口増加と急激な消費量の拡大に伴い，1日も早く醤油を大量に生産することが要望された．醸造期間を大幅に短縮した，低塩固体水浴保温発酵を北京市菜蔬公司と北京市東四醸造工場が協同で開発し，この方式が現在，中国各地の醤油工場で採用されている．それまでの1年以上の醸造期間を1か月以内に短縮するように改良し，生産能力が大幅に増加した．また穀物不足から，貴重な主食となっている小麦の代わりにふすまを用いている．さらに，高温短期間の発酵熟成に適し，大豆タンパク質を分解するプロテアーゼ力価の強い麹菌を選択して純粋培養した種麹を用い，醤油の香味や品質の改良，改善を図るために種々の異なる発酵方式を併用して研究を進めている．

6.1.1 低塩固体発酵法と日本の醤油製造法の相違点

　中国の醤油の低塩固体発酵法と日本の醤油製造法の相違点を表6.1に示した．
1) 原料と原料処理

　中国ではデンプン質の有効利用のためと，コストの低減のためふすまを用い，日本では小麦あるいは一部のデンプンを残したふすまと製麹に適する麹麦を用いている．また中国の豆餅（トウビン）（脱脂大豆）は丸大豆の加熱，圧搾によりタンパク質が変性しているが，日本では低温でヘキサン抽出し，加工しやすい粒形に成形した脱脂加工大豆を用いている．デンプン原料成分を表6.2に示した．低塩固体発酵技術の原料配合は豆餅とふすま（製粉歩留り80％以上で皮が多いふすま）を60：40としているが，日本では丸大豆または脱脂大豆と小麦の配合比（重量比）は55：45である．

2) 製麹および仕込み方法

　日本の醤油麹は28〜30℃，3〜4日間で製麹するが，中国では短時間で製麹す

6.1 醤油について

表 6.1 中国と日本の醤油製造の相違点

	中　国	日　本
原料配合	脱脂大豆：ふすま＝6：4	大豆：小麦＝5：5
汲　水	飽和食塩水 60%	120%
製　麹	A. oryzae 中科3042菌　とも麹 （高温製麹用）40℃, 24時間 自己発熱高温仕込み	低温製麹 25〜30℃, 42〜45時間 普通製麹 30〜35℃, 3〜4時間 低温塩水仕込み
仕込み	低塩高温固体発酵 35〜45℃, 30日 切返し	液体発酵 天然醸造 10〜12か月 通気撹拌　酵母発酵
抽出法	60℃飽和食塩水を仕込み重量の60%加え, 2日後, 浸出を3回繰り返す.	圧搾濾過

原料配合の5：5は容量比で, 重量比では55：45となる.

表 6.2 醤油用デンプン原料の一般成分（%）

	水　分	タンパク質	脂　質	糖　分	繊　維	灰　分
外　麦	10〜13	10〜13.1	3.1〜3.3	67〜73	2.0〜2.4	1.4〜1.6
普通醤麦	11.8	14.4	—	47.6	—	—
ふ す ま	—	19.3	5.3	68.0	—	7.5
麹　麦	11〜14.0	18.2	—	75〜79	—	2.0〜3.2

外麦：外国産硬質小麦.
普通醤麦：醤油用に開発された小麦で, 製粉歩留り60%で得られたふすまを用いる.
麹麦：麹ができやすいように, 製粉歩留りを40〜50%として小麦粉を残したふすま.

るため, 前培養した"とも麹"を用い, 35〜40℃, 24〜30時間で製麹する. また, 日本では低温の飽和食塩水に麹を加えるが, 中国では保温を兼ねた堆積（熱仕込み）をした40℃以上の麹に塩水を加え, 諸味の水分52〜53%, 食塩7〜8%の低塩固体発酵を行う.

3) 諸味の発酵と醤油の浸出方法

中国では35〜45℃で3〜4週間発酵熟成させる. 固体のためタンクからタンクへ移し換える. 日本では液体諸味のため通気撹拌をし, 酵母による発酵を促す. 発酵を終了した諸味は圧搾装置を使わず, 諸味に80〜90℃の塩水を60℃に冷却したもの, または前回に一度浸出した2番醤油を加え, 6時間以上静置し, 自然濾過により生醤油（殺菌や調合をしていない醤油）を得る.

4) 中国諸味および醤油の一般成分

中国の醤油は製造方法により, 濃厚な色調で, 調理に"のび"がきき, 冷蔵しなくても微生物に対して保存性のよい醤油である. 中国では, つけ醤油より調理

表 6.3 中国醤油諸味の化学成分 (w/w%)

成分	上海工場	北京工場	天津工場	平均値
水　分	58.5	49.1	56.7	54.7
食　塩	6.13	7.49	5.75	6.46
全窒素	2.25	2.95	2.43	2.54
ホルモール窒素	0.67	0.78	0.89	0.78
直接還元糖	10.3	8.92	8.04	9.09

加工を目的とするため，良い香りより，中国料理に合う香味や色の良いものが好まれる．タンパク質利用率は低いが，自然抽出により残りの諸味は調味料（醤）として使用される．日本では圧搾濾過した残りの醤油粕の再利用ができず，また圧搾布の洗浄，圧搾装置や廃水処理設備の運転に多額の費用がかかる．中国醤油諸味の成分を表 6.3 に示した．

6.1.2　中国の醤醪発酵（醤油諸味発酵）方法[1-4]

醤醪（ジャンラォ）（醤醅（ジャンペイ）ともいう）発酵とは，発酵中に麹の生産した酵素により，原料のタンパク質やデンプンを分解して新たに代謝産物を作る工程であり，発酵中に微生物により複雑な生化学的変化が引き起こされ，醤油醸造で重要な風味を生成する工程である．この発酵方法には多くの種類があり，発酵の基礎となる環境条件により，固体発酵，稀醪（シーラォ）発酵（諸味発酵），固稀（クーシー）発酵（固体と液体の併用発酵）の 3 種類があり，加えた塩濃度により高塩発酵，低塩発酵，無塩発酵の 3 種類がある．また，加温条件から晒露（サイロー）常温発酵，保温速醸法がある．現在，一般的に低塩固体発酵法が採用され，発酵設備として発酵室，発酵容器（缸（カン）（大ガメ），桶，タンクなど）と保温施設（水浴保温槽など）がある．

(1)　制醪および制醅諸味の製造

多量の塩水に麹を加えて仕込み，濃い粘稠性のある半流動状態で諸味を発酵させる製法を制醪（ツーラォ），少量の塩水に麹を加え，固体状態で発酵させる製法を制醅（ツーペイ）と称する．制醪では水分約 30% の麹に原料総重量の 200〜250% の飽和食塩水を加え，麹と塩水を注意深く均一に混合撹拌する．仕込み後の初め頃は必要に応じ，毎日 1〜2 回通気撹拌し，諸味中の炭酸ガスを放出する．制醅では麹に原料総重量の約 65% の塩水を加え，発酵をコントロールし，時々，上下を翻倒（ファントー）（天地返し）して醤油諸味の中の塩水の不均一を防ぎ，表面が焼けて損失を引き起こすのを防ぐ．

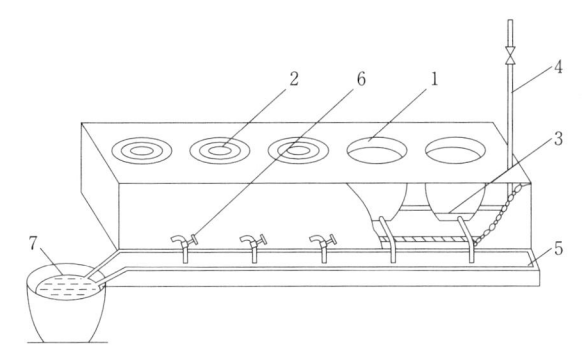

1：発酵缸（大ガメ），2：草蓋，3：仮底，4：蒸気導入管，5：流出醤油槽，6：排出弁，7：排出醤油缸（水ガメ）

図 6.1　缸用保温発酵設備

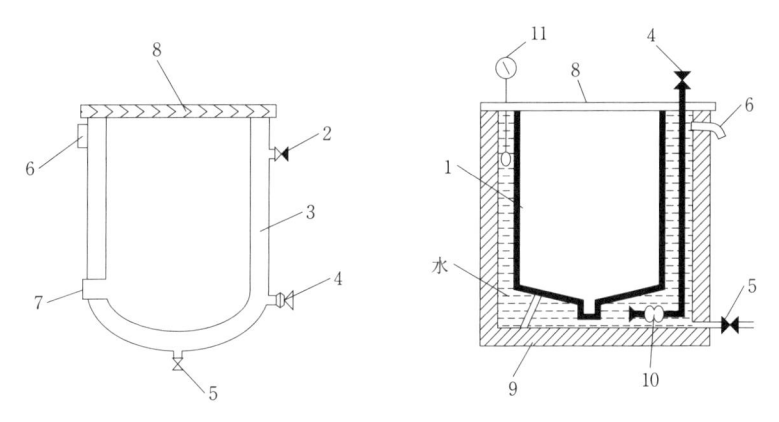

1：発酵缶，2：注水弁，3：二重缶，4：蒸気導入弁，5：排水弁，6：溢水管，7：原料排出口，8：保温蓋，9：水タンク，10：整蒸器，11：温度計

図 6.2　水浴保温発酵タンク

1) 天然晒露発酵

　この方法は高塩発酵の俗称で老法（ラォファ）醤油醸造法である．大豆と小麦粉を用いて竹ムシロや薄く平らな簸箕（ポーチー）（竹ザル）で製麹し，自然に存在する麹菌などの微生物で醤油麹を作る．麹を 20°Bé の塩水に仕込んだ諸味を屋外の大ガメに入れて日や夜露に晒し，太陽熱を利用して発酵熟成させる（夏の最も暑い期間を経て約 6 か月，晒露発酵をさせる）．醤諸味の表面の層が日に晒されて乾き，表面から 30cm の深さまで濃く変色する．7～10 日間隔で 7～8 回，天地返しをす

る．発酵後期には諸味は赤褐色を呈し，醬汁が浸出し，諸味が熟成すると，醬油を得る．この方法では発酵期間が比較的長く，この製品は醬の香りや風味が好まれている．

2) 固稀発酵法

固稀分醸（醪）（フェンニャン）発酵法（固体と液状の諸味を分離して別々に発酵させる方法）とも称し，固体発酵と液体発酵では食塩濃度や温度などの発酵条件が異なり，タンパク質分解酵素や糖分をコントロールして各種の酵素の能力を十分に発揮させる発酵技術である．

①分醸法：原料の豆，麦を分けて製麹し，脱脂大豆麹は高温低塩固体発酵（48～52℃条件下）で迅速に分解し，麦麹は中温低塩固体発酵（30～35℃）で諸味を作り，同時にデンプン原料で糖化諸味を作り，最後に三者を混合し，低温発酵（25～30℃）を行う．

②固稀発酵法：発酵工程を2段階に分け，まず出麹を少量の塩水に加え，諸味を作る．いわゆる固体発酵段階である．分解後，残りの塩水を加え，濃い粘稠性のある液体状態で，段階的に稀醪発酵を進める．この方法では色が比較的濃く，品質の良い製品ができる．この固稀分醸発酵法は一種の改良速醸法で，製造工程は比較的複雑である．稀醪発酵に比べて発酵期間を大幅に短縮し（一般に約30日），品質を向上させ，醬油の風味を改善した．

3) 稀醪発酵法

麹を多量の塩水の中に加え，流動状態で発酵を進める方法である．この方法は種麹を用い，一般の方法で原料処理や製麹した麹を原料総重量の200～250％の20°Béの塩水の中に加え，醬諸味を作る．これを3種類の常温発酵，保温発酵，低温発酵により発酵させる．常温発酵はカメの中に醬諸味を入れ，天然晒露発酵で，仕込みから1週間は毎日，朝と晩2回撹拌し，その後，毎日あるいは1日間隔で1回撹拌し，4～6か月熟成させる．保温発酵の醬諸味は品温40～42℃で約2か月保持し，仕込みから1週間は毎日2回撹拌し，その後は毎日1回撹拌熟成させる．低温発酵は1970年代末から行われるようになった醬油醸造の新技術である．発酵開始には品温を10～15℃とし，20～30日間保持し，以後は逐次昇温して28～30℃で3～4か月間保持し，主発酵後20℃に下げ，約1か月保持する．この方法により製品の特に好まれる醬香が生成する．稀醪発酵は諸味自体が流動し，酵素が均一に分布し，酵素活性が比較的強い．同時に品温が比較的低く，酵素の失活が少ないため，酵素によるタンパク質分解が促進され，総窒素の利用率は比較的高い．機械化により，管理も容易になった．しかし発酵期間が長くなり，設備

規模が大きく，保温のためのエネルギーの消耗が多い．

4) 低塩固体発酵法

この方法は無塩固体発酵の基礎の上に発展した技術で，一般の方法で原料処理や製麹をした麹を塩水に混和，撹拌し諸味を仕込む．発酵工程を前期の加水分解段階と後期の発酵段階に分け，前期はタンパク質分解酵素の最適温度42～50℃で8日間熟成させる．ただし，風味を増加させるため，さらに12～15日間に延長して熟成させる．後期の発酵期間中に固体諸味に適量の塩水を補充して，諸味の温度を35℃に下げる．醤油の培養酵母や乳酸菌を加えるか，自然落下の酵母や乳酸菌の協同作用により逐次，醤香を生じる．後期の発酵段階は半月から約1か月を要する．品質は安定し，比較的好まれる風味である．この低塩固体発酵の液体浸出発酵法には，移位（イーウィ）発酵法（別の発酵槽に入れ換える方法），元池（ユァンツィ）浸出法（元タンク浸出法）と淋澆（リンジョ）発酵法（日本のたまり醤油の汲掛法(くみかけ)）の3種類がある．

5) 無塩固体発酵法

この特徴は諸味に食塩を添加せず，大豆タンパク質の分解が食塩により抑制されるのを避け，醤諸味を55～60℃で約56時間で酵素分解させる．この技術で重要なことは出麹後，麹を迅速に粉砕し，堆積して45～47℃に昇温し，直ちに65～70℃の温水（出麹重量の約65%）を均一に撹拌混合する（撹拌後の諸味を手で握りしめたとき，指の間から水がしみ出すのがよい）．さらに水を加えて撹拌後，迅速に発酵タンクに入れ，表面を蓋をするように塩で覆い，醤諸味の温度を50～53℃に20時間保持した後，逐次55～60℃に昇温し，この温度を維持し，約36時間で醤諸味を熟成させる．この無塩発酵法により発酵期間が短縮され，技術管理を強め，品質が確保されるようになった．

(2) 特殊な発酵技術

1) 淋澆発酵法（汲掛法）[5,6]

この方法は低塩固体発酵で低塩のため雑菌が増殖しやすいので，無菌培養設備でアルコール発酵とエステル香の生成を進める．基本的に前期の分解の段階で，醤諸味の底部から醤汁を放出し，この醤汁を醤の表面に均一に汲み掛け，前期の醤諸味の温度，食塩濃度を制御して培養酵母や乳酸菌を醤諸味に接触させ，アルコール発酵を進めると，濃い醤香のある醤油ができる．前期の加水分解段階では品温を42～45℃に制御し，後期には酵素分解を十分に発揮させるために汲掛法により醤の含水量を比較的多くし，酵素と基質（麹の原料）が接触する機会を与え，分解速度を促進させる．

2) 堆積昇温法[6]

麹を堆積し,自己発熱により品温を上昇させて発酵させる,無塩固体発酵法による作り方である.日本の白味噌や江戸甘味噌など食塩の少ない味噌では熱仕込み(42℃以上で仕込む)をする.堆積仕込みの自己発熱で,45〜47℃に迅速に短時間に品温を上昇させ,温度が高くなり過ぎないように制御する.高過ぎると酵素が失活して発酵の品質に影響する.

(3) 低塩固体発酵法による醤油醸造の特徴

1) 製造工程

製造工程を図6.3に示す.

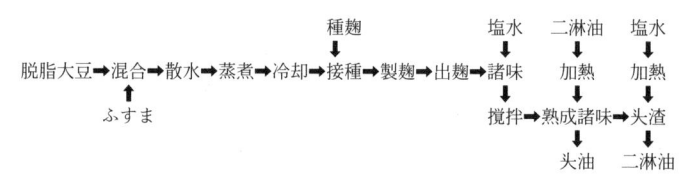

脱脂大豆→混合→散水→蒸煮→冷却→接種→製麹→出麹→諸味→加熱→撹拌→熟成諸味→頭渣
　　　　↑　　　　　　　　　　↑　　　　　　　　　↑　　　↑　　　　　　　　　　↓　　↓
　　　　ふすま　　　　　　　　種麹　　　　　　　二淋油　塩水　　　　　　　　　　頭油　二淋油

図6.3 低塩固体発酵法による醤油醸造工程

2) 製造方法

①原料と原料処理:原料として脱脂大豆とふすまを用いるが,最近,小麦を1〜3割配合している工場が増えている.脱脂大豆は吸水しやすくするため,米粒大に細かく粉砕し,表面積を大きくする.

②散水:脱脂大豆100部に対してふすま50〜70部を混ぜ,一定量の水を加え,蒸煮後の原料の含水量が45〜50%になるようにする.圧搾法による脱脂大豆は蒸してから水を均一に加える.

③蒸煮:回転式蒸煮缶を用い,圧力$0.8〜1.5kg/cm^2$で10〜30分間蒸煮する.この加圧蒸煮の間,缶を回転させる.蒸煮後,減圧して冷やし,蒸した塊を壊しながら炒った小麦を混ぜる.

④製麹:蒸煮原料の温度が40℃前後に下がったら,0.4%の種麹(事前に適量のふすまで増量する)を夏は35〜40℃,冬は40〜45℃で接種する.接種した麹原料を通風製麹槽に厚さ20〜30cmに堆積し,品温28〜30℃で静置培養6時間後,品温が37℃になったら通風をして品温を下げる.その後,品温が35℃以上にならないように断続的あるいは持続的に通風を行う.通風槽に引き込んでから,11〜12時間後,麹材料層の上下の温度差が生じると1番目の手入れをする.さらに4〜5時間後,品温が37℃になったら2番目の手入れを行う.その後,麹に裂け目ができ,上下の品温差が激しいときは1〜2回切返しをする.引込み後,18時間で麹

に胞子が生じる．品温を 32～35℃に保ち，28～30 時間で出麹であるが，温度の低い場合は 35～40 時間まで延長製麹する．

⑤塩水の調製：水 100kg に食塩 11.5kg を加え，11°Bé の塩水を作る．

⑥諸味の調製：50～55℃に加温した塩水（11～12°Bé）を出麹に対して 65～100%加え，発酵タンクに移し，諸味の表面に塩を撒き，蓋をする．初めの最適温度は 42～46℃で，4 日間保持後，5 日目から逐次温度を上げ，48～50℃で分解させる．醤諸味の分解期間は基本的には 8 日間であるが，風味を増加させるために 12～15 日間に延長する．分解温度を段階的に 42～44℃，44～46℃，46～48℃に昇温させて分解させる．また，後期の発酵期間中に固体諸味に適量の塩水を補充して，諸味の温度を 35℃に下げ，培養した醤油酵母（*Zygosaccharomyces rouxii*, *Candida versatilus*）や耐塩性乳酸菌（*Tetragenococcus halophilus*）を加えるか，自然落下の酵母や乳酸菌の協同作用により逐次，醤香を生じる．後期の発酵期間は半月が必要で，全工程は約 1 か月を要する．

⑦浸出：熟成諸味を加温した塩水や二淋油（オルリンユー）（第 2 回目の浸出液）に浸漬，あるいは濾過などで抽出する方法がある．醤油固体諸味の浸出工程を図 6.4 に示した．

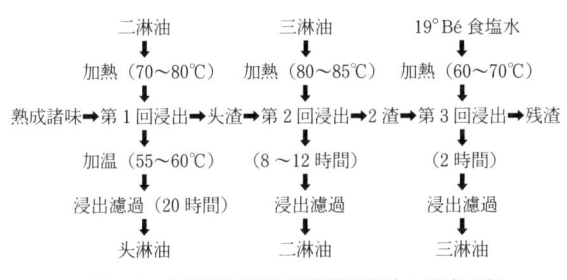

図 6.4 低塩高温固体発酵醤油諸味の浸出工程

a) 浸出：発酵の終わった固体諸味の表面の食塩を除き，その諸味の上に，前回に浸出した二淋油を 70～80℃に加熱し，原料の 2 倍の容積を加え，55～60℃で 20 時間浸出濾過を行う．

b) 濾過：濾過には間欠式と連続式がある．浸漬後の諸味を網のある容器で濾過し，头（=頭）淋油（トウリンユー）（生揚醤油）を得る．あるいは抽出液を 40 メッシュの網に籾殻を詰めた濾過機を用いて濾過し，醤油を得る．この醤油に調味料や保存料を加え，火入れをして製品とする．第 1 回目の浸出した粕に前回の三淋油（サンリンユー）を 80～85℃に加熱して加え，8～12 時間浸漬後，浸出液を濾過

する．この残りの粕は次の醤油浸漬に用いる．さらにその粕を 60～70℃の 19°Bé の塩水に 2 時間浸漬後，浸出濾過三淋油として用いる．

⑧火入れ：濾過した醤油に調味料や保存料を加え，80℃，20～30 分間，火入れをする．火入れには直火式，二重釜および熱交換器を用いている．

⑨澱下げおよび包装：通常 3 日間以上タンク中に静置し，澱下げをする．高級品ほど静置時間を長くする．瓶詰が製品の半分以上を占める．

6.2 有名な醤油

6.2.1 東北地方の醤油

醤油は清醤（チンジャン）との別名があり，この製造には低塩固体発酵法，高塩稀醪発酵法，日晒夜露（リーサイイェロー）法（晒露（サイロー）法）があり，これらの方法を併用した方法で作っている．

(1) 農家で作る醤油

中国の東北地方は大豆の産地として有名である．11～12 月に収穫した新大豆を 1 日間水に浸漬後，蒸煮し，破砕してから小麦粉に混ぜるか，蒸煮大豆を円形の餅状や煉瓦(れんが)状とし，表面を乾かし，あるいは硬くなった後，稲わらの縄で縛り，ムシロや麻袋などをかけて 2 日間位放置後，部屋に置くと，約 2 か月で醤麹ができる．醤麹の表面に黄色の胞子が着生したら，これを洗い流してから潰し，日に晒し乾燥後，予め煮沸して冷却した食塩水を入れたカメに加え，時々撹拌しながら半年から 1 年，自然発酵をさせる．発酵が終わった諸味を圧搾し，火入れをして農家の醤油ができる．

また，大豆を浸漬した後，蒸煮大豆を 80℃に冷やし，原料大豆に対して 10～40% の小麦粉をまぶし，これを竹で編んだ箱に薄く広げて入れ，自然培養で黄緑色のカビ（*A. oryzae*）を約 20 日間培養後，食塩水を加え，時々撹拌しながら約 1 年発酵をさせる．発酵が終わった諸味を圧搾し，火入れをして製品とする．

(2) 普通醤油

一般に普及している東北地方の醤油は，脱脂大豆とデンプン原料としてふすま，小麦粉，トウモロコシ，高粱（コーリャン），砕米などを用い，低塩固体発酵により製造している．例えば，脱脂大豆 100 部，ふすま 20 部と小麦粉 20 部に散水し，数時間放置後，蒸煮し，40℃に冷却後，*Aspergillus oryzae* AS. 3951 菌の種麹を接種し，24 時間，通風製麹する．蒸煮原料の水分は 45～52%，出麹の水分は 28～30% である．出麹を，予め原料の 1.2～1.5 倍の食塩水（60℃，12～14°Bé）を

表 6.4 堆積麹と高温発酵中の酵素力価の変化

酵　素	40～45℃, 1 時間		発酵温度 (℃)	発　酵　日　数			
	堆積前	堆積後		5 日	10 日	15 日	20 日
α-アミラーゼ	174	150	35	133	122	85.7	75.0
			45	109	50.8	27.3	30.0
			55	0	0	0	0
総合糖化力 (mg/g)	45.4	49.1	35	118	35.6	29.2	10.26
			45	91	14.0	0	0
			55	81	4.3	0	0
プロテアーゼ (pH 3) (U/g 麹)	28.5	75.0	35	42	36	0	0
			45	13.5	0	0	0
			55	19.5	0	0	0
プロテアーゼ (pH 6) (U/g 麹)	123	171	35	161	46.5	0	0
			45	88.5	24.0	0	0
			55	0	0	0	0

入れた発酵タンクに加え，よく混合し，間隙がないようによく押さえこみ，表面に食塩を散布した後，カメの口を封じる．初め品温を 40～45℃ とし，10 日間発酵させた後，45～53℃ で 25～30 日間発酵させる．発酵中の酵素の挙動を調べた結果を表 6.4 に示した．表に示したように，発酵温度が高いほど発酵中にプロテアーゼとデンプン分解酵素活性（α-アミラーゼ，総合糖化力）は失活しやすい．プロテアーゼ活性は 35℃ で発酵 15 日になると失活するが，デンプン分解酵素活性は 35℃ で発酵 20 日後にも残り，なかでも α-アミラーゼ活性は 45℃ で発酵させても 20 日後でも残っている．

発酵が終わった固体諸味の水分は 50～52％，可溶性固形物は 33～37％．食塩 7～8％ の諸味を食塩水で浸出し，醤油を作る．

(3) 忌塩醤油（無塩醤油）

忌塩醤油（ジーヤンジャンユー）は食塩がほとんどない醤油のことである．脱脂大豆 100 部，小麦粉 40 部とふすま 10 部に散水し，数時間放置後，蒸煮し，40℃ に冷却後，*A. oryzae* AS. 3951 菌の種麹を接種し（その時の水分 45～50％），24 時間，通風製麹をする．出麹を，予め原料の 1～1.5 倍の熱湯を 65℃ に冷却した水を入れた発酵タンクに加え，55～60℃ で約 60 時間発酵させる．この固体諸味を 80℃ の水で 12 時間浸出を行い，この浸出液を 40 メッシュの網に籾殻を詰めた濾過機で濾過し，濾過液に 3％ 塩化アンモニウム，2％ グルタミン酸ナトリウム，1.5％ クエン酸カリウムと砂糖 3％ を混合後，火入れを行い，忌塩醤油ができる．

表6.5 粉末醤油の一般成分（％）

成　分	水　分	全窒素	アミノ態窒素	還元糖	無塩固形分	食　塩
原料醤油	58.0	1.56	0.71	8.46	20.1	20.1
粉末醤油	12.3	3.46	1.51	19.0	—	44.5

(4) 粉末醤油と固体醤油

粉末醤油や固体醤油は湯に溶かして用いるもので，黒龍江省や吉林省の森林地区の交通の不便な所でよく用いられている．粉末醤油は原料醤油を噴霧乾燥した粉末状の醤油で，固体醤油は醤油を真空釜に入れて脱水した固体に砂糖やグルタミン酸ナトリウムを加えたものである．

1) 粉末醤油の製造

醤油を高温の空気が流れる噴霧乾燥装置で，$80kg/cm^2$ の圧力のもとに噴霧するか，あるいは回転速度7,000rpmのスプレードライ式の遠心噴霧機で噴霧し，乾燥する．スプレードライヤーの乾燥缶に吹き込む空気の温度は130～160℃，出口の温度は一般に75～80℃で粉末とし，篩を通し，アルミ箔包装をする．表6.5に粉末醤油の成分を示した．

2) 固体醤油の製造

1級醤油を真空濃縮し，大部分の水分を除いた後，60kgの原料に対して砂糖5kg，粉末食塩15kgとグルタミン酸ナトリウム0.6kg（あるいはイノシン酸ナトリウム）を熱いうちによく混合し冷却後，包装する．60kgの原料醤油から約43kgの固体醤油ができる．1kgの固体醤油を水で希釈し，3kgの液体醤油として用いる．

(5) トウモロコシタンパク質の白醤油

トウモロコシデンプン製造の副産物であるトウモロコシタンパク質を中国では黄粉（ファンファン）と称し，水分62％，タンパク質16.6％，デンプン11.5％で白醤油の良いタンパク質原料である．圧搾したトウモロコシタンパク質7部に小麦粉3部と籾殻2部を加え，少しの水でよく混合し，常圧蒸気で1時間蒸し，38℃に冷やした後，0.3～0.5％の種麹を接種し，通風培養槽に入れ，37℃以下で約28時間培養すると，淡黄色の麹になる．蒸した麹材料は水分約48％で，麹の水分は

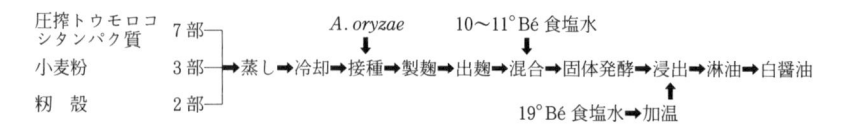

図6.5 トウモロコシタンパク質の白醤油の製造工程

表6.6 キノコ麹およびA. oryzaeの麹の酵素力価[7]

キノコ麹	セルラーゼ (U/g)	ヘミセルラーゼ (U/g)	プロテアーゼ (U/g)	アミラーゼ (U/g)
A. oryzae	392	3,890	5,865	562
ヒラタケ	784	5,140	1,975	640
シイタケ	812	6,415	2,070	592

約28.6%,タンパク質分解酵素活性は308U/gであった.この麹を,予め食塩水(55℃,10~11°Bé)57~60%を入れた発酵タンクに加え,食塩濃度を7~8%に調整する.固体発酵で45~50℃,15日間分解発酵させる.熟成した醤醅(ジャンペイ)(諸味)に90℃,19°Béの食塩水を加えて約10時間浸漬後,淋油(下から浸出する)する.

(6) 磨菇醤油

磨菇醤油(モーグージャンユー)(キノコ醤油)とは普通の醤油製造に用いるA. oryzaeの麹とヒラタケ(学名 Pleurotus ostreatus)あるいはシイタケなどを混ぜ,製造した醤油で,普通の醤油の香味にキノコの味,香りを加えた高級醤油である.

1) 製 麹

①キノコ麹:毒性のあるフェノールを除いたワタの脱脂種子にふすまを混ぜ,水分60~70%になるように散水後,蒸したものを冷やし,キノコ菌を接種し,相対湿度85~90%,24℃で20日間培養し,キノコの麹を作る.

②醤油麹:脱脂大豆に炒った小麦あるいはふすまなどを混合し,蒸した後,24~30時間培養した麹を用いる.キノコ麹の酵素活性を表6.6に示した.キノコ麹はセルラーゼやヘミセルラーゼの活性が高く,プロテアーゼ活性は醤油麹の活性の1/3と低い.

2) 醤油製造方法

キノコ麹20~25%と醤油麹75~80%を混合して発酵タンクに入れ,約60℃,13°Béの塩水を原料の1.5倍加え,よく混合し,仕込み,40~50℃で1か月発酵させた後,発酵固体諸味に90℃,19°Béの食塩水を入れ,20時間位浸出し,濾過すると磨菇醤油ができる.一般の醤油麹よりキノコ麹は原料利用率が5~9.6%高く,香味の良い,特色のある醤油ができる.

(7) 紅曲醤油

紅曲(ファンチュ)醤油はMonascus属のカビを用いた紅曲と醤油麹を混合して仕込み,熟成させた醤油で,醤油の色が美しく,特殊な味を持っている.

1) 紅　　曲

脱脂大豆60部,ふすま4部を混合し,散水後,蒸煮し,40℃に冷やし,*Monascus*属の種麹0.6%を接種すると同時に3%のブドウ糖溶液を混合し,堆積して6時間位培養する.この時の水分は約60%で,これを35℃で30時間,通風培養して紅曲ができる.

2) 醤油麹

脱脂大豆60部,ふすま40部を混合し,散水後,蒸煮し,40℃に冷やし,*A. oryzae*(AS.3951菌)の種麹0.3%を接種し,通風培養槽に入れ,35℃以下で,24～30時間培養して製麹する.

3) 仕込みと熟成

60℃の13°Béの食塩水の入った発酵タンクの中に紅曲と醤油麹を20:80の比率で加え,よく押して,表面に食塩を散布して口を封じる.これを45℃,9～20日間発酵後,90℃の19°Béの食塩水で約20時間浸出し,濾過して紅曲醤油ができる.

(8) 加工醤油

中国東北地方の醤油に海産物,キノコや野菜などで味付けをした醤油がある.

1) 海鮮(ハイシァン)醤油

新鮮なエビあるいは魚10kgを切って,沸騰している100kgの醤油に入れ,さらに砂糖4kgとアルコール50～60%含有の高粱酒4kgとショウガ(切片)を入れる.エビなどが浮かぶ時は濾過し,瓶に詰める.

2) 辣醤油(ラージャンユー)

醤油100kgを沸騰させ,表面の泡を除き,新鮮なキノコ5～6kg,少量の砂糖やグルタミン酸ナトリウムやトウガラシを入れ,さらに沸騰後,濾過,冷却し瓶に詰める.

6.2.2 華北の醤油

(1) 珍極醤油[6,8]

この醤油は石家庄市珍極(ゼンジー)醸造工場で作られている.この工場は1956年に設立され,石家庄市副食一厂と呼び,1980年の後半から生産規模が拡大した.従来の低塩高温固体発酵法により,年間1万トンの醤油を製造し,さらに日本の醸造機械を導入し,脱脂大豆と小麦を原料として液体発酵法で4か月以上の発酵期間で製造している.珍極醤油は品質がよく注目されている.

1) 製造工程

製造工程を図 6.6 に示す．

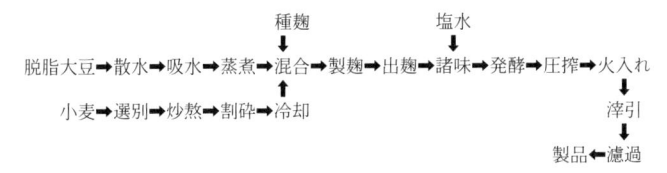

```
                      種麹        塩水
                       ↓          ↓
脱脂大豆➡散水➡吸水➡蒸煮➡混合➡製麹➡出麹➡諸味➡発酵➡圧搾➡火入れ
小麦➡選別➡炒熬➡割砕➡冷却                                    滓引
                                                    製品⬅濾過
```

図 6.6　石家庄珍極醤油の製造工程

2) 珍極醤油の液体発酵法の特徴

① 濃度の高い塩水の中に出麹を混ぜ，120 日間前後の液体発酵法で醤油を製造する．

② デンプン質原料として小麦を用いるため，醤油の香りが増し，ふすまを原料としたときのように褐変しない．

③ 春に仕込み，夏に発酵熟成を進め，秋に醤油ができる．常温発酵のため高温発酵による発酵臭を大幅に軽減した．

④ 熟成諸味を浸出でなく，圧搾機を用いて搾って原液の生揚醤油を得る．

(2) 天津宏鐘牌醤油[6]

宏鐘牌（ホンツォンパイ）醤油は天津光栄醸造工場で作られ，50 年以上の歴史がある．低塩固体発酵法を基本とし，脱脂大豆，大麦あるいは小麦などを原料別に製麹した諸味と糖化諸味を調製する．それぞれの諸味を混合し，熟成させる．

1) 製造方法

①脱脂大豆麹およびその諸味：まず脱脂大豆の塊を潰し，小粒状とし，脱脂大豆 400kg に等量の水を撒いて混ぜ，これにふすま 100kg を混合して加圧釜に入れて蒸す．蒸気圧が $1.0kg/cm^2$ まで上がるのに約 45 分かかる．その後，3 時間蒸し続けた後，冷却し，32〜37℃で種麹を接種し，30℃，36 時間前後，通風製麹を行う．この製麹中に，およそ 14 時間で品温が 35℃に上昇すると 1 番手入れを行い，さらに 6〜8 時間を経過して 37℃になると，2 番手入れを行う．その後，麹が淡黄色となったら，出麹をする．出麹の水分は約 25％である．出麹と同量の 14°Bé の食塩水の中に麹を加え，低塩固体発酵方式に準じて 40〜50℃，13〜15 日間の発酵後，さらに塩水 750kg を加え，通気撹拌しながら，40〜42℃，7 日間，液体発酵させる．

②大麦麹およびその諸味：大麦を焦がさず濃黄色になるまで炒り，4〜6 つ割りに割砕する．大麦 400kg にふすま 100kg を加え，さらに 80℃の温水を加えて，

麹材料の水分を 39～42％ になるように調整する．低塩固体発酵法の製麹方法で作った麹を，予め 45℃，14°Bé の塩水を入れたカメに加え，30～40℃，8～9 日間，低塩固体発酵を行い，さらに原料の 1.5 倍量の 18°Bé の塩水を加え，よく混ぜて 36℃，10 日間の液体発酵を行う．

③糖化諸味：砕米を洗い，これに 3.5 倍の水を加えてすり潰して作った液汁に，原料に対して 0.25％ のデンプン糖化酵素を加え，また原料に対して 0.2％ の塩化カルシウムを加え，撹拌しながら加熱する．品温が 88℃ に上昇したら，この温度に約 13 分間保つ．糖化液に薄いヨード液を加え，糖化液の青色が消え，赤橙色から黄色を呈すると糖化処理を終える．糖化液の温度を 65℃ に下げ，原料に対して 10％ のふすまを加える．さらに 60℃ になると，10％ の食塩を加える．

④混合，熟成および圧搾：脱脂大豆諸味 30 部，大麦諸味 1 部，糖化諸味 2 部を混合し，均一に撹拌し，28～30℃，15 日間の発酵を行う．毎日 1 回ずつ撹拌する．熟成完了の諸味を圧搾機の圧搾槽に入れ，プレスして醤油を得る．

(3) 固体醤油

北京醤油厂は固体醤油を製造している．携帯に便利で，湯に溶かし使用できる特徴を持ち，風味は普通の醤油とほとんど変わらない．

1) 製造方法

脱脂大豆 60％ とふすま 40％ を混合し，原料処理をした後，製麹した麹を用い，低塩固体発酵法によって作る．無塩固形分 14～55％ までの醤油を固体醤油の製造に用いる．

①初濃縮：まず，真空ポンプを稼動し濃縮釜の真空度を 400mmHg まで上げ，吸込み用のバルブを開き，醤油 1,200kg を吸い込み，全部吸い込むとバルブを閉めて蒸気を吹き込む．撹拌機を回転しながら，初め蒸気圧を 0.5kg/cm^2 に上げ，さらに，徐々に 0.8kg/cm^2 まで上げる．その後，濃縮釜の真空度を 700mmHg まで下げる．この時，釜の温度が 65℃ を越えないように調整しながら，2.5～3 時間，規格の濃度（40～42°Bé）まで濃縮する．

②再濃縮：濃縮醤油（濃縮半製品）に精製塩 154kg，砂糖 32kg を入れ，よく混ぜ，濃縮タンクに吸い込み，撹拌機を回しながら，真空ポンプの稼動および蒸気の吹き込みをする．初め蒸気の圧力を 0.4～0.6kg/cm^2 に上げ，その後，真空度を 680～720mmHg に下げて，濃縮タンクの温度が 55℃ を越えないように調整し，4～5 時間，再濃縮する．

③濃縮醤油の引出し：濃縮終了後，引き出す前に，受けるタンクを用意する．真空タンクの電流メーターの指針が 6A を指したら，直ちに真空ポンプや蒸気を

止め，グルタミン酸ナトリウム 3.2 kg を加えて均一に混ぜる．

④濃縮醤油の保温：濃縮醤油を引き出し，直ちに 36～40℃の保温室に移し，濃縮醤油のブロックをビニール袋に入れ，適合する大きさに切断し，500 g を計量してセロハン紙に包み，これを紙箱に詰め貯蔵する．

⑤貯蔵：通気性がよく，しかも乾燥し，耐熱性のある倉庫に貯蔵する．

6.2.3　四川地区の醤油[9-13]

四川は中国でも人口が最も多く，広大な面積と優れた自然環境に恵まれ，農産物が豊富で，醤油製造方法もそれぞれ異なり，独特の風味があり，省の特産品として優れた多くの醤油が生産されている．四川の著名な醤油は大多数は伝統的な天然晒露発酵法で醸造されている．

(1)　四川地区の伝統的な方法による醤油製造の特徴

大豆や小麦を原料とし，簸箕（ポーチー）（平らなザル）に麹材料を厚さ 2.5～3 cm に敷き製麹をする．純粋な種麹を用いるか，あるいは環境中の野生菌を利用して，室温 25～28℃で製麹する．純粋な種麹では約 3 日間，野生菌では約 2 週間で麹ができる．出麹を 21～22°Bé の塩水の入ったカメに入れ，しっかりと押さえ，屋外にカメを置き，夏の最も暑い時期の日晒夜露を経た常温発酵で製造する．その期間，定期的に諸味を翻晒（ファンサイ）（天地返しをして日に晒す方法）し，表面の層を直接日に晒して発酵させる．翻晒方法で日に晒した後の諸味は，水分が乾き，色は比較的濃い．諸味を撹拌棒で表層から 1 尺余（約 30 cm）まで引っ繰り返す．約 10 日の間隔で，7～8 回日に晒し，引っ繰り返す．発酵後期に醤油の諸味は紅褐色を呈し，それと共に醤汁が浸出し，諸味を熟成させる．大きなカメに浸出した醤油を集め，6 か月から 1 年間発酵させる．伝統的な方法で作った醤油は多くの種類の微生物の十分な協同作用により，醤油の独特な香りが漂い，味は混じり気がなく濃く，旨味があり，濃厚で，貯えてもカビが生えない．

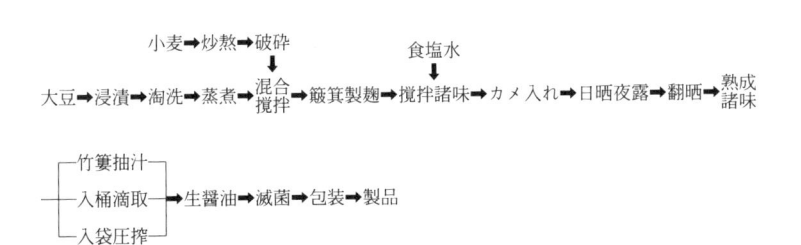

図 6.7　四川地区の伝統醤油製造工程

(2) 四川地区の有名な醤油

1) 圖山牌中垻圖磨（レイサンパイ・ツォンゲンレイモー）醤油

①伝統的方法：圖山牌中垻圖磨醤油は清代に創製された四川省の伝統的な醤油である．その生産方法は独特で，粗く半割れに破砕した大豆を原料とし，自然環境中の野生のケカビを利用する．まず発酵を経て豆豉を製造した後，さらに日に晒し，浸出して醤油を得る．大豆を選別，洗浄，浸漬，蒸煮後，容器や室内に付着している野生のケカビを利用し，棚の上で旧暦10月から翌年3～4月までの間に15～20日間製麹を行う．出麹を副原料と混合し，大きなカメに入れ，12か月間日に晒し，発酵させて醤油を得る．1987年以来，製造方法を改良し，品質の改善および生産高の向上に努めている．

②新技術の特徴：新技術は大豆を細かく破砕して粒の大きさを揃え，製麹時に微生物と麹材料の接触面積が数倍に増大し，麹の酵素力価が2倍に増加した．成都市調味品研究所で選別，分離した純粋な豆豉のケカビから育種したM.R.C-1を用いる．この菌種は酵素力価や酵素量が明らかに高まった．厚い層の通風製麹により，労働力を大幅に軽減した．また約20日間の製麹を3～4日に短縮した．さらに，常温発酵に代わり，水浴保温発酵を行うことにより，発酵期間を1年から3～4か月に短縮した．同時に副原料の添加と稀醪（シーペイ）発酵（低塩液体発酵）技術を用いることにより，生産量と風味が増した醤油ができた．

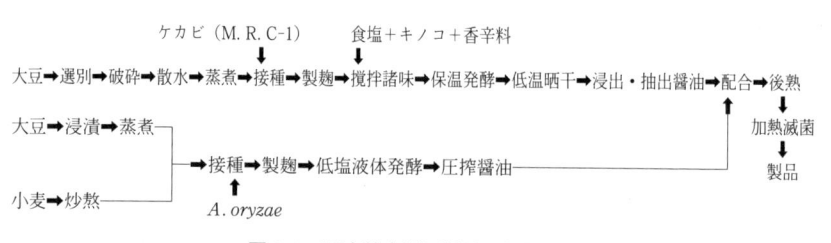

図 6.8 圖山牌中垻圖醤油の新製造法

2) 雄獅牌大王（シュンスーパイ・ターワン）醤油

雄獅牌大王醤油は四川省の伝統製品で，1930年頃の成都老同興醸造廠の同興（トンシン）醤油をベースにし，1960年に成都醸造廠が製造法を改良し，生産を拡大した．大豆，小麦を原料として固体発酵と稀醪発酵を別々に行った後，熟成させる．この製造工程を図6.9に示した．その新しい製造技術の特徴は，*A. oryzae*とセルロース分解酵素をもつ菌（*Tricoderma*菌）を種麹とし，共同製麹を行っていることである．発酵については伝統の高塩固体発酵を保持し，濃厚な醤香があり，

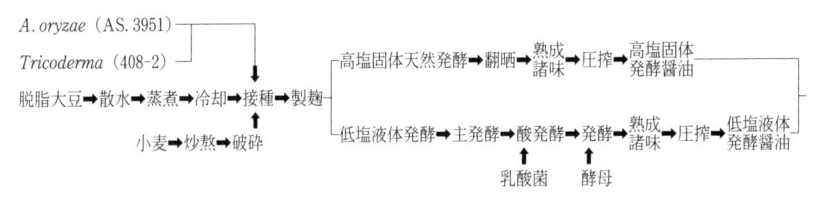

```
A. oryzae (AS.3951)
Tricoderma (408-2)
                                高塩固体天然発酵→翻晒→熟成→圧搾→高塩固体
脱脂大豆→散水→蒸煮→冷却→接種→製麴              諸味          発酵醤油
              小麦→炒熬→         低塩液体発酵→主発酵→酸発酵→発酵→熟成→圧搾→低塩液体
                   破砕                     ↑      ↑       諸味       発酵醤油
                                         乳酸菌   酵母

➡配合➡後熟発酵➡滅菌➡清澄➡製品
```

図 6.9 雄獅牌大王醤油の製造工程

風味が良く,しかも高塩を改めるため,低塩液体発酵を併用している.*A. oryzae* を用い,乳酸菌,酵母との共生発酵に変え,さらに常温発酵を段階的な保温強化発酵に改め,発酵期間1年を2か月に短縮した.また製品の品質が高まり,明らかに生産量が増大した.この新技術により原料の利用率を高め,優秀で安定した製品が作られているが,需要が多く,供給が追いつかない.連続3回,四川省や政府の商業局から優秀品として賞され,四川地区の醤油業界でトップとなった.

3) 雄獅牌一級醤油

雄獅牌一級醤油は低塩固体発酵法により製造される有名な醤油で,四川省成都醸造厂が生産している.品質がよく,安く,優秀品として賞を受けた.天然晒露の伝統技術を改め,低塩固体発酵で大量生産を行い,消費者に好まれ経済効果が顕著である.脱脂大豆,ソラマメ,ふすまを原料として,純粋な菌で厚い麴層の通風製麴を行い,低塩固体保温発酵,移動浸出による醤油で,製造期間は約1か月,操作が簡便で,比較的コストが低く製造され,年産約4,000トンである.この醤油の名が広まり,成都地区の消費者に好まれて大衆化し,名産品となった.

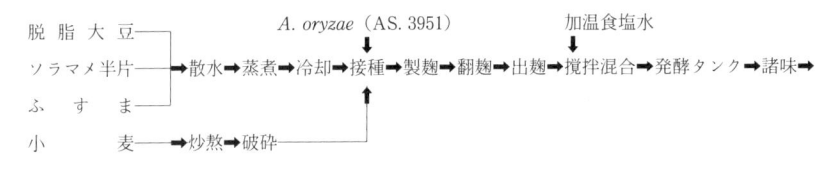

```
                        A. oryzae (AS.3951)           加温食塩水
脱脂大豆─┐                   ↓                       ↓
ソラマメ半片├→散水→蒸煮→冷却→接種→製麴→翻麴→出麴→撹拌混合→発酵タンク→諸味→
ふ す ま ─┤
小  麦 ──→炒熬→破砕

保温→転倒→熟成→浸出→生醤油→加熱→配合→清澄→製品
発酵                     滅菌
```

図 6.10 雄獅牌一級醤油の製造工程

4) 徳陽牌精醸(トーヤンパイ・チンニァン)醤油

徳陽牌精醸醤油は伝統的方法により四川省徳陽市醤油醸造厂で生産されている.清の同治年間(1862~1874年)に創業され,優秀品として賞を受けた.大豆,小麦,小麦粉を主原料として固体発酵と稀醪天然晒露法で製造している.

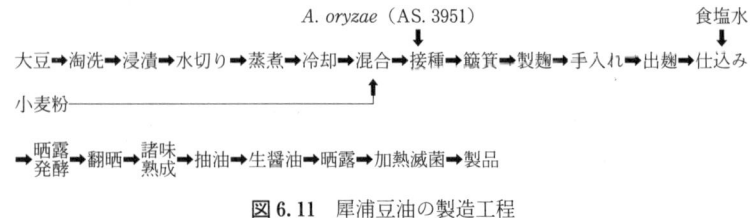

```
                              A. oryzae（AS. 3951）              食塩水
          大豆➡淘洗➡浸漬➡水切り➡蒸煮➡冷却➡混合➡接種➡簸箕➡製麹➡手入れ➡出麹➡仕込み
          小麦粉─────────────────────────↑

          ➡晒露   ➡翻晒➡諸味➡抽油➡生醤油➡晒露➡加熱滅菌➡製品
            発酵        熟成
```

図 6.11　犀浦豆油の製造工程

5) 犀浦豆油（シープートウユー）

犀浦豆油は四川省郫県犀浦豆油厂で，伝統的な方法で作られる醤油で，独特な醤香が濃く，味が良く，濃厚な旨味がある．醤油は濃く，きれいな色で，四川で名誉ある賞を受けた．

6) 涪城牌白醤油（フウツェンパイ・パイジャンユー）

涪城牌白醤油は四川地区の名産品で四川省綿陽市醸造厂で生産され，芳香と濃い旨味があり，菜類を炒めても鍋に粘りつかず，色もつかない．炒菜（ツォッツァイ），涼菜（リャンツァイ）（前菜），湯菜（タンツァイ）（スープ），麺食や拌飯（パンファン）（混ぜ飯）の調味に用い，食欲をわかせ，独特の風味をもち，有名になった．その伝統的方法で丸大豆と炒熬小麦を原料として，自然常温稀醪発酵（液体発酵）と圧搾により醤油を作る．1986 年以後，工場では缶式稀醪淋澆（クァンスーシーペイリンジョ）発酵の新製造技術を涪城牌白醤油に用いるようになった．すなわち半密封式発酵で，手作業から缶式稀醪淋澆発酵に改め，浸出法から木枠圧搾に変えた．人手による撹拌から淋澆回淋（リンジョフィリン）方法（桶の底から液汁を取り，上部の諸味に掛ける汲掛方法）により著しく効果を上げた．この涪城牌白醤油の製造工程を図 6.12 に示した．

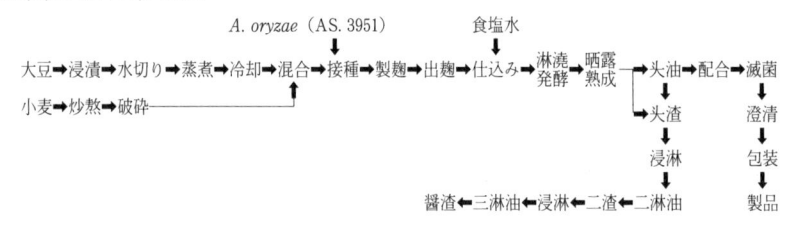

```
                      A. oryzae（AS. 3951）    食塩水
                            ↓                ↓       淋澆 晒露
      大豆➡浸漬➡水切り➡蒸煮➡冷却➡混合➡接種➡製麹➡出麹➡仕込み➡発酵➡熟成➡頭油➡配合➡滅菌
      小麦➡炒熬➡破砕─────────↑                                 ↓        ↓
                                                              頭渣      澄清
                                                              ↓         ↓
                                                              浸淋      包装
                                                              ↓         ↓
                                              醤渣←三淋油←浸淋←二渣←二淋油   製品
```

図 6.12　涪城牌白醤油の製造工程

6.2.4　華南の醤油

(1) 生抽王，珠江橋牌生抽王醤油[4]

生抽すなわち淡色（淡口）醤油で，中国では白醤油（パイジャンユー）とも称し，

写真 6.1 生抽王醤油

生抽の王者の意味から生抽王(シェンチョウワン)と言う．高温発酵を行ったり，長期間日に晒しても醤油の色は比較的に淡く，鮮やかで，光沢があり，澄んでいる．また，アミノ酸の損失が比較的少なく，濃厚な旨味と濃い醤の香味があり，独特の風味がある．この生抽は中国の広州，福建，湖南，江蘇，上海，四川などで生産されている．その中で広州の生産高が最高である．広東省仏山市珠江醤油厂で製造される珠江橋牌(ズウチャンチョパイ)生抽王が品質が最も良く，有名である．広州調味品四厂の前身である致美齋醤園が，1608年に生抽王の生産を始めた．優秀品として銀賞を受賞している．

1) 製造工程

製造工程を図 6.13 に示す．

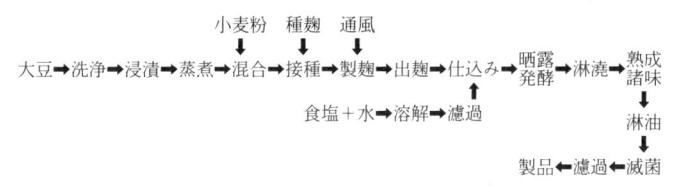

大豆→洗浄→浸漬→蒸煮→混合→接種→製麹→出麹→仕込み→晒露発酵→淋澆→熟成諸味→淋油→滅菌→濾過→製品

（小麦粉，種麹，通風，食塩+水→溶解→濾過）

図 6.13 珠江橋牌生抽王醤油の製造工程

2) 製造方法

丸大豆を洗浄後，豆粒が膨張して，しわがなくなるまで3〜5時間浸漬する．水切り後，蒸煮缶に入れ，1.5〜2kg/cm²の圧力で40分間蒸煮後，大豆に対して生小麦粉 43〜53％を混合すると，水分は 46〜50％になる．蒸煮大豆を40℃まで冷却後，種麹(*A. oryzae*, 滬醸3042)を0.3〜0.4％接種し，通風製麹を行う．麹層

の厚さ約25cm，製麹温度は低温がよい．麹菌による糖化酵素の生産には培養温度が比較的高い方がよいが，これ以外の酸性プロテアーゼや中性プロテアーゼによる旨味のあるペプチドやアミノ酸の生産には低い温度条件が有利である．生抽王の独特の淡色と旨味を生かしながら，伝統的な高温製麹管理を改変した．すなわち，製麹開始の胞子発芽期間（麹槽に引き込み後，5～6時間）は室温を30℃，品温を35℃に保ち，その後，30～34℃，14～16時間培養すると麹菌の菌糸が成長し，塊が生じる．麹の層間の品温差が大きくなると，1回目の手入れを行う．5～6時間製麹後，品温が上昇し，麹がしまり，亀裂が生じると2回目の手入れを行う．品温を28～30℃に保ち，34℃を越えないようにして，さらに継続して培養し，固まって品温が不均一になると3回目の手入れを行う．44時間製麹後，麹が薄黄色を呈したら，出麹とする．麹のプロテアーゼ力価800U/g以上，水分は約30%．

生抽醤油は高塩液体晒露発酵法による．諸味の食塩濃度を18～20°Béになるように，麹：食塩水＝1：2.5の割合で混合し，カメあるいは発酵タンクに入れ，天然晒露発酵で3～4か月以上発酵させ，その間，10日ごとに塩水を補充する．発酵終了後，濾過して得た醤油を头（＝頭）油（トウユー）と言う．さらに18～20°Béの塩水で7～10日間浸出して得たものを二油（オルユー）と言う．さらに80～90℃の熱水で浸出したものを三油（サンユー）と言う．これらを濾過，清澄して異なる等級の醤油を得る．この生醤油は滅菌後，製品とする．

3）製　　品

头油，二油および三油はそれぞれの等級の基準に合うように調製し，熱交換器で85～90℃で加熱殺菌後，貯蔵容器の中に放置して澄ました後，高速遠心機で15,000rpmで分離し，濾過後，瓶に詰める．最後に瓶に詰めた醤油を殺菌する．製品は透明で色は赤く，つやつやして，濃い旨味があり，醤の香りも濃く，天然晒露法の醤油特有の風味がある．この醤油は食品の味付け，涼拌（リャンパン）（冷たい和え物にする），沖湯（ツォンタン）（湯をそそぐ），炒め物の味付けに用いる．

(2) 龍牌醤油[14]

龍牌（ルンパイ）醤油は中国湖南省湘潭の特産であり，濃厚で醤の香りが強く，旨味があり，長く貯蔵しても変質しない．国家の銀賞や商業局の優秀賞を獲得した．香港，マカオ，シンガポール，マレーシア，カナダ，日本，米国などや中国

表 6.7　生抽王の品質基準（単位：g/100ml）[3]

全窒素	アミノ態窒素	無塩固形物	糖　分	食　塩	比重 (Bé)	色　度	pH
1.45 以上	0.8 以上	15.5	4.7 以上	23～24	25.5 以上	0.7 以下	4.6

の各地で販売されている．

1) 製造工程

製造工程を図 6.14 に示す．

大豆➡洗浄➡浸漬➡水切り➡蒸熱➡冷却➡混合➡製麹➡出麹➡仕込み➡晒露発酵➡翻醅➡熟成➡抽出➡生醤油➡晒露➡濾過➡加熱滅菌➡醤油製品

（水 → 浸漬）（小麦粉＋種麹 → 混合）（塩水 → 仕込み）

図 6.14 龍牌醤油の製造工程

2) 製造方法

①原料処理：大豆を洗浄後，水を加え，3～5時間浸漬（豆粒が膨張してしわがなくなるまで浸漬，季節により浸漬時間は異なる）後，水切りし，蒸煮缶で常圧で 4～6 時間，圧力 0.8～1.0 kg/cm^2 で 40 分間蒸煮する．手で捻って豆皮が脱落し，子葉が 2 つに分かれるのがよい．

②製麹：老法（ラォファ）製麹による．蒸豆を撹拌台の上に広げ，80℃以下に冷却し，大豆 100 部に対して小麦粉 75 部を加え撹拌，均一に混和し，平たい竹ザルに入れる．中央を薄く，周囲をやや厚く約 3cm に 12.5kg を盛り込み，麹室に入れ，室温 25～28℃，24 時間で品温が逐次上昇する．もし，品温が 40℃を超えるときは麹を広げ，通気をして熱を散らし，同時に手入れをし，麹菌を均一に繁殖させる．麹材料が菌糸に覆われ，さらに黄緑色の胞子が生じたら，出麹をする．自然の微生物が着生した麹は黄緑色を呈し，常にクモノスカビやケカビが混在する．温暖な季節には 3～4 日間，低温で保温設備がない場合は 6～7 日間製麹する．一般に老法製麹は気温が比較的低い早春の季節を選択し，麹の品温が高くなるのを防止する．麹の品温が高いと納豆菌の繁殖が可能となり，麹が粘り，酸を生成し，不快臭を帯びる．

現在，麹の層を厚くした通風製麹により，種麹として麹菌（AS. 3951）を用い，麹の培養槽で蒸煮大豆と小麦粉を混ぜて撹拌し，40℃に冷却後，原料に対して 0.3～0.4％の種麹を接種し，一般に約 32℃で 72 時間製麹する．

③諸味発酵：カメごとに 18～20°Bé の塩水 200kg を入れ，これに 150kg の麹材料を加えると，逐次，塩水が麹内に吸収される．次の日，表面の乾いた麹を下層に押し込み，カメを屋外に置き，日に晒し（雨の日は蓋をして雨水の滴下するのを防ぐ），醤の諸味の表面が紅褐色になると，直ちに翻醅（天地返し）をして表面の褐色層を醤の内部に押し込み，新しく露出した醤を晒すようにする．酷暑の日に晒し，醤の諸味が潤い黒褐色になり，醤の香味がつき，熟成すると抽出する．一般

表 6.8 龍牌醤油の品質基準 (g/100ml)[3,6]

	比重 (Bé)	全窒素	アミノ態窒素	糖　分	総　酸	食　塩
母　　油	29.5	2.356	1.9～2.4	20.4	1.715	23.8
市販醤油	32	1.6以上	0.84以上	10以上	2.5以上	21～22

母油：生揚醤油（特級），市販醤油：1級醤油．

に発酵期間は6か月から1年間かけ，夏の30℃以上の日を経て発酵させると比較的品質が良くなるので，春先に製麹し，夏に発酵熟成させる．秋に麹を作る場合は2年目の夏に発酵熟成させることが必要になる．これが"三伏晒醤（サンプーサイジャン），伏醤秋油（ブージャンチュユー）"（酷暑に醤を日に晒し，秋に醤油ができる）である．

④抽取母油（チョウチュムーユー）（醤諸味からの抽出法）：熟成した醤諸味のカメの中に適量の塩水を加え，細竹で編んだ竹筒を挿入すると，汁液に圧力が加わり，筒の中に汁液が浸出する．これをポンプで吸い上げる．カメごとに母油（毛油（モユー）＝生揚醤油）75kgを抽出する．抽出した醤油は，かなり濃厚な色で独特な風味を有し，伝統的な製法では醤油にカラメルや調味のための副原料を加えない．また火入れもしない．

現在の龍牌醤油の製法は母油を抽出後，さらに長時間，日に晒した後，沈殿を除去し，約10%のカラメルを加え，セメント槽の上で竹ザルの中に置いた平布袋（サラシ布袋）に入れ，数回，自然濾過する．濾過した醤油は遠心分離機により沈殿を除く．母油を抽出した後の残渣に一定量の熱塩水を加え，再び袋に入れて圧搾する．

3) 製　品

抽出後，日に晒し，濾過した醤油を80℃で火入れを行う．大豆100kgから龍牌醤油が50kgできる．一般市販醤油との品質の比較を表6.8に示した．

4) 龍牌醤油の新技術[8]

麹菌（AS.3951）と黒麹菌（AS.3324）を混合して製麹する．湖南省湘潭市食品科学研究所の彭淑梅が開発した新しい龍牌醤油の製造方法で，単一な菌種で製麹した麹と比較すると，混合した麹では分解生成したアミノ酸が17.5%，直接還元糖が10.9%増加した．新型の龍牌醤油の色，香り，味などが単一菌の伝統方法によった醤油より好まれている．

(3) 琯頭豉油[15,16]

琯頭豉油（クァントウチューユー）は福建省連江県醤崎厂で生産される名産の醤油で，その名称は連江県琯頭鎮の地名から付けられた．既に100年以上の歴史があ

る．珀頭豉油は大豆を原料とし，色，香り，味が良い．すなわち1年以上も日に晒し濃縮したペースト状の豉油で，色は鮮やかで，味は濃厚で，醬香が漂い独特の風味がある．環境にかかわらず長く貯蔵でき，国の内外で販売され，有名になった．この代表的な福州民天牌豉油煉膏（ミンテンパイ・チーユーリャンコー）はパナマ国際博覧会で金賞を受け，全国の省と市専業展でも販売され賞を獲得した．

1) 製造工程

製造工程を図6.15に示す．

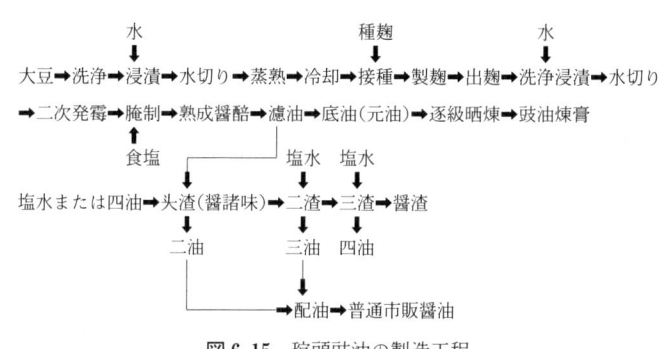

```
                 水           種麹        水
                 ↓            ↓          ↓
大豆➡洗浄➡浸漬➡水切り➡蒸熟➡冷却➡接種➡製麹➡出麹➡洗浄浸漬➡水切り
➡二次発酵➡醃制➡熟成醬醅➡濾過➡底油(元油)➡逐級晒煉➡豉油煉膏
            ↑              ↑    ↑
           食塩           塩水  塩水
塩水または四油➡头渣(醬諸味)➡二渣➡三渣➡醬渣
              ↓              ↓    ↓
             二油            三油  四油
              ↓
              ➡配油➡普通市販醬油
```

図6.15 珀頭豉油の製造工程

2) 製造方法

①原料処理

a) 浸漬：大豆が没するまで加水し，春は3～4時間，夏は2時間，冬は5～6時間浸漬する．一般に大豆の重量が1.5倍，体積は2倍になり，浸漬後の大豆の含水量が約45％になるようコントロールする．

b) 蒸煮：浸漬大豆を清水中で洗浄，水切りし，約30分間後に，加圧缶に入れ蒸気を吹き込み，圧力$0.5kg/cm^2$で排気弁を閉める．さらに蒸気を吹き込み，$1kg/cm^2$の圧力で20～25分間保ち，その後，迅速に排気をし，蒸大豆を加圧缶から出す．蒸大豆は豆の香味があり，黄褐色を呈し，手指で豆粒を捻り，引き伸ばすとほとんどが薄片になり，容易に細かくなる．老法では大豆を浸漬，水切り後，鉄鍋上のこしき（甑）で6時間蒸し，さらに，とろ火で夜から翌日の朝まで蒸した後，蒸大豆を出す．著しく褐変し，軟らかい蒸大豆となる．生じた褐変色素により Bacillus による汚染を防ぐ伝統的な原料処理方法である．

②製麹：老法を利用した天然発酵（ファーメイ）製麹では比較的長時間を要するため汚染菌が繁殖しやすい．現在は，蒸大豆を広げ，32℃に冷やし，滬醸（フーニャン3042）の種麹0.2％を接種し，均一に撹拌後，竹匾（ツウビァン）（福建では竹

列（ツゥリェ）と称するザルに約 9.5 kg を盛り込み，麹室の木架上にて 48 時間製麹する．白色の菌糸で豆粒が覆われ，品温が 38～40℃になると豆粒が固まるので，一番手入れをする（豆粒を広げ，温度を下げる）．この後，室温を約 30℃，品温を約 35℃に保ち，24 時間後に 2 番手入れをする．その後，品温約 35℃，24 時間を経て，逐次，温度を下げると胞子が生じ，麹は黄緑色となる．さらに継続培養して 1～2 日間熟成させ，出麹をする．製麹時間は 7 日間必要である．

③洗浄浸漬：出麹を竹製の箱に入れ，水槽の中で浸漬洗浄して，表面の胞子を除去する．洗い方が不十分であるとカビが生えやすくなり，生揚醤油がカビ臭くなる．ただし，豆皮を傷つけ，こするような洗い方をすると脱皮率が増加し，損失が大きくなる．洗った後の麹の表面には菌糸がなく，豆自身が潤い，完全粒が残る．再び清水に浸漬し，麹の表面が潤い，水の浸透しない所が残る程度に洗い，直ちに水を切る．

④二次発黴：水切り後の豆麹は竹製の箱に堆積して発酵させ，冷える日には麻袋（あるいはビニールシート）で蓋をする．菌糸が逐次伸び，品温が上昇して 55℃になると，塩を加え塩漬をする．二次発黴の豆麹は独特な醤油の香気と味がある．

⑤腌制（ヤンツー）：二次発黴で昇温後，大豆 100 kg に対して食塩 28 kg を加える．その塩のうち 20% を表面に撒いて蓋にする．まず，豆麹と食塩を十分に均一に撹拌し，迅速に大きな木桶に入れ，満たした後，塩を表面に撒き，3～4 か月間塩漬後，醤の諸味を熟成させ，放油（ファンユー）をする．

⑥放油（濾油（ルーユー））：木桶の底の下の木栓を抜き去ると，豉油が逐次流出する．この豉油は量が多くないが底油（ティユー）（元油（ユァンユー））と称する．一般に大豆 100 kg ごとに 30 kg の底油を抽出する．底油は淡紅色で，透明で風味が良い．底油を日に晒し，乾燥濃縮をし，豉油煉膏（チーユーリャンコー）ができる．底油を抽出後の头渣（トウザー）（醤諸味）に 90℃ の 18°Bé 食塩水（あるいは四油（スユー））を加え 1 日間浸漬し，翌日二油（オルユー）を抽出する．さらに 18°Bé の熱塩水を二渣（オルザー）に加え，三油（サンユー）を抽出し，三渣（サンザー）に 18°Bé の熱塩水を加え，四油を抽出する．二油と三油を合わせ，普通の醤油として販売し，四油は头渣に加え，浸漬して二油を抽出するのに用いる．

⑦晒煉（サイリァン）（日に晒す濃縮法）：豉油煉膏を日に晒し濃縮し，陳年老油膏（ツェンニァンラォユーコー）（多年ねかせて熟成させた豆豉のペースト）を混和する．陳年老油膏には各種の酵母が含まれ，日に晒し濃縮する間に酵母の作用により製品の風味を高める．この晒煉の方法は，澄んだ底油と油膏を混合して浅いカメの中に入れ，1～2 か月間，日に晒し濃縮して抽出する．この抽出醤油に，やや高級な

表 6.9 底油と豉油煉膏の成分 (g/100ml)[1]

	比重 (Bé)	全窒素	アミノ態窒素	糖　分	総　酸	食　塩
底　油	23.0	2.90以上	1.40以上	24.0	2.50	16～17
豉油煉膏	35.0	4.50以上	2.20以上	36.0	3.60	24～25

油膏を混合し，1～2か月間，日に晒し濃縮して抽出する．この抽出醤油に，さらに高級な油膏を混合し，日に晒し濃縮する．すなわち，低級より高級へと，逐次級が上がるにつれ，何度も日に晒し濃縮することになる．最高級の豉油煉膏の製造には約1年を要する．一般に大豆100kgから32.5°Béの豉油煉膏20kgと普通の市販醤油200kgができる．

3) 製品の調整配合

日晒夜露で1年以上経過した最上の豉油煉膏は，色，香り，味が良く，風味も優れ，長く貯蔵され，一般に醤油として市販されていない．各種の等級の豉油煉膏が調整配合されている．豉油煉膏は濃くて粘り，味は濃厚である．また栄養豊富で，100ml中にアミノ態窒素が1.5～2.0g含まれる．福州双灯牌（ファンテンパイ）"美味（メイウェイ）醤油"はアミノ酸含量が2.04g/100ml以上あり，可溶性無塩固形物も30g/100ml以上含まれる．煮物，和え物，つけ醤油などの調理に使用され，食欲を増進し，消化不良を治し，老幼，病弱者の食用に適する．この底油と豉油煉膏の成分を表6.9に示した．

なお，福建省古田県黄田甘泉（ファンテンカンチュン）豉油および広東省雲浮県の豉油膏は特産品として有名で内外に名が知れわたり，その製造技術は瑄頭豉油と相似しているため省略した．

(4) 洛泗座油（日本の再仕込醤油）[14]

舟山洛泗座油（ツォサン・ルオチュズォユー）または舟山洛泗油（ルオチュユー）と称し，浙江省の伝統的な名産品で130年余の歴史がある．これは舟山裕大醤園で生産されていた．「六獅（リュスー）」の商標を持ち，現在は定海醸造厂で生産されている．その製造技術は麹菌の接種のほかは全て伝統の醸造方法（天然晒露発酵技術）を採用している．醸造過程は元缸醤（ユァンカンジャン）と面黄醤（ミエンファンジャン）に分けられる．元缸醤は醤汁を抽出した諸味と醤汁を分けて熟成させ，その後，面黄醤と1/3の洛泗座油諸味を合わせて圧搾して得られる．この製品は美味で，糖分が高く，甘味が口に合い，濃い醤香があり，紅褐色で澄み，カビによる変質などがなく長く貯蔵される．浙江，上海および南洋地区で名声を博した．

1) 製造工程

製造工程を図6.16に示す．

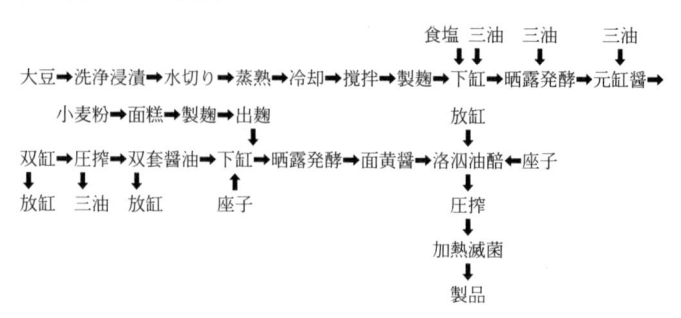

```
                              食塩 三油  三油     三油
                               ↓   ↓   ↓       ↓
大豆→洗浄浸漬→水切り→蒸熟→冷却→撹拌→製麹→下缸→晒露発酵→元缸醤→
小麦粉→面糕→製麹→出麹                  放缸
                                      ↓
双缸←圧搾←双套醤油←下缸←晒露発酵←面黄醤→洛泗油醅←座子
 ↓    ↓   ↓      ↓                   ↓
放缸  三油  放缸   座子                  圧搾
                                      ↓
                                    加熱滅菌
                                      ↓
                                     製品
```

図6.16 洛泗座油の製造工程

2) 原料配合

カメ（缸）ごとに元缸醤用の大豆130kg，小麦粉37.5kg，同じく面黄醤用の小麦粉112.5kgを用いる．元缸醤の3カメと面黄醤の1カメを加え，1組とする．これから洛泗座油の三搾（サンザイ）醤油（3回搾った醤油）が325kgできる．

3) 製造方法

①原料処理

a) 浸漬：大豆を洗浄後，夏秋は2～3時間，春冬は4～5時間浸漬する．

b) 蒸熟：浸漬，水切りした大豆を蒸煮缶の中に入れ，圧力$1.0kg/cm^2$で30分間蒸した後，余分の蒸気を放出し，蒸豆を32℃以下に冷やす．

②製麹：冷やした蒸豆に小麦粉を加え，撹拌し，滬醸3042の種麹を接種し，竹ザルに盛り込み，麹層の厚さ2cm，室温30℃，品温38℃にコントロールして，製麹後期には品温を逐次，約35℃に下げる．製麹時間3日間，麹は黄緑色を呈する．

③元缸醤晒露（ユァンカンジャンサイロー）発酵：三油に食塩を加え，20°Béに調整してカメに入れ，このカメの中に麹を加え，さらに三油の食塩水をカメに満たす．晒露発酵により長い日数をかけて醸造するのが洛泗座油の特徴の1つである．雨の日以外は毎日カメの蓋を取り，醤諸味を日に晒す．酷暑の前にカメに入れ，酷暑の日照時間が長く，温度の高い時季を利用して醤諸味を発酵させる．これがいわゆる"伏醤（ブージャン）"である．この発酵過程中に少なくとも3～4回，諸味の推缸（ツィカン）（カメに押し付ける）を行う．下缸（シャカン）（カメに入れること）後，2日目に1回目の天地返し（头推（トゥツィ））を行い，3日目に2回目の天地返し（二推）を行う．約20日後に3回目の天地返し（三推）を行い，40日目の時に12°Béの三油でカメを満たし，4回目の醤諸味の天地返しをする．その

表 6.10　洛泗座油の品質基準（単位：g/100ml）[2]

全窒素	アミノ態窒素	無塩固形物	直接還元糖	食塩	比重（Bé）	pH	色度
1.5～1.6	0.75～0.8	19以上	6.5～7.0	22	22以上	4.5～4.6	1.7～2.0

後，醬諸味の熟成状況により，さらに1～2回の天地返しを行う．天地返しにより，醬諸味を底から引っ繰り返し，均一に熟成させる．発酵熟成には7～8か月を要する．熟成した元缸醬の上層（双缸（スァンカン）と称し，醬諸味の浮上したもの）を除き，下層の醬汁（俗称，座子（ズォズー））と洛泗油の諸味2カメおよび面黄醬1カメを配合し，上層の双缸は木枠の圧搾機に入れ，徐々に圧搾する．圧搾の方法は循環套圧搾により3回搾る（滾搾（クンザイ）と称する）．最初の搾り汁を2番目の培養の種とする．また2番目の搾汁は3番目の培養の種とする．最後に搾った醬油は双套（スァントー）醬油と言い，その1/3と面糕曲（ミエンコーチュ）を塩醃（ヤンヤン）（塩漬）用の大ガメに入れ，2/3を放缸（ファンカン）用に配合する．残渣は別に搾り三油として出麴に下缸し，元缸醬および元缸醬を天地返しした醬を加える．

④面黄醬晒露発酵：小麦粉を厚さ3cm，直径20cmの円形の餅形に成形し，蒸籠（ゼンルン）の中で蒸す．これを面糕と称する．老法により面糕を堆積して昇温させて天然製麴をする．出麴を乾燥すると淡黄色の塊状となる．現在は蒸して砕いた小麦粉の塊に滬醸3042の種麴を散布する．この方法は，まず小麦粉に約30％の水を加え，撹拌して大豆の粒位の大きさの顆粒状にする．これを蒸籠で蒸し，40℃に冷却し，滬醸3042の種麴0.3％を接種し，均一に撹拌後，竹ザルに入れて製麴をする．約40℃で上面を竹ザルの蓋で覆い，5～6日間培養すると，麴に黄色の胞子が生じる．その後，座子および双套醬油，共に250kgで塩汁を作り，面糕曲（あるいは麴の胞子）を浸漬して，18°Bé食塩水を補足したカメで2～3か月晒露発酵を行う．その間，随時，天地返しをして熟成させて面黄醬を作る．

⑤放缸配合：双缸に双套醬油を加え，この醬諸味に生揚醬油を加えて均一に撹拌する．この諸味を放缸と言う．

⑥圧搾：座子，放缸および面黄醬の1/3を，洛泗油醅（諸味）に配合して，さらに20日余り日に晒し，毎日，櫂で1回撹拌し，最後に木枠の圧搾機に入れ，約325kgの醬油を搾る．混合原料（大豆，小麦粉）0.5kgから醬油約1.5kgが出来る．残渣は圧搾して二油，三油を分別し，再仕込み用の麴および塩水に補充する．

⑦加熱殺菌：搾った生醬油を加熱器を通過させて80℃で殺菌し，さらに自然に澄ませた製品を，最後に検査をして品質が基準に合うよう調整する．

(5) 水仙花牌醤油[17]

水仙花牌醤油（スィシァンホワパイ・ジャンユー）は福建厦門(アモイ)醤油厂で作られ，原料を精選し，伝統技術に従った天然発酵醸造醤油を作っている．色は非常に鮮やかで，栄養豊富，アルコール香があり，美味しく，人の心にしみ込む香りがする特徴がある．国内外に名を馳せ，欧州，米国，アフリカや東南アジアなど23か国や地区で販売されている．1989年に商業部の優秀品として推奨された．

1) 製造工程

製造工程を図6.17に示す．

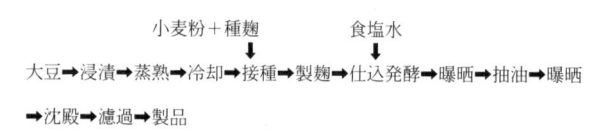

```
                    小麦粉＋種麹           食塩水
                       ↓                    ↓
大豆→浸漬→蒸熟→冷却→接種→製麹→仕込発酵→曝晒→抽油→曝晒
→沈殿→濾過→製品
```

図6.17 水仙花牌醤油の製造工程

2) 製造方法

①原料処理：大豆を約2時間浸漬，洗浄，水切り後，蒸煮缶で，赤褐色になり，豆の香味がするまで蒸煮する．冷却後，大豆100kgに対して小麦粉10kgを加え，撹拌し，さらに種麹0.3％を均一に接種撹拌し，麹室に引き込む．

②製麹：低温製麹で10時間経過後，冷風を送り，麹材料温度を32～35℃に下げ，品温を30～35℃（最適温度は33℃）にコントロールする．16～18時間経過後，胞子が発芽し，菌糸が繁殖したら麹を切り返し，手入れをして，新鮮な空気と交換し，熱と二酸化炭素を発散させる．さらに7～8時間経過後，2回目の手入れをする．72時間経過後，麹はぼくぼくし，胞子が着生し，正常な麹香をし，異味がないものがよい．

③発酵：出麹を23°Béの塩水（原料に対して1.8倍塩水）の入った曝晒（強い日差しに晒す）用の発酵タンクに入れる．1か月後，23°Béの塩水10％を添加し，さらに1か月後，再び23°Béの塩水10％を添加し，日に6か月晒し，醤諸味を作る．

④製品：醤諸味から生醤油を抽出し，2～3か月，日に晒し，沈殿を濾過して製

表6.11 水仙花牌醤油の品質基準（単位：g/100ml）

品名	塩分	アミノ態窒素	総酸	色度	比重(Bé)
優等老油	24～25	1～1.18	2.4～2.6	5以上	28
超級醤油	24.5～25.5	1.2以上	2.6～2.8	6以上	29

総酸は乳酸として． （調味副食品科技，(4)(1981)より）

品にする.

(6) 黄山牌豆汁醬油

　黄山牌豆汁醬油（ファンサンパイ・トウツージャンユー）は安徽省合肥醸造厂の名牌醬油の1つである．脱脂大豆，ふすま，小麦粉を原料として高温蒸煮を経て純粋な種菌で製麹し，13～15°Béの塩水で醬の諸味を作り，固体発酵を行い，さらに2級醬油を醬の諸味に加え，汲掛法で汁を循環させ，日晒夜露発酵をさせる．この醬油は紅褐色で，醬香が強く，旨味と塩味は口に合い，独特な風味がある．安徽省商办調味副食品の品評会で同一種類の醬油の第1位の賞を受けた．商業局から最優秀として推奨された．

1) 製造工程

製造工程を図6.18に示す．

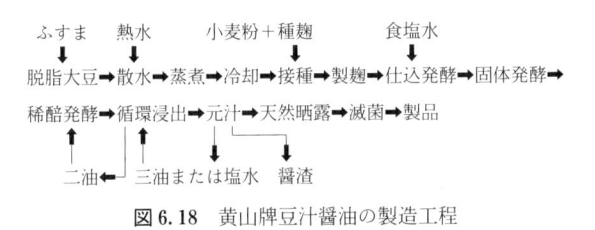

```
        ふすま  熱水    小麦粉＋種麹      食塩水
         ↓    ↓       ↓              ↓
脱脂大豆→散水→蒸煮→冷却→接種→製麹→仕込発酵→固体発酵→
稀醪発酵→循環浸出→元汁→天然晒露→滅菌→製品
  ↑       ↑      ↓
  二油←三油または塩水  醬渣
```

図6.18 黄山牌豆汁醬油の製造工程

2) 製造方法

　①原料処理：脱脂大豆65kgとふすま25kgを昇降機を用い，回転式球形蒸煮缶に入れ，50～60℃の熱水を缶の縁に沿って加え，水を浸透させる．まず，蒸気を吹き込みながら，5分間予備加熱をして，缶内から空気を排出し，その後排気弁を閉め，加圧して1.2kg/cm²で15分間保持する．脱圧，冷却後，缶内から蒸煮大豆を出し，これを崩し，清浄な撹拌床に広げ，37～40℃に冷却後，種麹と小麦粉（10kg）を均一に撹拌混和し，麹室に引き込む．

　②製麹：一定量の蒸した原料を麹蓋の上に堆積し，これを積み上げる．室温を25～28℃にコントロールし，6～10時間経過すると，上層の麹蓋の麹の品温が上昇を始める．麹蓋の上下の品温を調べ，15時間後に上下の品温が上昇し，温度差が生じたら敷き詰めた麹を広げ，麹の厚さを1.5～2cmにする．菌糸が麹材料に満たされ，固まると翻曲（手入れ）を行う．上下の品温の差が大きくならないように麹蓋の積み方（第4章，図4.3参照）を変え，温度をコントロールして62～72時間培養し，麹が黄緑色となり，胞子が飛散すると出麹をする．

　③発酵：麹ができると積み重ねた麹蓋を下ろし，発酵室から出し，13～15°Bé

表6.12 黄山牌豆汁醬油の品質基準 (単位：g/100ml)[1]

品 名	塩 分	アミノ態窒素	総 酸	糖 分	比重 (Bé)	無塩固形物
優等老油	17～18	0.9～1.0	2.0～2.8	6～8	1.2～1.26	23～26

老油：長年熟成させた醬油．

の塩水を入れたカメの中に麹を投入し，撹拌後，45～50℃，7～10日間，発酵をさせる．この間，底の液汁を表面に汲み掛け，2級醬油を加え，液状諸味で35～40℃で発酵させる．2日間おきに底の汁液をカメの上層に加え，15日後，元汁（ユァンツー）を抽出する．カメに三油を補充して2日間浸漬した後，抽出し，二油とする．さらに塩水を加え，浸漬を1日間継続して抽出して三油とし，残りを醬残渣とする．

④天然晒露：元汁の醬油を室外の大ガメに入れ，日晒夜露発酵を1～3か月間行い，雨天には蓋をする．

3) 製 品

天然晒露した醬油を室内に移し，蒸気で保温できる大ガメに入れ，香料と添加物を混合し，85℃，3時間加熱殺菌し，7日間，貯蔵容器内で沈殿させる．製品をそのまま市場に送るか，あるいは瓶に詰める．

文 献

1) 劉宝家他編：食品加工技術工芸和配方全，中，科学技術文献出版社 (1992)
2) 陳陶声他編：醬油及醬類的醸造，化学工業出版社 (1989)
3) 趙玉蓮他編：調味品生産技術問答，農業出版社 (1990)
4) 西南農業大学編：醸造調味品，農業出版社 (1985)
5) 上海市糧油工業公司技校，上海市醸造科学研究所編：発酵調味品生産技術，中，p.154, 軽工業出版社 (1984)
6) 包啓安：中国醸造，**2** (3), 9 (1983)
7) 施安輝：中国調味品，8 期 (1988)
8) 彭淑梅：中国調味品，**1** (1), 10 (1990)
9) 庄爐生：中国調味品，**3** (11), 20 (1992)
10) 江礼政：中国調味品，**3** (4), 31 (1992)
11) 程振華：調味副食品科技，(8), 1 (1982)
12) 劉伝光：中国調味品，**4** (5), 17 (1983)
13) 黎景萌：中国醸造，**5** (3), 12 (1986)
14) 馮蘭庄編著：醬油生産問答，中国軽工業出版社 (1987)
15) 殷東来：中国調味品，**3** (9), 18 (1992)
16) 任敏強：中国調味品，**4** (1), 18 (1993)
17) 馮徳一編著：発酵調味品工芸学，中国商業出版社 (1993)

第7章 豆　　豉

7.1 豆豉の種類[1-3]

　中国の大豆発酵食品には醤油，醤，豆豉，腐乳など多くの種類がある．日本では無塩発酵で作られた淡豆豉（納豆やテンペなど）の生理機能性が人々に注目されている．豆豉（トウチー）とは豆類（大豆，黒豆（黒大豆），ソラマメ，緑豆，エンドウなど）を用い，発酵しても丸粒が完全に残るか，あるいは子葉の半片になった粒が残っているものを言う．豆豉は中国の伝統的な発酵食品で，四川省や中国の南部地方でよく生産されている．現在，それぞれの地方により製造方法が異なり，多くの種類の豆豉製品があり，これらの豆豉には用途に応じた特徴のある風味がある．現在，市販されている豆豉には食塩の有無により鹹豆豉（シェントウチー），淡豆豉（タントウチー），また水分の含量により水豆豉（スィトウチー），湿豆豉（シートウチー），干豆豉（カントウチー）があり，また，加えた副原料によって，醤豆豉（ジャントウチー），酒豆豉（チュトウチー），葱豆豉（ツントウチー），姜豆豉（ジャントウチー），椒豆豉（ジョトウチー），瓜豆豉（クァトウチー），茄豆豉（チートウチー），香油豆豉（シャンユートウチー），十香鹹豆豉（シュシャンシェントウチー）などがある．

　東南アジアの国々には淡豆豉に似た多くの種類がある．例えば，キネマ（ネパール），トゥアナオ（タイ），テンペ（インドネシア）などがあり，中国では保存するた

写真 7.1　鹹豆豉（左）と淡豆豉（日本の納豆（中），ネパールのキネマ（右））

め淡豆豉を乾燥した干豆豉（干納豆）が市販され，料理の味付けに利用されている．

7.1.1 原料による分類

黒豆（黒大豆）や大豆（黄豆）による豆豉がある．中国の南方では病害虫が多いため大豆の栽培は困難であり，病害虫に強い黒豆が多く栽培され，黒豆（ヒートウ）豆豉が生産されている．これには黒褐色の江西（チャンシー）豆豉，瀏陽（リュヤン）豆豉，臨沂（リンイー）豆豉，潼川（トンツァン）豆豉がある．また，黄豆豆豉として広東の陽江（ヤンチャン）豆豉や上海，江蘇省一帯で生産されているものがある．

7.1.2 微生物による分類

豆豉は利用する微生物により4種類に分けられるが，これを表7.1に示した．*Mucor* 型豆豉（代表として四川の潼川豆豉，永川（ユンツァン）豆豉），*Aspergillus* 型豆豉（広東の陽江豆豉，湖南（フウナン）辣豆豉），細菌型豆豉（山東の臨沂水豆豉や雲南，貴州，四川一帯の農家で作られている豆豉），*Rhizopus* 型豆豉（中国の南方，西南の地方やインドネシアのテンペのような豆豉）がある．

現在，市販されている豆豉の大部分は *Mucor* 型（ケカビ型）と *Aspergillus* 型（麹菌型）豆豉である．その中の *Aspergillus* 型の豆豉は大昔から中国でよく食べられていた．『斉民要術（せいみんようじゅつ）』および多くの古文書には *Aspergillus* 型の豆豉が多く記載されている．昔の *Aspergillus* 型豆豉は天然製麹方法（前回使用したザルや容器，麹室（こうじむろ）の中に繁殖したカビを利用して自然環境条件で製麹する方法）であったが，1950年代末から純粋分離した麹菌による製麹（せいきく）が始まった．このため，現在，*Aspergillus* 型の豆豉は純粋培養で1年中生産でき，発酵期間が短い．

ケカビ型豆豉の多くは独特の培養方法により，豆粒の表層は厚いケカビの糸に覆われ，醸造の後期に日晒しや乾燥を行わないため，油のように潤い，つやがあり，*Aspergillus* 型の豆豉より味や香りが良い．雑菌が少なく，ケカビの菌が増殖

表7.1　中国豆豉の分類

利用される微生物	代表的な豆豉
Mucor 属カビ	四川の潼川豆豉，永川豆豉，宏発長豆豉
Aspergillus 属カビ	広東の陽江豆豉，湖南辣豆豉，瀏陽豆豉
細　　菌	臨沂豆豉および雲南，貴州，四川などの民間などで作られている豆豉
Rhizopus 属カビ	南方，西南の地方でインドネシアのテンペのように作られている豆豉

表7.2 産地による豆豉の一般成分の相違

豆豉産地	水分(%)	タンパク質(%)	脂肪(%)	直接還元糖(%)	塩分(%)
I 北京	25.8	19.5	6.9	2.0	18.9
II 四川	45.0	19.3	7.1	2.8	13.3
III 湖南	16.6	31.2	19.9	10.3	5.0
IV 福建	17.0	33.0	15.0	12.4	1.4

北京と四川の豆豉は *Mucor* 属カビ型の豆豉で,湖南,福建の豆豉は *Aspergillus* 属カビ型である.

しやすい低温の冬の期間しか作らない.ただ発酵期間が長い欠点がある.

細菌型豆豉の特徴は培養後,豆豉の表面に粘液が生じ,日本の納豆のように糸を引く.この糸の長短は品質に影響し,一般に糸を引く長さは5〜8cmで,品質の良い細菌型の豆豉の粘性物質の総重量は0.1〜0.8%を占める.粘性物質はグルタミン酸のペプチドと果糖の重合物で,グルタミン酸のペプチドが多いほど粘性が強く,果糖が多いほど粘性が弱い.

7.1.3 食塩濃度による分類

豆豉は醸造工程中に加えた食塩の有無で淡豆豉および鹹豆豉(咸豆豉)に分ける.

(1) 淡豆豉

淡豆豉とは醸造工程中も,発酵終了後も食塩を加えない豆豉を言う.この製品は旨味があり,アルコール香がする.食塩を加えなくても腐敗変質しない.淡豆豉は味付けだけでなく,また薬としても使用される.北宋の蘇頌『図経本草』に「古今方書用豉治病最多」(古今の医薬書に豉を用いて多くの病気を治す)とある.豆豉は熱を冷まし,発疹を解毒し,治療効果がある.これについて歴代の本草医学書に記載され,湖南省瀏陽豆豉が典型的な淡豆豉である.

(2) 鹹豆豉 (現在中国の略字で咸(シェン)豆豉と書く)

鹹豆豉は麹を撹拌して食塩を加え,発酵させる.あるいは食塩を加えずに発酵させ,発酵終了後,調味のため食塩を加える.適度に塩味と旨味がある.

食塩の添加量が少なく,甘味のある豆豉を甜豆豉(テントウチー)と言い,インドネシアのテンペなどの *Rhizopus* 型豆豉のことである.

7.1.4 含水量による分類

豆豉の水分により,豆豉を干豆豉,湿豆豉および水豆豉に分ける.

写真 7.2 五香豆豉（左），干醬（中），甜豆豉（右）

(1) 干豆豉

　干豆豉は水分 25〜30％で，醸造方法の特徴は発酵終了後，日に晒し，長時間乾燥して過剰の水分を除き，発酵中に生成した異味のものを除くため，純粋な豆豉の風味を有し，顆粒はふんわり柔らかく，食べて十分な旨味がある．この干豆豉は中国の南方で多く生産され，代表的な干豆豉として江西省の瀏陽豆豉，湖南辣豆豉（フーナンラートウチー），広州（クァンツォ）豆豉，四川西昌民間（スツァンシーツァンミンジャン）姜豆豉がある．

(2) 湿豆豉

　湿豆豉は水分 45〜50％で，醸造方法の特徴は発酵終了後，日晒し乾燥しないため，豆豉に湿気があり，豆豉の粒がばらばらになり，粒が残り，食べるとよく溶ける．代表的な湿豆豉として四川豆豉，北京（ベイジン）豆豉，河南開封西瓜（カイフェンシークァ）豆豉がある．

(3) 水豆豉

　水豆豉は水分 75％で，醸造方法は発酵終了後，煮豆より発酵分解した豆豉は水分が増し，これに乾燥ショウガ，赤トウガラシなどの香辛料と旨味料，甘味料，塩味料を混合する．製品は黄褐色の濃い糊状のペーストの中に完全な豆豉の粒が残り，美味で辛く，塩味は口に合い，ショウガの味が強く，後味に旨味が残る．雲南，貴州，四川の3省の水豆豉が人気がある．なかでも代表的なものが四川水豆豉である．

7.1.5　添加原料による分類

　添加原料により酒豆豉，姜豆豉，香油豆豉，茄（ナス）豆豉，瓜（ウリ）豆豉，醤豆豉などがある．著名なものとして河南開封西瓜豆豉，山東臨沂八宝（パポー）豆豉，湖南辣豆豉，四川麻辣（マーラー）豆豉がある．

表 7.3 中国豆豉の一般成分

項　目	五香豆豉	干　醤	甜豆豉	永川豆豉	陽江豆豉	郫県豆豉
水　分（％）	48.8	46.7	14.7	43.1	28.9	53.8
食　塩（％）	5.66	12.8	11.9	10.2	10.2	16.2
全窒素（％）	1.73	2.04	2.65	3.06	2.65	1.86
水溶性窒素（％）	0.22	1.81	1.99	1.33	1.97	0.61
ホルモール窒素(％)	0.05	0.49	0.82	0.41	0.82	0.15
直接還元糖（％）	0.72	3.59	0.72	1.53	1.97	0.23
アルコール（％）	0.09	0.38	0.03	0.24	0.02	0.25
pH	5.40	4.70	4.86	4.73	4.80	4.72

五香豆豉は蒸豆に五香粉を調味加工したもの，干醤は豆醤を乾燥したもの，甜豆豉は細菌型豆豉に食塩を加え調味加工したもの．

7.2　豆豉の食用価値

昔から豆豉は中国の調理によく使われていた．北魏の『斉民要術』の豆豉の調理に関する8篇（章）の中に70項目の豆豉が記載されている．ちなみに，醤で調理したものは7項目だけである．豆豉は美味で，栄養豊富で，蒸し，炒め，肉料理などの調理によく用いられる．著名な麻婆豆腐（マーボートウフー），回鍋肉（フィクォロウ）（ゆでた豚肉とキャベツの薄切りを豆豉で炒めた料理），涼拌兎丁（リャンパントウディン）（蒸したウサギ肉のサラダ）などの四川料理に不可欠の調味料である．また，豆豉は昔から薬として用いられている．歴代の医学書に豆豉の治療効果が記載されている．『本草網目』によると，豆豉は食欲を増進し，消化を助け，発汗や解毒作用があり，咳や喘息を静め，風邪の寒気を駆逐し，アレルギーの薬としての治療効果がある．

7.3　中国の有名な豆豉[2,4]

7.3.1　四川の豆豉

(1)　潼川豆豉

四川省の三台県の古い地名は潼川府で，そこで生産された潼川豆豉の名が全国に広がった．300年余の歴史がある．明の末，清の初め（1644年頃）に江西省，泰和県の役人邱氏が潼川に追放され，生活のため，身につけた豆豉作りの技術を生かして豆豉を作り，これを帝王に貢いだところ褒め称えられ，調味の珍品として人々の間に広まった．その後，品質を改善し，*Mucor*型豆豉の代表となり，四川省の著名な地方特産となっている．1987年に連続して四川省の優秀品として推奨

され，1988年，政府の商業局の優秀品として表彰された．

1) 製造工程

製造工程を図7.1に示す．

黒豆➡浸漬➡水切り➡蒸煮➡冷却➡製麹➡撹拌➡発酵➡製品
（撹拌には食塩と白酒を加える）

図7.1 潼川豆豉の製造工程

2) 製造方法

伝統のある潼川豆豉は天然発酵で生産され，厳しい温度条件が要求され，11月中旬から翌年の2月中旬の冬の間に製麹する．四川地区の気温は一般に10〜17℃でケカビ（*Mucor*）の繁殖に有利である．

①原料配合：三台県の安県秀水で作られる黒豆は皮が厚く，カラスのように黒く，細胞顆粒はふんわり柔らかく，その蒸した豆瓣（トウバン）（子葉片）が潰れないため，好んで使われている．1,000kgの黒豆に対して食塩180kg，白酒10kg，水60〜100kgを用いる．

②原料処理：黒豆を多量の40℃以下の水に5時間浸漬すると，豆粒の表面にしわがなくなり，水分含量が50％前後となる．水切り後，こしき（甑）に入れ，常圧で蒸気が吹き抜けてから150分蒸す．上下を1回引っ繰り返し，再び150分蒸す．蒸豆の水分54〜56％前後．蒸豆を竹ザルで30〜35℃まで冷却する．

③製麹：蒸豆を入れた竹ザルを麹室（こうじむろ）に入れ，竹ムシロで覆い，麹の棚に架けて自然のケカビを利用して製麹する．麹の厚さを2.5〜3.0cmとし，麹室に引込み後，3〜4日で白色斑点が生じ，8〜12日後，白色菌糸が一斉に生じて麹を一面に覆い，少量の淡褐色の胞子嚢（ほうしのう）が生じる．16〜20日目頃，ケカビの成長は漸次緩慢となり，菌糸が白から淡灰色に変わる．菌糸は直立し，高さは0.4〜0.5cm，菌糸の下部は淡灰色となり，豆粒の表層は胞子がわずかに着生し暗緑色の菌叢になる．品温5〜10℃，製麹時間15〜21日でケカビの特有な香りをもつ麹となる．

④仕込み，熟成：出麹後，仕込みタンクに入れ，塊を砕き，一定量の食塩水を混ぜ，1日後，白酒を加え，均一に混合する．品温20℃で12か月間発酵熟成させる．この間，手入れをすることなく，天然熟成させる．

(2) 永川豆豉[2]

永川豆豉は四川省永川県で生産され，300年余りの歴史を持ち，四川地方の名産品である．永川豆豉はケカビ型の豆豉で，大豆を主原料とし，四川省自貢市で

生産される井塩（ジンヤン）（雨水が地下の岩塩を溶解した井戸水を濃縮して食塩を取る），良質の四川の白酒などを副原料とし，独特の味や香りがあり，人々に愛用されている．永川豆豉の原料配合は大豆 1,000kg に対して，食塩 180kg，白酒（アルコール 50％以上）50kg，モチ米 20kg，水 50〜80kg を用い，825〜850kg の豆豉製品が得られる．

1) 製造工程

製造工程を図 7.2 に示す．

```
                    沸騰水 ➡ 冷却水 + 食塩
                              ⬇
大豆 ➡ 浸漬 ➡ 水切り ➡ 蒸煮 ➡ 冷却 ➡ 製麹 ➡ 撹拌 ➡ 発酵 ➡ 製品
                              ⬆
                         白酒 + 酒粕
```

図 7.2 永川豆豉の製造工程

2) 製造方法

浸漬大豆の含水量が 50％になるように大豆を 35℃の温水に約 90 分間浸漬し，木のこしきで常圧で 4 時間蒸煮する．または回転式加圧蒸煮装置（NK 式）で，圧力 $1kg/cm^2$ で 1 時間蒸煮をする．大豆の水分は 45〜47％になる．蒸大豆を 30〜35℃になるまで放冷し，伝統的な竹ザルに入れ，麹の厚さ 3〜5cm に盛り込み，麹室で冬は室温 2〜6℃，品温 6〜12℃で 15 日間製麹をする．この間，1 回手入れをする．出麹の菌糸は灰白色で高さ 0.4〜0.5cm，豆粒は濃い緻密な菌糸に包まれ，菌糸の上に少量の黒褐色の胞子が生じ，豆の内部は淡褐色を呈し，麹の香りがする．通風製麹では厚さ 18〜20cm に盛り込み，一般に室温 2〜7℃，品温 7〜10℃で 10〜12 日間製麹をする．この間，2 回手入れをし，冬は 1〜2 日後，カビの白色の斑点が生じ，4〜5 日後，豆粒は緻密な菌糸に包まれ，豆粒の表層は少量の暗緑色の菌叢が生じる．7〜10 日後，ケカビの菌糸は白色から淡灰色になる．高さ 0.8〜1.0cm の菌糸の上に少量の黒褐色の胞子を生じ，菌糸の下部は淡灰色で，豆粒の表層に大量の 0.1〜0.3cm の短い絨毛状の暗緑色の胞子を着生した菌叢を生成する．反復培養すると，この菌は柔らかい白色の菌糸を呈し，製麹後期にはケカビの胞子は灰色で暗緑色に変化しないので，毒素を生成する黄麹菌と区別される．製麹後，食塩水に 1 日間浸漬し，水を混ぜ，熟成した酒粕や副原料を均一に混合する．これを仕込タンクに入れ，20℃で 10〜12 か月熟成発酵させる．

(3) 宏発長豆豉[2)]

宏発長（ホンファーツァン）豆豉は 1924 年に始まり，約 80 年の歴史がある．潼川豆豉の製法を基礎とするが原料配合や副原料が異なり，四川地方では有名で消費

表7.4 四川豆豉の品質規格

項　　目		潼川豆豉	永川豆豉	宏発長豆豉	太和豆豉
官能評価	色　沢	黒褐色 つやのある光沢	黒褐色 つやのある光沢	てりつやがある	茶褐色 つやのある光沢
	香　気	濃い醤香 エステル香	芳醇な香り 濃いエステル香	濃い醤香 エステル香	濃い醤香 エステル香
	味	甘味のある旨味 塩味は淡い 溶けやすい	甘味のある旨味 溶けやすい	甘味のある旨味 溶けやすい	甘味のある旨味 塩味は淡い 溶けやすい
	組　成	豆の完全粒で柔らかい	豆の完全粒で柔らかい	豆の完全粒で柔らかい	豆の完全粒で柔らかい
理化学成分 (g/100g)	水　　分	50.0	45.0	48.0	45.0
	総　　酸	2.00	2.00	2.00	2.00
	アミノ態窒素	1.00	1.00	0.90	0.80
	食　　塩	13.0	12.0	12.0	12.0
	直接還元糖	2.00	2.00	2.50	3.00
	タンパク質	20.0	20.0	20.0	20.0

者に愛用されている．この原料配合は大豆1,000kgに対して井塩190kg, 白酒20kg, モチ米30kg, 花椒粉（ホワジョファン）2kg, 小茴香粉（ショフィシァンファン）1kg, 大茴香粉（ターフィシァンファン）1kg, 水60～100kgを用いる．常圧で蒸した大豆を麹室に入れ，2～3日後，豆粒の表面に白い斑点ができ，7～8日後，豆粒は緻密な菌糸に包まれる．9日後，ケカビ麹の上下を引っ繰り返し，手入れをする．白から淡灰色になり，菌糸は比較的に疎らで，直立し，やや短く，高さ1cmとなる．10日目に出麹し，出麹を食塩水と混合し，24時間放置後，香辛料や白酒などの副原料と均一に混ぜ，カメに入れる．この混合した諸味の上に食塩を厚さ2cmにかけ，カメの口を密封し，20℃前後で発酵熟成させる．

(4) 広和豆豉

広和（クァンホー）豆豉は太和（タイホー）豆豉または圖園嗜豆豉（レイユァンスートウチー）とも言い，1913年に始まり，80年の歴史がある．この製造は四川潼川豆豉の製法を基礎とするが原料配合と副原料が異なり，風味は宏発長豆豉と似ている．

(5) 人工培養したケカビによる豆豉の新技術

1982～1987年，四川省成都市調味品研究所でケカビ型豆豉の菌種について育種を行い，馴養，誘導し，育成した．このケカビで製麹すると，強い発酵力を有することが分かった．この純粋分離したケカビは最適生育温度が10～15℃であったが，25～27℃で生育するように長期間馴養し，耐熱性を有する新菌株 M. R. C-1

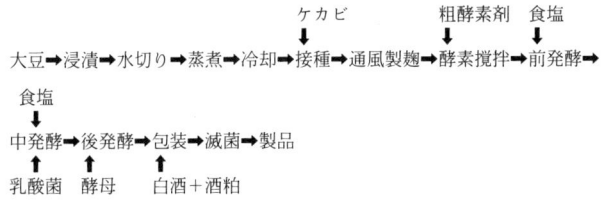

```
                              ケカビ   粗酵素剤  食塩
                                ↓       ↓      ↓
大豆➡浸漬➡水切り➡蒸煮➡冷却➡接種➡通風製麹➡酵素撹拌➡前発酵➡
       食塩
        ↓
     中発酵➡後発酵➡包装➡滅菌➡製品
        ↑    ↑     ↑
       乳酸菌 酵母  白酒+酒粕
```

図 7.3 M. R. C-1 ケカビによる豆豉の製造工程

として育種した．25℃条件下で豆麹を製造し，製麹後，麹のタンパク質分解酵素，デンプン分解酵素などを調べると酵素力が低いため，製麹期間は 3 ～ 4 日間を必要とした．このケカビを用いた豆豉の新技術の製造工程を図 7.3 に示す．

新菌株 M. R. C-1 ケカビを用いて製麹後，発酵の初期に食塩濃度 9% で粗酵素剤を加え，40～45℃でタンパク質やデンプン分解を促進させる．その後，発酵中に乳酸菌や酵母を添加し，食塩濃度を 18%，品温を 30～35℃にコントロールして乳酸発酵と酵母の発酵を行い，香りのよいケカビ型豆豉を製造する．この製造法により，冬にしか生産できなかったものが常に生産できるようになった．また，15～20 日間の製麹時間が 3 ～ 4 日間に，さらに発酵期間は 12 か月から 4 か月に短縮され，経済効果が上がった．

(6) 四川水豆豉

四川水豆豉は細菌型の豆豉に属する．天然製麹，無塩発酵で作られ，発酵完了後，大豆の煮汁を混合し，食塩，グルタミン酸ナトリウム，砂糖および香辛料を加え，熟成させる．四川水豆豉の含水量は 75% である．

1) 製造工程

製造工程を図 7.4 に示す．

```
          食塩, グルタミン酸ナトリウム, 砂糖, トウガラシ, ショウガ, 香辛料
                                         ↓
       大豆➡浸漬➡水切り➡煮熟➡水切り➡保温無塩発酵➡豆豉醅➡撹拌➡後熟➡
                               └──────➡煮汁➡加塩保存
       検査➡包装➡製品
```

図 7.4 四川水豆豉の製造工程

2) 製造方法

①浸漬：良質な大豆に 3 倍以上の水を加え，夏は 3 ～ 4 時間，冬は 6 ～ 8 時間浸漬し，浸漬後の大豆の水分を 50% にする．豆粒の表面にしわのないのが良い．

②煮熟：常圧下で 3 ～ 4 時間軟らかくなるまで煮る．煮るときに少量の八角（ハッカク），

小茴（ショフィ），トウガラシ，花椒（ホワジョ）などの香辛料を加える．煮大豆の水分を50〜55%に制御する．

③水切り：大豆を煮た後，煮汁を切り，この煮汁に約10%の食塩を添加し，保存する．

④保温無塩発酵：水分を取り除いた煮豆を竹ザルに入れ，厚さ35〜40cmとし，45℃まで自然冷却し，培養室に移し，品温40〜45℃で3〜6日間培養すると日本の納豆のように糸が生じ（糸の長さは8〜9cm位），糸を引く豆豉醅（トウチーペイ）（諸味）ができる．

⑤副原料混和：培養後，糸を引く豆豉に食塩（予め食塩にグルタミン酸ナトリウム，砂糖，トウガラシ粉，花椒粉，ショウガ片および小茴，八角などを混和したもの）を加え，均一に撹拌し，25℃で3〜4日間，後熟させ，製品とする．

3) 四川水豆豉の特色

この水豆豉は旨味，辛味，塩辛味ともに適度で，ショウガの味がやや辛い．黄褐色の粘稠性のある煮汁の中に小豆色の完全な豆粒および破砕された副原料が含まれ，口の中に味が残り，独特な風味と旨味がある．栄養豊富で，食欲を増進し，人々に深く愛されている調味食品である．

この製品の成分は食塩8%以上，総酸1%以下，アミノ酸0.2%以上，タンパク質1%以上，水溶性無塩固形物8%以上，水分75%以下．

7.3.2 西北地方の豆豉

(1) 開封西瓜豆豉[2)]

開封西瓜豆豉は中国開封市の名産品である．*Aspergillus*型豆豉で，スイカの果肉を使用するため，西瓜（シークァ）豆豉と言う．煮豆，小麦粉を原料とし，天然の麹菌を利用して麹を作り，日に晒した後，塩水の代わりにスイカ汁を加え，撹拌後，カメに入れる前に常温で発酵させる．河南省の開封地区はスイカの生産が盛んで，西瓜豆豉は夏に作られ，一般の家庭でもよく作られる．開封西瓜豆豉の色は淡褐色で，豆の丸粒が残り，半固体状である．甘くて独特の味がある．特に濃いアルコール香，醤香があり，香豉（シャンチー）と呼ばれている．製麹は普通の天然製麹法と同じであるが，仕込みにスイカの果肉を加えることもある．

1) 製造工程

製造工程を図7.5に示す．

2) 製造方法

大豆を水に浸漬した後，常圧で3〜4時間蒸煮する．これに小麦粉を均一に混

```
                                    小麦粉
                                      ↓
大豆➡浸漬➡水切り➡蒸煮➡冷却➡混和撹拌➡天然製麹➡日晒し乾燥➡混和撹拌➡
                    ↑
                    スイカ汁＋食塩＋ショウガ片＋陳皮千切り＋小茴香
カメ入れ➡発酵➡製品
```

図 7.5　開封西瓜豆豉の製造工程

ぜ，前回製麹に用いた葦で編んだムシロに厚さ 3cm に広げ，24 時間後，品温が 35〜37℃になると 1 回目の天地返しを行い，手入れをする．さらに 6 時間経過後，2 回目の天地返しを行い，手入れをする．約 3 日後，豆粒の表面が淡黄色の菌糸に覆われると出麹をする．その後，天日に晒して乾燥豆麹とする．スイカの果肉と食塩，賽の目に切ったショウガ，千切りした陳皮，小茴香などの香辛料を均一に混合した後，乾燥豆麹を加えてカメに入れ，日光の下で数日間晒した後，食塩が溶けてから，さらに 30〜45℃で 40〜50 日間発酵させると伝統的な西瓜豆豉となる．この豆豉は水分 46.1%，直接還元糖 10.8%，食塩 11.9%，総酸 2.79%，アミノ酸 0.76%．

7.3.3　華北の豆豉[2,4]

(1)　臨沂八宝豆豉

　臨沂八宝（リンイーパポー）豆豉（8 種類の漢方薬を加えるので八宝という）は山東省臨沂の伝統的名産品で 130 年以上の歴史を持ち，黒豆を主原料とし，副原料としてナス，新鮮なショウガ，杏仁，シソ葉，新鮮な花椒，ゴマ油，白酒などを用いる鹹豆豉である．漢方医学によると黒豆は脾臓を強壮にし，ナスは腎臓の機能を高め，新鮮ショウガは食欲を促進し，杏仁は咳止めの作用がある．またシソの葉は鎮静作用があり，新鮮な花椒は悪寒を駆逐し，ゴマ油は滋養を補い，白酒は身体をくつろげて，血の循環を良くするなどの作用を持っている．このため，臨沂八宝豆豉は調味料として，身体に有益な製品とも言える．この土地の人々は豆豉に 8 種の原料を用い，八宝と称している．この臨沂八宝豆豉は豆粒が豊満で，つやがあり，特有な香りを持ち，味も良い．

　大豆を水に浸漬し，常圧下で 3〜4 時間，軟らかくなるまで煮る．煮汁を除いた大豆を麹室に移し，堆積して 7 日間製麹した後，大豆麹を冷水に 15 分間浸漬し，水を切り，自然に乾かす．乾燥水分含量は 30% 前後である．これを塩漬して再び 15 分間浸漬後，予め塩漬したナス，新鮮ショウガ，シソ葉，新鮮花椒および煮て剥皮した杏仁などを表 7.5 に示した配合で混合し，カメに入れ，口を閉じ，10〜12 か月間熟成させる．製造はナスの収穫時期から始める．

表 7.5 臨沂八宝豆豉の原料配合（kg）

黒豆	ナ ス	ショウガ	シソ葉	杏 仁	花 椒	ゴマ油	白 酒	食 塩
1,000	1,250	100	20	30	30	300	300	250

上記の原料配合から3,000kgの製品ができる．

(2) 臨沂水豆豉

臨沂水豆豉（スィトウチー）は用いられる微生物がカビ類ではなく，細菌を利用したものである．大豆を原料とし，水に浸漬した後（浸漬大豆の水分は50%），大きい鍋に水を入れて煮る．豆粒が十分に軟らかく，手指で軽く押すとつぶせる程度がよい．濾過して得られた煮汁に塩を加えておく．発酵室に積み上げて2日間保温し，発酵させる．品温が徐々に上昇し，3日後50℃以上となり，豆粒の表面に粘りが生じ，特有な臭いがする．この時，食塩を加えた煮汁と一緒に大カメに移す．同時に食塩，砕いたショウガ，トウガラシ醬などの副原料を添加し，十分に均一に攪拌して，製品ができる．この水豆豉は味が辛く，美味である．しかし，長期間貯蔵できないので少量ずつしか生産できない．また腐敗を防ぐため，製品の塩分は高い．

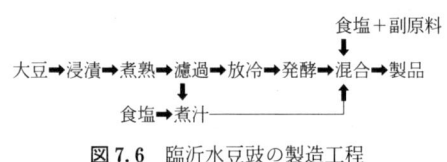

```
                            食塩＋副原料
                                ↓
大豆→浸漬→煮熟→濾過→放冷→発酵→混合→製品
              ↓
        食塩→煮汁─────
```

図 7.6 臨沂水豆豉の製造工程

7.3.4 華中の豆豉[4]

(1) 上海辣豆豉

上海辣豆豉（サンハイラートウチー）は，上海地区の伝統的な豆豉の製造方法を煮豆から蒸豆に変え，種麹（滬醸3042）を用い，厚い層の通風製麹法で40時間で製麹し，発酵7日間後，日に晒して製品とする．

1）製造工程

製造工程を図7.7に示す．

```
                              種麹  白塩＋トウガラシ粉＋ショウガ片
                               ↓           ↓
大豆→浸漬→冲洗→水切り→蒸熟→放冷→接種→通風製麹→出麹→混和攪拌→
保温発酵→日晒→辣豆豉
```

図 7.7 上海辣豆豉の製造工程

2) 製造方法

①原料配合：大豆100kgに対して粉末にした白塩8.5kg,トウガラシ粉1kg,ショウガ片1kgを用いる．

②原料処理：大豆の夾雑物を除き，8～10時間浸漬後，冲洗（ツォンシァン）（水を勢いよく注いで洗う）後，$1.5kg/cm^2$の圧力で20～30分間蒸し，生蒸しの豆がなく，軟らかく透き通った蒸豆とする．

③製麹：蒸豆を薄く広げ，熱を発散させ，品温が28℃前後になるよう冷却し，0.3～0.4％の種麹を接種し，均一に撹拌し，麹箱に入れ，製麹する．開始時の品温28℃で，12時間培養後，品温が上昇し始める．35～37℃で送風機で通風し，約34℃に保持し，6時間経過後，堆積した麹の表面に縫い目のような亀裂が生じ，菌糸が絡まり，固まると翻曲（ファンチュ）（撹拌手入れ）を行う．塊を打ち砕き，まばらにして空気の流れを良くする．6～7時間後，再び周囲に縫い目のような亀裂が生じたら，2番手入れを行う．菌糸の繁殖が旺盛で大量に発熱するので，品温が40℃を越えないように手入れをする．嫌気的になり，アンモニアが生じて麹が黒ずまないように，6～7時間後，3番手入れをする．麹をまばらにして空気の流れを良くし，麹香が生じ，やや黄色に変わり，培養開始から36～40時間で出麹とする．麹の水分は50～52％．

④混和撹拌：出麹に粉末白塩，トウガラシ粉，ショウガ片を均一に撹拌混和し，プラスチックの食品桶に入れ，蓋をして発酵させる．

⑤発酵：桶を35℃前後の室内に入れ，1～3日間，品温を35～38℃に保持する．その後，3日間自然放冷すると品温は下降し，7日間で発酵が完了する．

⑥日晒：竹ムシロの上に豆豉を薄く広げ，竹ムシロを棚に架けて日に晒す．できるだけ何度も引っ繰り返し，豆豉の顆粒を分散させ，塊をなくし，外皮が収縮するまで顆粒を乾燥させる．この辣豆豉の成分は水分26％,食塩9.42％,アミノ態窒素0.924％.

(2) 武漢豆豉

武漢（ウーハン）豆豉は黒豆を原料とし，淡豆豉（納豆）を作り保存のために塩を加えた塩腌制（ヤンヤンツー）（塩漬）淡豆豉（納豆）で，湖南省に起こり，湖北などに伝わり，その製造工程が改良された．湖北武漢市の豆豉の製造技術を述べる．

1) 原料配合

黒豆100kgに対して食用油200g,白酒400g,塩4～5kgを用いる．

2) 製造工程

製造工程を図7.8に示す．

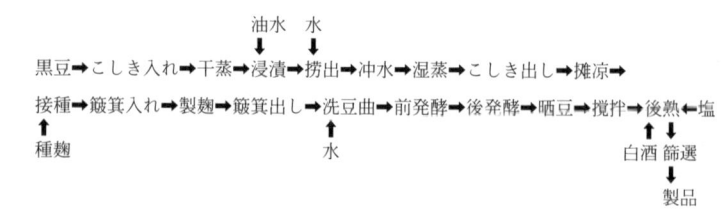

```
                          油水  水
                           ↓    ↓
黒豆➡こしき入れ➡干蒸➡浸漬➡捞出➡冲水➡湿蒸➡こしき出し➡摊涼➡
                                                                    塩
接種➡簸箕入れ➡製麹➡簸箕出し➡洗豆曲➡前発酵➡後発酵➡晒豆➡撹拌➡後熟 ↓
 ↑                              ↑                         白酒 篩選
種麹                             水                                  ↓
                                                                   製品
```

図 7.8　武漢豆豉の製造工程

3) 製造方法

①原料処理：伝統的な「双蒸（スァンゼン）法」（黒豆の黒皮が剥けないように処理し，黒い皮の色素により豆の中まで着色させる原料処理法）を採用している．

a) 第1次，干蒸（カンゼン）（空蒸し処理）：まず，こしき（甑）の底に豆を厚さ16.7cmの層状に入れ，蒸気を通じ，蒸気が吹き抜けた後，さらに厚さ16.7cmの豆を入れ，この操作を繰り返し，豆を入れ終わった後，15分間蒸し，蒸気を止める．

b) 第2次，湿蒸（スーゼン）（本蒸し処理）：豆をこしきから出す前に，蒸黒豆100kgに対して200kg前後の水に食用油200gを混合した油水を投入し，浸漬し，豆皮にしわが生じたら捞（＝撈）出（ラォツィ）（すくい上げる）し，冲水（ツォンスィ）（水で勢いよく注ぎ洗う）後，水を切る．この豆をこしきに入れ，水滴が止まるまで蒸して蒸気を止め，こしきから豆を出す．

c) 摊（＝攤）凉（タンリャン）（放冷処理）：こしきから出した豆をムシロの上に広げて迅速に冷やす（扇風機で豆の熱を発散させる．蒸豆を盛り，溝やうねを作り，冷却を促進する）．冷却を早めると雑菌の汚染が少ない．蒸豆の水分は43〜48%（平均45%位）．

②接種：冬は40〜45℃，夏は低めにし，春秋は36℃前後で行う．黒豆の総重量の3%の種麹（滬醸3042）を均一に撹拌し，胞子の飛散を防止しながら黒豆汁を3%加え，接種する．接種後の蒸黒豆を簸箕（ポーチー）（竹製の平たいザル）に盛り込み，品温33〜36℃で菌糸の発芽と成長を促す．

③製麹：簸箕の上に麹原料を厚さ2.5cmに広げ，中央は熱の発散が困難なためやや薄く，周辺はやや厚めにする．麹菌の繁殖や成長の最適温度は33〜37℃である．麹室に入れ，室温は品温より，やや高めにする．製麹初期は品温を35℃として胞子の発芽を促進し，その後，菌糸の成長を促進するために28〜32℃で培養する．製麹中期には菌体の繁殖や代謝が盛んで発熱量が多いので，品温が40℃を越えないようにする．製麹末期には品温が逐次下がり，37℃になるが，30℃以下

にしない．湿度は比較的高い方が麹菌の成長，繁殖に有利で，麹の水分の発散速度が緩慢になる．湿度が低いと乾燥しやすくなるので，湿度は85～95％が必要である．製麹工程中に室温，品温，湿度を管理し，それぞれの段階で昇温，降温の措置をとり，湿度を保ち，製麹時間は若い麹は48時間，完熟麹は96時間とする．

④洗豆曲（シャントウチュ）：1回目洗いは出麹を15kgずつ竹ザルに入れ，水中に浸漬し，浸漬した豆を足で踏み固めながら，胞子を除去し，取り出して水を切る．この豆を強く踏むと黒豆の皮が破れるので，豆を均一に軽く踏む．2回目洗いは平篩（ピンサイ）（水平にしてふるい分ける篩）を用い，2.5kg前後の麹を清水の入ったカメ中に浮かせ，漂わせながら異物を除く．最近は回転式の洗豆曲機で豆麹を洗う．

⑤前発酵：洗った豆麹を団子状または煉瓦（れんが）状に固めた（この発酵法を武漢では"打囲（ダーウィ）"あるいは"打団（ダートァン）"と呼ぶ）後，直径1.5mの大竹ザルに敷き，乾燥した清浄な麻袋で表面とザルの底を覆い，保温をする．麻袋で囲むことにより品温は上昇し，一般に36時間後には45℃になり，62時間後には約55℃にもなる．55℃で3～5時間維持し，直ちに後発酵をさせる．前発酵過程の主要な目的はタンパク質分解酵素によるアミノ酸の生成とデンプン分解酵素による糖生成である．この打囲の期間中，ザルの下に豆豉水（トウチースィ）が流出する．この豆豉水には比較的多くのアミノ酸が溶け，旨味があり，地方によっては豆豉水を回収し，これを醤油の仕込みに加えるが，これにより旨味が増加する．

⑥後発酵：後発酵時には桶に入れ替える．木桶は大きいものよりも小さい方が温度を高めるのが容易である．桶に入れ替えるのは2つの目的があり，1つは品温の低下，2つめは空気を入れ酸素を供給することである．豆粒の破砕を防ぐ時には入れ替えを行わない．ただし，粘る場合は豆粒の塊を砕き，散らす必要がある．品温55℃以下で2～3日間発酵させる．

⑦晒豆（サイトウ）：籭箕または竹ザルに豆を敷き日に晒す．数量が多く泥水のような場合は棚の上で，なるべく薄くし，専属の人が常に引っ繰り返し，1～2日間，晴天の日によく晒す．干ブドウのようにしわができ，含水量20～25％になるまで晒し，乾燥させる．

⑧白酒混和：豆豉100kgに対して400gの白酒を加え，均一に混和撹拌後，カメに豆豉を堆積して入れ，後熟させると香りのよい豆豉ができる．保存のために4～5％の塩を加える．

⑨篩選（サイシァン）：よく晒し，混和撹拌した豆を篩（ふるい）で選別をして異物をつまみ出す．わずかに粘りがあり，豆豉粒が連なった製品ができる．歩留り80％．

(3) 瀏陽豆豉

瀏陽豆豉は湖南省の瀏陽地区で生産される Aspergillus 型豆豉の代表で，無塩発酵の淡豆豉の一種である．200年の歴史があり，国内はもとより，香港，東南アジアでも消費されている．原料には大豆（瀏陽地区の泥豆（ニートウ）），黒豆（河南のマラッカ扁黒豆（ビァンヒートウ））を用いる．

1) 製造工程

製造工程を図 7.9 に示す．

黒豆 ➡ 篩選 ➡ 初蒸 ➡ 浸漬 ➡ 複蒸 ➡ 冷却 ➡ 入麴室 ➡ 製麴 ➡ 洗豆曲 ➡ 堆積 ➡ 浸水 ➡ 過桶 ➡ 晒豆 ➡ 囲い発酵 ➡ 製品

図 7.9　瀏陽豆豉の製造工程

2) 製造方法

①初蒸（チュゼン）：篩で泥や砂を除いた大豆を，こしき中に 16.7 cm の厚さに入れて蒸し，蒸気が吹き抜けて後，さらに厚さ 16.7 cm の豆を入れる．この操作を繰り返し，豆を入れ終わった後，20 分間蒸し，半熟状態とする．

②浸漬：蒸豆をこしきから取り出し，清水の入ったカメに，カメの口から 8 cm の高さまで入れる．カメの中に水を流しながら，泥や砂などの夾雑物を除き，20～40 分間浸漬する．夏秋は冷水に短時間浸漬し，冬春は温水でやや長時間行う．豆の表面にしわが生じたら，よく水で洗い水切りをする．

③複蒸（フーゼン）（二度蒸し）：水切りした豆は再びこしき中に盛り，蒸気で蒸し，蒸気が吹き抜けた後，約 1 時間蒸す．これを取り出してムシロの上に広げ，木の熊手で引っ繰り返し，冷却し，表面の水分を蒸散させる．

④製麴：冷却した豆に 3 ％の種麴を，冬は 40～45 ℃，春秋は 36 ℃前後で接種し，製麴は 28～32 ℃，湿度 85～95 ％で，夏期は 48～96 時間，冬期は 1 週間行う．夏は天窓を開いて通風して温度を下げ，水分を排出し，冬は炭火で加温し発酵を進めると，豆粒の表面に黄色のコウジカビが生じる．この後，逐次，麴室の入口や天窓を開き，通風して品温を下げる．2 日後に洗豆曲を始める．

⑤洗豆曲：胞子を除去するため，豆麴をザルの中に盛り，ザルから豆麴が流れ出ないようにゆっくりと流水で洗う．ザル中の豆麴を撹拌しながら，黄色のカビ胞子を全部洗い流す．豆麴に多量の水が吸収されないように，手早く洗う．洗った麴の水を切った後，ザルの中に入れ，固めて堆積し，自然発酵させる．

⑥過桶（クォトン）：堆積した豆麴塊を水に浸漬し，2 日 2 晩置いた後，かき出し，揉みながら均一に混合し，木桶の中に入れ，継続して発酵させる．

⑦出晒（ツィサイ）（日に晒すこと）：晴天の日に，竹で組み立てた高い棚の上でスノコに豆豉を広げ，日に晒して乾燥させる．

⑧囲い発酵：竹のスダレで桶の中に囲いを作り，その中に乾燥品を堆積して，自然発酵させると1～3か月間で出来上がる．製品の豆豉には窩心（ウォシン），原装（ユァンズゥァン），甜豉（テンチー）の3種類がある．窩心豆豉は最優秀で，晒す前の桶の中の中心部から1ザル約20kg前後を採取した豆豉，原装豆豉は窩心豆豉を採取した後の残りの全部である．甜豆豉は原装豆豉を再び蒸した製品で，色沢はさらに濃く，うるおい，もっぱら煮物に用いる．

7.3.5 華南の豆豉[4]
(1) 広州豆豉

広州（クァンツォ）豆豉は *Aspergillus* 型豆豉で広東省の伝統のある名産品である．純粋な菌種を用い，短期間の無塩発酵を行い，塩腌（ヤンヤン）（塩漬）前後に2回淋水（リンスィ）（浸出して滴る液汁）を分ける．独特の醸造技術により製造した製品である．

1) 製造工程

製造工程を図7.10に示す．

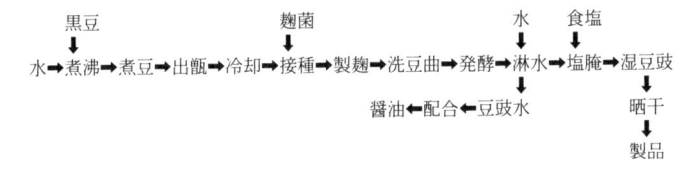

図7.10 広州豆豉の製造工程

2) 製造方法

①原料配合：黒豆100kgに対して食塩32～34kgを用いる．

②煮豆：まず，こしきの沸騰した水の中に黒豆を入れ，約30分後，再びこしきの中の水が沸騰したら，こしきから煮豆を出して（出甑）冷却する．

③接種：煮豆を32～35℃に冷却後，0.1～0.2%の種麹（*A. oryzae*，滬醸3042）を接種し，直径93cmの竹ザルに8～10kgの煮豆を盛り込み，製麹する．

④製麹：麹原料を麹室に入れ，24時間後，品温が上昇し，約40℃になったら麹の上下を引っ繰り返し，撹拌し，1番手入れを行う．手入れ後，34～35℃前後に下げ，36時間後，撹拌し，2番手入れを行う．その後，品温を37～38℃前後に下げ，48時間後，3回目の手入れをする．品温を30℃前後に下げ，96時間で出麹をす

る．

⑤洗豆曲：洗豆曲機を用い，豆粒の表面の菌糸や胞子を洗い除く．

⑥発酵：発酵時の空気の導入および発酵液（豆豉水）の流出に便利なように木桶に小さな孔をあけておく．まず，桶の中で12～15時間，自然発酵（冬期は保温する）させ，次に他の空桶に入れ替え，8時間継続発酵させる．品温が50～55℃に上昇した後，淋水を流出させてから温度を下げる．

⑦塩腌：淋水の大部分が流出した後，塩漬を行う．食塩を混合撹拌後，木桶で24～48時間塩漬を行う．塩漬24時間後，豆豉の上から清水を加えると，100kgの黒豆から75kgの淋水が流出する．流出はゆっくりと行い，塩漬工程中に残留している塩粒を溶解させる．流出した淋水を豆豉水と称する．桶の中に残った豆粒は湿豆豉である．

⑧晒干（サイカン）（天日乾燥）：湿豆豉は日に晒し，水分が25～30%まで乾燥すると乾燥豆豉が得られる．

(2) 広東陽江豆豉[2)]

広東陽江（ヤンチャン）豆豉は広東の特産品として有名である．代表的な *Aspergillus* 型豆豉で，ふんわり柔らかく，溶けが良く，旨味がある．東南アジア，南北アメリカの30数か国に輸出され，海外の華僑や外国人などに好評を博し，香港やマカオの市場でも優れた品質を評価されている．

1) 製造工程

製造工程を図7.11に示す．

食塩＋添加物
↓
黒豆→選別→浸漬→煮沸→冷却→製麹→洗豆曲→加塩撹拌→発酵→乾燥
↓
製品

図7.11　広東陽江豆豉の製造工程

2) 製造方法

①原料，副原料：地元の黒豆，食塩，硫酸第二鉄，五倍子（ゴバイシ）．

②原料処理：黒豆は多量の水を用い，十分に吸水してしわがなくなるまで浸漬する．浸漬後，冬は6時間，夏は2～3時間水切りする（均一に吸水させるために一定の時間放置する）．この浸漬豆の水分は46～50%．これを常圧で1.5～2時間蒸煮し，豆の特有な香りがし，豆粒を手で軽く押すと潰れるのがよい．

③製麹：46℃に放冷した蒸豆を竹ザルに入れ，天然の豆豉麹（前回用いた麹）を混合し，周辺を厚く，中心を薄くして盛る．麹室の室温26～30℃，品温は25～

30℃で，10時間培養後に胞子の発芽が始まり，品温もゆっくりと上昇し，17時間後，豆粒の表面に白い斑点や短い菌糸が生じる．25～28時間後，品温が31℃に上昇し，豆麹が固まる．麹菌の増殖は，さらに旺盛となり，2日後，品温は38～40℃に上昇し，豆粒は緻密な菌糸に包まれる．上下を引っ繰り返し，撹拌をし，1番手入れをする．培養47時間後，品温37℃になり，さらに培養すると50時間後，品温は34～35℃に下がる．67時間まで保持し，2番手入れをし，114時間で出麹をする．この麹は黄緑色の胞子が生じ，麹の豆粒の表面にしわができる．豆麹の水分含量は21％前後である．一般に100kgの大豆から125～135kgの麹ができる．

④洗豆曲：豆麹の表面の胞子，菌糸および付着物を水で洗い除去する．さらに撹拌し，水で洗い，豆麹を滑らかにし，つやを出す．カメに入れ，水分33～35％の豆麹に，数回に分けて散水をし，45％の水分にする．

⑤加塩撹拌：防腐および調味のため，吸水した豆麹に約12％の食塩を数回に分けて振りかけ，少量の硫酸第二鉄と五倍子を加えると，豆豉の黒い光沢が出て，柔らかくなる．

⑥発酵：発酵は麹の生成した酵素を利用し，タンパク質，デンプンからアミノ酸と糖類を生成し，その他の細菌との共同作用で多種類の有機酸，アルコール類を生成し，エステルを合成し，独特な豆豉の香りを与える．塩を加えた豆豉を密封性のよい陶磁器のカメに層状に敷き，加圧し，ビニールで密封し，日に晒し，30～45℃，40日間嫌気発酵させる．

3) 乾燥と貯蔵

後発酵した豆豉をカメから取り出し，日に晒し乾燥させ，水分35％の豆豉とする．完全粒で，つやのある黒色をし，油でうるおい，柔らかく，アルコール香があり，甘く，旨味があり，夾雑物や異味や苦味，渋味がないものが良い．

(3) 江西豆豉

江西豆豉は塩腌（塩漬）した咸（鹹）豆豉である．

1) 製造工程

製造工程を図7.12に示す．

種麹
↓
黒豆→洗浄→浸漬→水切り→蒸豆→冷却→接種→製麹→洗豆曲→前発酵→
後発酵→晒豆→撹拌→熟成→篩選→製品

図7.12 江西豆豉の製造工程

2) 製造方法

①原料配合：黒豆100kgに対して食塩4～18kg（各工場で加塩量は一定でない），五香粉（ウーシァンファン）100g，白酒200gを用いる．

②浸漬：黒豆を篩で選別し，夏は1～2時間，春秋は2～3時間，冬は3～4時間水に浸漬する．

③蒸豆：浸漬した豆をこしきに入れ，薄い層にして蒸気を通し，上層を蒸気が吹き抜けた後，残りの豆を加え（抜掛法），こしきの上部まで満たし，竹ムシロで蓋をして2時間蒸し，1時間煮込む．蒸豆の水分42%前後．40～45℃に放冷し，種麹（滬醸3042）を接種し，製麹する．

④発酵：製麹後，洗豆曲は瀏陽豆豉と同じ処理をする．夏は24時間，冬は48時間発酵させる．

⑤撹拌：原料に対して約4%の食塩と約0.1%の五香粉を発酵豆に混合し，日に晒した後，約0.2%の白酒を入れ，カメに入れて後熟させる．篩で選別して製品とする．

(4) 江西油辣豆豉

江西油辣（ユーラー）豆豉は $Aspergillus$ 型の豆豉で，塩漬した鹹豆豉である．黒豆を主原料，五香粉，白酒，天然発酵醤油，辣油（ラーユー）（植物油にトウガラシを加えたもの）を副原料とし，味が辛くて旨い．江西の人々に好まれ，豆豉中の名品である．

この豆豉は江西豆豉の再加工品である．江西豆豉を洗浄後，竹ムシロや箕の上で日に晒し，乾燥後，100kgの乾燥豆豉に対し，天然醸造醤油50kg，グルタミン酸ナトリウム0.05kgを加え，均一に混合した後，辣油（植物油：トウガラシ＝2：1）5kgを豆豉の表面にかけ，密封して1週間後，製品とする．

(5) 広西黄姚豆豉

黄姚（ファンヨー）豆豉は良質の黒豆および有名な桂林の珠江泉の水（酵母の増殖を防ぐ）を用い，独特な製造方法で作られる．豆豉粒は豊満で，黒くつやがあり，あっさりした香りがする．長い歴史をもつ地方の名産品である．その製造方法は予め黒豆を浸漬することなく直接に木製の蒸槽（ゼンツァオ）で約2時間蒸した後，冷水に40分浸漬，水切りし，再び蒸槽で約3時間蒸す．その後28～32℃まで放冷し，箕に盛り込み，培養室へ移動し，28～32℃で5～6日間，自然培養する．豆豉麹の菌糸が10cm位となった時，冷水で豆豉麹粒の表面の菌糸を取り除き，洗浄水が濁らなくなるまで洗浄する．竹製のカゴの内壁や底に黄色い茅の葉や桐の葉あるいはハスの葉を敷き，水切りをした豆豉麹を入れ，上面を葉で6.5cmの

厚さに覆い，重石を載せて，6～7日間発酵後，カゴから取り出し，大きい箕に盛り込み，日に40分間晒し，引っ繰り返し，再び40分間晒してからカメに入れ，15日間熟成させた後，製品となる．

文　　献
1) 楊淑媛，田元蘭，丁純孝編著：新編大豆食品，中国商業出版社（1989）
2) 石彦国，任莉編著：大豆制品工芸学，中国軽工業出版社（1993）
3) 伊藤寛，童江明，李幼筠：味噌の科学と技術，**44**，216（1996）
4) 伊藤寛，李幼筠，金鳳燮，宋鋼，呉周和，呉伝茂：味噌の科学と技術，**44**，244（1996）

第8章 腐乳（発酵豆腐）

8.1 腐乳について

腐乳（フールウ）は乳腐（ルウフー）または豆腐乳（トウフールウ）とも称し，中国の特有な伝統発酵食品で，史料によると生産が始まってから1500年の歴史があり，現在も中国の各地で生産されている．

腐乳はソフトで独特な風味と旨味があり，消化吸収がよく，栄養豊富で，食欲増進作用があり，調理に適し，中国国内だけでなく海外の人々にも愛され食べられている．大豆を用い，浸漬，磨砕，凝固，圧搾，培養，塩漬および醸造技術で作る一種のチーズ様の製品で，欧米の多くの人々は中国干酪（カンロー）（チャイニーズチーズ）と呼んでいる．

8.2 腐乳の種類[1-4]

中国の全国各地で生産される腐乳はそれぞれ味や製造方法が異なるが，その主な製造技術は基本的に同じである．豆腐を水分70%前後に圧搾脱水し，塩漬豆腐の食塩濃度を12%前後にコントロールし，ケカビあるいはクモノスカビを培養し，副原料として面曲（＝麺麹，ミエンチュ）（小麦麹），紅曲（＝紅麹，ファンチュ）などを加え，多くは3〜6か月発酵させる．各地の腐乳は同一の起源に由来し，共に近い類縁関係にあり，製造技術はほぼ同じであるが多くの種類がある．

古文書によると初期の腐乳は豆腐の塩蔵の一手段で，塩蔵により豆腐を長く保存できるようになった．しかし，風味が単調であったため，酒や醤類の調味料を添加する方法が生じた．その後，豆腐に微生物を培養して製造する方法が生まれたが，これは微生物の分泌する酵素を利用してタンパク質の分解を促進し，同時に風味が生成され，熟成した発酵食品となる．腐乳の製造には，できるかぎり有害微生物を制御して，有用微生物を利用することにより，全く新たな豆腐加工食品が製造された．腐乳はその色から紅（ファン）腐乳（紅方（ファンファン）），白（パイ）腐乳，青（チン）腐乳（青方（チンファン），臭豆腐（シュトウフー））に，風味の上

白腐乳，紅腐乳，青腐乳（左より）

沖縄の豆腐よう（中国の紅腐乳の変化したもの）

写真 8.1 各種腐乳と豆腐よう

から醤（ジャン）腐乳および種々の副原料を加えた花色（ホワスォー）腐乳（火腿（フォトエイ）腐乳，辣（ラー）腐乳，桂花（クェホワ）腐乳，白菜（パイツァイ）腐乳）に分けられ，また，使用した微生物から細菌型腐乳とカビ型腐乳に分けられ，さらに大きさの規格さから太方（タイファン）腐乳，中方（ツォンファン）腐乳，丁方（ディンファン）腐乳と棋方（チーファン）腐乳に分けられる．

8.2.1 製造方法による分類[4,5]

　微生物を利用した腐乳と微生物を必要としない腌制（ヤンツー）（塩漬）型腐乳に大別される．腐乳の微生物は天然に生育しているものと純粋培養した菌に分けられる．微生物による分類としてケカビ（毛霉（モーメイ））型，クモノスカビ（根霉（コンメイ））型，細菌型腐乳に分けられる．図8.1に製造方法による腐乳の分類を示した．

第8章 腐乳（発酵豆腐）

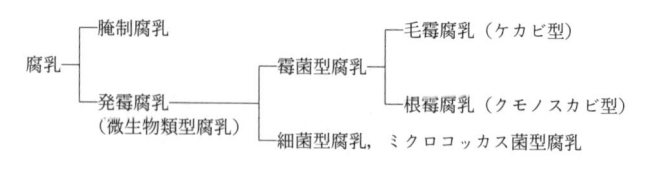

```
              ┌─ 腌制腐乳
              │              ┌─ 霉菌型腐乳 ─┬─ 毛霉腐乳（ケカビ型）
腐乳 ─────────┤              │             └─ 根霉腐乳（クモノスカビ型）
              └─ 発霉腐乳 ───┤
                 （微生物類型腐乳）
                             └─ 細菌型腐乳，ミクロコッカス菌型腐乳
```

図8.1 製造方法による腐乳の分類

(1) 腌制型腐乳（塩漬型腐乳）

1) 製造工程

製造工程を図8.2に示す．

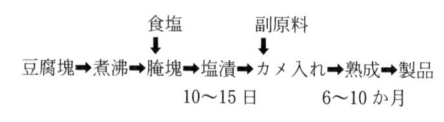

```
                    食塩        副原料
                     ↓          ↓
豆腐塊→煮沸→腌塊→塩漬→カメ入れ→熟成→製品
                    10〜15日    6〜10か月
```

図8.2 腌制型腐乳の製造工程

2) 特　徴

腌制型腐乳は微生物を用いないで，直接，熟成させる．山西省太原市発酵工場や四川省大邑県醸造工場の唐場（タンツァン）豆腐乳は腌制型腐乳である．熟成した後，面糕曲（ミエンコーチュ）（麺麹），紅麹，豆瓣麹（トウバンチュ），米酒（ミーチュ）などの副原料を加えた腐乳がある．この腐乳の欠点はタンパク質分解酵素が不足することで，多くは自然熟成のため，生産地の気候条件により左右され，熟成時間は長くなる．このため直接，生産量と品質に影響する．製品に緻密さがなく，熟成後，砕けやすい．ねずみ色で，一定した色ではない．

(2) ケカビ型腐乳

1) 製造工程

製造工程を図8.3に示す．

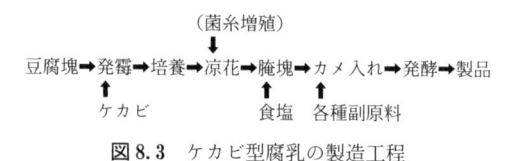

```
                  （菌糸増殖）
                       ↓
豆腐塊→発霉→培養→涼花→腌塊→カメ入れ→発酵→製品
        ↑              ↑
       ケカビ         食塩  各種副原料
```

図8.3 ケカビ型腐乳の製造工程

2) 特　徴

ケカビ型腐乳は腌制型腐乳を改良したもので，初めにケカビを15℃前後で7〜15日間培養すると，豆腐の表面が白色の菌糸に覆われ，きめ細かく弾力のある皮

膜を形成し，大量の酵素が分泌され，アミノ酸が増加し，旨味が増す．ケカビ型腐乳の断面は淡黄色を呈し，やや柔軟で弾力性があり，粘りが強く，つやつやして，香りが強い．欠点はケカビの増殖温度は低いので，高い温度の夏には生産できない．そのため，天然のケカビから純粋分離した菌株を用いるようになった．

① 天然のケカビの培養技術：これは工場や麹蓋（こうじぶた）に残る野生のケカビを利用した方法で，現在，北京の王致和（ワンツーホー）臭豆腐や河南省柘城の酥制培乳（スーツーペイルウ）に，この菌種が用いられている．この方法は培養設備を必要としない利点があるが，欠点は製品が雑菌に汚染されやすく，品質が安定しないことである．

カビの菌糸が増殖し，花のような胞子をつけると発熱するために培養室の温度を下げ，通風をして熱を発散させ，水分を蒸発させる．これを涼花（リャンホワ）という．

② 純粋なケカビの培養技術：この方法は1940年代に起こり，中国の腐乳から純粋分離したケカビを用いる．

　主要なケカビの菌種

　　浙江紹興，江蘇蘇州の豆腐乳ケカビ *Mucor sufu*.

　　江蘇鎮江の魯氏ケカビ *M. rouxanus*.

　　四川楽山専区五通橋の五通橋ケカビ（*M. Wutung kiao*）．*M. racemosus* など．

　　広東中山県，広西桂林の腐乳ケカビ *Mucor* sp.

　　台湾台南の総状ケカビ *M. racemosus*.

　　台湾台南の雅致放射ケカビ *Actinomucor elegans*.

　　北京豆腐乳の雅致放射ケカビ *Actinomucor elegans*.

　　中国紅豆腐乳の紫紅曲霉 *Monascus purpreus*.

1950年代の中頃からこれらの菌種を腐乳の製造に用いた．これらのケカビの菌糸は細長く，高く，豆腐の表面をよく包み，食感は綿のように柔らかい．無菌条件下に，これらの菌を豆腐の表面に散布し，20～25℃で2～3日間培養することにより，製造技術の水準が高まり，品質の向上と量産が図られた．現在，ケカビ型腐乳として浙江唯一牌腐乳，上海奉賢腐乳，広西桂林腐乳，四川夾江腐乳，四川五通橋腐乳がある．

(3) **クモノスカビ型腐乳**

1) 製造工程

製造工程を図8.4に示す．

豆腐塊 ➡ 接種 ➡ 培養 ➡ 涼花 ➡ 腌塊 ➡ カメ入れ ➡ 発酵 ➡ 製品
　　　　　↑　　　　　　　　　↑　　　　↑
　　　　根霉（クモノスカビ）　食塩　各種副原料

図 8.4　クモノスカビ型腐乳の製造工程

2) 特　徴

従来の野生のクモノスカビ (*Rhizopus*) を利用する方法では，培養温度 28〜30℃で 7 日間培養されるが，季節が制限された．しかし，純粋分離した菌株を用いることにより，季節に関係なく，いつでも生産されるようになった．南京発酵工場ではタンパク質分解酵素活性の強いクモノスカビを改良して用いた．人工培養ではクモノスカビの最高培養温度が 35〜37℃で，培養時間が 48 時間に短縮される．また，夏の高温が培養に適し，よく繁殖し，菌糸が緻密になり，大量生産が可能となった．南京や上海の少数の工場では，クモノスカビの培養技術で 1 年中生産されるようになったが，欠点はケカビ型腐乳より風味や色沢などの品質が劣ることである．

(4) 細菌型腐乳

1) 製造工程

製造工程を図 8.5 に示す．

　　　　　　　　　　　　Micrococcus luteus
　　　　　　　　　　　　　　　↓
豆腐塊 ➡ 蒸し ➡ 塩漬 ➡ 洗塊 ➡ 切塊 ➡ 接種 ➡ 培養 ➡ 乾燥 ➡ カメ入れ ➡ 発酵 ➡ 製品
　　　　　　　　　↑　　　　　　　　　　　　　　　　　　　　↑
　　　　　　　　食塩　　　　　　　　　　　　　　　　　各種副原料

図 8.5　細菌型腐乳の製造工程

2) 特　徴

豆腐を 48 時間，6.5％濃度の食塩水に漬けると，好塩性の *Micrococcus luteus* が増殖する．雑菌の侵入を抑制し，7〜8 日間培養すると豆腐の表面は長い，厚い層の黄金色の菌膜に包まれ，豆腐の断面は淡黄色を帯びた白色で，菌膜には粘りがある．予め水分が 45％になるように加熱乾燥し，菌膜を固定する．その後，副原料をカメに入れ，発酵を行う．黒龍江省の克東県の克東（コートン）腐乳が著名な細菌型の腐乳である．口に入れると滑らかで，つやがあり，きめ細かく，口の中でとろけるバターのようである．主に細菌による発酵のため腐乳の表面は菌糸で覆われていないので，発酵後，形の保持が困難であり，さらに製造技術が煩雑で，地方により生産の環境条件が異なり，品質のコントロールが難しいが，普通，

中国黒龍江省でよく生産されている.

8.2.2 製品の色,風味,添加物による腐乳の分類[6]

製品による腐乳の分類は,中華人民共和国商業部の基準規格化組織の調味品専業委員会により認可された分類基準によって定められている.図8.6に色と風味による腐乳の分類を示した.

(1) 紅腐乳[7]

紅腐乳は紅豆腐(ファントウフー)とも呼ばれ,北方では紅醤豆腐(ファンジャントウフー),南方では紅方(ファンファン)あるいは南乳(ナンルウ)と称し,腐乳の中で最も多く生産されている.鮮やかな紅色あるいは赤紫色で,断面が橙色を呈し,塩味と旨味が口に合い,きめ細かく,食欲増進用のおかずや,調理用の調味料として,広く普及している.主原料として大豆や脱脂大豆を用い,副原料として食塩,紅麹,黄酒や他の酒類,面糕(麺生地)などを加えている.

(2) 白腐乳[8]

白腐乳は原料に由来する白色から変化した乳黄色,淡黄色または青白色で,表裏の色は変わらず,アルコール香が強く,独特な旨味があり,きめ細かく,また紅麹を加えた紅色などの色で分類される.典型的なものに霉香(メイシャン)腐乳,糟方(ツォファン)腐乳と酔方(ツィファン)腐乳がある.いずれの腐乳も風味が異なる.白腐乳の特徴は低食塩濃度で,発酵期間が短いが,よく熟成している.大部分は南の地方で作られている.これらは食欲増進用のおかずとされている.

1) 糟方腐乳

糟方腐乳の名は,発酵時の酒粕あるいは酒糟鹵(チュツォルー)(塩蔵粕)を主要な副原料としたために名付けられた.黄酒を発酵完了後,諸味(もろみ)を圧搾して汁を除いた酒粕を用いる.また糟方腐乳は時に応じ,酒粕に適量の白酒を加えて製造することがある.しかし,多くは発酵した黄酒糟(諸味)を搾らない酒糟汁や酒粕を用いる.

2) 霉香腐乳

霉香腐乳の主な産地は長江流域以南である.この腐乳は濃厚なカビ香と酒の風味がある.この種類には辣味(ラーウェイ)型と普通型がある.辣味型(辛い味)は桂林と広州で生産される腐乳が有名である.普通型

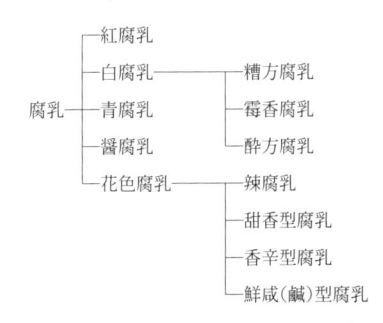

図8.6 色と風味による腐乳の分類

腐乳
├─紅腐乳
├─白腐乳─┬─糟方腐乳
│   ├─霉香腐乳
│   └─酔方腐乳
├─青腐乳
├─醤腐乳
└─花色腐乳─┬─辣腐乳
            ├─甜香型腐乳
            ├─香辛型腐乳
            └─鮮咸(鹹)型腐乳

は四川の夾江で生産される腐乳に代表される．この霉香型腐乳は後発酵中の腌塊（塩漬した豆腐塊）の食塩濃度が一般の腐乳より低く，タンパク質の分解程度は一般の腐乳（青腐乳を除く）同様に分解している．アミノ酸含量は比較的高く，しかし，微量の硫化物が分解により生じ，カビの香味がする．

3）酔方腐乳

酔方腐乳の主な産地は長江以南である．発酵中に純粋な黄酒を副原料として加え，あるいは白酒と花椒（ホワジョ）をスープにして加え，1か月位発酵させる．この腐乳は酒香とエステル香が濃厚で，酔方と言われる．

(3) 青腐乳

青腐乳を青方（チンファン）と呼ぶのは俗称で臭豆腐（シュトウフー）とも言う．それぞれの地方で生産される青腐乳は香味が異なる．発酵した青腐乳は刺激のある臭みがある．表面の色が青色あるいは薄緑色であることから青腐乳と称した．代表的なものに北京の王致和臭豆腐がある．青腐乳は大豆や脱脂大豆を主原料とし，副原料として食塩と少量の花椒，乾燥したハスの葉を加える．腐乳は著しく臭いという特徴があるが，発酵後，一部のタンパク質から主に硫化物やアンモニアが遊離した臭いである．硫黄の臭気は刺激が強い．青腐乳を口に入れると種々のアミノ酸の味がする．特に青腐乳には多量のアラニンがあり，特徴のある甘味と旨味がある．

(4) 醤腐乳[6]

この種類の腐乳は後発酵中に大豆麹やソラマメ麹，面糊曲（麺麹）などの醤油麹を加えて発酵させる．製品の表面と内部の色は基本的に同じで，自然に生じた赤褐色，茶褐色を呈し，紅腐乳や紅麹を着色剤として用いない．生地はソフトで，白腐乳より醤の香味が強く，酒の香味とも異なる．

(5) 花色腐乳

この種類の腐乳は味腐乳（ウェイフールウ）とも称し，それぞれ加えた添加物の副原料により風味が異なり，これを発酵させて特徴のある腐乳ができる．この腐乳には辣味型，甜香（テンシァン）型（甘い香り型），香辛（シァンシー）型（スパイス型），咸鮮（シェンシァン）型（塩旨味型），菜包（ツァイパォ）型（野菜で包む型）などがある．製造方法には同調発酵法と再仕込法がある．同調発酵法は副原料としてスープと塩漬豆腐塊を配合して加え，カメに入れ，密封して発酵させる．再仕込法はまず基礎となる腐乳を製造し，あるいは熟成した紅腐乳，白腐乳を用い，副原料を加え，腐乳の表面だけを混合撹拌し，風味をつけ，再びカメに入れ，短期間熟成させ，それぞれの風味のある花色腐乳を製造する．花色腐乳は原料として

大豆あるいは脱脂大豆を用い，種類に応じて副原料を加える．主なものとして食塩，醬油，紅麴，砂糖，糖桂花（タンクェホワ），糖漬バラ，トウガラシ，五香粉（ウーシァンファン），黄酒，火腿（フォトイエ）（中国ハム），虾（＝蝦）籽（シャズー）（小エビ身），シイタケ，野菜葉などを用いる．またサッカリンや香料を加え，風味を増す．

1） 辣味型腐乳

辣味型腐乳は製造工程中にトウガラシを加えるので，刺激の強い辛味がある．紅，白，青腐乳の中にトウガラシを加える．南京の紅辣（ファンラー）腐乳，広州辣味霉香（ラーウェイメイシァン）腐乳，北京の甜辣（テンラー）腐乳と辣臭（ラーシュ）腐乳などがある．腐乳の辛味を増すためトウガラシやトウガラシ油（辣油）を用いる．トウガラシ油は一般に瓶に入れた液汁（調味液）の表面に加え，防腐の目的と辛味の増加のために加える．

2） 甜香型腐乳

甜香型腐乳は製造工程中に甘味料と花のエッセンスを加え，花は一般に糖桂花（モクセイの花の砂糖漬）あるいは糖漬バラを用いる．これらは開花したばかりの花や蕾を摘み，糖漬にしたものである．比較的多くの香味成分を含み，食品香料として用いる．甘味料の多くは砂糖や甜面醬麴を用い，必要に応じて少量のサッカリンや香りのエッセンスを加え，甘味や香りを増強する．

3） 香辛型腐乳

香辛型腐乳は製造工程中に副原料の香辛料を加えた腐乳で，普通，花椒（カショウ），八角（ハッカク），茴香（ウイキョウ），桂皮（ケイヒ），丁香（チョウコウ），肉桂（ニッケイ）などを用い，スパイスの香りが強く，比較的刺激のある辛味がある．五香（ウーシァン）腐乳は典型的な種類で濃い五香粉（花椒，茴香，桂末，丁香，陳皮）の香りと味がする．

4） 咸鮮型（塩旨味型）腐乳

製造工程中に畜肉，家禽（かきん）肉，水産品やキノコなどの副原料を加え，この副原料の香りと味をつけたもの．この種類の多くは一般に火腿，虾籽，シイタケなどを副原料に用い，特に著名なものに火腿腐乳，虾籽腐乳がある．この副原料の大多数は動物性食品で，添加する前に，この副原料を蒸し，そのスープを配合して作る．

8.2.3 型の大きさによる腐乳の分類

一般の規格区分による塊型の最も大きな太方腐乳，塊型の比較的大きな丁方腐乳，中型の中方腐乳，塊型が最小で将棋の駒の大きさの棋方腐乳がある．この塊

型の大きさは，それぞれの地方の生産品の区分により差がある．

8.2.4 腐乳の生産方法
(1) 豆腐の製造と副原料の選別
1) 豆腐の製造
大豆あるいは脱脂大豆を用いて豆腐を作る．豆腐を圧搾し，切片とし，乾かして塊とする．この豆腐塊の切片の大小，厚さの薄い厚いなどの規格により腐乳の加工消費が異なる．豆腐塊の含水量は春秋には72％，夏は70％，冬は73％で，一般には62〜73％であり，青方は75％，白方は約80％であった．

2) 副原料
①食塩：食塩は腌制腐乳に必要な原料である．食塩は貯蔵性を高めるが，食塩のにがりが多いと腐乳は苦味と渋味を帯びる．砂や泥を除き，食用にする．中国の食塩の資源は豊富で，産地により古くから次のような名称で呼ばれている．浙江省沿岸の姚塩（ヨーヤン），江蘇省沿岸の淮塩（ファイヤン），山東省沿岸の魯塩（ルーヤン），河北省沿岸の芦塩（ルーヤン），四川の井塩（ジンヤン）の俗称で川塩（ツァンヤン），これ以外に青海の湖塩（フーヤン），チベットの岩塩と鮮州塩がある．

②黄酒（ファンチュ）：黄酒は中国の著名な特産品で，モチ米のデンプンを多く使用し，多種類の微生物による発酵を利用し，酒麹や酒母で醸造し，微黄色のため黄酒と称する．最も有名な浙江紹興酒（ソーシンチュ），福建龍岩沈缸酒（センカンチュ），山東の墨老酒（モーラォチュ），江蘇無錫恵泉酒（フィチュンチュ），江西九江封缸酒（フェンカンチュ）などがある．

③紅曲（ファンチュ）(紅麹)：生産地として福建古田，建甌が有名である．紅色腐乳に必須の原料である[7]．

④米糟（ミーツォ）：糟方腐乳に必要な米糟の製造方法は醸造甜酒（日本のみりん）の製造方法に似て，発酵時間が短く，酒諸味に白酒を加え，アルコール量を増加させ，発酵を抑制させる．50kgのモチ米に対して，米糟にアルコール50度の白酒20kgを加える．

⑤その他の副原料：白酒，甜面醤，混合酒，砂糖，花椒，桂花，辣油，荷叶（ホーイェ）（ハスの葉）が用いられる．

3) 豆腐と腐乳の生産工程
①凝固剤：豆漿（トウジャン）（豆乳）を加熱沸騰させ，撹拌しながら，凝固剤を滴下し，凝集させる．凝固剤には次のものがある．

 a) 石膏(セッコウ)：大豆に対して2〜3％の石膏（$CaSO_4 \cdot 2H_2O$）（すまし粉）を加え，米の

とぎ汁のように水に溶解した石膏水を凝固剤として加える．また砕いた大理石粉末を加える場合もある．

b) 鹹水（シェンスィ）（にがり）：鹹水の主な成分は塩化マグネシウム，塩化カルシウムや塩化ナトリウムなどである．豆乳の濃度 9～11 度（比重計），凝集温度 78～84℃，pH 6.8～7.0 の条件下で，大豆に対して 5％の鹹水を滴下しながら加える．この操作を点鹵（テンルー）または点漿（テンジャン）という．

c) 食酢：30℃以上になると細菌に汚染されやすいため，食酢（または酢酸水）を加え，pH 4～5 で凝集させると固い豆腐ができる．

d) 酸漿水（スァンジャンスィ）：中国の南方では大豆の浸漬に用いた黄漿水（ファンジャンスィ）に乳酸菌を加え，20～28℃，15～24 時間，乳酸発酵させると酸性となる．これを酸漿水と言い，豆乳に加え，凝固させる．種の乳酸菌として前に用いた酸漿水を加えることもある．酸漿水を老水（ラォスィ）とも言う．また，大豆を浸漬中に乳酸発酵して酸性となり，この酸性の大豆を磨砕した酸性豆腐を使用する場合もある．桂林，広州豆腐乳に用いられる．中性豆腐にケカビを長期間増殖させると細菌に汚染されやすい．酸性豆腐にケカビを接種し，25～28℃，3～5 日間培養し，カビ付けをする．

8.3 中国の有名な腐乳

8.3.1 東北地方の名産の腐乳

東北地方の腐乳には青方（臭豆腐），紅腐乳（紅方）と克東（コートン）腐乳，白腐乳などがある．

写真 8.2 スノコでの豆腐の発黴（カビ付け）

(1) 臭豆腐

詳しい臭豆腐製造法は王致和臭豆腐の項で述べる．圧搾豆腐を直方体（4.2×4.2×1.8cm）に切り，底が竹のスノコの木箱に隙間をあけて並べ，10℃では15～20日間，20℃では5～8日間，自然培養する．白いケカビで表面が覆われ，次第に褐色や青色に変わる．人工培養はケカビをふすまに培養し，20℃以下で乾燥し，細かい粉末にした種菌を接種後，20℃で3～4日間培養し，菌膜に覆われた豆腐を作る．豆腐の表面のカビの菌糸を押し倒し（搓毛〈ツォモー〉という），カメの底から20cm離れた所の中心部に直径15cmの孔を開けた円形板を入れ，その孔の周りに菌膜豆腐を並べ，1段ごとに食塩（1万個の直方体の菌膜豆腐に50kgの食塩）を振りかけながら積み重ね，6～10日間塩漬後，中心部の塩水を取り除き，1日放置すると，食塩濃度16％，水分56％の塩漬豆腐ができる．塩漬豆腐をカメに並べ，臭豆腐諸味（1万個の直方体の腌塊〈塩漬豆腐塊〉に対して豆腐水〈前回に用いた臭豆腐諸味の液汁〉75kg，無菌水450kgおよび塩漬に用いた塩水と食塩を混合したもの）を入れ，カメの一番上に白酒（高粱の蒸留酒）50mlを入れ，厚い紙で口を封じ，1か月熟成させると臭豆腐ができる．

(2) 紅腐乳[7]

紅腐乳は紅方（ファンファン）とも言う．大豆から菌膜豆腐を作り，塩漬までは臭豆腐と同じ製法で，直方体は少し小さい（4.1×4.1×1.6cmあるいは2×2×2cm）が，大きさは工場により差がある．紅麹諸味は着色用と発酵用とがある．

1) 着色用紅麹諸味

紅麹1.5kg，面糕曲（麺麹）0.6kgを黄酒6.25kgに2～3日間浸漬後，黄酒10kgで希釈したもの．

2) 発酵用紅麹諸味

紅麹3kgと面糕曲1.2kgを黄酒12.5kgに2～3日間浸漬後，黄酒57kgで希釈した諸味（サッカリン150gを入れることもある）を用いる．塩漬菌膜豆腐の表面に着色用諸味の紅色を均一に塗り，紅腐乳カメに菌膜豆腐を隙間のないように層状に並べながら280個を入れ，菌膜豆腐の上1cmの高さまで発酵用諸味を加え，その上に，少しの面糕曲と食塩150g，白酒150gを入れ，厚い紙で口を封じ，常温で3～6か月熟成させる．

3) 克東腐乳

克東腐乳は細菌型腐乳で，黒龍江省克東県を始め，東北地方の銘柄となっている．細菌の菌膜を作り紅麹醬に漬け込んだ紅腐乳の一種である．

①菌膜豆腐の微生物：克東腐乳は豆腐を圧搾し，蒸し，塩漬後，放置しておく

と，自然界の微生物により菌膜に覆われる．5%食塩寒天培地（肉エキス1%，ペプトン1%含有培地）を用い，この菌膜から球菌42種と桿菌57種を分離した．しかし，その半数は塩漬豆腐に増殖できなかった．豆腐の表面に菌膜を形成し，豆腐のタンパク質を分解せず，臭みや色がつかない球菌と桿菌を選別した．克東腐乳は耐塩性の球菌と桿菌の共同作用により菌膜が作られた．この球菌の主なものは橙黄色の *Micrococcus luteus* であった．桿菌は乳酸菌を利用する．

②製造工程：製造工程を図8.7に示す．

```
                          紅麹，面糕曲，白酒，香辛料，漢方薬➡諸味
                                                            ↓
  豆腐➡圧搾➡塩漬➡洗浄➡成形➡蒸し➡接種・培養➡菌膜豆腐➡乾燥➡カメ詰め➡
                                    ↑
                                   種菌
  発酵➡製品
```

図8.7　紅腐乳の製造工程

③紅麹諸味：紅麹28部，面糕曲30部，白酒210部，香辛料5.9部，漢方薬（良姜（リャンジャン），砂仁（サーレン），白朮（パイズウ），公丁香（クンディンシャン），紫朮（ズーズウ），肉桂（ロウクェ），母丁香（ムーディンシャン），貢桂（クンクェ＝官桂），芫葉（イァンイエ），香菜（シャンツァイ）（コエンドロ），山奈（サンナイ），陳皮（ツェンピー），甘草粉（カンツァオファン）を混合したもの）と食塩0.32部を混合した後，熟成させ，磨砕し，紅麹諸味を作る（漢方薬については第4章，表4.5参照）．

④製造方法：大豆を15℃の水に浸漬，水面に気泡が生じたら浸漬水を交換し，18～24時間浸漬する．浸漬大豆の重量は原料大豆の2.2～2.3倍になる．この浸漬大豆に原料大豆の10倍の水を加え，均一に磨砕し，70メッシュの篩を通し，オカラを除く．豆乳を100℃，5～10分間加熱し，95℃でタンパク凝固剤を少しずつ加え，均一に撹拌後，再び3分間煮沸する．豆腐を布で漉した汁液を少量かけ，豆腐圧搾機に入れ，水分が約72%，厚さ1.5～2cmに圧搾し，板状とする．この豆腐を常圧の蒸気で約20分間蒸すと，表面に水滴がなく，弾力のある豆腐塊ができる．これを食塩水あるいは粉末食塩に24時間漬けた後，1回，上下を引っ繰り返し，48時間塩漬する．この塩漬豆腐は6.5～7.0%の食塩濃度になる．塩漬豆腐の表面を冬は40℃，夏は20℃の水で洗い，これを長方体（4.0×4.2×1.5cm）に切る．この塩漬豆腐を底板がスノコ状の木箱（62×48×高さ50cm）に1つ1つ並べ，種水（以前に製造した品質の良い菌膜豆腐から菌膜を削り取り，滅菌水に溶かしたもの）を噴霧して接種し，品温36～38℃，3～4日間培養した後，引っ繰り返して，4日間培養すると，表面に黄金色の緻密な菌膜を生成する．この菌膜豆腐を45～

50℃，24時間乾燥すると，水分45～48%，食塩8～9%の弾力のある乾燥菌膜豆腐ができる．まずカメに少量の紅麹諸味を入れた後，乾燥菌膜豆腐を1cm間隔で1層に並べ，その上に少量の紅麹諸味をかけ，さらに1層並べ，このような操作を繰り返してカメの口から9～12cmのところまで乾燥菌膜豆腐を緻密に並べ，その上に少量の紅麹諸味をかける．発酵室で12時間熟成させた後，さらに厚さ5cmに紅麹諸味をかけ，厚い紙で口を封じ，25℃位で60～90日間熟成させると，表面は鮮やかな赤色，内部は黄色の美味な克東腐乳ができる．

8.3.2 北京の腐乳
(1) 王致和臭豆腐

王致和（ワンツーホー）臭豆腐は300年以上の歴史がある．清朝の康熙8年，安徽省の科挙試験に失敗した王致和は金も使い果たし，北京の当時の安徽会館に閉じこもっていた．生きるために幼い頃に父の経営する田舎の豆腐屋で学んだ豆腐の製造技術を生かし，安徽会館の隣で豆腐屋を始めた．豆腐が売れない時に腐ったカビ豆腐を塩蔵しておいたところ，豆腐が淡青色に変わり，特有の臭みを持ち，口に入れると特別な味があり，とても美味しかった．このため豆腐を腐らせて臭豆腐を製造し始めた．滑らかで，塩味や旨味を有する臭豆腐は売れ行きがよく，段々有名となり，ついに宮廷でも愛用されるようになり，宮廷用の膳の一品として位置づけられた．清朝の初期から中華民国（1911年）にかけて，王氏企業は王致和という名を一貫して使い，その伝統的な味を変えなかった．

1) 製造工程

製造工程を図8.8に示す．

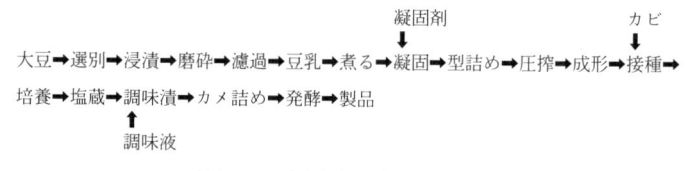

大豆➡選別➡浸漬➡磨砕➡濾過➡豆乳➡煮る➡凝固（凝固剤）➡型詰め➡圧搾➡成形➡接種（カビ）➡培養➡塩蔵➡調味漬（調味液）➡カメ詰め➡発酵➡製品

図8.8 王致和臭豆腐の製造工程

2) 製造方法

大豆を選別，浸漬後，石臼で磨砕し，布で濾過，豆乳（100kgの大豆から5～6°Béの豆乳1～1.2kl）を得る．これを10分間煮沸し，80℃に冷やした後，にがり（25°Bé）4kgを少しずつ，撹拌しながら加え，木枠の型で圧搾後，長方体（4.3×4.3×1.5cm）に切った豆腐ができる（100kgの大豆から6,000個，水分65～72%）．昔は円形

の蒸籠(ゼンルン)に豆腐を並べて自然培養を行うと，次第に豆腐の表面がカビの菌糸に覆われた．春秋 4 〜 5 日間，冬季 6 〜 7 日間の培養が必要であった．夏は 28℃以上になると製造を中止した．現在は蒸籠に純粋培養した菌(主に *Actinomucor elegans*)を接種した豆腐を並べ，25℃で 48 時間培養し，菌糸を十分に伸ばす．かつては製造できなかった夏でも 28 〜 30℃で 36 時間培養し，年中，生産ができるようになった．次の塩蔵は昔はカメや大瓶にカビが生えた豆腐を入れ，1 段に並べ，その上に塩を撒き，これを繰り返し，数段に仕込んでカメに満たし，蓋を締め，普通 5 〜 7 日の塩漬を行っていた．

その間，塩分を均一にするため，豆腐を入れ替える作業をする．現在ではコンクリート製の槽の中に豆腐を大量に並べ，豆腐塊 100 個に対して食塩約 400g を用いる．塩蔵豆腐をカメから取り出し，新たなカメに再び，塩蔵豆腐塊を並べ，豆腐湯(トウフータン)(調味液)をかける．この豆腐湯は前工程の塩蔵に使われた塩水に，豆腐を作る時に出たホエー液(6%の食塩を加える)を加え，乳酸発酵させたものである．豆腐湯を加えた後，カメの口に乾燥したハスの葉を 1 枚敷き，その上に石板を載せ，また口の周辺の隙間を石灰で閉じて屋外に置く．

写真 8.3 蒸籠での発黴(前発酵)

写真 8.4 コンクリート槽での発黴(後発酵)

春に製造し始め，夏を経て秋に熟成させる．現在は，保温熟成方法が採用されている．昔は店先に並んでいる臭豆腐の種類や大きさは様々で，大きさにより門丁（メンディン）（50mm立方体），頂華（ディンホワ）（45mm立方体），伏丁（ブーディン）（40mm立方体），11/15（横11回，縦15回切った塊の35mmの立方体），12/17（横12回，縦17回切った塊の30mmの立方体），13/19（25mmの立方体），14/20（20mmの立方体）の名が付けられていた．現在の北京では45×45×45mmの頂華が残っている．北京臭豆腐は淡青色で，表面に薄い雲のような菌糸が生え，柔らかくて形がしっかりとしている．口にすると濃厚な味でコクがあり，特に一種の含硫化合物の香りが強く感じられ，消費者から好まれている．

(2) 北京醤豆腐

1) 製造工程

北京醤豆腐（ベイジンジャントウフー）の製造工程を図8.9に示す．

豆腐塊➡カビ付け➡菌糸倒し➡塩蔵➡調味液漬➡カメ詰め➡発酵➡製品

図8.9 北京醤豆腐の製造工程

2) 製造方法

①カビ付け：豆腐の製造工程は臭豆腐と同様で，圧搾脱水した豆腐を大きさ4.5×4.5×4.5cmに切り，豆腐塊を作る．カビ付けには自然法と純粋培養法があり，自然法は蒸籠（大きさは縦横約55cm，高さ15cm）の中に豆腐塊を並べ，蒸し，水分を蒸発させた豆腐をわらを敷いてある蒸籠に並べておくとカビが付く．あるいは，何段も積み重ねた蒸籠の中に通気性を良くするために間隔をなるべく広くして豆腐を並べる．1晩，蓋なしで放置後，翌日蒸籠を重ね，15～18℃の比較的低い温度で培養し，ケカビ以外の細菌や酵母などの増殖を抑える．温度が低すぎるときは保温して一定の温度を保つ．蒸籠に並べた豆腐をカビ培養室に移し，2日後，ケカビの増殖が始まり，3～4日後，菌糸の伸びが旺盛になり，5日後，豆腐の表面が一面に菌糸に覆われ，6日後，菌糸は綿のようになり，7日後，菌糸の先端に淡黄色の胞子が生じると蒸籠を開いて湿気をとばし，塩蔵する．

純粋培養は35℃で豆腐に粉末状の菌糸を均一に接種する．あるいは液状の菌糸を噴霧する．接種した豆腐を間隔を広げて蒸籠に並べ，これをカビ培養室に移し，20～25℃，24時間で1回目，さらに36～40時間で2回目の蒸籠の上下の置き替えを行う．このとき菌糸の伸びが最も旺盛となり，6～10mmに伸びる．48時間で菌糸が黄色に変わり始めると温度を下げ終了する．培養室の温度が20℃以下の場合は72時間かかる．夏は温度が高いため，通風により温度調節をして品温を一

定にする.

②搓毛（ツォモー）（菌糸倒し）：カビ豆腐の塊と塊の連なる菌糸を切り，長い菌糸を手で押さえて倒し，1つ1つの塊とする.

③塩蔵：カメの底から20cm離れた所に円形の木の板（中心部に直径15cmの孔を開ける）を敷き，その上に成形した豆腐を板の中心部の孔の周りに円形に並べ，1段ごとに食塩を撒き，積み重ね，1番上に1～2cmの層に塩を振りまく．100個の豆腐に600gの食塩を用いる．カメの表面の塩が完全に溶けたら，カメの下の排出口から塩水を排出する.

④調味液漬：カメから塩蔵した豆腐塊を取り出し，塩水を切った後，予め調製した調味液（豆腐塊1,000個に対して紅麹0.5kg，紹興酒8.5kg，甜麺醤2.5kg，食塩0.5kgと赤色色素を適量．このほかに，砂仁，豆蔲（トウコウ），丁香，桂皮，甘草などの香辛料も適量添加する）に漬け，これを壺や瓶に並べ直して満たし，容器の口を封じ，密閉して5か月間，自然環境で熟成させる．35～40℃では熟成期間が短くなる.

(3) 北京別味腐乳

別味（ビェウェイ）腐乳とは多くの種類の原料を用い，様々な味のある腐乳のことである．これらの原料としてハム，エビの卵，シイタケ，桂花（クェホワ），陳皮の砂糖漬，辣醤（ラージャン），白菜（パイツァイ）の漬物，紅麹，五香粉（八角，茴香，陳皮，ショウガ，桂花，コショウなどを粉末にし混合した複合調味料）などがある.

1) 副原料の調製法

①ハム：ブロックを切断し，ハムの量に対して醤油20%，食塩2%，または適量のコショウ，八角，桂花などを混合してから蒸気で蒸し上げ，最後に薄切りにしておく.

②エビの卵：布袋に詰めて蒸す.

③陳皮の砂糖漬：新鮮なミカンの皮（乾燥したミカンの皮は水に浸漬し，軟らかくする）を切断し，これに砂糖50%と適量の水を加え，弱火でシロップ状になるまで1時間加熱濃縮する.

④辣醤：トウガラシの粉末50%，小麦粉20%，紅麹エキス30%を混合し，醤を調製する.

⑤白菜の塩漬：しおれた葉および芯を取り除いた白菜100kgに対して食塩12kgを用いてカメに漬け込む．毎日1回の天地返しを1か月続けた後，カメの口を封じ，翌年の春まで塩蔵する．塩蔵後の白菜の塩水を切り，半分ほど乾かし，これに対して五香粉3%，ショウガの千切り0.1%を添加し，壺に詰め，1～2か月自然発酵させる.

⑥桂花の砂糖漬：市販品を使用する．

⑦シイタケ：水に漬けて十分に吸水後，水切り，切断し，食塩4%と適量の五香粉を添加後，蒸す．

2) 醬類（調味液）の調製法

①紅麴醬：カメに紅麴10kgと紹興酒300gを入れ，半日浸漬後，石臼(いしうす)で細かく磨砕し，さらに400gの紹興酒を加え，均一に磨砕する．

②甘味：白酒5kgにサッカリン0.01kgを溶かし，紹興酒80kg，砂糖15kgを混合する．普通，醬類は腐乳の種類により異なり，また特産品としての腐乳では専用のたれを用いる．また腐乳の味や香りを保つため，白酒を加え20〜25%のアルコール濃度に調整して用いる．

③赤甘味醬（チーカンウェイジャン）：大きい豆腐およびエビの卵，ハム，シイタケを味付けに用いる．初めに豆腐と紹興酒46kg，砂糖8kg，紅麴4kgを混合し，密閉性がよく，アルコールの蒸発しない蒸し容器に入れ，蒸気で20〜30分間蒸す．蒸した後，冷却してからサッカリン入りの酒2kgまたは塩鹹汁（ヤンシェンツー）（白菜の塩漬の時に残った塩汁）40kgを加える．夏は保存料を加える必要がある．

④白甘味醬（パイカンウェイジャン）：甘塩辛い腐乳用と桂花入り腐乳用がある．塩鹹汁40kg，紹興酒50kg，サッカリン入りの酒2kg，砂糖8kgを赤甘味醬と同様に調製する．桂花腐乳用は白甘味醬に桂花油100gとサッカリン入りの酒を混ぜる．

⑤アルコール入りの醬：白菜入りの辛い腐乳3種（紅麴醬，赤甘味醬，白甘味醬の腐乳），五香粉腐乳および無添加（食塩を除く）腐乳に用いる．塩漬時に残った塩鹹汁40kg，白酒60kgを混合して調製する．

3) 別味腐乳の製造

熟成した紅腐乳（赤甘味醬の腐乳）や白腐乳（白甘味醬の腐乳）を用い，腐乳の上から1)で調製した副原料をそれぞれ加え，風味を付け，カメに入れ，短期間熟成させる．

8.3.3 西北地方の腐乳

(1) 鐘楼牌辣油方腐乳

西安の腐乳生産は100年近くの歴史があり，名産品である．近年，工場の合併により生産性が向上し，技術改革や設備改善を行い，1980年，鐘楼牌辣油方腐乳（ツォンロウパイ・ラーユーファンフールウ）の試作に成功した．この腐乳は大豆を主原料とし，植物油，純粋なトウガラシ粉，精製塩，黄酒，グルタミン酸ナトリウ

ムなどの副原料を加えて発酵させる．原料を精選し，磨漿（モージャン）（浸漬大豆を磨砕した豆乳），濾過，圧搾，成形，カビ付けなどの工程を経て，カメに詰め，再発酵後，製品とする．辣油方腐乳は明るい淡黄色，厚さは均一で，口に入れると綿のように柔らかく，旨味がある．タンパク質，アミノ酸など栄養が豊富で食欲を進め，しかもソフトで，特有のアルコール香と油の香気があり，他の腐乳と異なる．

8.3.4 西南地方の腐乳
(1) 夾江腐乳
　夾江（ジャチャン）腐乳は四川省の夾江県の峨嵋山（がびさん）の麓の青衣湖畔で作られ，120年の歴史がある．清の咸豊年間（1856～1861年）に始まり，青神県の住人，周三河が五通橋徳昌園で豆腐塊を作っていた．これから夾江県では醸造腐乳（微生物を用いた腐乳）を創製し，1926年，四川省の特産品となり，1979年，四川省の優秀品として賞せられた．

　1）製造上の特徴
　豆腐塊を成形後，常圧で3時間蒸し，塊を切り，日に晒した後，10℃，7～8日間培養する．自然のカビ付け後，ケカビの菌糸が3.5～4.0cmに伸びる．培養後にケカビ豆腐では必ず行う塩漬を行わず，直接に副原料と食塩を混合撹拌してカメに入れ，発酵させる．

　2）製造工程
　製造工程を図8.10に示す．

大豆➡浸漬➡磨漿➡濾過➡煮る➡凝固➡圧搾➡豆腐塊➡常圧蒸し➡切塊➡択晒
➡接種➡培養➡カメ詰め➡発酵➡製品
　　↑　　　↑
　ケカビ　　食塩・白酒・香辛料・白米

図8.10　夾江腐乳の製造工程

　3）製造方法
　①原料処理：大豆から豆腐までは一般の処理方法で行う．その後，豆腐を成形し，常圧で3時間蒸し，一定の大きさに切り，択晒（ツァイサイ）（水切り，晒し）をする．
　②培養：純粋培養のケカビを接種し，10℃で7～8日間培養すると，豆腐にケカビの白い菌糸が約4.0cm生え，緻密に全面を覆い，菌糸の頂に大量の淡褐色の胞子が生じる．

表 8.1　夾江腐乳の原料配合（単位：kg）

名　称	配合比率	名　称	配合比率	名　称	配合比率
白　　酒	2,500	茴　　香	5	花　　椒	5
食　　塩	2,000	江　　米	30	八　　角	8
氷　砂　糖	160	甘　　松	3	排　　草	2.6
木　　香	1.5	陳　　皮	6	霊　　草	2.6
丁　　香	1.3	三　　奈	6	桂　　皮	1.3

大豆の用量は1トン，白酒のアルコールは52％．
江米：モチ米，排草：カワミドリ，霊草：霊芝．

③発酵：塩漬の工程を省略し，直接にケカビ豆腐塊に食塩，白酒，白米，糖や香辛料を均一に混合撹拌し，カメに入れ，密封し，発酵を行う．一般に夏の酷暑を経るため，酒のアルコールは自然に揮発し，風味が形成される．約6か月間発酵させる．腐乳の品質規格については第10章に述べる．

(2)　大邑唐場豆腐乳

大邑唐場（ターイータンツァン）豆腐乳は四川省の大邑県の特産品で，四川省の優れた名産品の1つであり，100年以上の歴史がある．1981～1983年連続して四川省の優秀品として推奨された．この腐乳は中国で生産量の少ない塩漬腐乳で，製麹を行わずに直接塩と副原料を入れて熟成させる方法である．副原料に一般に用いる豆瓣曲（トウバンチュ）や酒のほかに，大量の香辛料と漢方薬を用い，大型タンクで密封発酵するもので，発酵期間は1年位かかる．

1）　製造工程

製造工程を図8.11に示す．

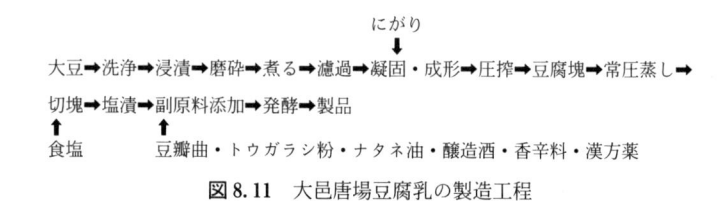

にがり
↓
大豆➡洗浄➡浸漬➡磨砕➡煮る➡濾過➡凝固・成形➡圧搾➡豆腐塊➡常圧蒸し➡
切塊➡塩漬➡副原料添加➡発酵➡製品
　　↑　　　　　↑
　食塩　　　豆瓣曲・トウガラシ粉・ナタネ油・醸造酒・香辛料・漢方薬

図8.11　大邑唐場豆腐乳の製造工程

2）　原料処理

豆腐の製造には浸漬大豆を万能粉砕機で打漿（ダージャン）（磨砕）し，篩や遠心分離機で循環濾過をした豆乳を煮沸後，85～90℃の豆乳に，にがりを滴下し，凝固させ，木枠の中に入れ，豆腐を10数分間，沈殿凝固させる．これを圧搾すると，水分75％，ソフトで綿のように柔らかく，弾力のある豆腐ができる．

表8.2 大邑唐場豆腐乳の原料配合（単位：kg）

名　　称	配合比率	名　　称	配合比率	名　　称	配合比率
大　　豆	1,000	大　茴　香	0.4	花　　椒	3.5
豆　瓣　麹	80	小　茴　香	2	コショウ	0.4
トウガラシ粉	110	公　　丁	0.4	母　　丁	0.2
ナタネ油	60	陳　　皮	0.35	排　　草	0.4
食　　塩	350	肉　　桂	0.3	沙　　頭	0.3
酒　　母	160	三　　奈	0.4	霊　　草	0.2
八　　角	1	ゴ　　マ	5	桂　　皮	0.35

酒母：酒のスターター，母丁：母丁香，沙頭：榨菜の株．

3) 発　　酵

成形した豆腐に直接塩を加え，塩漬8時間後，総重量の30％の副原料（醸造酒，ナタネ油，香辛料，漢方薬）を混合撹拌し，8％の豆瓣曲と塩漬豆腐をカメの底から麹，豆腐の順に層状に堆積して大きなタンクに入れ，1年間，密封発酵させる．

(3) 白菜豆腐乳

四川省眉山（メイサン）豆腐乳に白菜（パイツァイ）豆腐乳，小方（ショファン）腐乳，南味（ナンウェイ）腐乳，香糟（シャンツォ）などがある．白菜豆腐乳は花色腐乳の辛い味の一種で，腐乳の表面を特別な塩漬方法で作った白菜で包むため，白菜豆腐乳と言う．この品種は中国の西南地区で広く作られ，四川盆地で作られる白菜豆腐乳が最も特色がある．白菜の塩漬と豆瓣辣醬を用い，辛味や旨味がうまく調和し，一体となり，腐乳と塩漬白菜の味が溶け合い，美味である．

1) 製造上の特徴

白菜豆腐乳は予め副原料と腐乳を混合し，塩漬白菜の葉で包み，豆瓣辣醬（トウバンラージャン）漬で発酵させる．この副原料には紅麹や食塩を加えない．豆瓣曲，トウガラシ，花椒，ナタネ油，醸造酒，香辛料や漢方薬の乾燥した粉を加え，固体発酵をさせる．

2) 製造工程

製造工程を図8.12に示す．

3) 製造方法

①白菜漬製造：芯をよく巻いた上質の白菜を洗浄し，涼しい所で日や風に晒して乾燥（晾晒（リャンサイ））させ，株を半分に割り，カメに入れ，10％食塩を加え，重石で圧を加える．食塩が浸透後，塩水を搾り，白菜の芯と頭を剥ぎとり，葉を用いる．

②豆瓣辣醬の配合：ヘタを取ったトウガラシ塊200kg，ソラマメ84kg，食塩

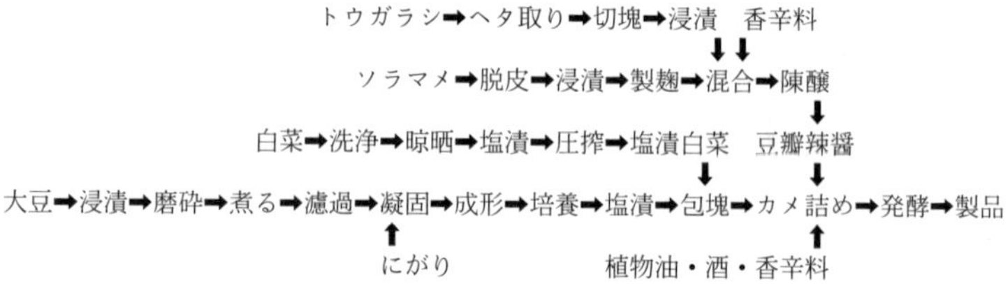

```
トウガラシ ➡ ヘタ取り ➡ 切塊 ➡ 浸漬  香辛料
                                    ↓ ↓
ソラマメ ➡ 脱皮 ➡ 浸漬 ➡ 製麹 ➡ 混合 ➡ 陳醸
                                              ↓
白菜 ➡ 洗浄 ➡ 晾晒 ➡ 塩漬 ➡ 圧搾 ➡ 塩漬白菜  豆瓣辣醤
                                              ↓      ↓
大豆 ➡ 浸漬 ➡ 磨砕 ➡ 煮る ➡ 濾過 ➡ 凝固 ➡ 成形 ➡ 培養 ➡ 塩漬 ➡ 包塊 ➡ カメ詰め ➡ 発酵 ➡ 製品
                                    ↑                              ↑
                                   にがり                   植物油・酒・香辛料
```

図 8.12 白菜豆腐乳の製造工程

52kg, ゴマ油 2kg, 花椒 400g, 曲酒（チュチュ）（麹から造った酒）1kg, 醤油 20kg をよく撹拌混合し, カメに入れる. 上層に塩を撒き, 蓋をして重石で圧をかけ, 密封し, 3か月熟成（陳醸（ツェンニァン））させて用いる.

③発酵：塩漬腐乳の表面にトウガラシ粉と香辛料の粉を付け, 塩漬白菜の葉で包み（包塊（パォァァイ）），カメに入れる. 予めカメの底に少量の豆瓣辣醤を1層入れておく. 逐次, 上述の腐乳と豆瓣辣醤を層状に並べ, カメに入れ, カメの80％を満たし, その上から豆瓣辣醤, トウガラシ粉, 醸造酒, ナタネ油をかけ, 最後にハスの葉で覆い, 泥で口を封じ, 常温で1年間発酵熟成させ, 白菜豆腐乳ができる.

(4) 遂寧「五味和」白菜豆腐乳

五味和（ウーウェイホー）白菜豆腐乳は四川省遂寧県醸造工場で生産され, その前身は著名な五味和醤園で作られ, 40余年の歴史を持ち, 1985年に商業局の優秀特産品に推奨された. この腐乳の特色は製造時に大豆を主原料とするが, 落花生を加えることもある. 野生菌を用いて培養したケカビ豆腐に15％の食塩を加え, 5～6日間塩漬後, カメに入れる前にシュロブラシで表面の皮膜および汚れを除去し, 表面にトウガラシ粉を付け, 白菜漬で包む. これをゴマ油を加えた豆瓣辣醤と共にカメに入れ, 発酵1年で製品となる. 塩漬白菜の製造は前記のとおりであるが, 詳しく述べると, 半分に割った白菜を精製した醤油および酒粕水（酒粕を1年間熟成分解した液汁）で少々漬けてから木桶に入れ, 10％の食塩を加え, 塩漬後, さらにトウガラシ粉, 花椒粉を入れ, 重石で圧をかけ, 脱水後の白菜を用いる.

(5) 海会寺白菜豆腐乳

海会寺（ハイフィス）白菜豆腐乳は四川省成都市の伝統的な名産品で50余年の歴史がある. 1930年代に四川省蒲江県の蘿克之が創業した. その当時, 成都市で有名な蒲江（プーチャン）腐乳に特有な製法で白菜豆腐乳を作った. 鼻をつく独特な臭いがあり, 口に入れると美味で, 人々に好評を博し, 有名となった. 白菜豆

腐乳を専業として，海会寺の隣で作ったため，海会寺白菜豆腐乳と名付けられた．この製品は赤褐色で油のように潤い，つやがあり，内部は黄色を呈し，軟らかく，きめ細かく，渣（ザー）（酒の搾り粕のように舌に滑らか），麻（マー）（舌がしびれる），辛味，旨味，香の五味をそなえ，白菜の旨味と独特な風味があり，省内外にその名声をとどろかせた．一般に主な副原料の他に，滋養がある白コショウ，広香（クァンシャン）（広州産の丁香），ゴマ，モモの種，上桂（サンクェ）（上質の肉桂）など有名な漢方薬も加えて，熟成させる．

(6) 忠州腐乳

　四川省忠県（昔は忠州（ズンツォ）と呼ばれていた）では宋の時代から豆腐の加工品を盛んに製造していた．この忠州腐乳は清の時代に出現し，1924年，全国副食品展覧会で推奨され，1979年に四川省で，1980年には商業部の優秀品となった．

　大豆を原料とし，自然発酵法であり紅麹を加えて染色しない．数十種類の有名な漢方薬と醸造酒などを配合した奶湯（ナイタン）（乳のように濁ったスープ）を品質に応じてカメに分けて保存し，長期間熟成させる．熟成期間が長いほど美味しくなるので，6年から10年熟成させる．料理方法として，当地の人々の習慣では腐乳，砂糖および豚肉を混ぜて蒸して食べる．消化を助け，食欲を増進し，体力を養い，健康促進の効果がある．忠州腐乳は，きめ細かく，よい香りで，美味しく，口に入れると溶け，後味が長く残り，外観は乳黄色で鮮やかな光沢を有し，軟らかい．

(7) 路南腐乳

　路南（ルーナン）腐乳は雲南省路南県で生産され，遊覧名勝の地である石林の寺の境内にある．ここは山水秀麗，気候が暖かく，清麗な黒龍潭を源とする巴江（はこう）水流が境内を流れる．この水を用いると豆腐生地のきめが細かく，滑らかである．路南腐乳の歴史は100年以上といわれている．腐乳の色が鮮やかで，味が甘く，旨く，香りが濃く，雲南省の名産品である．1981年，雲南省優秀品として受賞した．

(8) 玉渓油乳腐

　雲南玉渓油乳腐（ウィシーユールウフー）は酒乳腐（チュルウフー）から移り変わり，100余年の歴史がある．昔の明，清時代に玉渓の農村の人々も塩漬乳腐の製造を始め，最初は酒乳腐を生産したが，長期間の保存ができないため，その後，腌制油乳腐に変わった．油乳腐はナタネ油に浸漬するので，比較的長時間保存しても，カビが繁殖，変質しない．この乳腐は独自の風味があり，消費者に好まれた．油乳腐の外観は美しい紅色，内部は乳黄色で，きめ細かい．塩味と辛味があり，

爽やかな旨味をもち，食べやすく，卵黄の香りと後味が残る．タンパク質含量は比較的多く，栄養価がある．

8.3.5 華東地方の腐乳
(1) 上海奉賢乳腐
　腐乳を上海では乳腐(にゅうふ)と称し，これが伝わった日本でも乳腐という．上海奉賢（フェンシャン）乳腐は100年以上の歴史がある．清の末期に貢物として進京（ジンジン）乳腐と呼ばれ，独特の風味のある伝統食品である．新中国の開放前に香港や東南アジア各地でも売られ，開放後，朝鮮，チリ，イエメンや中国内でも好まれて売られている．奉賢乳腐は選別大豆に甜酒（テンチュ）（甘酒）を加え，発酵させる．紅方（ファンファン）乳腐，紅醬（ファンジャン）乳腐，バラ乳腐，油方（ユーファン）乳腐，黄醬（ファンジャン）乳腐，糟方（ツォファン）乳腐，太方（タイファン）乳腐，辣方（ラーファン）乳腐などの種類がある．それぞれの乳腐の原料配合によって，乳腐の色，香り，味が異なる．

　1) 原　　料

　大豆，モチ米，バラ，紅麹，黄酒，高粱酒（コーリャンチュ），石焦曲（スージョチュ）（糖化小麦麹）など．

　2) 製造工程

　製造工程を図8.13に示す．

　　大豆➡浸漬➡磨砕➡濾過➡煮る➡凝固剤添加➡圧搾➡成形➡型詰め➡接種➡
　　培養➡塩漬➡配合➡瓶詰め➡密封➡発酵➡製品

　　　　　　　図8.13　上海奉賢乳腐の製造工程

　3) 製造方法

　乳腐の製造工程を厳しく管理し，成形後，ケカビを接種し，培養後，塩漬，配合し，カメに詰め，半年間発酵熟成させる．配合割合により乳腐の熟成，色，香り，味に影響を与える．紅方乳腐は紅麹と甜酒を加え，油方乳腐は甜酒に甘味料を加え，米麹乳腐は甜酒に米麹を加え，黄醬乳腐は黄酒に石焦曲を加え，糟方乳腐は甜酒の他に3日間で発酵した甜酒粕と高粱酒を混合し，熟成させる．また，紅醬乳腐は紅麹醬だけを加え，太方乳腐は大きな塊としたもので，辣方乳腐はトウガラシを入れた辛い乳腐である．奉賢乳腐は多くの種類の微生物で発酵させるため，色，香り，味がそれぞれ異なる．この乳腐中に多くの必須アミノ酸，ビタミンなどが含まれ，栄養価が高く，食欲を増し，また矯臭(きょうしゅう)効果がある．発酵中に

旨味が増す．

(2) 南京鷹牌腐乳

南京鷹牌（インパイ）腐乳は南京の発酵工場の製品で，同じ作り方が江蘇，浙江地方にも広がり，有名になった．小紅方（ショファンファン）（小さい紅方腐乳），青方（チンファン），糟方，辣方腐乳の4種類の製品があり，香港，マカオや東南アジアで販売されている．

1) 主要原料

大豆，食塩，焼酎，甜面曲，甜酒，紅米（福建の山地に産する赤米），白砂糖，グルタミン酸ナトリウムなど．腐乳の種類により添加副原料が異なる．

2) 製造工程

南京鷹牌腐乳にはケカビ型とクモノスカビ型があり，それぞれ製造工程は図8.3，図8.4に示した．また表8.3～8.5に主要な製品の規格基準を示した．

1～3月に作る豆腐の水分は74～76％，4～12月は72～75％にコントロールして製造する．

表8.3 豆腐の大きさの規格および成分

品　名	大きさ（cm）縦×横×高さ	豆100kg当たりの生産個数	塊1個当たりの重さ（g）	タンパク質（％）
小紅方腐乳	3.5×3.5×1.7	8,800	40～44	15.2
辣方腐乳	4.5×4.5×1.7	3,600	26～28	16.34

青方，糟方は紅方と同じ規格および成分．

表8.4 季節による浸漬日数と用いる食塩量

品　名	季節による塩漬日数				食塩量/1,000個腐乳（kg）
	1季度	2季度	3季度	4季度	
小紅方腐乳	7～8	6	5～6	7～8	4.5～4.75
辣方腐乳	7～8	6	5～6	7～8	6～6.5

1季度：1～3月，2季度：4～6月，3季度：7～9月，4季度：10～12月．
青方，糟方は紅方と同じ浸漬日数と食塩量．

表8.5 添加副原料の使用量（1カメ当たり）

品　名	カメごとの腐乳個数	46度焼酎（g）	甜面曲（g）	12度甜酒（g）	紅米（g）	密封用食塩（g）	砂糖（g）	グルタミン酸ナトリウム(g)
小紅方腐乳	280	550	175	1,650	100	50		
青方腐乳	280					50		
糟方腐乳	280		800	1,625				
辣方腐乳	160	650	125	1,700	150		200	15

46度，12度は酒のアルコール度数を示す．

(3) 江蘇徐州青方腐乳

この雲龍湖牌（ウィンルンフーパイ）青方腐乳は江蘇省徐州醸造工場で生産され，独特の色，香味があり，国家の銀賞を受賞した．青方または臭腐乳（シュフールウ）と称し，秋に作り，冬に市場で販売される．

1) 製造工程

製造工程を図8.14に示す．

大豆➡精選➡浸漬➡磨砕➡濾過➡凝固剤添加➡成形➡培養➡塩漬➡
発酵➡製品

図8.14　江蘇徐州青方腐乳の製造工程

2) 製造方法

①豆腐成形工程：大豆の精選から豆腐の製造までは他の方法と同じで，水分がやや多いため，豆腐を圧搾成形し，水分含量を74～76％に調整する．

②培養：腐乳を1個ずつ竹棚に並べ，前培養したケカビを水に懸濁し，豆腐に振りかけ，20～25℃で約32時間培養し，菌糸が5mmまで生育したケカビ豆腐を用いる．

③カメ詰め：カビ豆腐の菌糸を手で平らに押さえてから，カビ豆腐を1層ごとにカメに詰める．

④発酵：カビ豆腐をカメに入れ，塩漬汁（加える豆腐の漿液（豆乳）が汚染されやすいため，塩漬汁は使用直前に調製する．冷水100kgに精製塩3.2kgを加え，さらに漿液14kgを加える）を加え，撹拌する．塩漬により浸出した液を濾過してカビ豆腐と混合し（塩分をよく調整する．塩が多過ぎると味がでず，少な過ぎると腐り，臭くなる），カメに入れ，8～8.5°Béの塩水を加える．直ちに，ハスの葉で密封し，日に晒して発酵させる．熟成するまで半年かかる．

⑤製品：腐乳の表面は青く，芳香があり，塩辛く，柔らかく，油っぽい．臭く感じるが，食べると美味しい．

(4) 浙江紹興腐乳[6]

この腐乳は浙江省紹興（ソーシン）で製造され，400年以前から海外で販売され，国際市場によく知られている．伝統的腐乳で紅方，酔方（ツィファン），白方（パイファン），棋方（チーファン）と多くの品種がある．最近，糟方，麻油（マーユー），火腿（フォトエイ），桂花（クェホワ）腐乳など種類が増えてきた．その中で紹興咸享食品工場の製品が最も良い．

1) 原　　料

大豆，青豆（青大豆），海塩，水，紹興酒，紅麹醤，醤籽（ジャンズー）（醤麹）．

2) 製造工程

製造工程を図8.15に示す．

大豆➡精選➡浸漬➡磨砕➡煮る➡濾過➡凝固剤添加➡圧搾➡成形➡カゴ詰め➡
接種➡培養➡塩漬➡カメ入れ➡配合➡発酵➡分級包装➡製品

図8.15　浙江紹興腐乳の製造工程

3) 製造方法

紹興腐乳には伝統的な作り方と現代の科学技術が結合した製造方法がある．大豆を選別し，水に浸漬した後，水切り，磨砕して煮る．これを濾過し，オカラを除き，成形，圧搾して豆腐を作る（半加工品は色が白く，厚さが均一で，軟らかく，弾力がある）．豆腐を分割してカゴに並べ，0.2%のケカビを含む酒を振りかけ（棋方腐乳はケカビ発酵をさせない），20℃で5日間，前培養する．ケカビの繁殖は早く，胞子が生じ白色から黄褐色に変わる．胞子が目立ち，菌糸は細く，顕微鏡で検査

表8.6　豆腐の大きさの規格および成分

品　名	大きさ(cm) 縦×横×高さ	豆100kg当たりの生産個数	塊1個当たりの重さ(g)	タンパク質(%)	水分(%)
太方腐乳	7×7×2.6	1,300	125	17以上	68〜70
丁方腐乳	5.5×5.5×2.2	2,600	62.5	17以上	68〜70
中方腐乳	4.2×4.2×1.6	5,800	31.25	16以上	70〜72
酔方腐乳	4.2×4.2×1.6	5,800	31.25	15以上	73〜75
精酔方腐乳	3.5×3.5×1.4	8,800	18.75	15以上	73〜75
白方腐乳	4.2×4.2×1.6	6,000	31.25	14以上	74〜76
棋方腐乳	2.2×2.2×1.2			17以上	65〜70

棋方は塊の個数よりも品質を均一にすることが重要である．大豆100kgから165kgの豆腐ができ，この1kgの豆腐から180〜200個の塊ができる．

表8.7　基準となる塩漬日数と用いる食塩量

品　名	季節による塩漬日数				食塩量/1,000個腐乳(kg)
	1季度	2季度	3季度	4季度	
太方腐乳	14	12	9	14	40.0〜44.0
丁方腐乳	13	11	8	13	19〜20
中方腐乳	11	9	6	11	8.5〜9
酔方腐乳	1	1	1	1	6.5〜7
精酔方腐乳	1	1	1	1	4〜4
白方腐乳	1	1	1	1	5.5〜6
棋方腐乳	12	10	12	12	15〜16.5

表8.8 カメに入れる調味料の使用量

品　名	豆腐塊の個数	黄酒(kg)	紅麹醤(kg)	醤籽(kg)	豆腐塊を浸漬した汁の位置
太方腐乳	1,000	36.5	6	14	
丁方腐乳	1,000	18	3	7	
中方腐乳	1,000	7.25	1.25	2.25	
酔方腐乳	1,000	10			
精酔方腐乳	1,000	6.5			カメを満たす
白方腐乳	1,000				
棋方腐乳	1,000	22.5		13〜13.5	

紅麹醤は紅麹100kgに黄酒150kgを加える．
醤籽は小麦粉で作った麺生地にカビを接種し，菌糸に覆われたら，日に晒して，麹塊ができる．

表8.9 紹興腐乳の風味と性状

品　名	風　味	性　状	
		表　面	断　面
紅方腐乳	独特香	菌糸は平滑紅色	淡黄色，柔らかい
酔方腐乳	酒香	菌糸は平滑淡黄色	淡黄色，柔らかい
青方腐乳	腐乳の独特の臭みがある	青白色	灰色，柔らかい
棋方腐乳	塩辛く美味しい	淡黄色	淡黄色，柔らかい

し，雑菌がない場合，塩漬をする．棋方腐乳の作り方は紹興腐乳の塩漬前の工程とほぼ同じである．ただ圧搾，分割，塊の大きさが異なる．紹興腐乳の規格を表8.6に示した．

塩漬は，豆腐を1層に並べて敷き，その上に塩を1層に振る．これを繰り返し，カメに入れる．塩漬日数と用いる食塩量の標準を表8.7に示した．次にケカビに覆われた豆腐をカメに入れ，調味料を添加し，ハスの葉で密封し，カメとカメを重ねて数か月，発酵熟成させる．

紅方腐乳は豆腐の大きさにより何種類にも分けられ，大きいものは浸漬日数が長くなる．大きいカメで塩漬し，調味料は黄酒，紅麹醤，醤籽（表8.8）を加え，8〜10か月で熟成する．

酔方腐乳はカビの繁殖した豆腐をザルに入れて塩漬し，時々塩を振りかけ，2日後カメに入れ，黄酒を豆腐のわずか上まで加え，2〜4か月で熟成させる．

棋方腐乳は豆腐にカビを繁殖させないで，豆腐を将棋の駒の大きさに切り，沸騰している湯に入れ，白い豆腐塊が表面に浮かぶとザルに取り出して，水切り，冷却をする．0.5kgの豆腐塊に塩を300g加え，10〜13日間塩漬後，水を振り掛け塩を洗い除き，醤籽と黄酒を加え，夏を経て10か月で熟成させる．

白方腐乳はカメに豆腐塊を並べて層状に入れ，上層に 19〜20°Bé の新鮮な豆腐を塩漬した時に生じた液汁を加えて満たし，表面に空気が触れないようにする．

(5) 浙江唯一牌腐乳

浙江余姚醸造工場で製造される唯一牌（ウェイイーパイ）腐乳は昔から地方の名産品であり，色が濃く，旨味があり，柔らかくて香りがよい．250 年の歴史があり，1914 年に国際パナマ博覧会の優秀品として銀賞を受賞をした．

唯一牌腐乳には貢方（クンファン），伏方（ブーファン），紅方，酔方の種類があり，伝統技術に，さらに紹興腐乳の製造技術の特徴を吸収した発酵製品である．

1) 主要原料

大豆，食塩，紅麹，黄酒，麦糕（マイコー）（小麦粉で作った麺生地にカビを増殖させて日に晒した麹）．

2) 製造工程

製造工程を図 8.16 に示す．

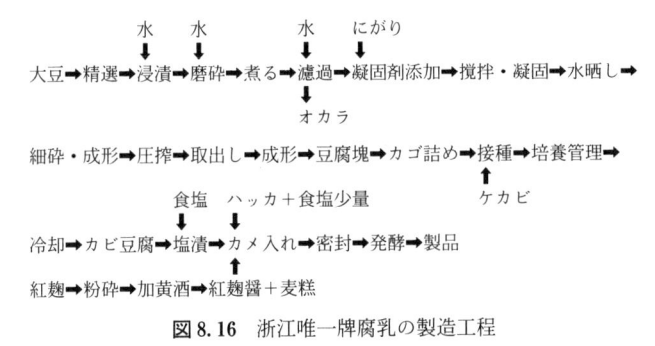

```
                   水    水      水    にがり
                   ↓    ↓      ↓    ↓
大豆→精選→浸漬→磨砕→煮る→濾過→凝固剤添加→撹拌・凝固→水晒し→
                             ↓
                           オカラ

細砕・成形→圧搾→取出し→成形→豆腐塊→カゴ詰め→接種→培養管理→
                                           ↑
                                         ケカビ
              食塩  ハッカ＋食塩少量
              ↓    ↓
冷却→カビ豆腐→塩漬→カメ入れ→密封→発酵→製品

紅麹→粉砕→加黄酒→紅麹醤＋麦糕
```

図 8.16 浙江唯一牌腐乳の製造工程

3) 製造方法

①原料処理：大豆を用い，浸漬時間を厳しくコントロールし，吸水した大豆の双瓣（スァンバン）（半片の子葉）の子葉の間の凹線が見えてくるまで浸漬する．

②豆腐塊：大豆を水に浸漬し，豆乳を細かく均一にするため，磨砕速度を調整して磨砕後，直ちに温度を上げて豆乳を煮る．これを濾過し，滓(おり)を十分に除き，

表 8.10 豆腐の大きさの規格および成分

品　名	大きさ（cm） 縦×横×高さ	豆100kgから の生産量(kg)	1kg当たり の塊数	タンパク質 （％）	水　分 （％）
貢方腐乳	7.6×7.6×3.0	155	7	18以上	71
伏方腐乳	4.7×4.7×2.1	163	26	15以上	73
紅方腐乳	4.0×4.0×1.9	180	36	14以上	74

酔方は紅方と同じ大きさの規格および成分．

表8.11 基準となる塩漬日数と用いる食塩量

品名	季節による塩漬日数				食塩量/1,000個腐乳(kg)
	1季度	2季度	3季度	4季度	
貢方腐乳				7	45
伏方腐乳	5			5	9.5
紅方腐乳				4	7.5
酔方腐乳		6	3		7

表8.12 添加副原料の配合量

品名	豆腐塊の個数	黄酒(kg)	紅麹醤(kg)	麦麹(kg)
貢方腐乳	1,000	47.5〜50	4.5〜5	12〜12.5
伏方腐乳	1,000	14.5〜15	1.15〜7.5	3
紅方腐乳	1,000	9〜10	0.9〜1.0	2〜2.5
酔方腐乳	1,000	9.5〜10.5		2〜2.5

濾液に均一に凝固剤を加え,凝固のpH値と温度および食塩水の濃度を調整し,速やかに凝固させる.これを細砕して,細かくした豆腐を布で包み,圧搾し,水分含量を72％以下にする.基準の大きさに成形し,カゴに並べる.

③接種,培養:よく増殖したケカビを水に懸濁して,豆腐に振りかけ,26℃で均一に接種し,28℃以下で4日間培養し,ケカビが繁殖したら,カビ豆腐を引っ繰り返し,さらによく増殖させ,冷却する.

④塩漬,発酵:豆腐塊1,000個に塩を45〜50kg加え,7日間置き,豆腐の中心まで塩がしみ込むように浸漬をする(表8.11).欠けた豆腐を取り除き,豆腐をカメに入れ,黄酒を加えた紅麹醤,麦糕と塩を加え,ハスの葉,ビニールで密封し,または貯蔵タンクで,9か月以上,発酵させる.

麦糕あるいは面曲(麦麹)は,ある地方では黄籽(ファンズー),醤籽と称し,小麦粉を水と撹拌し,蒸し,冷却後,圧搾粉砕し麺生地とし,これに種麹を接種し,44時間培養後,日に晒して出来上がる.

4) 製品の品質

製品の一般成分を表8.13に示した.表面は赤くて内部は橙色をしている.良い香りで,口当たりがよく,柔らかく,貢方が最も良い.

(6) 杭州太方腐乳[7]

杭州醸造工場の太方(タイファン)腐乳は鮮紅色で,きめ細かく柔らかく,口当たりがよく,美味でやや甘く,香りが強く,蘇州,杭州の有名な特産品である.太方腐乳は独特の風味があり,多くの消費者に好まれている.

8.3 中国の有名な腐乳

表 8.13 浙江唯一牌腐乳の一般成分

品　名	水　分 (%)	全窒素 (%)	食　塩 (%)	アミノ態窒素 (%)
貢方腐乳	55	2.8	10	0.86
伏方腐乳	56	2.2	12	0.80
紅方腐乳	60	2.0	13	0.50
醉方腐乳	60	2.0	13	0.50

1) 原　料

大豆，麦糕，食塩，紅麹，黄酒．

2) 添加麹の製造工程

①麦糕（麺生地麹）製造：伝統的な製麹方法は，小麦粉と水を混合撹拌し，自然環境の適する温度，湿度の下で麹菌を繁殖させる．タンパク質分解酵素，デンプン分解酵素を生成するのに 7～8 日間を要する．純粋な麹菌を用い，3 日間製麹し，比較的安定した麹ができる．

小麦粉➡麺生地➡蒸煮➡粉砕➡冷却➡種麹接種➡保温発酵➡麦糕
　　　　　↑
　　　　　水

a) 蒸煮：100kg の小麦粉に 32kg の水を加えて，撹拌機で均一に撹拌し，これを蒸煮缶に入れ，蒸気が吹き抜けてから小麦粉を加えて満たす．その後，蓋をして 15 分間蒸煮を続けてから取り出す（小麦粉の表面から蒸気が吹き抜けてから新たに小麦粉を加える．これは小麦粉が完全に変性しないと，麹菌の繁殖が悪いためである）．蒸煮後，粉砕して広げ，35℃ に冷却後，麹室に引き込む．

b) 製麹：竹製のザルに蒸した小麦粉から作った麺生地を 8kg 入れ，0.5％ の種麹を接種し，手でよく撹拌し，室温 26～28℃，品温 33～36℃ で 24 時間製麹する．表面に黄緑色の胞子の菌糸ができたら，手入れをし，その後，品温 30～32℃，72 時間で出麹する．製麹過程で竹ザルの麹の上下の層を引っ繰り返し，よく撹拌手入れをし，一定の品温を保つ．

②紅麹漿（紅麹酒諸味）の製造：

福建紅曲➡黄酒に浸漬➡磨砕➡紅麹漿

紅麹は蒸米に紅麹菌を繁殖させて作り，色は紫紅で，デンプン分解酵素活性が強い．これを腐乳に加えると腐乳表面は鮮紅色になる．紅麹漿は次のように加工して使用する．紅麹米が没するまで黄酒を加え，手で米を砕くことができるまで 15 日間浸漬する．浸漬終了後，小さい石臼で，ゆっくりと黄酒と紅麹を加えながら磨砕し，薄い糊状とする．

3) 太方腐乳の製造方法

12月から翌年の2月までは気温が低く，雑菌の汚染が少ないため，ケカビの発酵管理が容易で製造するのに最も適し，製品は長期保存できる．

①製造工程：太方腐乳の製造工程を図8.17に示す．

```
                          にがり
                            ↓
大豆➡浸漬➡磨砕➡煮る➡濾過➡凝固剤添加➡撹拌・凝固➡水晒し➡細砕➡
                  ↓
                 オカラ

圧搾➡取出し➡成形➡豆腐塊➡種麹接種➡培養➡塩漬➡カメ詰め➡麦糕添加➡

紅麹漿添加➡発酵➡製品
```

図8.17 太方腐乳の製造工程

②原料配合：大豆1,000kg，小麦72kg，食塩240kg，紅麹44kg，黄酒300kg．

③製造方法：太方腐乳の製造は一般に4段階に分けられ，豆腐塊作り，ケカビ培養，塩漬および発酵がある．太方腐乳の豆腐塊の大きさは7×7×2.8cmで酔方腐乳（4.2×4.2×2.0cm）に比較して大きく，一般に水分が68〜70％と酔方腐乳（69〜71％）より少し少ない．その他の製造方法は基本的に同じである．太方腐乳の製造方法の特色を述べる．

　a）塩漬：酔方腐乳は竹ザルを用いて塩漬する．しかし，太方腐乳は陶磁のカメ（中央部が膨らみ，口と底が小さくなったカメ）を用い，塩漬後に固液を分離しやすくするために塩漬前にカメの底にサナ（スノコ状の竹の台）を置き，中央部に22cm径の孔を開け，その上に小さい蓋をする．カメの底とサナの間が15cmあくように，サナの大きさはカメの底よりやや大きくする．塩漬する時に予め，25°Béの塩水をサナの裏面まで加え，麹菌に覆われた豆腐塊をサナの上に外側から中心へと並べる．豆腐塊の形を保つため，特に注意して，長いケカビの菌糸を倒しカメに入りやすくした豆腐塊をカメの縁から並べる．1層に豆腐塊，1層に塩水と食塩を撒き，食塩用量は下から上になるに従って段々増やしてゆく．カメに豆腐塊を満たした後，防腐のため，蓋の表面にやや多く塩を撒く．塩漬3日後に，塩水の比重が高くなるので，豆腐塊の浮上を防ぐために，重石をする．塩漬10日後，塩濃度が18％に達したら，塩水を取り出し，翌日まで放置する．カメから豆腐塊を取り出し，豆腐塊の水を切り，調味料を入れたカメに詰め換える．

　④カメ詰め：まず豆腐塊間の菌糸を切断し，一定の豆腐塊数をカメに詰め，中間層と一番上層に麦糕と紅麹漿を均一に混ぜながら加える．さらに，豆腐塊を完全に浸漬した1cm上まで黄酒を含む紅麹漿を加え，大腸菌や雑菌を防ぐため，

150gの塩で覆い密封する.

⑤発酵:密封した豆腐塊カメを発酵室に入れ,自然の温度条件下で発酵させる.発酵中に豆腐塊の直接還元糖およびアミノ酸が増える.一般にケカビから生産されたタンパク質分解酵素により大豆タンパク質が部分ごとに漸次分解し,アミノ酸ができ,麦糕から生産されたデンプン分解酵素によりデンプンが部分分解し,直接還元糖ができ,乳酸菌により乳酸ができる.太方腐乳は体積が大きいため,酵素分解作用が遅れ,8か月間かかる.

(7) 浙江衡州毛豆腐[8]

衡州毛豆腐(ヘンツォ・モートウフー)は伝統食品で,豆腐を塩漬しないで発酵した半製品であり,栄養豊富で,美味であり,値段が安く,昔から人々に好まれていた.従来の浙江衡州毛豆腐は天然の菌を利用し,雑菌などにより臭くなるため,純粋分離されたケカビ豆腐菌種M-1号菌を用いる.

1) 製造工程

①M-1号菌種の培養と製麹:

菌種➡斜面培養➡三角フラスコ培養➡撹拌・接種➡麹室培養➡乾燥
　　　　　　　　　　　　　　　　　↑
　　　　　　　　ふすま+水➡蒸し➡ふるい分け

②毛豆腐の製造:

白豆腐塊➡分割➡風乾➡ザル入れ➡酒麹液噴霧➡保温培養➡毛豆腐
　　　　　　　　　　　　　　　　↑
　　　　　　　ケカビ豆腐麹➡浸漬➡濾過

2) 原　料

大豆(白豆腐塊),米麹汁(麹に等量の水を加え30℃で糖化した液を濾過した液汁),ふすま,M-1号菌.

3) 製造方法

①毛豆腐製麹法:

a) 種菌斜面培養:8～9°Béの米麹汁100mlに寒天を2.5～3g加え,斜面培地を作り,滅菌後,無菌室でM-1号菌を接種し,28～30℃,3日間培養すると,一面に白い菌糸に覆われた種菌ができる.

b) 三角フラスコ培養:粉砕したふすまに70～90%の水を撒き,均一に撹拌後,30～40gを500ml三角フラスコに入れ,綿栓をし,圧力1kg/cm^{2}で30分間滅菌し,冷やした後,無菌室で斜面培地から4～5個の三角フラスコに接種し,28～30℃,72時間培養し,種麹ができる.

c) 製麹:ふすまに70～90%の水を撒き,均一に撹拌後,常圧で30分間蒸し,冷やした後,小団塊を砕き,35～40℃で,三角フラスコの種麹を0.25kgのふすま

に接種し，均一に撹拌して麹蓋に山盛りにし，蓋をする．30～32℃の麹室に入れ，培養10時間から品温が上昇するので，35℃前後で手入れをする．品温を均一にするため，麹蓋に厚さ2.5～3cmに広げ，室温30～32℃，品温40℃以下で50～60時間製麹し，出麹後，40℃で乾燥保存する．

②毛豆腐の製造：豆腐を規格の大きさの小塊に切り，少し風乾し，水滴を除き，竹ザルに入れ，発酵しやすくするため豆腐の隙間を保つ．ケカビ豆腐麹を35℃の水に20分間浸漬した麹汁を2層のサラシ布で濾過し，濾液を種菌として豆腐塊の表面に噴霧し，蓋をし，麹室の室温25～30℃で3～4日間培養する．豆腐の表面がケカビの白い菌糸で満たされ，豆腐も軟化し，毛豆腐の独特の香りが生じる．純粋分離した菌で香味が良くなり，また1年中製造できるようになった．毛豆腐は蒸したり，油で炒めて食べるほか，食品の味付けに用いたり，これを餅にはさんで食べる．またトウガラシやコショウを入れ，撹拌して点心を作る．

(8) 寧波腐乳

浙江寧波（ニンポー）腐乳の中で，貢方，糟方，伏方，酔方が有名であり，特に

表8.14 豆腐の大きさの規格および成分

品名	大きさ (cm) 縦×横×高さ	1kg 当たりの塊数	タンパク質 (%)	水分 (%)
貢方腐乳	6.9×6.9×2.5	10～12	15以上	75以下
糟方腐乳	6.0×6.0×2.5	14～16	14以上	75以下
伏方腐乳	4.5×4.5×2.0	30～32	15以上	75以下
酔方腐乳	3.8×3.8×1.8	36～38	14以上	75以下

表8.15 基準となる塩漬日数と食塩量

品名	季節による塩漬日数				食塩量/1,000個腐乳 (kg)
	1季度	2季度	3季度	4季度	
貢方腐乳	9				50
糟方腐乳	4				20
伏方腐乳	6				12.5
酔方腐乳	8	8	8	8	7～7.5

表8.16 添加副原料の使用量

品名	豆腐塊の個数	黄酒 (kg)	白酒 (kg)	水紅曲 (kg)	面曲 (kg)	備考
貢方腐乳	1,000	56		4	13.5	
糟方腐乳	1,000		26			酒糟（モチ米15kgで作る）
伏方腐乳	1,000	13.5		1.5	2.25	
酔方腐乳	1,000	9～9.5			1.25	花椒少量

貢方，伏方は冬作られる．

1) 製造方法

製造工程は図8.15と同じであるが，腐乳の種類により製造条件が異なる．それぞれの規格および添加副原料の使用量，塩漬日数を表8.14～8.16に示した．

2) 原　　料

大豆，面曲，食塩，白酒，水紅曲（スィファンチュ）（紅麹に等量の水を加えた諸味），黄酒，モチ米，花椒．

(9) 酥制培乳または酥制塊乳[6]

河南省柘城の酥制培乳（スーツーペイルウ）は酥制塊乳（スーツーカィルウ）とも言い，清朝の光緒年間（1876～1908年）に安徽省亳州県から伝わった．200余年間，従来の腐乳の製造技術に改良が加えられ，進歩してきた．この名産品の特徴は，食欲増進作用があり，淡茶褐色，美味で，風味が良く，エステル香が濃く，製品は省の内外で消費されている．

製造方法：大豆1kgから31～32個の豆腐を作り，自然条件下で25～27℃，3～5日間培養すると，長い乳白色の菌糸が生じる．さらに菌糸の長さ約1.5cmになると自然に菌糸が倒れ伏し，カビ豆腐ができる．カビ豆腐1,000個に粉砕食塩7.5～8kgを加え，円筒状のカメにカメの底から4～6層に，中間の15～16cmを空にして漬け込む．カメの周囲から隙間なく豆腐を押さえて入れ，その上に食塩を撒き，これを繰り返す．5～7日間塩漬後，カビ豆腐をカメから取り出し，これを塩漬用の鹵水（ルースィ：塩煮汁）で洗浄し，水切りする．1,000個の豆腐塊に醤黄面（ジャンファンミエン）（小麦粉1kgに対して水25kgを均一に混和撹拌し，蒸した後，製麹室に入れ，自然培養で表面に黄緑色のコウジカビが生じたら，風通しのよい所で晒し，乾燥後，粉砕機で粉砕する）1.25kgと元茴面（ユァンフィミエン）（八角（大茴香）あるいは茴香を粉砕したもの）100gを逐次，カメの中に均一に撹拌しながら層状に加え，27～30℃で4～5日間保持する．このカビ豆腐1,000個に加熱塩水（18°Béの塩水中に元茴0.4%，草果（ツァオクォ）（カルダモン），桂皮0.1%，ショウガ0.4%を加え，煮沸したもの）7.5kgと黄酒250gを3回に分け，毎日1回，3日間加える．カメの上部から2層下の腐乳まで塩水に漬けると，腐乳塊は逐次，下に沈み，液面が腐乳塊の上になる．最後に，醤黄面を加え，蓋をして，しっくいで密封して120日間，嫌気条件で熟成させる．製品は陶製のカメに40個の塊に分けて漬け込む．

(10) 武漢臭鹵豆腐干（塩漬・乾燥臭豆腐）[9]

臭鹵豆腐干（シュルートウフーカン）は臭いが，香りもある自然発酵品であり，油で炒めトウガラシを振りかけて食べる．臭鹵豆腐干は酒のさかなや食事のおかず

として美味のため，武漢の至るところで販売されている．武漢以外に長江の南方の浙江，江蘇，湖南などでも臭鹵豆腐干を生産している．

1) 製造工程

製造工程を図8.18に示す．

大豆➡精選➡浸漬➡煮る➡磨砕➡濾過➡凝固➡圧搾➡成形➡カメ入れ➡塩漬➡乾燥➡製品
　　　　　　　　　　　　　　　　↑　　　　　　↑
　　　　　　　　　　　　　　凝固液滴下　　　鹵水

図8.18　武漢臭鹵豆腐干の製造工程

2) 製造方法

①鹵水（ルースィ）（塩煮汁）の配合：老芥子菜（ラォカイズーツァイ）（カラシナ）50kg，老草頭（ラォツァオトウ）（ウマゴヤシ）100kg，甘草15kg，ショウガ150kg，野生の莧梗（ツァンコン）（ハゲイトウの茎）200kg，毛タケノコ（細長いタケノコ）50kg，氷砂糖5kg，食塩4kgに，この総重量と等量以上の水を加え，煮熟後，カメに入れ，カメの口を木の蓋でしっかりとふさぎ，1年間発酵させる．発酵期間は長いほどよく，毎年少しずつ上記の副原料液を加え，小規模工場では需要に応じて臭鹵（塩煮汁の発酵液）のカメ3〜4個を用意し，交互に使用する．

②豆腐の製造：豆腐や乾燥豆腐を作る場合より薄い濃度の豆乳をカメに入れ，ゆばを除き，適量の冷水で65〜68℃の凝固温度まで下げる．右手に杓子を持ち，豆乳の表面を左右に撹拌振動させ，速度は早からず，遅からず，左手で塩水の入った小壷あるいは容器を持ち，25°Béの塩水を麦穂に伝わらせて線状に豆乳に滴下するか，あるいは8〜10分間，豆乳に凝固液またはにがりを滴下し，凝固させる．5分間静置後，杓子で凝固した豆腐の表面を少し動かし，豆腐の水を分離し，小さい竹カゴで豆腐を押さえ，豆腐から離水した水（いわゆる黄漿水（ファンジャンスィ））を取り除く．布を敷いてある一定の間隔の格子に，大きな杓子で丁寧にカメの豆腐を取り出して入れ，豆腐を平たくし，20〜30片をゆっくりと圧搾し，成形後，水を搾り，布を開き，刀で切る．前回に塩漬したカメの酸性の水を排水後，カメに入れ，塩漬をする．

③塩漬：豆腐を鹵水に夏は4時間，冬は8時間浸漬し，臭鹵豆腐を作り，これを乾燥して豆腐干とする．50kgの大豆から60kgの臭鹵豆腐干ができる．鹵水は使用後，雑菌の汚染を防ぐために煮沸滅菌して保存する．

3) 品質と性状

灰白色で，光沢があり，臭みがあるが芳香もあり，旨味がある．大きさは5.0×5.0×1.5cmで，異味や異物がないもの．

(11) 武漢霉千張

霉千張（メイチャンツァン）は武漢地域の伝統的な発酵製品で，薄く切った豆腐（千枚豆腐）を塩漬しないで自然発酵させた半製品で，美味しく，独特の香りがあり，人々に好まれている．

1) 原　料

千枚豆腐，黄漿水（凝集した豆腐から離水した水），稲わら．

2) 製造工程

製造工程を図8.19に示す．

千枚豆腐➡酸化➡巻き➡麹箱入れ➡培養➡積み換え➡培養➡霉千張

図 8.19　武漢霉千張の製造工程

3) 製造方法

①原料処理：豆腐を15×20cmの大きさに切り，砕片を除き，さらに薄く切った豆腐を用いる．

②有機酸発酵：豆腐を製造する時に離水した酸性液（窯漿水（ヨージャンスィ）あるいは窯子水（ヨーズースィ）と呼ばれる．pH 4～4.5）または乳酸発酵させた黄漿水を用いる．これに薄い豆腐を1枚ずつ重ならないように入れ，千枚豆腐が必ず完全に液に漬かるようにし，50℃，15分間以上浸漬する．浸漬時間は気温により異なり，気温が高い場合には短く，気温が低い場合には長く浸漬する．

③巻き：酸性液に浸漬した千枚豆腐を竹ザルの上の布に敷き，水切りし，中は中空で径が2～3cmになるように何枚も重ねて筒状（千枚筒）に手で巻く．

④カビ付け：この筒を稲わらで直列につないで，麹箱の中で製麹する．千枚豆腐を横にしてカビ付け用の稲わらに載せて，豆腐の間隔を2～3cmあける．麹箱を10層に重ね，一番下と一番上に空箱を置く．早春，晩秋には常温でカビを培養し，冬は20℃の保温室でカビ付けをする．室温の高い場合は2～3日間，室温の低い場合は3～4日間培養すると，千枚筒の表面にわずかに白いケカビが生じる．品温が上昇すると上下の麹箱を入れ替える．翌日，ケカビが千枚筒を覆ったら，麹箱を棒積から交叉積（煉瓦積）に変え，温度を下げる．さらに1～2日間経ち，菌糸が淡黄紅色になると，出麹し，霉千張になる（麹箱の積型は図4.3 (p.103)を参照）．

4) 食べ方

油で揚げてから精製塩，コショウ，五香粉を振りかけて食べる．このほかには，蒸して短く切り，碗に入れ，ラード，食塩，トウガラシなどを加えて食べる．

5) 製造上の注意点

①千枚豆腐は必ず均一に酸発酵をさせる．未発酵の部分があると腐敗性細菌に汚染されやすく，濃いアンモニア臭の製品ができる．

②霉千張は加熱した豆製品でタンパク質が変性し，カビ付けの前に蒸煮の必要がない．

③霉千張の微生物は野生のケカビを用いるので，霉豆渣粑（メイトウザーパ）と同様に国家の食品衛生基準に適合し，アフラトキシンB_1が検出されないように人工培養のケカビを使う．

(12) 武漢霉豆渣粑（オカラテンペ，インドネシアのオンチョム）

1) 原　料

豆腐渣（トウフーザー）（オカラ），黄漿水，稲わら．

2) 製造工程

霉豆渣粑の製造工程を図8.20に示す．

オカラ➡清漿➡圧搾➡蒸し➡冷却➡成形➡製麹➡霉豆渣粑

図8.20　武漢霉豆渣粑の製造工程

3) 製造方法

①清漿（チンジャン）：オカラ1部，水2部，少量の豆腐を製造する時に残った酸性液（または乳酸発酵させた黄漿水）を用いて，木桶あるいはカメに入れ，均一に撹拌し，糊状のどろどろした液にする．常温で，糊の液の表面に，きれいな縞が出現するまで酸発酵すると，液に溶けていた少量のタンパク質が酸により凝集し，手で絞った水が澄んでいる．一般に約24時間浸漬する．気温が高い時は短く，低い時は長く浸漬する．一般にオカラの重量の約2倍の水を用い，気温が高い時は水量を多くし，低い時は少なくする．

②圧搾：酸発酵したオカラを麻の袋に入れ，圧搾し，余分の水を除く．手で押さえると少量の水が出る程度までオカラを圧搾する．

③蒸し：蒸し鍋の底に入れた水が沸騰し蒸気が発生してから，圧搾オカラを揉みほぐし，蒸しザルに入れ，蓋をし，鍋の上にかけ，オカラ全体から蒸気が吹き抜けたら20分間，豆の香りがするまで強火で蒸す．蒸したオカラを取り出し，竹ムシロに敷いて常温まで冷却し，碗（桐油に浸した碗．ばらつくオカラが粘り塊状になりやすい）に入れ，碗口と平らになるように押さえた後，取り出して成形する．

④製麹：麹箱の大きさは腐乳木箱（62×48×高さ50cm）と同じであり，底がなく，3～5cm幅のすじ状に竹ヒゴで支えてある．ヒゴの上にわらを1層に敷き

（わらのカビを自然接種する），オカラ塊を 2cm の間隔をあけてわらの上に載せる．1 つの箱に 80〜90 個のオカラ塊を入れ，10 個ずつ麹箱を重ね，一番下と一番上に空箱を置き，麹室に入れる．早春，晩秋には常温で発酵させ，冬は 10〜20℃に保温し，1〜3 日間発酵させる．その後，オカラ塊の上層を乾燥させると，上層のオカラ塊に白い茸毛（キノコのような菌糸）が生じる．箱の中の温度が 20℃以上でオカラ塊を引っ繰り返して培養すると，オカラは一面に白い茸毛で覆われ，箱の中の温度はさらに上昇するので，麹箱を棒積から煉瓦積に変え，品温を下げ，さらに 1〜2 日間培養すると茸毛の色は純白から淡黄色〜淡いピンク色になり，出麹をする．製麹期間は冬はやや長く，春秋はやや短い．

4）食べ方

霉豆渣粑（カビ付けオカラ）を 1cm の小塊に切り，油で揚げ，水分を蒸発させる．また調味料などを加え，炒めて食べる．

8.3.6 華南地方の腐乳

(1) 湖南益陽腐乳（乳酸液により凝固させた腐乳）[10]

湖南益陽市裕大醤園工場の 1 つの銘柄である金花牌（チンホワパイ）腐乳は有名な地方特産品で，色が美しく，旨味があり，香りが良く，辛味が口に合い，きめ細かく，柔らかく，ざらつきがない．益陽（イーヤン）腐乳は湖南省 No.1 の腐乳であり，金花牌腐乳の製造の特徴は大豆を 2 回磨砕し，3 回洗浄，3 回篩で濾過し，老水（ラォスィ）（大豆煮汁を乳酸発酵させた液）を加え，速やかに凝固させることである．種麹を接種したカビ豆腐をカメに入れ，香辛料を加え，発酵させる．

1）原料

大豆，食塩，トウガラシ，粮食酒（リャンシーチュ）（穀物酒），肉桂，八角，公丁香（クンディンシャン），小茴香（ショフィシャン）．

2）製造工程

製造工程を図 8.21 に示す．

大豆➡浸漬➡2 回磨砕，3 回洗浄，3 回篩濾過➡蒸煮➡老水添加➡圧搾➡切塊➡
接種➡箱入れ➡カビ付け➡冷却➡カメ入れ➡発酵➡検査➡瓶詰め➡製品
　↑　　　　　　　　　　　　　　↑
カビ種菌　　　　　　　　　副原料（25〜32℃）

図 8.21　湖南益陽腐乳の製造工程

3）製造方法

①老水（乳酸酸性液）の製造：乳酸菌を 3 段階に拡大培養し，豆腐を凝固させる

ときに離水した黄漿水（ファンジャンスィ）（日本では"ゆ"と言う）に接種し，酸性となった黄漿水（総酸約0.3%の乳酸発酵液）の1/2量を次の老水培養に用い，残りの1/2量は凝固液として用いる．

乳酸菌➡試験管培養➡3段階拡大培養➡大カメ培養➡凝固➡1/2老水➡凝固液
　　　　　　　　　　　　　　　　　　　　↑　　　↓
　　　　　　　　　　　　　　　　　　黄漿水　1/2黄漿水（次回の老水培養）

②豆腐塊の製造：金花牌腐乳の製造用水（大豆タンパクの乳酸発酵を促進するミネラル成分が含まれる益陽市の資江の生活水）に大豆を浸漬後，2回磨砕し，3回洗浄，3回篩で濾過し，煮沸し，自家製老水を豆乳に滴下して速やかに大豆タンパク質を等電沈殿により凝固させる．凝固液の添加量は，老水の酸度により，または豆乳の濃度により異なる．豆乳の濃度は5〜6°Béに調整する．100kgの豆乳に用いる老水の使用量と老水の酸度の関係の計算式を次に示す．

$N = 0.075/S$

　N：凝固用老水量

　S：凝固用老水の滴定酸度

　0.075：5〜6°Béの豆乳100kgに用いる酸の定数

凝固剤として老水を用いると，原料を節約し，速く，弾力のある豆腐ができる．

③接種，熟成：豆腐を圧搾し，それぞれの種類の規格に合う大きさに切り，自家製の種麹を接種し，箱に入れ，培養を行う．カビ豆腐に粉末食塩，トウガラシ粉，粮食酒，肉桂，八角，公丁香，小茴香を加え，カメに入れる．塩漬液のアルコール度は，冬は4〜6度，春秋は6〜8度，夏は10〜15度であり，塩漬液のアルコール度により発酵日数は異なる．室温25〜32℃での熟成日数を表8.17に示した．

塩漬液のアルコールは，熟成およびエステルの香気成分生成のため，必ず穀物酒を用いる．

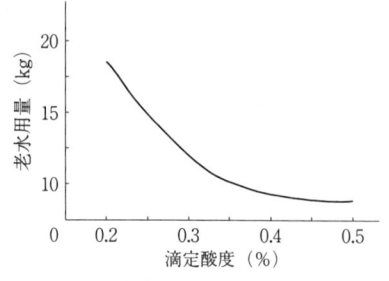

図8.22 老水用量と滴定酸度の関係

表8.17 腐乳の熟成日数と塩漬液のアルコール度の関係

アルコール度	熟成日数
4〜6	1〜2か月
6〜8	2〜3か月
10〜15	3〜4か月

(2) 珠江橋牌辣椒腐乳（トウガラシ入り腐乳）

広州（珠江橋牌（ズウチャンチョパイ））辣椒（ラージョ）腐乳は広州調味食品第5工場で作られ，50年の歴史がある．近年，生産高が増加し，品質および風味が良く，国内だけでなく，マカオ，米国，フランス，カナダ，東南アジアなどの多くの国でも売られ有名である．

1) 原　　料

大豆，食塩，トウガラシ，白酒．

2) 製造工程

製造工程を図8.23に示す．

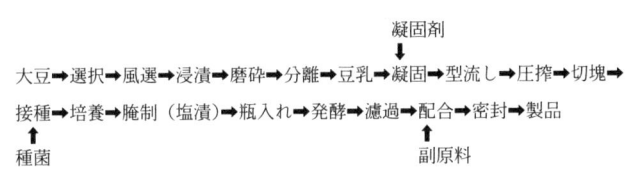

```
                              凝固剤
                                ↓
大豆➡選択➡風選➡浸漬➡磨砕➡分離➡豆乳➡凝固➡型流し➡圧搾➡切塊➡
接種➡培養➡腌制（塩漬）➡瓶入れ➡発酵➡濾過➡配合➡密封➡製品
 ↑                                         ↑
種菌                                       副原料
```

図8.23　珠江橋牌辣椒腐乳の製造工程

3) 製造方法

分離した豆乳を120メッシュの篩で漉し，あるいは2層の振動篩を用い，2回漉す．この豆乳に凝固剤を滴下し，ゆっくりと凝固させ，きめ細かく弾力のある豆腐とする．凝固する時に豆乳の温度，濃度，凝固剤の用量に注意する．塩漬による培養は20～25℃，約50時間で，普通の腐乳より15～20時間長いため，アミノ酸が増加し，1%にも達する．食塩，トウガラシ，白酒の他に，香料，調味料，香辛料などを用いるので，珠江橋牌辣椒腐乳には独特の風味があり，鮮明な黄金色で，きめ細かく，柔らかく，旨味がある．

(3) 広東水口腐乳

水口（スィコウ）腐乳は広東開平県の有名な特産品で100年の歴史がある．国内だけでなく，北アメリカ，南アメリカ，東南アジアにもよく売れている．水口腐乳は形が整い，色は乳黄で，きめ細かく，味が濃く，美味しく，適度の塩味で，独特の風味がある．

1) 原　　料

大豆，芳醇な粮食酒，精製塩．

2) 製造方法

水口腐乳工場では原料大豆を精選し，浸漬，磨砕，蒸煮，濾過，凝固剤添加，圧搾，切塊，接種培養，塩漬後，米酒などに浸漬し，3～4か月自然発酵させ，包

装して製品とする.

(4) 桂林腐乳[6,9]

桂林（クェリン）腐乳は広西自治区の有名な特産品で桂林三宝の1つとされ，300年の歴史がある．清代の著名な詩人，袁枚は『随園食単』の中で広西の白腐乳は最佳と称賛し，清の乾隆帝（1711～1799年）に広西の臨桂県恒山村の陳洪謀が桂林腐乳を貢物として献上したと言われる．1979年に広西の優秀な産品として称号を与えられた．辣椒（ラージョ）腐乳，五香（ウーシァン）腐乳，桂花（クェホワ）腐乳の3種類がある．桂林腐乳は伝統を受け継ぎ，黄漿水（豆腐を圧搾した排出液を乳酸発酵させ酸漿水（老水）とする）を豆乳の凝固剤として用い，塩漬をせず，紅麹を加えず，桂林の有名な三花酒（サンホワチュ）および調味料と食塩を共にカメに入れ，発酵させる．

1) 製造工程

製造工程を図8.24に示す．

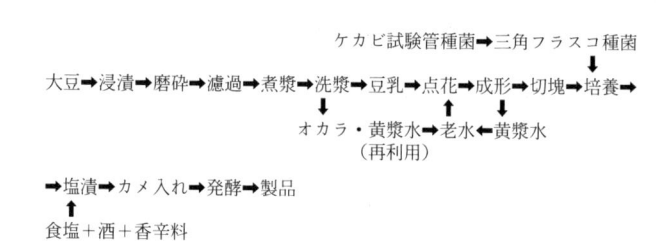

```
                                    ケカビ試験管種菌 ➡ 三角フラスコ種菌
                                                              ↓
大豆➡浸漬➡磨砕➡濾過➡煮漿➡洗漿➡豆乳➡点花➡成形➡切塊➡培養➡
                              ↓
                        オカラ・黄漿水 ⬅ 老水 ⬅ 黄漿水
                                    （再利用）

➡塩漬➡カメ入れ➡発酵➡製品
      ↑
    食塩＋酒＋香辛料
```

図8.24 桂林腐乳の製造工程

2) 製造方法

①原料処理：大豆を春秋は7時間，夏4時間，冬10時間，水に浸漬する．浸漬大豆は重量が80～100%増加する．皮は膨張し，光沢があり，手指で軽く押すと弾力があり，豆皮が容易に脱落し，豆粒がへこむのがよい．これを石臼で磨砕し，布で濾過し，豆乳を煮漿（ツゥジャン）（煮る）する．洗漿（シャンジャン）（漉して豆乳とオカラに分ける）後，点花（テンホワ）（撹拌しながら老水（ラォスィ）を滴下し，均一に凝集させる）し，圧搾後，切塊し，豆腐を作る．水分67～71%，なめらかで強くしまり，ソフトで弾力のある豆腐ができる．

②培養：ケカビを接種後，18～24°Cで20時間培養すると，生育が旺盛となり大量の白い菌糸が生じ，48時間後，菌糸の頂に灰褐色の胞子がつき，腐乳は綿毛状の菌糸で覆われる．

③発酵：カビ腐乳に副原料（八角88%，草果4%，沙姜（サージャン）（ひねショウガ）

2%,小茴2%,陳皮4%)1.5kgと食塩50kgを混合撹拌する.辣椒腐乳はトウガラシを,桂花腐乳は桂花を加え,カメに漬け込み,80個の腐乳に三花酒(20°Bé)1kgを入れ,口を封じ,20～25℃以下で100日間発酵させる.桂林腐乳は柔らかく,香りが良く,旨味がある.

文　献

1) 劉宝家他編：食品加工技術工芸和配方全,上,中,科学技術文献出版社（1992）
2) 郝永徳他編：豆製品生産工芸与深加工技術,農業出版社（1990）
3) 楊淑媛,田元蘭,丁純孝編著：新編大豆食品,中国商業出版社（1989）
4) 張振山他編：豆製食品生産工芸与設備,中国食品出版社（1988）
5) 裴殿富他編：大豆製品加工技術,江蘇科学技術出版社（1986）
6) 石彦国,任莉編著：大豆製品工芸学,中国軽工業出版社（1993）
7) 謝光偉：杭州太方腐乳生産工芸,中国醸造,**9**（4）（1990）
8) 傅金泉：純種発酵生産毛豆腐,中国醸造,**12**（3）（1993）
9) 黄仲華他編著：中国調味食品技術実用手冊,中国標準出版社（1991）
10) 李鴻橋：浅淡益陽腐乳的生産,中国醸造,**8**（2）（1989）

第9章　台湾の蔭油(醤油)と味噌

　台湾の味噌や醤油の起源は古く，これらの元祖である豆類を発酵させた豆醤(トウジャン)や豆豉(トウチー)は中国大陸より伝来した．この豆醤や豆豉から生成した液体を漉したものが醤油である．これらの醤は約3000年前に由来し，中国の古文書によると清醤，豆油，淋油，醤清は醤油のことで，醤には現在の醤油の他に豆瓣醤(トウバンジャン)，蔭豉(黒豆味噌)，甜麺醤(テンミェンジャン)，味噌なども含まれている．今から300余年前に明朝の嫡帝一族を奉じ，南台湾に亡命した人々があり，その後，華南地方の福建省，広東省より続々移民するようになった．醤はこれに付随して来たもので地方色が豊かである．台湾の醤油類には中国大陸に由来する大豆醤油と，福建から伝わった蔭油(インユー)(黒豆の醤油)のほか，日本が戦後に開発した化学醤油(豆類を酸分解したアミノ酸醤油)や醸造醤油がある．醸造醤油は戦後，多くの日本人の醤油技術者の指導により，日本の本醸造醤油を製造している．

　味噌のことを台湾では豆豉と言い，大豆や黒豆(黒大豆)を用い，麹菌を接種して発酵させたもので，中でも黒豆を用いた蔭豉(インチー)は台湾料理や中国料理に広く使われ，台湾の地方色豊かな味噌である．また，日本から入った味噌は約100年の歴史があり，台湾が日本の領土となった時代，日本人の増加に従って消費量も増え，台湾の人々にも味が分かるようになり，増々需要が大きくなり，工場も各地にできるようになったが，終戦と同時に日本人が引き揚げ，有力工場も閉鎖されてしまい，味噌らしい味噌は，ついに市場から姿を消してしまった．戦後の復興の後，過去に味噌の味を覚えた一部の台湾の人々の要望と，次から次と出現する日本料理店ブームで味噌工場もできるようになり，ここ数年，味噌の消費量も年々増加している．また，醤油を生産していたメーカーも味噌を作るようになった．

9.1　味噌業界と販売

　現在，味噌のメーカーは醤油や食酢のメーカーと共に台湾醤油工業同業公会

（日本の全国味噌協同組合連合会と同じような味噌，醤油，食酢の同業者の組合組織）に入会している．台湾全島の大手の6社が，この組合の会員になっている．このほか，台湾の地方の各県や市に台湾省醤油公会という組合があり，会員数は約420社である．この地方の会員の大半は醤油メーカーである．

実際の台湾の味噌のメーカー数と生産量については，資料が公開されていないため正確な数字を把握するのは困難である．そこで，生産量とメーカー数を各県と販売営業所（9か所）から集めた資料をもとに推測した．

スーパーや伝統のあるマーケットなどの統計数から，大手メーカーが約20社あり，家内工業や小規模で豆瓣醤を生産しているメーカーが30社あると推測される．生産量は年間8,000～10,000トンである．その半数以上を人口の多い台北の消費地に近い新竹より北部のメーカーが生産している．3kgと9kgのダンボール包装のものを100％のメーカーが，また110～140gのピロータイプの包装のものを約80％のメーカーが製造販売している．日本のようにカップ入りの味噌を生産しているのは，まだ大手2社だけである．代表的メーカーである大安工研では味噌の年産は1,000～1,200トンで，その2/3弱が140g入りのピロータイプと500gのカップ入りの味噌で，残りの1/3を業務用として3kgと9kg入りのダンボールで販売している．

台湾でも，この数年，味噌の消費量が年々増加し，日本料理店も沢山できて盛んになっている．また，中華料理の中にも隠し味として用いられ，その使用量も増加しつつある．

9.2 豆類発酵食品

9.2.1 豆醤と豆豉

味噌は米醤（ミージャン），豆醤とも呼ばれる．一般的に「パッピューラ」と発音し，味噌のことを表わす．中国大陸では米味噌のことを日本の味噌の発音から，あて字をして米紹とも書く．

中国古来の醤と豉があり，この汁液を醤油とした．醤類は蒸煮した大豆に麹菌を接種し，豆麹を作り，これをカメに仕込み，麹の酵素で分解，発酵させたもので，豆粒の残っていない，醤油の諸味状の豆醤がある．粒のないジャムやトマトケチャップを醤に入れたものが果醤（クォジャン），蕃茄醤（バンチージャン）である．このほか，豆瓣醤も戦後，四川料理とともに伝えられ調味料として普及した．その原料の豆類は一部で大豆を用いるが，ほとんどがソラマメを用いている．嗜

好と習慣によりトウガラシ，コショウ，茴香（ウイキョウ）などの香辛料を加えた製品もある．

豆豉とは発酵して豆の半片の残ったもので，日本の豆味噌，寺納豆（浜納豆，大徳寺納豆）と似ている．大豆の丸粒の残った豆豉もある．

豆豉には大豆あるいは黒豆を原料として用いる．蒸煮した豆に麹菌を接種し，豆麹を作り，出麹（でこうじ）の表面に付着した胞子や菌糸を洗い去った後，カメに仕込み，これに少量の糖液と米酒を振り掛け，豆麹の20%の食塩を散布して密封し，1～2か月間発酵させる．熟成した豆豉を竹ザルの上に広げ，日に晒して乾燥させ，さらに五香粉を加える場合もある．

9.2.2 蔭油および蔭豉

黒豆を用いた豆豉を蔭豉と称し，この蔭豉を食塩水に漬け，数日間放置後，煮詰め，圧搾して蔭油を作る伝統的な方法がある．また豆豉に食塩水を加え，糊状にした調味液を醤油膏（ジャンユーコー）として小瓶に詰めて市販している．

1) 製造工程

製造工程を図9.1に示す．

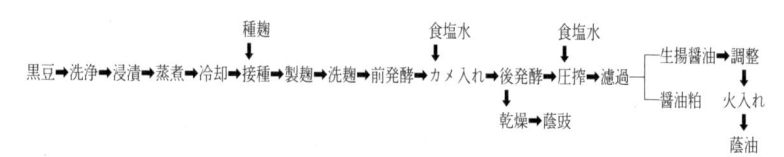

黒豆→洗浄→浸漬→蒸煮→冷却→接種→製麹→洗麹→前発酵→カメ入れ→後発酵→圧搾→濾過→生揚醤油→調整／醤油粕→火入れ→蔭油

種麹↓　食塩水↓　食塩水↓

乾燥→蔭豉

図9.1　蔭油および蔭豉の製造工程

2) 原料

①黒豆：烏豆（ウートウ）と呼び，台湾産は小粒でタンパク質が多いが，生産量が少なく，タイから輸入している．タイの黒豆は粒が大きく，かなりのタンパク質を含んでいる．

②モチ米：蓬莱米（ほうらいまい）やその精製粉末を用いる．

3) 原料処理

①洗浄，浸漬：黒豆を洗浄後，蔭豉を黒くするため，浸漬用の水に硫酸鉄を添

表9.1　黒豆の一般成分（%）

産地	水分	タンパク質	脂質	糖質	繊維	灰分
台湾	15.5	40.5	11.5	11.5	3.8	3.2
タイ	12.5	36.5	11.5	13.5	3.7	3.3

写真 9.1 蔭油（黒豆醤油）のカメ（台湾，福建省）

加する．夏季は 2〜3 時間，冬季は 4〜5 時間浸漬する．浸漬後の黒豆の増量率は 180〜200％になる．浸漬後，十分に水切りをし，蒸煮する．

②蒸煮：加圧蒸煮（0.5〜0.7kg/cm²，20 分間）あるいは常圧蒸煮（約 2 時間）を行う．黒豆は大豆に比較して蒸煮しやすいので，蒸しすぎないよう注意する必要がある．蒸煮黒豆は竹ザルに広げ冷却（夏季 32℃，冬季 40℃）し，粘らない程度に乾かし，種麹を接種する．

4) 製 麹

蒸煮豆 100kg に炒った小麦粉 1〜2kg を加え，種麹 100g を混合接種し，竹の箕に 1.5〜2.2cm の厚さに盛り込み，麹室(こうじむろ)に入れる．製麹中の品温を 32〜33℃に保ち，約 5 日で出麹(でこうじ)とする．出麹のカビ臭や苦味を除くため水で洗浄し，水切り後，洗った麹を竹カゴに堆積し，43℃を越えないように前発酵（夏季 6〜8 時間，冬季 16〜20 時間）させた後，黒豆 100kg に対して食塩 30〜32kg を加え，陶器製のカメ（300kg 容量）に入れ，この表面に食塩 3kg を振りかけ，カメの口を石膏で密封して熟成させる．

5) 後発酵（熟成）

カメを日当たりのよい所で夏は 1.5〜2 か月間，冬は 2〜3 か月間熟成させ，カメの口を開く．この熟成諸味を乾燥したものが蔭豉または豆豉である．

6) 圧搾，調整，火入れ，製品

未乾燥の熟成諸味を圧搾，濾過，調整，火入れ，などをして製品とする．カメ底の出口から自然に流出した蔭油を集め，加熱，濾過した清澄液を瓶詰にして 70℃で火入れをしたものを壺底（クンティ）蔭油と言い，最高級品である．壺底蔭油を回収した残りの無汁（ウーツー）蔭油を桶の中に入れ，少量の水を加え，ゆっ

表 9.2　蔭油の一般成分（％）

蔭油	食塩	酸度	総窒素	アミノ態窒素	アンモニア態窒素	純固形物	pH
最高級	17～19	1.5～1.7	2.8～3.4	1.2～1.4	0.32～0.42	29～32	4.8～4.9
高級	15～16	1.5～1.6	1.8～2.0	0.8～0.9	0.20～0.28	25～28	4.8～5.0
普通	13～14	1.3～1.4	1.2～1.3	0.5～0.6	0.13～0.18	18～20	5.0～5.3

純固形物は食塩を除く．

表 9.3　蔭豉（糊状液）の分析値（％）

食塩	酸度	総窒素 (T.N)	アミノ態窒素 (F.N)	アンモニア態窒素 (A.N)	タンパク分解率 (F.N/T.N)
12.7	1.2	3.22	0.98	0.36	30.4

くりと煮立て2～3時間撹拌する．この濾過して得た液汁を頭油（トウユー）という．この頭油を煮て未分解のタンパク質や沈殿を除去した後，5～6％のモチ米粉末を加え，塩分を調整し，さらに1時間煮て製品とする．これを75℃で火入れをして高級蔭油とする．さらに高級蔭油をとった残りの蔭油に少量の水を加え，釜に入れ，30分間以上煮立てた後，布袋に入れ，圧搾して得た液汁の食塩濃度を調整した後，再びこれを釜に入れ，1時間以上煮る．モチ米の粉を加え，撹拌しながら沸騰するまで煮た後，さらに弱火で1～1.5時間煮続けたものが普通蔭油である．

　7）　製品の品質

　蔭油の一般成分を表9.2に，蔭豉の分析値を表9.3に示した．

　8）　用途

　粘り，肉に付着するので焼肉のたれや，煮込むほど美味となるため肉料理に用いられる．

9.2.3　味噌

(1)　味噌の特徴

　原料として蓬莱米（ウルチ米）の丸米や破砕米，あるいは在来米（インディカ米）の丸米を用い，食塩は粗塩（日本の並塩）や精製塩を用いる．大豆は品種を特定できないが，米国産の輸入大豆に頼っている．

　日本の味噌に比べて色は淡色で白味噌に近く，原料の米/大豆の重量配合比率は13～14割で信州味噌より米が多く，塩分が10.5％前後で，九州の淡色の麦甘味噌や甘口味噌に似ている．台湾は暑い気候で，甘い果物が多いため，これらが食生活に影響し，甘味が強い味噌が多い．粒味噌やこし味噌があり，次の3種に

分けられる．

　粗味噌：丸大豆の粒の残った味噌．

　半粗・細味噌：蒸煮大豆を味噌漉機(みそこしき)に粗くかけたタイプである．

　細味噌：1.0～0.8 mm のメッシュの目皿の味噌漉機にかけるか，あるいは，磨砕したタイプである．

　台湾の北部では仕込み後10～14日内に分解，熟成する．冬は長めに熟成させる．南部では熟成させない，仕込み味噌のタイプがほとんどである．また北部ではやや黄金色で，南部では白いままのものがよく売れている．

(2) 味噌メーカーの機械設備

　味噌の機械設備はほとんど日本の醸造機械メーカーのもので，現在，製麹法も手作り麹のところは大分減少し，機械製麹に代わった．

(3) 味噌の用途

　一般の家庭では味噌汁として用いるのが一番多い．餐庁（レストラン）では海鮮料理（魚介類の料理）としてイセエビやハマチと豆腐の鍋料理に用いられる．また，タラやカジキ，マグロなどの味噌焼が食卓に多く出される．

　大根やキュウリの味噌漬の多くが日本料理に用いられている．また，この4～5年の間に，新しい使い方として羊やガチョウの肉の臭みを除くのに味噌漬がよく用いられている．

　腐乳（フールウ）には多くの種類があり，カビ付け豆腐の塊を酒，紅糟（ファンツォ）（紅麹諸味）の調味液に漬けて紅腐乳を作るが，黄腐乳としてカビ付け豆腐を味噌のたれに漬け込み，チーズのように滑らかな組織と味噌味のする腐乳が売られている．将来，味噌ラーメンの製造を計画しているメーカーもあるとのこと．味噌の加工用としての需要が拡大することが期待される．

第 10 章　豆類発酵食品の基準と成分

10.1　中国豆類発酵食品の品質基準

　豆類発酵食品は調味料として，中国では醸造食品または副食調味食品に入る．
　中国の特有な豆豉および腐乳（紅腐乳，白腐乳，青腐乳）については，中華人民共和国の商業部（現在は商業局といい日本の省に当たる）と衛生部および共銷（クンショ）合作総社（全国消費生活協同組合に当たる）より公布され，1980年に施行された行政基準がある．醤油や食酢などは1987年，中華人民共和国・商業部より公布された品質基準があったが，国際規格の動向に合わせて2000年から醸造醤油として中華人民共和国国家基準が定められ，酸分解植物蛋白調味液は行政基準（日本農林規格（JAS）に当たる）により，醤油として表示しない．これらを混合したものは行政基準により，表示の製品名には混合醤油としてアミノ酸含量を示すこととし，醸造醤油として表示しないと定めてある．

10.1.1　醸造醤油（Fermented soy sauce）GB 18186-2000
　国家基準として醸造醤油の定義，製品の格付分類，製造方法，試験方法，検査規則，表示，包装，輸送，保存方法を定めている．
　1.　引用基準規格：関連している他の行政基準と公布されている基準規格に定めてあるものを用いる．例えば，穀類の衛生基準，醤油の衛生基準，食品添加剤使用衛生基準，生活飲料水（醸造用水）の衛生基準，食品衛生微生物試験検査，調味料の試験検査，醤油衛生基準の分析方法，分析実験に用いる水の規格と試験方法，食用塩の規格，化学試薬滴定分析（容量分析）用基準溶液の調製法および食品表示の通用規格が国家基準（GB法）として定めてある．
　GB 2715-1981 穀類の衛生基準：1981年，穀類の衛生基準が国家基準2715条令として施行されている．
　2.　醸造醤油とは，大豆または脱脂大豆，小麦または麩皮（ふすま）を原料として微生物で発酵製造した特徴のある色，香り，味を有する液体調味料である．
　　a.　製品の格付分類：発酵製造工程で高塩液体発酵醤油と低塩固体発酵醤油の

2種類に分類され，特級，1級，2級，3級に格付けされている．

b． 高塩液体発酵醤油（固体発酵後，液体として発酵した醤油を含む）：大豆または脱脂大豆および小麦または小麦粉を原料として，蒸煮し，麹菌で製麹した後，塩水に混合した液体諸味(もろみ)を再び発酵して製造した醤油である．

c． 低塩固体発酵醤油：脱脂大豆および麦のふすまを原料として，蒸煮し，麹菌で製麹した後，塩水に混合した固体醤の諸味を再発酵して製造した醤油である．

原料の大豆，脱脂大豆，小麦，小麦粉，ふすまは穀類の GB 2715 の衛生基準や食品添加剤の衛生基準 GB 2760 中の規格に定められたもの．

3． 官能評価特性：醤油の格付けと官能評価特性の基準を表 10.1 に示した．また，醤油の格付けと理化学的性質（可溶性無塩固形物，全窒素，アミノ態窒素成分）を表 10.2 に示した．

4． 検査試験規則：製品検査には官能評価特性，可溶性無塩固形物，全窒素，アミノ態窒素，アンモニア塩，微生物（生菌数，大腸菌群）の検査項目を含む．

表 10.1 醸造醤油の官能評価特性の基準

項 目	高塩液体発酵醤油（固体液体発酵醤油）				低塩固体発酵醤油			
	特 級	1 級	2 級	3 級	特 級	1 級	2 級	3 級
色 調	赤褐色，淡赤褐色 色調は鮮やか，光沢あり	赤褐色，淡赤褐色			鮮やか 濃赤褐色 光沢あり	赤褐色，茶褐色		茶褐色
香 気	濃厚な醤香，エステル香	比較的濃い醤香，エステル香	醤香，エステル香		濃厚な醤香 異臭がない	比較的濃い醤香 異臭がない	醤香 異臭がない	かすかに醤香 異臭がない
味	旨味，濃い味，塩味，甘味が口に合う	旨味，塩味，甘味が口に合う			旨味が濃く，塩味が口に合う	旨味があり，口に合う	旨味が口に合う	比較的旨味が口に合う
組 成	透 明							

表 10.2 醸造醤油の可溶性無塩固形物，全窒素，アミノ態窒素の規格（g/100ml）

項 目	高塩液体発酵醤油（固体液体発酵醤油）				低塩固体発酵醤油			
	特 級	1 級	2 級	3 級	特 級	1 級	2 級	3 級
可溶性無塩固形物	15.00	13.00	10.00	8.00 以上	20.00	19.00	15.00	10.00
全 窒 素	1.50	1.30	1.00	0.70 以上	1.60	1.40	1.20	0.80
アミノ態窒素	0.80	0.70	0.55	0.40 以上	0.80	0.70	0.60	0.40

5. 品質管理検査は半年ごとに1回行い，下記のことを毎回検討してこれを改める．
   1) 主要な原料の更新．
   2) 製造工程の改善．
   3) 国家規格監督機構の要求事項の提出．
   4) 同じ日に生産された同じ品種の生産物の検査．
   5) 抜取り検査：毎回の製品のロットから分割または任意（ランダム）に6袋を抜き取り，サンプリングして官能評価特性，理化学的性質，衛生検査をする．
   6) 規格判定基準は製品検査あるいは品質管理検査の検査項目の基準の全部に符合した場合は合格品とする．
6. 表示：食品表示のGB 7718の規格に基づき，製品名は醸造醤油としてアミノ態窒素の含量と重量，等級，佐餐（副食用）あるいは調理用を示す．高塩液体発酵醤油または低塩固体発酵醤油を表示する．
7. 包装：包装材料と容器は国家衛生基準に適応するものを用いる．
8. 輸送：製品の輸送途中の軽い事故や，日に晒したり雨に濡れるのを防ぐ．輸送工具を衛生的で清潔にし，有毒物や汚染物の製品への混入を防ぐ．
9. 保存：製品は日陰の涼しい，乾燥した，風通しの良い専用倉庫に保管する．保証期間は，瓶詰製品では少なくとも12か月以内，袋詰は最低6か月以内とする．

10.1.2 酸分解植物蛋白調味液（Acid hydrolyzed vegetable protein seasong）SB 10338-2000

この基準規定は行政基準として，酸分解植物蛋白調味液の定義，製造方法，試験方法，検査規則，表示，包装，輸送，保存方法を定めている．

ここでは，醸造醤油と同一の引用基準規格については省略する．

1. 引用基準規格：醸造醤油と同一の規格と，SB/T 10322-1999 pH測定法（SBは行政基準，Tは検査法）．
2. 酸分解植物蛋白調味液とは，食用植物タンパクには脱脂大豆，落花生粕，小麦タンパク，トウモロコシタンパクを原料として塩酸分解後，アルカリで中和して製造した液体旨味調味料である．これらの穀類原料は国家規格あるいは行政基準の衛生基準に定められたもの．
3. 官能評価特性を表10.3に示した．また，理化学的性質（可溶性無塩固形物，

表 10.3 酸分解植物蛋白調味液の官能評価特性

項　目	基　準
色　調	淡茶褐色～赤褐色
香　気	香気は正常で異臭がない
味	旨味，塩味が口に合う
組　成	透明

表 10.4 酸分解植物蛋白調味液の可溶性無塩固形物，全窒素，アミノ態窒素，pH

項　目	規　格
可溶性無塩固形物	14.00g/100ml 以上
全　窒　素	1.00g/100ml 以上
アミノ態窒素	1.00g/100ml 以上
pH	4.80～5.20

表 10.5 酸分解植物蛋白調味液の衛生基準

項　目	規　格
ヒ　素	0.5mg/kg 以下
鉛	1.0mg/kg 以下
3-クロロ-1,2-プロピレングリコール	1.0mg/kg 以下
食品添加剤	GB 2760 の規定に基づく
生菌数	30,000 個/ml
大腸菌群	30MPN/100ml
病原性菌（腸内病原性菌）	検出せず

全窒素，アミノ態窒素，pH）を表 10.4 に示した．表 10.5 には衛生基準を示したが，この中の 3-クロロ-1,2-プロピレングリコールは GB 4789.22，GB/T 5009.39 で分離，検査試験を行っている．

4. 品質管理検査は，醸造醤油の場合とほぼ同じである．

5. 表示：食品表示の GB 7718 の規格に基づき，酸分解植物蛋白調味液としてアミノ態窒素の含量を示し，醤油として表示しない．

10.1.3 混合醤油（配合醤油）（Blended soy sauce）SB 10336-2000

この基準規定は行政基準により，混合醤油の定義，製造方法，試験方法，検査規則，表示，包装，輸送，保存方法を定めている．

ここでは，醸造醤油と同一の引用基準規格については省略する．

1. 混合醤油とは，醸造醤油を主体として酸分解植物蛋白調味液と食品添加剤

表 10.6 混合醬油の官能評価特性

項　目	規　格
色　調	淡茶褐色，赤褐色
香　気	香気は正常で異臭がない
味	旨味，塩味が口に合う
組　成	透明

表 10.7 混合醬油の可溶性無塩固形物，全窒素，アミノ態窒素

項　目	規　格
可溶性無塩固形物	8.00g/100ml 以上
全 窒 素	0.70g/100ml 以上
アミノ態窒素	0.40g/100ml 以上

を加え，混合製造した液体旨味調味料である．これらの主要原料と副原料の規格を定めてある．

2．官能評価特性を表10.6に示した．また，理化学的性質(可溶性無塩固形物，全窒素，アミノ態窒素)を表10.7に示した．なお，アンモニア塩のアンモニアはアミノ態窒素含量の30%以下である．

混合醬油中の醸造醬油の配合比率は50%以上（全窒素より計算）を含む．

グルタミン酸ナトリウムを除いたアミノ酸液，シスチンを除いたアミノ酸を添加しない．また，食品原料以外の目的で製造されたアミノ酸は使用しない．

3．表示：混合醬油には醸造醬油と表示しない．

10.1.4　豆鼓品質基準

本基準は大豆を原料として生産された豆鼓に適用する．

1. 官能評価指標

黄褐色あるいは黒褐色で，豆鼓特有の香りを有し，旨味があり塩味が適当で異味がなく，顆粒状で色々な異物を含まないこと．

2. 理化学的指標

表10.8に示す．

3. 微生物指標

表10.9に示す．

10.1 中国豆類発酵食品の品質基準

表10.8 豆豉の理化学的指標

項　　目		指　　標	
		豆　豉	干豆豉
水　　分 (g/100g)	以下	45.00	20.00
総酸（乳酸として）(g/100g)	以下	2.00	3.00
アミノ態窒素 (g/100g)	以上	0.60	1.20
タンパク質 (g/100g)	以上	20.00	35.00
食塩（塩化ナトリウム）(g/100g)	以下	12.00	—
ヒ　　素 (mg/kg)	以下	0.5	
鉛 (mg/kg)	以下	1.0	
添　加　剤		添加剤基準による	
アフラトキシン		アフラトキシン基準による	

表10.9 豆豉の微生物指標

項　　目		指　　標
大腸菌 (個/100g)	以下	30
病原菌		検出せず

10.1.5 紅腐乳品質基準

本基準は大豆を主要原料とし，紅曲米（曲＝麹）を添加して生産された紅腐乳に適用する．

1. 官能評価指標

表面が赤色あるいは牡丹色(ぼたんいろ)（紫がかった紅色），内部は杏黄色(あんずいろ)で，紅腐乳特有の香りを有し，旨味があり塩味が適当で，異味がなく，塊の形は一様に整い，質のきめが細かく，色々な異物を含まないこと．

2. 理化学的指標

表10.10に示す．

3. 微生物指標

表10.11に示す．

10.1.6 白腐乳品質基準

本基準は大豆を主要原料として生産された白腐乳に適用する．

1. 官能評価指標

乳黄色で，白腐乳特有の香りを有し，旨味があり塩味が適当で，異味がなく，塊の形は一様に整い，質のきめが細かく，色々な異物を含まないこと．

第10章 豆類発酵食品の基準と成分

表10.10 紅腐乳の理化学的指標

項　　目		指　　標
水　分（g/100g）	以下	67.00
総酸（乳酸として）（g/100g）	以下	1.30
アミノ態窒素（g/100g）	以上	0.50
食塩（塩化ナトリウム）（g/100g）	以上	8.00
還元糖（ブドウ糖として）(g/100g)	以上	2.00
水溶性無塩固形物（g/100g）	以上	10.00
タンパク質（g/100g）	以上	12.00
ヒ　素（mg/kg）	以下	0.5
鉛（mg/kg）	以下	1.0
添　加　剤		添加剤基準による
アフラトキシン		アフラトキシン基準による

表10.11 紅腐乳の微生物指標

項　　目		指　　標
大腸菌（個/100g）	以下	30
病原菌		検出せず

表10.12 白腐乳の理化学的指標

項　　目		指　　標
水　分（g/100g）	以下	67.00
総酸（乳酸として）（g/100g）	以下	1.30
アミノ態窒素（g/100g）	以上	0.50
食塩（塩化ナトリウム）（g/100g）	以上	8.00
還元糖（ブドウ糖として）(g/100g)	以上	0.15
水溶性無塩固形物（g/100g）	以上	7.00
タンパク質（g/100g）	以上	11.00
ヒ　素（mg/kg）	以下	0.5
鉛（mg/kg）	以下	1.0
添　加　剤		添加剤基準による
アフラトキシン		アフラトキシン基準による

表10.13 白腐乳の微生物指標

項　　目		指　　標
大腸菌（個/100g）	以下	30
病原菌		検出せず

2. 理化学的指標

表10.12に示す．

3. 微生物指標

表10.13に示す．

10.1.7 青腐乳品質基準

本基準は大豆を主要原料として生産された青腐乳に適用する．

1. 官能評価指標

青色で，青腐乳特有の香りを有し，旨味があり塩味が適当で，異味がなく，塊の形は一様に整い，質のきめが細かく，色々な異物を含まないこと．

2. 理化学的指標

表10.14に示す．

3. 微生物指標

表10.15に示す．

表10.14 青腐乳の理化学的指標

項 目		指 標
水　　分 (g/100g)	以下	70.00
総酸 (乳酸として) (g/100g)	以下	1.30
アミノ態窒素 (g/100g)	以上	0.70
食塩 (塩化ナトリウム) (g/100g)	以上	12.00
水溶性無塩固形物 (g/100g)	以上	8.00
タンパク質 (g/100g)	以上	11.00
ヒ　素 (mg/kg)	以下	0.5
鉛 (mg/kg)	以下	1.0
添　加　剤		添加剤基準による
アフラトキシン		アフラトキシン基準による

表10.15 青腐乳の微生物指標

項 目		指 標
大腸菌 (個/100g)	以下	30
病原菌		検出せず

10.2 中国豆類発酵食品の成分

豆類発酵食品の原材料および製品の化学成分については，中国では食物成分表（全国代表値）[1]（以下，中国成分表と略す）および食物成分表（全国分省値）[2]に成分値が収載されている．日本では，四訂日本食品標準成分表[3]（以下，四訂成分表と略す）およびそのフォローアップ成分表（改定日本食品アミノ酸組成表[4]，日本食品脂溶性成分表[5]，日本食品無機質成分表[6]および日本食品食物繊維成分表[7]）により知ることができる．

10.2.1 豆類発酵食品と成分表

中国成分表と四訂成分表およびフォローアップ成分表の間では，成分項目および成分値の表示法について次のような点が異なっている．

①成分項目：無機質成分について，中国成分表にはマンガンおよびセレンが収載されている．

②可食部：中国成分表は可食部（％）を示すのに対し，四訂成分表では廃棄率（％）を示している．

③エネルギー値：エネルギー値の計算において，中国成分表は，Atwater 係数（成分 1g 当たり，タンパク質：4kcal・脂質：9kcal・炭水化物：4kcal のエネルギー換算係数）を用いているが，四訂成分表では，主要な食品について日本で検討された係数および FAO の係数，その他は Atwater 係数を用いている．

④炭水化物：中国成分表は，〔100g－（水分 g＋タンパク質 g＋脂質 g＋食物繊維 g＋灰分 g）〕の差引き換算を炭水化物として示しているが，四訂成分表では，炭水化物は繊維（粗繊維）と差引き糖質〔100g－（水分 g＋タンパク質 g＋脂質 g＋繊維 g＋灰分 g）〕に分けて示している．

⑤食物繊維：中国成分表は繊維（粗繊維）の項目はなく，食物繊維となっている．

⑥ビタミンA：中国成分表は，カロチンとレチノール当量（μg）の値を示しているが，四訂成分表ではレチノールおよびカロチン（五訂ではカロテン）の値とこれらより換算した A 効力値（IU）を示している．

⑦ビタミンE：中国成分表は，$\alpha, \beta+\gamma, \delta$ の各トコフェロールの値とそれらの加算値を示しているが，フォローアップ成分表では $\alpha, \beta, \gamma, \delta$ の各トコフェロールの値と，各トコフェロールの値に E 効力換算値を乗じ，それらを加算した E 効力値を示している．

⑧アミノ酸組成：中国成分表は別表に可食部 100g 当たりの値を示しているが，フォローアップ成分表では窒素 1g 当たりおよびタンパク質 1g 当たりについても収載している．

10.2.2 原材料の成分

原材料の成分組成について，中国成分表および四訂成分表とフォローアップ成分表に記載されている主原材料の豆類を表 10.16 に，副材料の穀類，塩などを表 10.17 に，また，アミノ酸組成を表 10.18 にそれぞれ示した．

次に原材料の成分組成の特徴の概要を示すことにする．

(1) 豆　　　類

1）大　　豆

中国では黄豆ともいう．大豆の成分値については，中国成分表では大豆，黒大豆（黒豆）および青大豆（青豆）の種類別に，四訂成分表では国産，米国産および中国産の生産国別に，それぞれ分類されている．

①水分：含量は10～15％であるが，品種のほか，生産地の気象・乾燥・貯蔵などの条件によって変動する．両国成分表では種類別，生産国別ともに違いが見られるが，品質規格では，その最高限度を中国では1～6等ともに東北・華北地区：13％，その他の地区：14％としており，日本では1～3等ともに15％となっている．

②タンパク質：35～40％のタンパク質が含まれる．四訂成分表では国産が米国産および中国産に比べ高含量となっている．中国成分表では黒大豆が高含量を示している．品種では晩生品種が早生品種に比べ含量が高い傾向にあることが認められている．

③脂質：20％前後の脂質が含まれる．四訂成分表では，品種特性により米国産が国産および中国産に比べ高含量となっている．中国成分表では3種間に差がみられず，約16％を示している．四訂成分表に比べ低い値である理由として，両成分表における分析法，特に抽出溶剤の違いによる影響が大きいと思われるが，この成分値に関しては検討を要する．なお，旧中国成分表[8]の平均値を計算すると，大豆9種：17.0％，青大豆3種：17.6％，黒大豆5種：15.5％となる．

④炭水化物・食物繊維：大豆の約30％は炭水化物であり，その組成は少糖類（オリゴ糖）：約10％，多糖類：10～15％，セルロース：約4％であり，単糖類は微量で，デンプンも1％以下と少ない．それらのうち，利用不能炭水化物であるアラビノガラクタンなどの多糖類は食物繊維に分類される．四訂成分表の糖質値には多糖類などの食物繊維の一部が含まれる．

⑤ビタミン：ビタミン類については，四訂成分表ではB_1の多い食品に属する．カロチンについては，両国食品成分表の間で含量に大きい違いがみられるが，これらの値に関しては検討を要する．

⑥無機質：表に示された各無機質成分について，他の豆類に比較すると高含量のものが多い．

2）エンドウ（豌豆）

主成分は炭水化物で，55％前後が含まれており，デンプンが約35％，ガラクタン，ペクチンおよび少糖類（オリゴ糖）が各5％前後となっている．大豆に比べ，

表10.16　中国豆類発酵食品原料（豆

食　品　名	可食部	エネルギー		水分	タンパク質	脂質	食物繊維	炭水化物*	灰分	A	
										カロチン	レチノール当量
	％	kJ	kcal	(-------------------- g --------------------)						(--- μg ---)	
〔中国食物成分表・全国代表値〕											
黄　豆（大　豆）	100	1,502	359	10.2	35.1	16.0	15.5	18.6	4.6	220	37
黒　豆（黒大豆）	100	1,594	381	9.9	36.1	15.9	10.2	23.3	4.6	30	5
青　豆（青大豆）	100	1,561	373	9.5	34.6	16.0	12.6	22.6	4.6	790	132
豆　粕	100	1,297	310	11.5	42.6	2.1	7.6	30.2	6.0	—	—
豌　豆	100	1,310	313	10.4	20.3	1.1	10.4	55.4	2.4	250	42
蚕　豆（帯皮）	100	1,272	304	11.5	24.6	1.1	10.9	49.0	2.9	50	8
蚕　豆（去皮）	93	1,431	342	11.3	25.4	1.6	2.5	56.4	2.8	300	50
〔四訂日本食品標準成分表〕											
大　豆（国　産）―乾―	100	1,745	417	12.5	35.3	19.0	17.1	23.7	5.0	12	2
大　豆（米国産）―乾―	100	1,812	433	11.7	33.0	21.7	—	24.6	4.8	8	1
大　豆（中国産）―乾―	100	1,766	422	12.5	32.8	19.5	—	26.2	4.4	15	3
脱脂大豆―種皮付き―	100	1,435	343	11.9	41.9	2.7	—	32.0	6.1	0	0
エンドウ	100	1,473	352	13.4	21.7	2.3	17.4	54.4	2.2	240	40
ソラマメ（種皮付き）	100	1,456	348	13.3	26.0	2.0	9.3	50.1	2.8	90	15

＊　四訂日本食品標準成分表：糖質値．

表10.17　中国豆類発酵食品副原料

食　品　名	可食部	エネルギー		水分	タンパク質	脂質	食物繊維	炭水化物*	灰分	A	
										カロチン	レチノール当量
	％	kJ	kcal	(-------------------- g --------------------)						(--- μg ---)	
〔中国食物成分表・全国代表値〕											
小　麦	100	1,473	352	—	12.0	—	10.2	76.1	1.7	—	—
小麦粉（標準粉）	100	1,439	344	12.7	11.2	1.5	2.1	71.5	1.0	—	—
トウモロコシ（黄）	100	1,402	335	13.2	8.7	3.8	6.4	66.6	1.3	100	17
精白米（インド型・早生・特等）	100	1,448	346	12.9	9.1	0.6	0.7	76.0	0.7	—	—
トウガラシ（紅小・生）	80	134	32	88.8	1.3	0.4	3.2	5.7	0.6	1,390	232
塩	100	0	0	0.1	—	—	—	0	99.9		
〔四訂日本食品標準成分表〕											
小　麦―玄穀・国産普通―		1,393	333	13.5	10.5	3.0	10.3	69.3	1.6	0	0
小麦粉―中力粉・1等―	100	1,540	368	14.0	9.0	1.8	2.8	74.3	0.4	0	0
トウモロコシ―玄穀・黄色種―	100	1,464	350	14.5	8.6	5.0	—	68.6	1.3	180	30
精白米	100	1,490	356	15.5	6.8	1.3	0.8	75.5	0.6	0	0
トウガラシ―生―	85	138	33	91.2	1.4	2.3	—	2.3	0.6	2,000	334
塩―並塩―	100	0	0	1.9	—	—	0	0	98.1	0	0

＊　四訂日本食品標準成分表：糖質値．

10.2 中国豆類発酵食品の成分

類）の成分組成（可食部100g当たり）

ビタミン							無機質								
B_1	B_2	ナイアシン	トコフェロール (E)				カリウム	ナトリウム	カルシウム	マグネシウム	鉄	マンガン	亜鉛	銅	リン	セレン
			総量	α	β+γ	δ										
(------- mg -------)							(------- mg -------)									(μg)
0.41	0.20	2.1	18.90	0.90	13.39	4.61	1,503	2.2	191	199	8.2	2.26	3.34	1.35	465	6.16
0.20	0.33	2.0	17.36	0.97	11.78	0.09	1,377	3.0	224	243	7.0	2.83	4.18	1.56	500	6.79
0.41	0.18	3.0	10.09	0.40	6.89	2.80	718	1.8	200	128	8.4	2.25	3.18	1.38	395	5.62
0.49	0.20	2.5	5.81	—	4.61	1.20	1,391	76.0	154	158	14.9	2.49	0.50	1.10	28	1.50
0.49	0.14	2.4	8.47	—	8.28	0.19	823	9.7	97	118	4.9	1.15	2.35	0.47	259	1.69
0.13	0.23	2.2	4.90	0.84	3.80	0.26	992	21.2	49	113	2.9	1.00	4.76	0.64	339	4.29
0.20	0.20	2.5	6.68	0.43	6.13	0.12	801	2.2	54	94	2.5	0.96	3.32	1.17	181	4.83
0.83	0.30	2.2	21.3	1.1	13.0	0.2	1,900	1	240	220	9.4	—	3.2	0.98	580	—
0.88	0.30	2.1	—	—	—	—	1,800	1	230	—	—	—	—	—	—	—
0.84	0.30	2.2	—	—	—	—	1,800	1	170	—	—	—	—	—	—	—
1.20	0.30	2.6	—	—	—	—	2,500	1	290	—	10.9	—	—	—	610	—
0.72	0.15	2.5	7.0	0.1	6.7	0.2	870	1	65	120	5.0	—	4.1	0.49	360	—
0.50	0.20	2.5	5.8	0.7	5.0	0.1	1,100	1	100	120	5.7	—	4.6	0.12	440	—

の成分組成（可食部100g当たり）

ビタミン							無機質								
B_1	B_2	ナイアシン	トコフェロール (E)				カリウム	ナトリウム	カルシウム	マグネシウム	鉄	マンガン	亜鉛	銅	リン	セレン
			総量	α	β+γ	δ										
(------- mg -------)							(------- mg -------)									(μg)
0.48	0.14	—	1.91	—	—	—	—	107.4	—	—	5.9	3.49	3.51	0.34	436	4.05
0.28	0.08	2.0	1.80	1.59	—	0.21	190	3.1	31	50	3.5	1.56	1.64	0.42	188	5.36
0.21	0.13	2.5	3.89	0.77	3.03	0.09	300	3.3	14	96	2.4	0.48	1.70	0.25	218	3.52
0.14	0.05	5.2	0.39	0.28	0.11	—	106	1.6	4	20	0.7	1.07	0.97	0.26	123	4.87
0.03	0.06	0.8	0.44	0.37	0.07	—	222	2.6	37	16	1.4	0.18	0.30	0.11	96	1.90
—	—	—	—	—	—	—	14	25,127.2	22	2	1.0	0.29	0.24	0.14	—	1.00
0.41	0.10	4.5	1.8	1.2	0.6	0	460	2	24	80	3.1	—	2.5	0.37	350	—
0.12	0.04	0.7	0.5	0.3	0.2	0	100	2	20	17	0.6	—	0.3	0.10	75	—
0.30	0.10	2.0	—	—	—	—	290	3	5	75	2.3	—	1.7	0.18	290	—
0.12	0.03	1.4	0.4	0.4	0	0	110	2	6	35	0.5	—	1.5	0.22	140	—
0.05	0.13	1.3	—	—	—	—	270	2	7	—	—	—	—	—	25	—
0	0	0	—	—	—	—	190	38,000	60	65	0	—	0.04	0.02	0	—

表 10.18 中国豆類発酵食品原材料

食品名　　地区	水分	タンパク質	イソロイシン	ロイシン	リジン	メチオニン	シスチン	フェニルアラニン
	(-----%-----)							
〔中国食物成分表・全国代表値〕								
大　豆	10.2	36.3	1,922	2,924	2,320	399	536	1,912
豌　豆	11.2	21.1	864	1,497	1,453	227	367	975
蚕豆（帯皮）	12.4	22.6	924	1,674	1,568	198	330	1,043
蚕豆（去皮）　　　北京	11.8	25.8	939	1,634	1,383	—	—	919
小麦粉（標準粉）	12.8	10.9	403	768	280	140	254	514
〔改訂日本食品アミノ酸成分表〕								
大　豆（国　産）―乾―	12.5	35.3	1,800	2,900	2,400	560	610	2,000
大　豆（米国産）―乾―	11.7	33.0	1,700	2,700	2,200	520	570	1,900
大　豆（中国産）―乾―	12.5	32.8	1,700	2,700	2,200	520	570	1,900
エンドウ	13.4	21.7	900	1,500	1,500	210	300	1,000
ソラマメ（種皮付き）	13.3	26.0	1,100	1,800	1,600	200	350	1,000
小麦粉―中力粉・1等―	14.0	9.0	350	680	220	160	250	490
精白米	15.5	6.8	290	570	250	170	160	370

タンパク質，脂質および無機質などの含量は低い．

3) ソラマメ（蚕豆）

中国では胡豆（フートウ），蘿漢豆（ローハントウ），仏豆（ブートウ），倭豆（ウォトウ）などともいう．主成分は炭水化物で，50%前後が含まれている．デンプンが約35%前後，ペントザン約8%，ガラクタン約1%，少糖類（オリゴ糖）5%前後などとなっている．大豆に比べ，タンパク質，脂質および無機質などの含量は低い．なお，豆瓣醤（トウバンジャン）の原料には，乾燥法あるいは湿式法により種皮を除去したものが使用される．中国成分表には帯皮（タイピー）（種皮付き）と去皮（チュピー）（種皮なし）が収載されており，食物繊維，カロチンなどが両者の間で異なった値を示している．

(2) 副原料

1) 小麦および小麦粉

小麦は世界で10数種栽培されているが，最も生産の多いのは普通小麦（パン小麦）で，中国の小麦も普通小麦に属する．中国では秋に播種し，翌年初夏に収穫される冬小麦が約80%を占めるが，寒冷地帯では春に播種し夏から初秋に収穫される春小麦が栽培されている．穀粒各部の割合は，皮部（ふすま）：約12%，胚乳

アミノ酸組成表（可食部100g当たり）

チロシン	スレオニン	トリプトファン	バリン	アルギニン	ヒスチジン	アラニン	アスパラギン酸	グルタミン酸	グリシン	プロリン	セリン
←――――――――――――――――――――――― mg ―――――――――――――――――――――――→												
1,212	1,488	472	1,790	2,946	1,004	1,599	4,145	6,490	1,659	1,932	1,915
613	747	205	979	1,999	542	890	2,349	3,740	858	926	924
764	869	182	1,159	2,027	556	1,018	2,604	3,636	992	1,040	1,139
—	743	231	1,035	2,060	463	905	2,356	3,826	861	—	944
340	309	135	514	488	227	382	529	3,704	433	1,185	506
1,300	1,400	490	1,800	2,800	1,100	1,600	4,400	6,600	1,600	2,000	1,800
1,200	1,400	450	1,700	2,700	990	1,500	4,100	6,200	1,500	1,900	1,700
1,200	1,300	450	1,700	2,600	990	1,500	4,100	6,200	1,500	1,900	1,600
640	780	190	1,000	1,800	570	940	2,400	3,400	940	910	920
770	860	210	1,200	2,400	670	1,100	2,700	3,900	1,000	1,100	1,100
270	270	99	390	350	220	280	390	3,500	350	1,400	470
280	240	99	430	550	180	390	650	1,300	320	310	340

部：約85％，胚芽部：約3％である．

①タンパク質：穀粒のタンパク質含量は7〜18％であるが，菓子などに利用される軟質小麦からパンに利用される硬質小麦になるに従い高含量となる．小麦粉に水を加えてこねると製麺・製パンにとって重要なグルテン（麩素）を形成する．グルテンは小麦の主要タンパク質であるグリアジンとグルテニンよりなっている．アミノ酸組成はグルタミン酸が多く，リジンが少ない．

②脂質：穀粒の含量は3％前後であるが，胚芽部には多く，約10％程度含まれている．

③炭水化物：小麦の成分では炭水化物の含量が最も多く，デンプンは皮部で約15％，胚乳部で約95％，胚芽部で約30％を占める．その他の成分として皮部にペントザン，ヘミセルロース，セルロースが多く，胚芽部に糖類が多く含まれている．

2）米

イネはその形態・生態・遺伝などの性質により，日本型（中国では粳稲（ジンドー）と呼ぶ），インド型（中国では糯稲（ヌオドー）と呼ぶ）に分類される．両型には水田で栽培される水稲と畑で栽培される陸稲(おかぼ)がある．また，米の性質により，両

型にウルチ(粳)種とモチ(糯)種がある．

①タンパク質：玄米で7～8％，精白米で6～7％含まれる．陸稲は水稲に比べ約30％高含量を示す．四訂成分表の精白米では，水稲：6.8％，陸稲：9.2％となっている．アミノ酸組成ではリジンが少ないが，穀類中では栄養価は高い．

②脂質：玄米約3％，精白米では1％程度であるが，糠層および胚芽には20％前後含まれる．

③炭水化物：米の成分は炭水化物の含量が最も多く，そのほとんどがデンプンである．デンプンの成分のアミロースとアミロペクチンの含有比は，ウルチ米は2：8程度，一方，モチ米ではそのほとんどがアミロペクチンである．日本型とインド型のウルチ米のアミロース含量は，前者が17～27％であるのに対し，後者が27～31％程度と高い．

3) トウモロコシ（玉蜀黍）

中国では玉米（ウィミー）ともいう．トウモロコシは穀粒の胚乳における角質デンプン（硬質デンプン）と粉質デンプン（軟質デンプン）の分布により，デント種（馬歯種），フリント種（硬粒種），スイート種（甘味種）およびポップ種（爆裂種）に，また，デンプンの性質によりワキシー種（モチ種）に分類される．中国の主要品種はフリント種（粉質デンプンが粒内部に分布し，外側は角質デンプンで完全に覆われている）とデント種（角質デンプンが粒の側方，粉質デンプンが粒頂部より内部に分布する）である．商品としては，黄色種と白色種，また，ワキシー種が流通している．

成分含量は，炭水化物が主成分で65％前後，その大部分がデンプンである．タンパク質は9％前後含まれるが，ツェイン（アルコール可溶タンパク質，ゼインとも呼ぶ）の影響を受け，アミノ酸組成はリジンおよびトリプトファン含量が低く，穀類中では栄養価が低い．脂質は胚乳部は1％前後と低いが，粒の約10％を占める胚芽には35％前後含まれている．

4) トウガラシ（唐辛子）

中国では辣椒（ラージョ）という．ナス科に属する果実で，辛味種と甘味種がある．温帯では一年生，熱帯では多年生草本となる．甘味種にはピーマン，シシトウガラシがある．香辛料として使われ，辛味の主成分はカプサイシンで，他にジヒドロカプサイシンなど，果肉の部分に0.5～0.7％含まれている．色素はカロチノイド系色素のカプサンチン，β-カロテンであり，レチノール当量（ビタミンA効力）も高い値を示している．また，ビタミンC含量も高く，100g当たり中国成分表では62mg，四訂成分表では85mgとなっている．なお，豆瓣辣醤の原料には，生の塩漬が使用される．

5) 塩

食品の食塩含有量は,食品成分表のナトリウム値を利用しナトリウム値に2.54を掛けた値に,中国成分表では63.8%を,日本の四訂成分表では96.6%を乗じて100gあたりの食塩換算値とする.

10.2.3 製品の成分

中国成分表に収載されている豆類発酵食品の成分値を表10.19に,アミノ酸組成を表10.20に示した.これら豆類発酵食品の成分値については,同一食品であっても原材料の配合割合および発酵条件の違いなどによって異なることはいうまでもない.成分表による成分値から次のようなことがうかがえる.

(1) 豆 瓣 醤

中国成分表の生産地が異なる2種の豆瓣醤では,タンパク質,ビタミンE,ナトリウム含量などに大きな差がみられる.ビタミンAについては,辣醤(ラージャン)の値が収載されているが,他の発酵食品に比べて高い値を示している.なお,カロチンの多くは原料トウガラシに由来するものである.

(2) 醤　　油

中国成分表は,四訂成分表の醤油―こいくち―とほぼ同様な値を示している(表9.19).アミノ酸組成については,窒素1g当たりに換算して比較すると,タンパク質含量の近い醤油(高級)は醤油―こいくち―に比べ,チロシン,トリプトファンが高い値を示している.アミノ酸組成については,中国醤油13種の遊離アミノ酸についての報告[9]があり,そのうち代表的な4種の値を表10.21に示した.それら製品の間には,アミノ態窒素および全窒素,また,アミノ酸パターンに違いがみられる.日本の濃口醤油と同じ製法の台湾産は,他の製品との違いが大きい.これらと同じ4種製品の有機酸組成についても,製品間に違いが認められている(表10.22).

(3) 腐　　乳

表10.19に示した5種の製品間の値に一般成分については大きな差はみられないが,糟豆(=糟方)腐乳(ツォトウフールウ)(黄酒の酒粕を加えた腐乳)は無機質含量が多い傾向にあり,ナトリウム含量より見ると食塩含量は他の製品の3倍以上(18.8%)と高含量である.また,トコフェロールでは,α-トコフェロールが多い.

表 10.19　中国豆類発酵食品の

食品名	地区	可食部	エネルギー		水分	タンパク質	脂質	食物繊維	炭水化物*	灰分	A	
											カロチン	レチノール当量
		%	kJ	kcal	(-------------------- g --------------------)						(--- μg ---)	
〔中国食物成分表・全国代表値〕													
豆瓣醤	福建福州	100	745	178	46.6	13.6	6.8	1.5	15.6	15.9	—	—
豆瓣醤（辣油豆瓣醤）	浙江杭州	100	770	184	47.9	7.9	5.9	2.2	24.8	11.3	—	—
辣醤（豆瓣辣醤）		100	247	59	64.5	3.6	2.4	7.2	5.7	16.6	2,500	417
豆豉（五香）	山東済南	100	1,021	244	22.7	24.1	—	5.9	36.8	10.5		
黄醤（大醤）		100	548	131	50.6	12.1	1.3	3.4	17.9	14.3	80	13
醤油		100	264	63	67.3	5.6	0.1	0.2	9.9	16.9	—	—
腐乳（白）	北京	100	556	133	68.3	10.9	8.2	0.9	3.9	7.8	130	22
腐乳（臭）[臭豆腐]		100	544	130	66.4	11.6	7.9	0.8	3.1	10.2	120	20
腐乳（紅）[醤豆腐]		100	632	151	61.2	12.0	8.1	0.6	7.6	10.5	90	15
腐乳（上海南乳）	上海	100	577	138	64.0	9.9	8.1	—	6.4	11.6		
腐乳（糟豆腐乳）[糟乳]	安徽合肥	100	661	158	57.5	11.7	7.4		11.2	12.2		
〔四訂日本食品標準成分表〕													
醤油—こいくち—		100	243	58	69.5	7.5	0	—	7.1	15.9	0	0
—うすくち—		100	201	48	70.9	5.7	0	—	6.3	17.1	0	0
—たまり—		100	318	76	64.3	10.0	0	—	9.0	16.7	0	0

＊ 四訂日本食品標準成分表：糖質値．

表 10.20　中国豆類発酵食品アミ

食品名	地区	水分	タンパク質	イソロイシン	ロイシン	リジン	メチオニン	シスチン	フェニルアラニン
		(------ % ------)		(--)					
〔中国食物成分表・全国代表値〕									
豆瓣醤	福建	46.6	13.6	553	739	491	151	—	499
辣醤（豆瓣辣醤）		57.3	5.8	269	419	303	57	74	260
黄醤（大醤）	上海	55.1	12.1	584	734	426	115	—	—
醤油（高級）		67.2	8.0	305	427	337	95	—	277
醤油（普通）		74.8	3.5	180	249	214	—	74	207
腐乳（臭）[臭豆腐]		80.0	9.9	549	956	377	80	92	451
腐乳（紅）[醤豆腐]		61.3	10.8	614	991	570	125	142	600
〔改訂日本食品アミノ酸成分表〕									
醤油—こいくち—		69.5	7.5	360	540	410	68	83	330
—うすくち—		70.9	5.7	280	420	320	59	74	250
—たまり—		64.3	10.0	380	510	550	70	100	370

10.2 中国豆類発酵食品の成分

成分組成（可食部100g当たり）

ビタミン							無機質									
B₁	B₂	ナイアシン	トコフェロール (E)				カリウム	ナトリウム	カルシウム	マグネシウム	鉄	マンガン	亜鉛	銅	リン	セレン
			総量	α	β+γ	δ										
(------- mg -------)							(------- mg -------)									(μg)
0.11	0.46	2.4	0.57	—	0.48	0.09	772	6,012.0	53	125	16.4	1.37	1.47	0.62	154	10.20
0.04	0.26	1.3	18.20	7.31	8.85	2.04	549	2,201.5	66	84	9.9	0.74	1.43	0.28	104	—
0.02	0.20	1.5	13.62	5.47	6.62	1.53	234	1,268.7	207	33	5.3	0.34	0.20	0.13	37	30.39
0.02	0.09	0.6	40.69	13.46	16.65	10.58	715	263.8	29	202	3.7	3.17	2.37	1.04	43	4.55
0.05	0.28	2.4	14.12	0.71	10.33	3.08	508	3,606.1	70	48	7.0	1.11	1.25	0.48	160	12.26
0.05	0.13	1.7	—	—	—	—	337	5,757.0	66	156	8.6	1.17	1.17	0.06	204	1.39
0.03	0.04	1.0	8.40	0.06	5.49	2.87	84	2,460.0	61	75	3.8	0.69	0.69	0.16	74	1.51
0.02	0.09	0.6	9.18	0.90	5.08	3.20	96	2,012.3	75	90	6.9	0.99	0.96	0.16	126	0.48
0.02	0.21	0.5	7.24	0.72	3.68	2.84	81	3,091.3	87	78	11.5	1.16	1.67	0.29	171	6.73
0.04	0.12	0.8	7.75	0.25	4.65	2.85	159	2,110.4	142	2	2.9	0.68	1.32	0.14	160	5.14
0.02	0.02	—	8.99	3.40	4.60	0.99	282	7,410.3	62	111	22.5	2.01	3.06	0.32	320	—
0.05	0.19	1.1	—	—	—	—	400	5,900	21	80	2.3	—	1.00	0.05	140	—
0.05	0.10	0.7	—	—	—	—	330	6,400	18	68	2.1	—	0.74	0.04	110	—
0.04	0.14	1.1	—	—	—	—	720	5,900	30	110	3.9	—	0.77	0.05	200	—

ノ酸組成表（可食部100g当たり）

チロシン	スレオニン	トリプトファン	バリン	アルギニン	ヒスチジン	アラニン	アスパラギン酸	グルタミン酸	グリシン	プロリン	セリン
(------- mg -------)											
488	437	—	662	499	189	491	1,231	2,469	493	—	572
178	223	118	288	227	99	284	621	1,031	258	303	259
323	440	183	605	331	246	619	1,184	2,206	479	570	516
208	246	43	380	234	124	336	705	1,298	269	395	284
115	142	20	236	—	76	258	290	752	154	165	161
319	264	156	433	432	172	556	766	1,148	292	362	350
420	398	138	632	430	219	706	983	1,766	469	485	457
84	290	17	390	230	160	410	760	1,500	300	490	360
45	220	6	300	130	120	300	590	1,200	240	380	280
86	390	19	470	340	210	490	1,100	2,300	520	530	480

表 10.21 中国醤油の遊離アミノ酸組成

アミノ酸	北京産			台湾産
	高級	1級	伝統	
	(------------------------------mg/100ml------------------------------)			
イソロイシン	430	350	360	540
ロイシン	510	480	530	670
リジン	300	250	270	700
メチオニン	180	270	330	250
シスチン	—	—	—	30
フェニルアラニン	370	320	320	980
チロシン	420	350	380	170
スレオニン	260	200	250	390
バリン	390	280	310	550
ヒスチジン	560	510	430	280
アルギニン	380	310	350	290
アラニン	330	240	330	510
アスパラギン酸	670	480	340	730
グルタミン酸	680	510	540	1,270
グリシン	140	100	160	260
プロリン	380	280	550	430
セリン	330	240	320	470
アミノ態窒素	700	580	700	970
全窒素	1,760	1,370	1,680	1,680

表 10.22 中国醤油の有機酸組成

有機酸	北京産			台湾産
	高級	1級	伝統	
	(------------------------------mg/100ml------------------------------)			
ピログルタミン酸	469	348	592	494
乳酸	76	69	87	1,108
酢酸	160	126	204	240
ギ酸	43	34	72	—
リンゴ酸	45	30	52	—
クエン酸	432	325	311	—
コハク酸	30	22	20	73

文　　献

1) 中国予防医学科学院栄養・食品衛生研究所編著：食物成分表・全国代表値，人民衛生出版社（1991）
2) 中国予防医学科学院栄養・食品衛生研究所編著：食物成分表・全国分省値，人民衛生出版社（1992）

3) 科学技術庁資源調査会編：四訂日本食品標準成分表，大蔵省印刷局（1982）
4) 科学技術庁資源調査会編：改定日本食品アミノ酸組成表，大蔵省印刷局（1986）
5) 科学技術庁資源調査会編：日本食品脂溶性成分表―脂肪酸・コレステロール・ビタミンE―，大蔵省印刷局（1989）
6) 科学技術庁資源調査会編：日本食品無機質成分表―マグネシウム・亜鉛・銅―，大蔵省印刷局（1991）
7) 科学技術庁資源調査会編：日本食品食物繊維成分表，大蔵省印刷局（1992）
8) 中国医学科学院衛生研究所編著：食物成分表，人民衛生出版社（1985）
9) 菊地修平，舘博，伊藤寛：醤研，**20**, 1（1994）

編者紹介

伊藤 寛（いとう　ひろし）
　　全国味噌技術会　常任理事
　　日本醤油研究所　理事
　　日本醤油検査協会　評議員
　　生物資源協会　理事
　　中国河北省石家庄珍極醸造公司技術相談員
　　元　農林水産省食品総合研究所　研究室長

菊池修平（きくち　しゅうへい）
1967年に東京農業大学農学部農芸化学科卒業後，東京農業大学助手を務め，現在は東京農業大学短期大学部醸造学科助教授。
食品保蔵科学会理事，日本食品科学工学会関東支部評議員

中国の豆類発酵食品

2003年3月20日　初版第1刷発行

編　者　伊藤　寛
　　　　菊池修平
発行者　桑野知章
発行所　株式会社　幸書房
　　〒101-0051　東京都千代田区神田神保町1-25
　　phone 03-3292-3061　fax 03-3292-3064
Printed in Japan 2003 ©　　URL : http://www.saiwaishobo.co.jp
倉敷印刷株式会社

本書を引用，転載する場合は必ず出所を明記してください．
万一，落丁，乱丁がありましたらご連絡ください．お取替えいたします．

ISBN4-7821-0226-7　C3058